Der Betriebs-Chemiker.

Der
Betriebs-Chemiker.

Ein Hilfsbuch
für die
Praxis des chemischen Fabrikbetriebes.

Von

Dr. Richard Dierbach,
Fabrikdirektor.

Zweite, verbesserte Auflage.

Mit 117 Textfiguren.

Springer-Verlag Berlin Heidelberg GmbH 1908

ISBN 978-3-662-36200-6 ISBN 978-3-662-37030-8 (eBook)
DOI 10.1007/978-3-662-37030-8

Softcover reprint of the hardcover 2nd edition 1908

Vorwort zur ersten Auflage.

Das vorliegende Buch ist entstanden aus einer Sammlung von Notizen, die ich mir über alle neuen „Fälle“ seit den ersten Tagen meiner praktischen Betriebstätigkeit zu machen pflegte.

Ich hielt es für möglich, dem einen oder dem andern, besonders der jüngeren Kollegen mit diesem Material dienlich sein zu können, und so entschloß ich mich, dasselbe zu sichten, mit einer Reihe für den Fabrikbetrieb allgemein wissenswerten praktischen Daten zu ergänzen und zu einem Buche zu bearbeiten.

Damit ist zugleich gesagt, daß ich kein Lehrbuch, sondern ein praktisches Hilfsbuch zu schreiben beabsichtigt habe, was eine andere Behandlung des Stoffes zur Folge haben mußte, als sie sonst in den Werken über chemische Technik üblich ist.

Während in diesen letzten meist bestimmte Fabrikationen als Spezialstudium behandelt werden, habe ich den Versuch unternommen, das allgemein praktisch Notwendige aus dem großen Gebiete der chemischen Technik zu skizzieren. Ich sage absichtlich zu „skizzieren“, weil eine ausführliche Behandlung dieser Erfahrungsmaterie weit über den Rahmen hinausgeht, innerhalb dessen ein Fachmann auf diesem Gebiete tätig sein kann.

Von diesem Standpunkte aus wolle man den Inhalt des Buches beurteilen und nachsichtig auch deswegen, weil ein Praktiker nicht ohne weiteres auch ein gewandter Buchschreiber zu sein den Anspruch macht.

Ob ich die richtige Wahl und Anordnung des recht verschiedenartigen Stoffes getroffen habe, muß ich dem Urteil der Leser überlassen. Aus den angeführten Preisen, welche keinen Anspruch auf absolute Richtigkeit machen können, wolle man nichts anderes ersehen, als den ungefähren Wert der in der Fabrikpraxis gebrauchten Materialien und Gegenstände. Ich halte es aber für absolut erforderlich, daß der junge Chemiker möglichst früh lernt, sich eine zutreffende Vorstellung über die Kosten der Betriebsapparatur, ihrer Materialien und der sonst für den Fabrikbetrieb notwendigen Bedürfnisse zu machen, um das Fabrizieren nicht bloß vom technischen, sondern auch vom kaufmännischen Standpunkte aus beurteilen zu können; denn schließlich ist doch die Rentabilität der maßgebende Prüfstein jeder technischen Fabrikationsanlage.

Und somit übergebe ich das Buch den Fachkreisen. Sollte dasselbe außer von den Rat suchenden jüngeren Kollegen, für die es zunächst bestimmt ist, auch dann und wann von den in der Betriebspraxis Erfahrenen zur Hand genommen werden, in der Absicht, sich über etwas, vielleicht dem Gedächtnis Entfallenes zu orientieren, so würde mir dies ein erhöhter Beweis seiner Nützlichkeit sein.

Alle Hinweise von allgemeinem Interesse, welche zur gelegentlichen Vervollkommnung des Buches dienen könnten, würde ich mit großem Dank annehmen.

Herrn Dr. Hans Gradenwitz sage ich für die mir bei der Durchsicht des Buches geleistete wertvolle Hilfe meinen besten Dank.

Hamburg-Eppendorf, im November 1903.

Der Verfasser.

Vorwort zur zweiten Auflage.

Über die Anordnung und Behandlung des Stoffes in der ersten Auflage erhielt ich vielseitig zustimmende Äußerungen, so daß ich in der zweiten Auflage nur insoweit Änderungen vorgenommen habe, als erforderlich waren, um das Buch auf der Höhe zu erhalten.

Herrn Direktor H. Voß von der Maschinenfabrik Wegelin und Hübner sage ich für seine verschiedenen Hinweise meinen besten Dank, den ich ebenfalls dem Verein für Feuerungsbetrieb und Rauchbekämpfung ausspreche für die Durchsicht des Abschnittes über „Kraftquellen".

Möchte die zweite Auflage dieselbe günstige Aufnahme finden, die der ersten zuteil wurde.

Hamburg, im Mai 1908.

Der Verfasser.

Inhaltsverzeichnis.

Erste Abteilung.

Die Hilfsmittel der Betriebstechnik.

Zweite Abteilung.

Bauliche Anlagen.

Dritte Abteilung.

Die speziellen Arbeiten des Betriebs-Chemikers.

Vierte Abteilung.

Einrichtungen zur Verhütung von Unfällen und Betriebsgefahren.

Fünfte Abteilung.

Arbeitsmethoden.

Sechste Abteilung.

Nebenprodukte und Abgänge.

Siebente Abteilung.

Kalkulieren und Inventarisieren.

Achte Abteilung.

Aufbewahrung und Versand der Fabrikate.

Allgemeines.

Die chemische Industrie ist eine Kostgängerin bei der Chemie, Physik und den Ingenieurwissenschaften. Je gründlicher der Betriebs-Chemiker in allen diesen Wissenschaften bewandert und je praktischer er veranlagt ist, um so befähigter wird er zur Ausübung seines Berufes sein, um so mehr und vollkommener wird es ihm gelingen, die Theorie mit der Praxis nutzbringend zu vereinigen, die Reichtümer und Schätze der Wissenschaft in reale und materielle Werte umzuwandeln.

Diese Umwandlung geschieht in den chemischen Betrieben durch Maschinen und durch Menschenhand. In ersterer Hinsicht ist die chemische Industrie wohl diejenige, welche die verschiedenartigsten Maschinen verlangt. Alle Arten und Variationen von Kraft-, Arbeits- und Zwischenmaschinen stehen in ihrem Dienste. Nicht selten liegen in der Vollkommenheit der maschinellen Anlage sowie der Apparatur die Bedingungen für die Rentabilität eines chemischen Betriebes.

Der Betriebs-Chemiker muß deshalb notwendigerweise in der Maschinenkunde bis zu einem gewissen Grade unterrichtet sein, um den Anforderungen seiner Stellung immer gerecht werden zu können. Fast in jedem Betriebe wird es vorkommen, daß der Leiter mit Handwerkern: Schlossern, Kupferschmieden, Tischlern, Zimmerleuten, Maurern, Böttchern zu tun haben und in die Lage kommen wird, sich mit ihnen über auszuführende Arbeiten zu verständigen oder ihnen Anordnungen darüber geben zu müssen. Um dieses mit einiger Sachkenntnis tun zu können, und um bei den Handwerkern die Überzeugung zu erwecken, daß ihre Arbeiten auch richtig beurteilt und kontrolliert werden, sollte der Betriebs-Chemiker mindestens die elementarsten Kenntnisse der bezüglichen Handwerke besitzen und mit ihren technischen Ausdrücken bekannt sein. Bei ihrer Anwendung wird er sich dann präziser und dem Handwerker verständlicher auszudrücken vermögen, was eben die zu besorgende Arbeit nur fördern kann.

In dem Abschnitt über Materialbearbeitung wird des näheren darauf eingegangen werden.

Die Organisation des Betriebes und die Disziplinierung der Arbeit sind Funktionen der technischen Leitung, also Aufgaben des Betriebs-Chemikers, zu deren Ausführung individuelle Eigenschaften mehr oder weniger veranlagen, praktische Erfahrungen wohl aber in jedem Falle nötig sind. So müssen sich dem objektiven Wissen noch Fähigkeiten subjektiver Art hinzugesellen, welche durch Schulung und Charaktereigenschaften entwickelt werden. Zu diesen letzteren gehören Sinn für Ordnung und Reinlichkeit, ein umgängliches Wesen verbunden mit Bestimmtheit in den Entschlüssen, Klarheit in der Auffassung und eine ruhige, kaltblütige Überlegung bei Betriebsstörungen oder drohenden Gefahren. Ohne Gründlichkeit und strenge Selbstkritik in seinen Handlungen wird es dem Betriebs-Chemiker schwer fallen, nicht so deutlich zutage tretenden Betriebsfehlern oder mangelhaften Betriebsergebnissen auf die Spur zu kommen. In seinen verschiedenartigsten Arbeiten soll Methode stecken. Ein planloses Herumexperimentieren wirkt zerstreuend und bietet keine Gewähr für einen Erfolg. Die Gewohnheit, vor Beginn der Arbeit sich in großen Zügen das Programm für den Tag festzulegen, entwickelt die Eigenschaft, systematisch und zielbewußt zu schaffen.

Praktische Veranlagung, d. h. die Gabe, mit den einfachsten und nächstliegenden Mitteln einen möglichst vollkommenen technischen Effekt zu erzielen, soll dem Chemiker eigen sein, wie er endlich nicht in seinen Betrieben stehen soll, sondern über diesen; sonst wird ihm der unbefangene Blick für deren Vervollkommnung fehlen.

Ordnung und Sauberkeit vor allem herrschen in jedem gut geführten Betriebe. Selbst ein Beispiel darin den Untergebenen, muß der Betriebsleiter diese, wenn nötig mit Strenge, daran gewöhnen. Denn abgesehen davon, daß Reinlichkeit auf jedes Auge einen angenehmeren Eindruck macht als Unordnung und Unsauberkeit, hilft sie sparen und die Arbeit fördern.

Das Herumliegenlassen von Gegenständen ist unzulässig. Der Fußboden der Arbeitsräume soll nicht nur für den Verkehr frei sein, sondern auch in einem stets reinlichen Zustande erhalten werden, selbst wenn dies nur durch wiederholtes Reinigen am Tage zu erreichen ist. Man gestatte den Arbeitern nicht, alles mögliche auf den Fußboden zu werfen, denn dieser darf weder zum Papierkorb noch zum Schmutzkasten werden, noch viel weniger aber zum Spucknapf; dafür sind schon aus hygienischen Gründen geeignete Gefäße aufzustellen. Diese Grundsätze haben sich bis auf die Kleiderablage der Arbeiter und bis auf den letzten Winkel einer Fabrik auszudehnen.

Ein Arbeiter, der auf Ordnung und Sauberkeit um sich hält, wird diese auch auf seine Arbeit übertragen; dabei ist natürlich selbstverständlich, daß er letztere über lauter Putzen und Wischen nicht vernachlässigen darf. Die Pflege von Ordnung und Sauberkeit soll arbeitsfördernd, nicht arbeitshemmend wirken. Des weiteren ist es ebenso notwendig, den Arbeiter zum Sparen selbst mit den geringsten Dingen anzuhalten. Er soll sich gewöhnen, nichts fortzuwerfen. Wasser- und Dampfhähne dürfen nicht länger geöffnet bleiben, als es notwendig ist. Alle beweglichen

Teile sind rechtzeitig zu arretieren, denn jede unnötige Bewegung bedeutet Kraft-, also Kohlenverlust. Mit Schrauben, Nägeln, Bindfaden, Kreide und wie die unendlich vielen, an sich ganz unbedeutenden Dinge heißen mögen — mit keinem darf dem Arbeiter erlaubt werden, nichtachtend oder verschwenderisch zu wirtschaften. Ebenso ist ein schonungsloses Umgehen mit den täglichen Gebrauchsgegenständen, wie Eimern, Kästen, Körben, Schläuchen, Gewichten, Schraubenschlüsseln usw., unbedingt zu verbieten. Die Rechnungen für dergleichen Objekte erreichen in einigermaßen ausgedehnten Betrieben im Laufe des Jahres an und für sich schon eine überraschende Höhe.

Die alltäglichen Gebrauchsutensilien, wie Besen, Handtücher, Messer, Scheren, Rührspatel und andere, haben ihren bestimmten, von jedem leicht zu findenden Platz und befinden sich in einem stets gebrauchsfertigen Zustande, der, wenn er defekt geworden, sogleich wieder herzustellen ist und nicht erst dann, wenn man das Ding gerade nötig hat. Die mit Inhalt versehenen Flaschen und Gefäße tragen deutlich lesbare und gut befestigte Etiketten (aufgeklebte Papierschilder fallen in feuchten Räumen leicht ab). In der Anwendung der wohl in allen Betrieben gebräuchlichen Abkürzungen für längere chemische Bezeichnungen irgend welcher Art verfahre man einheitlich, um dadurch leicht entstehenden Verwechselungen vorzubeugen. Es bewährt sich sehr gut, an die Gebrauchsgefäße außer dem bestimmten Zweck ihrer Verwendung auch die Tara und event. ihr Volumen anzuschreiben. Die Wagen und Gewichte haben ihren Platz an einem hellen und bequem zugänglichen Orte. Die auf den Fabrikhöfen aufgestellten Wagen sind vor den nachteiligen Witterungseinflüssen durch Unterbringung in Schuppen und Verschlägen zu schützen, damit sie nicht rosten oder sich verziehen und nach kurzer Zeit unbrauchbar werden. Ebenso müssen sie vor Wind geschützt stehen; denn selbst ein mäßiger Winddruck auf die Wiegeschale macht ein genaues Wägen unmöglich. Thermometer, Rührspatel, Schöpfer u. dergl. lasse man nie lose in mit Rührwerken und Schüttelvorrichtungen versehenen Gefäßen, die vorübergehend in Ruhe befindlich sind; denn abgesehen davon, daß sie darin leicht vergessen werden, können sie beim vorzeitigen Einschalten der Gangwerke zerbrechen und zu allerlei Störungen Anlaß geben.

Öffentliche Bekanntgebungen und beständig in Kraft bleibende Verordnungen sind in klarem, bündig abgefaßtem Text und in deutlicher, auch aus einiger Entfernung leserlicher Schrift an zugänglichen Orten aufzuhängen. Es ist eine verbreitete Gewohnheit, gelegentliche behördliche Erlasse auf diesem Wege zu der vorgeschriebenen allgemeinen Kenntnis zu bringen, ohne sich besonders angelegentlich darum zu kümmern, ob sie auch befolgt werden, ja ob deren strikte Befolgung in den gegebenen Verhältnissen überhaupt möglich ist. Daß eine solche Gepflogenheit an und für sich ungehörig ist, wird wohl von jedem zugegeben, aber man denke auch daran, daß durch solches eventuelles Geschehenlassen der Respekt vor anderen Verfügungen leiden wird, deren absolute Befolgung man verlangt.

Der ordnungsgemäße Zustand aller Einrichtungen, welche im Interesse der Sicherheit für Personen und Betrieb, sei es auf Anordnung der bezüglichen Gesetze oder aus eigener Initiative, getroffen sind, ist ganz besonders aufrecht zu erhalten. Hierher gehören z. B. Schutzvorrichtungen an Transmissionen und beweglichen, exponierten Maschinenteilen, Geländer an hohen Rampen, Alarmsignale und Löschvorrichtungen für Feuersgefahr, Vorschriften über das Verhalten der Arbeiter bei solchen Gefahren. Blinde Alarmierungen sind in gewissen Zwischenzeiten empfehlenswert, um für den Ernstfall besser vorbereitet zu sein. In gut geführten Fabriken herrscht das Bestreben, an Sicherheitsmaßregeln nichts fehlen zu lassen, weil deren vollkommenste Einrichtungen immer noch billiger sind, als event. ein einziger aus deren Unterlassung herrührender ernster Unglücksfall zu stehen kommen kann. Ein Arbeitgeber, der sich seiner Pflicht bewußt ist, wird nicht erst warten, bis er von dem Aufsichtsbeamten zu solchen selbstverständlichen Vorkehrungen aufgefordert wird.

Anlagen größerer Ausdehnung, wie Dampf-, Wasser-, Luftdruck-, Wellenleitungen u. a., welche verschiedene, voneinander unabhängige Betriebe bedienen, dürfen niemals ohne vorherige Benachrichtigung aller davon Abhängigen in oder außer Funktion gesetzt werden. Beträchtliche Schäden, ja selbst Unglücksfälle können daraus nur zu leicht entstehen. Bleibt beispielsweise ein Rührwerk, welches eine sehr dickflüssige oder in Kristallisation befindliche Masse bewegt, unerwartet stehen, so kann die Verdickung oder Kristallisation möglicherweise während dieser Ruhepause so zunehmen, daß das Rührwerk beim Wiederanlassen einfach zerbricht, wenn nicht noch andere empfindlichere Störungen daraus entstehen. Unglücksfälle bei Reparaturen, die an vorzeitig wieder in Gang kommenden Wellen oder Riemenscheiben vorgenommen werden, sind leider immer noch so häufig, daß nicht oft genug die größte Vorsicht und Aufmerksamkeit anempfohlen werden kann.

Daß der Betriebs-Chemiker sich nicht immer in den Betriebsräumen aufhalten kann, ist natürlich, da er ja auch andere Arbeiten zu erledigen hat; er wird aber seine Betriebe um so gründlicher kennen, je häufiger er sich darin umsieht und je mehr er darin zu Hause ist. Das Berichten über Betriebsangelegenheiten seitens der Meister oder Vorarbeiter sollte nicht als hauptsächlichstes Orientierungsmittel gelten.

Es empfiehlt sich außerdem, die Betriebe auch während der Ruhepausen zu inspizieren, weil man in dieser Zeit ungestörter ist und somit dieses oder jenes eingehender beobachten und untersuchen kann, das sich zu anderer Zeit der Beobachtung entzieht.

Bei der Anlage und Überwachung der verschiedenen Leitungen und sonstigen Apparate auf dem Fabrikhofe und in unheizbaren Räumen muß während der Winterzeit auch auf die durch Kälte und Frost zu befürchtenden Schäden geachtet werden. Das Einfrieren der Wasser- und Dampfleitungen, sowie die umständliche Arbeit des Auftauens wiederholt sich alljährlich; ohne der Störungen zu gedenken, die die Ausbesserung der durch Frost geplatzten Leitungen verursacht. Im Freien liegende, ungenügend geschützte Wellenlager können derart festfrieren, daß sie die Wellen vollkommen gebremst halten. Das durch Gefrieren von Dampfwasser u. dergl. entstehende Glatteis bildet sich wie durch ein Spiel des Zufalls gern an den Stellen, wo es die Passage oder einen Eingang gefährdet, und hat schon so manchen nichts ahnenden Arbeiter zu Falle gebracht.

Lösungen und Laugen scheiden in der Winterkälte leichter aus, so daß sie dann im Augenblicke der Verwendung die Arbeit aufhalten oder, was noch unangenehmer ist, eine falsche Chargierung der Apparate zur Folge haben können, wenn die Ausscheidungen nicht rechtzeitig bemerkt werden. Leicht gefrierende Flüssigkeiten, wie Benzol, Eisessig, dürfen nicht in ungeheizten Räumen gelagert werden. So manches Quantum derselben ist schon durch Zertrümmerung halb gefrorener Ballons verloren gegangen. Endlich können auch chemische Prozesse durch die in den Räumen herrschenden Temperaturen beeinflußt werden, ohne daß man diesen Ursachen die ihnen gebührende Wichtigkeit beimißt.

Das Unterbrechen der Arbeit für einige Tage oder das Einstellen für längere Zeit verlangt eine sorgfältige Kontrolle und Herrichtung aller Anlagen, damit sie während der Ruhezeit nicht unbrauchbar werden und sich beim Wiederbeginne der Arbeit in einem gebrauchsfähigen Zustande befinden. Hierher gehört die Gangbarerhaltung aller beweglichen Teile, die Verhinderung des Rostens und des Einstaubens, ferner die Sicherung zerbrechlicher und die Befestigung loser Zubehörteile. Dampf- und Wasserleitungen werden gegebenenfalls ganz abgestellt und, wenn nötig, entleert. Die Verschlußapparate an gefüllt bleibenden Behältern werden, wenn deren mangelhafter Zustand ein Herausfließen zur Folge haben kann, ganz besonders kontrolliert. Auch wird der augenblickliche Stand der Fabrikation genau notiert, um beim Wiederbeginne alle Daten zu haben.

In den durchgehenden Betrieben mit Tag- und Nachtschicht ist es billig, in der Verteilung der Arbeiter auf die beiden Schichten event. deren häusliche Verhältnisse, soweit es eben angängig ist, zu berücksichtigen. So würde man z. B. nur in Schlafstellen wohnenden jüngeren Arbeitern Verlegenheit bereiten — und sich selbst keinen Vorteil —, wenn man sie in der Nachtschicht beschäftigte. Ohne Gelegenheit, sich am Tage ordentlich auszuruhen, würden sie noch müde ihren Dienst antreten und bei sich bietender Gelegenheit das Versäumte während der Arbeit nachholen.

Wenn die Arbeiter zur Beobachtung des Verlaufes eines Prozesses bei einem Versuche u. dergl. herangezogen werden, so vermeide man, sich in unbefriedigter Weise über den Verlauf oder das Resultat zu äußern. Es ist schon vorgekommen, daß dadurch die Arbeiter verleitet wurden, bei späteren Wiederholungen auf ein Nachfragen nach dem Gange des Prozesses in beschönigender Weise Auskunft zu geben auf Kosten der Wahrheit und eben nur, um dem Vorgesetzten nichts Unangenehmes zu sagen. Daß eine solche ungeschickte Rücksichtnahme aber der Arbeit nur schaden und sonst auch gar nichts nützen kann, ist ja selbstverständlich. Ebenso beherrsche man sich im allgemeinen bei dem Empfange unliebsamer Mitteilungen und Berichte, ohne jedoch deshalb in der sachlichen Beurteilung resp. Verurteilung es an Gründlichkeit mangeln zu lassen. Abgesehen davon, daß im anderen Falle die Wahrheit nicht immer zutage kommt, imponieren Ruhe und Fassung stets mehr als erregte Gefühlsausbrüche.

Der Betriebsleiter soll in seinem Betriebe das unbedingte Vertrauen seiner Untergebenen genießen, sowie auch das seiner Vorgesetzten, wenn solche über ihm stehen. Daß dem Betriebsleiter seine Arbeiter dem Namen nach bekannt sein und von ihm auch mit ihrem Namen angeredet werden sollten, mag nicht unerwähnt bleiben. Dadurch wird das gegenseitige Verhältnis viel vorteilhafter zum Ausdruck gebracht und moralisch sehr viel mehr erreicht, als wenn der Arbeiter nur mit dem bloßen „Sie“ angerufen wird. Als Fachmann muß das Wort des Herrn gelten, wie er als Mensch zum mindesten die Achtung, wenn möglich auch die Liebe seiner Untergebenen zu gewinnen sich bemühen soll, aber dieses, ohne jemals zu unterlassen, gerecht und streng zu sein, denn ohne Zucht und Ordnung ist nichts von Bestand. Seine Anordnungen geschehen klar, ruhig und bestimmt bei Vermeidung von in der Technik leicht einschlüpfenden Fremdwörtern, welche der Arbeiter zum Schaden der Ausführung der Befehle mißverstehen könnte. Es werde ihm zur Gewohnheit, sich genau und verständlich auszudrücken, um nicht bei jeder Gelegenheit sich rektifizieren und sagen zu müssen, er habe es so und so gemeint. Man soll nie so sagen und anders meinen. Um gerecht zu sein, sollte man sich eher selbst kritisieren, als die mitunter recht unliebsamen Folgen solcher Mißverständnisse auf die „Dummheit“ der Leute schieben. Daß der Untergebene zu jeder Zeit und unweigerlich den gegebenen Anordnungen Folge leisten muß, ist selbstverständlich; daß er dies aber auch gern tut, liegt in der Kunst des Befehlens, die allerdings nicht jedem gegeben ist, die man aber bis zu einem gewissen Grade erlernen kann. Um sie zu erlernen, müssen dem Vorgesetzten seine Untergebenen nicht nur Menschen, sondern Mitmenschen sein, die, wenn sie ihren Eigenheiten entsprechend behandelt werden, sehr viel mehr leisten als im anderen Falle. Damit soll jedoch einer zu weit gehenden individuellen Rücksichtnahme nicht das Wort geredet werden. Vielmehr muß der Grundsatz einer allgemeinen Unterordnung unter einen Willen stets aufrecht erhalten bleiben, und dies um so mehr, je größer die Zahl der ihm unterstellten Arbeiter ist.

Eine nicht zu vernachlässigende Aufgabe des Betriebs-Chemikers muß es ferner sein, das Verhältnis der Arbeiter untereinander einträchtig zu erhalten. Vollkommene Unparteilichkeit seinerseits ist dazu vor allem nötig. Entstehende Streitigkeiten müssen so schnell und vollkommen wie möglich geschlichtet werden, damit sie sich nicht ausdehnen und zu Schikanierungen Veranlassung geben, unter denen die Arbeit in jedem Falle leiden würde. Als streit- und ränkesüchtig oder als agitatorisch erkannte Individuen entferne man ohne Schonung, selbst wenn sie sonst brauchbare Arbeiter sind; sie beeinflussen das Ganze nachteiliger, als ihre guten Eigenschaften wettwachen können.

Die von Menschenhand auszuführenden Arbeiten werden natürlich um so besser und schneller, also billiger gemacht werden, je geübter diese darin ist. Daher ist es ein falsches Prinzip, die Arbeiter leichterhand zu entlassen und durch neue zu ersetzen. Am besten wird es immer in den Fabriken bestellt sein, die einen Bestand erfahrener und eingearbeiteter Kräfte besitzen. In solchen Fabriken ist auch meistens das Verhältnis zwischen Arbeitgebern und -nehmern ein für beide Teile angenehmes. Andererseits hüte man sich aber auch vor den Folgen einer zu weit gehenden Sonderausbildung der Arbeiter. Es ist nicht ratsam, z. B. nur einen und denselben Arbeiter immer dieselbe Arbeit verrichten zu lassen, weil er sie besonders gut versteht. Es könnte doch vorkommen, daß man aus irgend einem Grunde gezwungen wird, ihn zu entlassen, der sich auf Grund seiner Beschäftigung eingebildet hat, quasi unentbehrlich zu sein. Sind mehrere Arbeiter mit der gleichen Arbeit vertraut, so kann bei dem einzelnen ein solcher ihn zu Übergriffen ermutigender Unfehlbarkeitsgedanke gar nicht aufkommen, und andererseits hat die Arbeit im Falle einer Entlassung nicht zu leiden.

Wenn es sich hierbei um die Wahrung von Fabrikationsgeheimnissen handelt, so ist man doppelt verpflichtet, von Anfang an ein solches Verhältnis zu schaffen und zu erhalten, daß einem die Arbeiter, welche man aus solchen Gründen sehr ungern entläßt, nicht über den Kopf wachsen, und daß man aber auch im schlimmsten Falle imstande ist, einen anderen dafür vorgemerkten Arbeiter einzuarbeiten.

Die richtige Verteilung der Arbeitskräfte in ausgedehnten Betrieben ist für ihre gründliche Ausnutzung von hervorragender Bedeutung und kann nur bei vollkommen eingehender Kenntnis der Betriebe und der individuellen Fähigkeiten der Arbeiter geschehen.

Wohl jedem jungen Betriebs-Chemiker wird es passieren, daß ihm von einem erfahrenen Meister Tatsachen abgesprochen werden, die er theoretisch für absolut richtig hält und die der Praktiker für ebenso falsch erklärt. Beide können Recht haben, denn bisweilen sieht ein Ding in der Praxis eben anders aus als in der Theorie. Aufgabe des Chemikers wird es sein, nachzuforschen, warum in diesem Falle der Praktiker auch recht behielt, und er wird sehen, daß in solchen Fällen zwischen praktischer Ausführung und theoretischer Deduktion immer ein erklärender Zusammenhang besteht.

Die Erziehung der Arbeiter — Vorarbeiter und Meister und anderer Untergebener — zu Vertrauenspersonen, auf die man sich unter allen Umständen verlassen kann, ist eine Aufgabe, der man sich nicht immer mit der nötigen Intensität unterzieht, und welche sich doch mit Hinblick auf den gewünschten Erfolg empfiehlt; denn nur selten werden die betreffenden Personen aus eigener Entwickelung das, was man von ihnen später fordert. Das unerfreuliche Arbeiten mit Meistern, die ihren „eigenen Kopf" haben, ist eine Folge solcher halben oder schwachen Erziehung.

Hat man in einem Arbeiter die geistigen Fähigkeiten und persönlichen Eigenschaften erkannt, die ihn zu einem solchen Posten geeignet machen könnten, so nehme man sich seiner so an, daß er einem sein ganzes Vertrauen entgegenbringt. Solange er die Anwesenheit seines Vorgesetzten als einen feierlichen Moment betrachtet, in welchem er sich anders gibt, als er ist, und solange er ihn lieber gehen als kommen sieht, ist das Verhältnis zwischen beiden noch nicht das richtige. Wie man hier vorzugehen hat, läßt sich mehr fühlen als sagen.

Damit dann der Untergebene das Arbeiten und Disponieren so lernt und sich gewöhnt, es nur so zu tun, wie man es eben wünscht, lasse man ihn in der Zeit dieser Schulung keinen Augenblick außer Beobachtung. Bei der Ausführung der gegebenen Anweisungen sei man ihm zuerst behilflich, damit er lernt, wie es richtig zu machen ist. Später kontrolliere man ihn so genau wie irgend möglich, jedoch ohne gerade pedantisch zu sein. Von der Art dieses Miteinanderarbeitens und der Kontrollierung hängt nun sehr viel ab, ob sie lästig oder anregend gefunden wird. Ersteres wird der Fall sein, wenn man die Rolle eines drillenden Unteroffiziers spielen wollte; benimmt man sich hingegen wie ein erfahrenerer, es besser wissender Kollege, der dem anderen einen guten Rat gibt und ihn dabei doch recht fest anfaßt, so hat man im allgemeinen einen besseren Erfolg.

In dem Maße, wie man den Betreffenden sich in dem gewünschten Sinne entwickeln sieht, läßt man ihm mehr Selbständigkeit, so daß er schließlich in voller Selbständigkeit und dabei doch im Sinne seines Unterweisers handelt.

Andererseits ist aber auch in dem Grade, wie sich das Wirkungsfeld der Vorarbeiter und Meister vergrößert, die Disponierung ihrer Arbeit straffer durchzuführen; denn nur dadurch kann verhindert werden, daß ihnen die zunehmende Arbeit über den Kopf wächst und daß Unzuverlässigkeit einreißt. Diese Disponierung der Arbeit muß man sich als Vorgesetzter angelegen sein lassen, indem man sie erstens schafft, wo sie nicht herrscht, und zweitens in dem Verkehr mit den Vorarbeitern aufrecht erhält. So sind für die regelmäßigen Arbeiten, wie die Buchungen der Arbeitsstunden für die einzelnen Fabrikate und der für die Fabrikation vom Lager zu fordernden Materialien, für die Führung der Lohnliste, die eventuelle Durchsicht der Lieferzettel und Rechnungen usw. im allgemeinen bestimmte Tagesstunden zu benutzen. Ebenso wird die Verteilung der Arbeiten und Arbeiter, die Kontrollierung der Betriebe und Werkstätten nach einem für die einzelnen Betriebsverhältnisse als gut erkannten Plane geschehen. Nachdem Meister und Vorgesetzter über diese Arbeitsverteilung übereingekommen sind, muß aber auch von beiden danach gehandelt werden. Von dem Meister ist absolut zu verlangen, daß er die bestimmten Arbeiten im allgemeinen in der dafür festgelegten Zeit besorgt, und der Vorgesetzte lasse ihn dabei möglichst ungestört. Tut er dies aber nicht, sondern verlangt zu jeder beliebigen Zeit und Stunde den Meister für Dinge, die sich alle auf einmal und zu irgend einer bestimmten dafür angesetzten Stunde am Tage ebensogut erledigen lassen, so wird der Meister unnötig von seiner Arbeit abgelenkt, zerstreut und durch Vergeßlichkeit unzuverlässig gemacht; ganz abgesehen davon, daß ein fleißiger Meister durch solche störende Inanspruchnahme unlustig werden kann und auch bald weniger leisten wird. Es soll also, wohl verstanden, ein möglichst planmäßiges Mit- und Ineinanderarbeiten herrschen, wozu auch der erste Vorgesetzte eines Betriebes durch Anpassung an die für die Förderung der Arbeit etablierten Gebräuche in der Fabrik beitragen muß. Dabei bleibt es natürlich ganz selbstverständlich, daß für Fälle, welche nach Ansicht des Chefs sofort zu erledigen sind, der Meister auch stets zur Verfügung steht.

Zwischen Untergebenen verschiedener Dienststufen sorge man, das Stellungsverhältnis der einzelnen zueinander nicht durch Übergehung oder Bevorzugung zu lockern. Jeder Stellung liegen mit Verantwortung verbundene Pflichten ob, deren Erfüllung eben nur verlangt werden kann, wenn man auch die zugestandenen Rechte aufrecht erhält und für deren Anerkennung dritterseits event. eintritt.

Zu den weiteren Pflichten des Betriebs-Chemikers in seiner Eigenschaft als Arbeitgeber gehört es, sich mit den bezüglichen Paragraphen der Gewerbeordnung, des Unfallversicherungs- und Krankenkassengesetzes, der Gesetze über Invalidität und Altersversicherung, sowie mit den Vorschriften der Chemischen Berufsgenossenschaft bekannt zu machen, denn aus Unkenntnis derselben herrührende Unterlassungen und Versäumnisse können empfindlichen Strafen unterliegen.

Nicht selten gerade in Deutschland findet man in Betrieben junge Chemiker, die Jahre hindurch in einem so ausgesprochenen Abhängigkeitsverhältnis gestanden haben und so wenig zu selbständigen Handlungen

Gelegenheit hatten, daß sie ganz unfreiwilligerweise zu einer Unselbständigkeit förmlich erzogen worden sind, die sich später bei der Übertragung einer leitenden Stellung bitter rächt. Ein Vorgesetzter soll seinen Untergebenen nicht beständig „auf der Pelle sitzen“. Das Lehrgeld im Fabrikbetriebe zahlen, kann mitunter eine kostspielige Sache werden. Also so früh wie möglich, und wenn in einem auch noch so kleinen Rahmen, soll der Chemiker mit Verantwortung schaffen und dabei lernen, eigene Entschlüsse zu fassen. Nach solcher Übung wird es ihm später in höherer Stellung unendlich viel leichter werden, zur rechten Zeit die richtige Entscheidung zu treffen.

Die jungen Betriebs-Chemiker müssen eben in jeder Weise von dem über ihnen Stehenden herangebildet werden. Die erzieherische Fähigkeit und Tätigkeit sind aber keinesfalls Dinge, die bei jedem Vorgesetzten anzutreffen sind. Das ist eine Gabe, die der eine hat und die dem andern abgeht. Wem sie fehlt, der kann zwar selbst etwas Tüchtiges leisten, eignet sich aber nur unvollkommen zu einer dirigierenden Persönlichkeit. Von dieser kann verlangt werden, daß sie die Untergebenen dahin bringt, ganz in ihrem Sinne, aber doch selbständig, ihre Stellen auszufüllen und zu beherrschen.

Mit dem Grade der Stellung, welche der Chemiker in dem Fabrikbetriebe einnimmt, wächst also seine Verantwortung und ändern sich die Aufgaben seiner Berufspflichten. In leitender Stellung müssen sich zu seinen Eigenschaften als Techniker die eines Kaufmannes gesellen. Er soll die günstigsten Bezugsquellen für die technischen Bedarfsartikel herausfinden. Wenn es mit seiner Zeit vereinbar ist, sollte er die betreffenden Reisenden nicht so häufig ungesprochen abweisen, wie es gern geschieht, denn aus der Unterhaltung mit Fachkundigen — wenn es solche sind — kann man immer noch etwas Neues, Brauchbares erfahren. Im großen ganzen wird seine Arbeit mehr einen verwaltenden Charakter haben; aber gerade deshalb ist es nötig, daß er die Schule der Technik ganz durchlaufen hat und daß er mit beiden Füßen in der Technik stehen bleibt, denn sonst werden seine Anordnungen und Verfügungen bald an praktischem Wert und den frischen, anregenden Zug verlieren und sich in Formalitäten erschöpfen, denen man die Herkunft vom grünen Tische nur zu sehr anmerkt. Ohne also mit den Einzelaufgaben der Betriebe betraut zu sein, darf er die Fühlung mit ihnen nicht verlieren, um in richtiger Beurteilung der einzelnen Bedürfnisse von einem umfassenderen Standpunkt aus das ganze Unternehmen zu leiten, damit die verschiedenen Abteilungen möglichst ineinander arbeiten, sich gegenseitig nicht hemmen, sondern vielmehr fördern. Eine beständige Erhaltung der ganzen Fabrikanlage, die einheitliche Durchführung allgemein gültiger Systeme werden ihn ebenso beschäftigen, wie das anhaltende Bestreben, diejenigen Faktoren herauszufinden, welche in der rentabelsten Weise den Fabrikationen dienlich sein können. Er soll die Marktlage der Fabrikate wie der Rohprodukte ebenso verfolgen, wie den Ursachen ihrer Schwankungen auf die Spur zu kommen suchen, um daraus mit einem gewissen Grade von Wahrscheinlichkeit für die künftige Gestaltung von Einkauf und Verkauf Schlüsse zu ziehen und Entschlüsse zu fassen. Mit einem Worte: er soll die Verkörperung des ganzen Unternehmens nach innen und nach außen sein. Die Rolle, welche seine Person spielt, wird sich in den meisten Fällen auch in der Stellung wiederspiegeln, welche die ihm anvertraute Arbeitsstätte einnimmt.

Ist das Tagewerk des Arbeiters mit dem Feierabend beendet, dann hören die laufenden Arbeiten noch nicht auf, die Gedanken des Betriebs-Chemikers zu beschäftigen. So verallgemeinern und vergrößern sich die Aufgaben des an der Spitze eines Fabrikbetriebes Stehenden derart, daß er sich sozusagen immer im Dienste befindet.

„Winkt der Sterne Licht,
Ledig aller Pflicht
Hört der Bursch die Vesper schlagen,
Meister muß sich immer plagen.“

Erste Abteilung.

Die Hilfsmittel der Betriebstechnik.

A. Material der Apparatur und dessen Bearbeitung.

So mannigfaltig die in der chemischen Industrie hergestellten Produkte sind, so verschieden gestaltet ist auch die zu ihrer Darstellung notwendige Apparatur und so verschiedenartig ist das für diese letztere verwendete Material. Alle drei Naturreiche liefern ihren Anteil dazu. Zu den Gebrauchsmetallen und ihren Legierungen gesellen sich die Gesteinsarten, wie Marmor, Granit, Sand, Asbest, ferner Backsteine, Zement, Mörtel, Ton, Porzellan, Glas. Eine nicht minder wichtige Rolle spielen die Laub- und Nadelhölzer in dem Apparatebau, zu dem selbst Kautschuk, Leder, Horn und endlich die verschiedensten Gewebearten pflanzlicher und tierischer Herkunft verwendet werden.

Wird der Betriebs-Chemiker nicht von einem Ingenieur unterstützt, so tritt die Notwendigkeit an ihn heran — und in jedem Falle ist es für seine Selbständigkeit gut — sich mit diesen Materialien vertraut zu machen und ihre technischen Eigenschaften kennen zu lernen, damit er, in die Lage versetzt, eine Einrichtung, und sei sie auch noch so klein, selbständig schaffen zu müssen, in der richtigen und zweckentsprechenden Auswahl der für die Apparatur geeigneten Materialien das Richtige trifft. Fabrikatorische Mißerfolge können sehr wohl in dem falschen, zu den Apparaten verwendeten Material ihren Grund haben.

Metalle.

Eisen. Als das wichtigste aller Metalle spielt das Eisen auch in der chemischen Technik eine Rolle, die von keinem andern auch nur annähernd erreicht wird.

Chemisch reines Eisen ist technisch unbrauchbar. Erst der Gehalt an fremden Körpern, wie Kohlenstoff, Mangan, Silizium und Nickel in wechselnder Quantität, verleiht dem Eisen seine verschiedenartigen, technisch hochgeschätzten Eigenschaften. Nicht nur sinkt sein Schmelzpunkt mit der Zunahme des Kohlenstoffs, sondern auch der Gehalt an Silizium und Mangan ist von wesentlichem Einfluß auf die Eigenschaften des Eisens.

Daher ist die auf dem bloßen Gehalt an Kohlenstoff beruhende Unterscheidung der technischen Eisensorten in Roh- oder Gußeisen, Stahl und Schmiedeeisen nicht ganz stichhaltig, indessen ist sie für die Orientierungszwecke genügend, so daß sich folgendes Schema aufstellen läßt:

Roheisen,

technisch verwertbares, kohlenstoffhaltiges Eisen, event. legiert mit Silizium und Mangan (Phosphor und Schwefel sind Verunreinigungen).

A. Roheisen: Der Kohlenstoffgehalt beträgt 2,8—4,5 %. Es ist leicht schmelzbar und nicht schmiedbar.
   1. Graues Roheisen. Der Kohlenstoff ist graphitartig ausgeschieden.
   2. Weißes Roheisen. Der Kohlenstoff ist chemisch gebunden.

B. Schmiedbares Eisen: Der Kohlenstoffgehalt beträgt weniger als 2 %. Es ist strengflüssig und schmiedbar.
   1. Stahl. Der Kohlenstoffgehalt beträgt mehr als 0,25 %. Er ist härtbar.
   2. Schmiedeeisen. Der Kohlenstoffgehalt belrägt weniger als 0,25 %. Es ist nicht härtbar.

Das Roheisen ist spröde, schmilzt plötzlich beim Erhitzen und wird vom Rost weniger und gleichmäßiger angegriffen als Stahl und Schmiedeeisen.

Graues Roheisen ist hauptsächlich durch graphitartig ausgeschiedenen Kohlenstoff grau und auch durch den Siliziumgehalt charakterisiert. Im ungeschmolzenen Zustande wird es Gußeisen genannt, da es wegen seiner Dünnflüssigkeit das Hauptmaterial zur Herstellung von Gußwaren ist. Kaltes Roheisen sinkt in geschmolzenem Eisen unter, während stark erhitztes darauf schwimmt. Daraus erklärt sich die gute Brauchbarkeit zum Gießen. Zum Beginn des Festwerdens nimmt das geschmolzene Eisen einen etwas größeren Raum ein und füllt die Form mit großer Schärfe aus. Nach völligem Erkalten zieht es sich natürlich wieder zusammen. Bei der Anfertigung der Modelle für Gußstücke muß daher auf das Schwindemaß — durchschnittlich $1^1/_2$ % der Längenabmessung — des Eisens Rücksicht genommen werden. Bei der Erwärmung von 0 bis 100° dehnt sich das Eisen um $^1/_{901}$ seiner Länge aus, über 100° wird die Ausdehnung stärker, und zwar durch Dampf bis 4 Atm. (145,5°) ca. um $^1/_{450}$.

„Die Gußstücke sollen aus grauem, weichem Eisen sauber und fehlerfrei gegossen sein. Es muß möglich sein, mittels eines gegen eine rechtwinklige Kante mit dem Hammer geführten Schlages einen Eindruck zu erzielen, ohne daß die Kante abspringt. Das Eisen muß feinkörnig und zähe sein und sich mit Meißel und Feile bearbeiten lassen. Die Zugfestigkeit soll mindestens 12 kg auf das Quadratmillimeter betragen. — Ein unbearbeiteter Stab von 30 mm Seite, auf 1 m voneinander entfernten Stäben liegend, muß bis zu 450 kg zunehmender Belastung in der Mitte aufnehmen können, bevor er bricht." (Normen des Vereins deutscher Eisenhüttenleute 1889 für Bau- und Maschinenguß.) Hämmerbarer und schmiedbarer Guß, der sich leicht bearbeiten, hämmern und schmieden läßt, wird durch oberflächliches Entkohlen des Gußeisens erhalten. Der Hartguß dagegen, erhalten durch schnelles oberflächliches Abkühlen — Eingießen in Formen, welche als gute Wärmeleiter wirken —, liefert Gußstücke, deren Oberfläche die Eigenschaften des weißen Roheisens erhalten, während der Kern infolge langsameren Erkaltens weicher und grau bleibt. Die Eisenmischungen für Hartguß enthalten einen Zusatz von Mangan und Silizium zu gleichen Teilen. Phosphorhaltiges Eisen ist dünnflüssig, aber sehr spröde und kaltbrüchig, es kann im allgemeinen für Gußwaren nicht gebraucht werden. Der Schwefel vermindert die Festigkeit und macht das Eisen porös und daher für Gußzwecke auch unbrauchbar.

Da die Druckfestigkeit des Gußeisens die Zugfestigkeit um das 6fache übertrifft, wird es besonders zu Trägern und Stützen verwendet. Man gibt ihm dabei eine 4—6fache Sicherheit.

Spez. Gewicht 7—7,5. Schmelzp. 1150—1250°. Wärmeleitung 11,9 ($Ag = 100$). Elektr. Leitung 6—9 ($Hg = 1$). Zulässige Beanspruchung für das Quadratzentimeter auf Zug 150 kg, auf Druck 500 kg, auf Abscherung 200 kg.

Weißes Roheisen enthält den Kohlenstoff gebunden, also legiert, und außerdem Mangan in wechselnden Mengen von 1,5 bis über 20 %. Während das Silizium, als dem Kohlenstoff chemisch nahestehend, zur Ausscheidung desselben (bei der Bildung von grauem Roheisen) beiträgt, wirkt hier das Mangan im entgegengesetzten Sinne und hilft den Kohlenstoff binden. Das weiße Roheisen wird zur Herstellung von Schmiedeeisen und Stahl verwendet.

Spez. Gewicht 7,0—7,3. Schmelzp. 1050—1100°.

Schmiedbares Eisen ist das aus Erz oder weißem Roheisen hergestellte Eisen mit 0,04—1,6 % Kohlenstoff. Es ist bei gewöhnlicher Temperatur weniger spröde als Roheisen, erweicht beim Erhitzen allmählich bis zum Schmelzen. Ist es aus dem flüssigen Zustande erhalten, so heißt es Flußeisen, aus dem teigigen Zustand gewonnen: Schweißeisen. Das Flußschmiedeeisen enthält weniger als 0,12 % Kohlenstoff und ist gewöhnlich fester als das Schweißeisen, das bis zu 0,5 % Kohlenstoff enthält; beide sind nicht so fest, aber zäher und geschmeidiger als Stahl. Schmiedeeisen dehnt sich stärker aus als Gußeisen, was bei der Verwendung beider Arten im Apparatebau zu berücksichtigen ist. Es besitzt eine faserige Struktur, die durch anhaltende Erschütterung und schroffen Temperaturwechsel in den körnigen Zustand übergeht, welcher leichter zu Brüchen Veranlassung gibt. Durch Hämmern wird es härter und elastischer, verliert an Geschmeidigkeit, und durch Ausglühen wird es wieder weich und geschmeidig. Beim Erhitzen durchläuft es folgende Glühstadien: Anlaufen 400°, Anfang des Rotglühens 525°, Dunkelrotglut 700°, Gelbrotglut 800—1000°, Gelbglut 1200°, Weißglut 1300°, starke Weißglut 1400°, Schmelzglut 1600—2000°.

Das schmiedbare Eisen kommt in der Form von Flach-, Band-, Quadrat-, Rund- und Fassoneisenstäben und von Blechen in den Handel. Die starken Bleche heißen Kesselbleche.

Für Zug gibt man dem Schmiedeeisen 6—10fache, für Biegung 4—6 fache Sicherheit. Die zulässige Beanspruchung für das Quadratzentimeter auf Zug und Druck ist 750 kg, auf Abscherung 600 kg. Spez. Gewicht 7,5—7,8.

Stahl ist härtbares Schmiedeeisen, von grauweißer bis reinweißer Farbe, so daß er im polierten Zustande vom Schmiedeeisen nicht zu unterscheiden ist. Je dichter und gleichmäßiger sein Korn ist, desto besser ist seine Qualität. Er gibt am Feuerstein Funken. Der Kohlenstoffgehalt des Flußstahls ist höher als 0,12 %, der des Schweißstahls höher als 0,5 %. Er ist spröder und fester als das Schmiedeeisen und seine Elastizität doppelt so groß. Mit zunehmendem Kohlenstoffgehalt nimmt die Schweißbarkeit ab und die Härte zu; obgleich die Härte des Stahls nicht die des weißen Gußeißens erreicht, so kann sie doch so groß werden, daß sie der besten Feile widersteht und Glas schneidet. Um die Härte zu mildern und die Elastizität zu erhöhen, wird der Stahl der Oxydation, dem Anlaufen unterworfen, d. h. er wird an der Luft erhitzt, wobei die Oberfläche des Stahls eine Reihe von Farbentönen durchläuft, die mit bestimmten Temperaturen zusammenfallen und somit zur Beurteilung der gewünschten Härte dienen. Es ist folgender Zusammenhang zwischen Farbe und Temperaturen ermittelt: blaugelb 220°, strohgelb 232°, goldgelb 243°, braun 254°, purpurfleckig 266°, purpurfarbig 277°, hellblau 288°, dunkelblau 293°, schwarzblau 316°, Verschwinden der Farbe 360°.

Andererseits lassen sich die aus Stahl gefertigten Gegenstände, besonders Werkzeuge, also nach ihrer Bearbeitung, auch härten, indem sie in glühendem Zustande mit einem der zahlreichen Härtemittel bestreut und nachher durch Eintauchen in Wasser abgekühlt werden. Um den richtigen, durch nachheriges Anlaufen vielleicht noch abzustimmenden Härtegrad zu erreichen, sind eine Reihe von Einzelheiten, wie die Zusammensetzung des Stahls, Grad des Ersitzens, die Eigenschaft des Härtemittels zu berücksichtigen.

Spez. Gewicht 7,1—7,86. Schmelzp. 1400—1600°.

Zusätze von Kobalt, Wolfram, Molybdän und Nickel geben dem Stahl Eigenschaften, welche ihn für viele Zwecke geeigneter machen, indem namentlich die Härte erheblich vermehrt wird. So ist der Nickelstahl von ganz besonderer Zähigkeit und vom Roste nur wenig angreifbar.

Die Preise der Eisensorten sind Schwankungen unterworfen, deshalb sind die nachstehend genannten Zahlen auch nicht sehr zuverlässig.

Es kosteten Gußeisen, gewöhnlicher Bauguß 15—16 M., Maschinenguß 24—28 M., emaillierte Töpfe 36—50 M. pro 100 kg. Schweißeisen: der Grundpreis für 100 kg ist gegen 18 M., zu dem die nach den Qualitäten und Handelsformen variierenden Überpreise von 1—4 M. pro 100 kg kommen. Die Preise des Gußstahls richten sich nach Güte und Herkunft: Maschinenstahl 22—50 M., Schweißstahl und Gußstahl für Gesteinsbearbeitung 55—70 M., Gußstahl für Werkzeuge 65—150 M. pro 100 kg.

Von den chemisch-technischen Eigenschaften des Eisens ist zu sagen, daß es sich an trockner Luft nicht verändert, in feuchter dagegen, also unter den gewöhnlichen Verhältnissen, und mit lufthaltigem Wasser in Berührung gebracht, rostet es. Schmiedeeisen rostet stärker als Gußeisen, und von letzterem ist das nicht bearbeitete, welches die sogen. Gußhaut behält, wiederum dasjenige, welches weniger vom Rost angegriffen wird und auch die Anstrichfarbe besser haften läßt. Kohlensäure und Säuredämpfe sowie saures Wasser, die Salzlösungen, besonders Ammoniaksalze begünstigen die Rostbildung sehr. Alkalien verhindern dieselbe. Die Rostbildung beginnt nur langsam, schreitet dann aber rascher fort. Zu ihrer Vermeidung müssen daher alle Eisenflächen mit einem schützenden Anstrich von Leinölfirnis, Ölfarbe oder Asphaltlack versehen oder auf galvanischem Wege durch Bildung einer fest anhaftenden Eisenoxydschicht oder durch einen dünnen Überzug von Zinn oder Zink oder Blei geschützt werden. Das Grundieren mit Mennige ist noch sehr verbreitet, aber nach Feststellungen neuerer Zeit nicht zu empfehlen, weder als rostschützendes Mittel, noch zum Schutze gegen elektrische Einflüsse. Ölpapierumkleidung ist ein guter Rostschutz. Stark verrostete Eisenteile werden entweder gut mit Petroleum eingeölt und nach längerer Einwirkung mit einer Stahlbürste abgebürstet oder — wenn sie Hitze vertragen können — auf dem Schmiedefeuer heiß gemacht, wobei sich das Eisen ausdehnt und der Rost abspringt. In Kalk oder Gips gebettetes Eisen rostet sehr stark bis ins Innerste, dagegen solches in Zement oder Asphalt gebettetes so gut wie gar nicht. Während bekanntlich verdünnte Säuren das Eisen lebhaft angreifen, wird es von konzentrierter Salpetersäure und kalter konzentrierter Schwefelsäure nicht angegriffen. Solches in Berührung mit konzentrierter Salpetersäure gewesenes, passiv gemachtes Eisen wird auch von verdünnten Säuren nicht gelöst und fällt metallisches Kupfer nicht aus dessen Lösungen aus.

Kupfer. Es hat eine charakteristische rote Farbe, eine hohe Politurfähigkeit, mäßige Härte, große Festigkeit und Geschmeidigkeit. Daher läßt es sich vortrefflich mit dem Hammer bearbeiten. Das geschmolzene Kupfer wird bei dem Erkalten blasig und zeigt vor dem Erstarren die Eigenschaft des Spratzens, deshalb eignet es sich im allgemeinen nicht zur Herstellung von Gußwaren. Trotzdem ist es möglich, wenn es die Technik verlangt, Gußstücke aus Kupfer unter ganz bestimmten Manipulationen herzustellen. Meist aber werden in solchen

Fällen die für Gußzwecke sehr geeigneten Kupferlegierungen (s. d.) verwendet. Das kupferoxydhaltige Kupfer wird rotbrüchig; Schwefel, Arsen, Antimon, Blei machen es bei Überschreitung eines gewissen Prozentgehaltes teils rot-, teils kaltbrüchig. Zu Draht gezogen, wird das Kupfer vorübergehend spröde und durch Ausglühen wieder dehnbar gemacht. Durch Hämmern werden die Kupferbleche härter und steifer, deshalb werden auch alle aus Kupferblech hergestellten Apparate gehämmert. Das Kupfer leitet die Wärme besser als Schmiedeeisen. Blank geputzte Kupferflächen strahlen weniger Wärme aus, daher hat das Blankhalten der Kupfergefäße und -Röhren für Dampfleitungen nicht nur einen ästhetischen, sondern auch einen ökonomischen Wert.

Diese schätzbaren physikalischen Eigenschaften geben dem Kupfer eine ausgedehnte Verwendung in dem Apparatebau, soweit es sein dem Eisen gegenüber etwa siebenmal höherer Preis zuläßt.

Spez. Gewicht 8,9. Schmelzp. 1050°. Wärmeleitung 73,6 ($Ag = 100$). Elektr. Leitung 55 ($Hg = 1$). Linear. Ausdehnungskoeffizient 0,0000171.

Die Preise für Kupfer — und Messing — richten sich nach dem Tageskurs für Rohkupfer, der in den Tageszeitungen für good merchantable brands (gmbs.) in £ Sterling für die engl. Tonne angegeben ist. Dieser Preis doppelt genommen, gibt unter Hinzufügung der für die Kupferfabrikate geltenden Zuschläge den Preis in Mark für 100 kg an.

Diese Zuschläge sind etwa

für Rundblech und Kesselkupferbleche . . .	30 M.
„ Kupferröhren ohne Naht	65 „
„ Messingröhren	35 „

Bei einer Notierung für good merchantable brands von 75 £ kosten also 100 kg Kupferröhren ohne Naht 65 + 150 = 215 M.

Das Kupfer ist beständig gegen atmosphärische Einflüsse. Destilliertes Wasser wird leicht kupferhaltig bei der Verwendung von kupfernen Kühlschlangen zur Kondensierung des Dampfes. Bei Lösungen nicht flüchtiger Salze ist die in ihnen enthaltene Säure von Einfluß auf ihre lösende Wirkung. Die geringste Einwirkung haben die Nitrate, dann kommen die Sulfate, Karbonate und alkalisch reagierenden Salze, während die Chloride das Kupfer am stärksten angreifen; daher wird es auch sehr stark vom Meerwasser angegriffen. Auch die Einwirkung ammoniakalischer Flüssigkeiten auf das Kupfer und seine Legierungen ist sehr stark, weshalb die sonst vielfach verwendeten Messinghähne für solche Laugen nicht brauchbar sind. Von Salzsäure und verdünnter Schwefelsäure wird das Kupfer kaum angegriffen. Salpetersäure löst das Kupfer um so lebhafter, je mehr salpetrige Säure sie enthält. Die schwächeren und die organischen Säuren, Fettsäuren und Fette greifen das Kupfer wenig und nur bei Luftzutritt an. Will man Kupfergefäße vor dem auflösenden Einfluß der darin enthaltenen Flüssigkeiten schützen, so kann man — wenn eine solche Verunreinigung nichts schadet — ein Stück

Eisen hineinlegen, welches bekanntlich das Kupfer aus seiner Lösung niederschlägt und folglich seine Auflösung verhindert.

Blei. Es ist sehr weich, biegsam und zähe. Es läßt sich mit dem Messer schneiden, färbt auf Händen, Papier und Leinzeug ab. Werkblei muß mit der Raspel, nicht mit der Feile bearbeitet werden, da es die Zähne der letzteren schnell verstopft. Seine geringe absolute Festigkeit macht das Ausziehen zu Draht und Röhren unmöglich, diese werden vielmehr durch Pressen in Formen hergestellt. Bis fast zum Schmelzpunkt erhitzt, wird das Blei spröde und bricht unter dem Hammer in Stücke. Nach dem Schmelzen erstarrt es ruhig mit eingesenkter Oberfläche. Bei der sehr ausgedehnten Verwendung des Bleies in der chemischen Apparatur ist der Umstand zu berücksichtigen, daß es beim Warmwerden merklich weicher wird und sich beträchtlich ausdehnt, ohne beim Erkalten sich wieder zusammenzuziehen. Diese Weichheit bedingt es, daß die Apparate auf die eine oder andere Weise versteift oder häufig nicht aus Blei selbst hergestellt, sondern nur damit ausgekleidet werden. Dabei ist, wo es nur immer angängig ist, die Form des auszukleidenden Gefäßes so zu wählen, daß das Blei nicht die Neigung haben kann, von den Gefäßwandungen abzufallen, sondern daß es sich vielmehr durch seine eigene Schwere gegen diese anlegt. Infolge der genannten Eigenschaften des Bleies treten unter dem Einfluß von Wärme und Druck Deformierungen solcher mit Blei ausgelegten Gefäße ein, die teils als Beulenbildung, teils als Durchbiegungen die Sicherheit der Apparate gefährden. Um diesem Mißstande abzuhelfen, kann die Auskleidung durch Auflöten von Blei, durch homogene Verbleiung oder Bleiplattieren hergestellt werden, was zwar kostspieliger ist, aber, da das Blei vollkommen mit dem schützenden Metall verbunden wird, sehr widerstandsfähigere Wandungen liefert. Auf die Reinheit des Bleies für diese Verwendung ist deshalb zu achten — und die Handelsbleie sind durchaus nicht immer rein — weil die Verunreinigungen die Schmelzbarkeit begünstigen und die Widerstandsfähigkeit gegen Chemikalien herabdrücken und daher auch die Möglichkeit zur Bildung lokaler Defekte vergrößern.

Spez. Gewicht 11,4. Schmelzp. 320—330°. Siedep. gegen 1700°. Wärmeleitung 8,5 ($Ag = 100$). Elektr. Leitung 4,6 ($Hg = 1$). Linear. Ausdehnungskoeffizient 0,000 029 24.

Die Preise des Bleies sind schwankend, je nach der Stärke kosten 100 kg 28—36 M., gekörntes Blei 60 M. Das Bleiblech wird in Rollen bis zu 3 m Breite und 15 m Länge in jeder Abmessung geliefert. Zur Berechnung des Gewichtes von Bleiplatten diene der Anhalt, daß 1 qm Bleiblech von 1 mm Stärke 11,5 kg wiegt.

Das Blei ist gegen Luft und Feuchtigkeit beständig. Von reinem luft- und kohlensäurehaltigen Wasser wird es stark angegriffen, ebenso begünstigen Nitrate, Nitrite, Chloride, Tartrate, Zitrate, Ammoniakverbindungen und faulende Substanzen die Lösung des Bleies, während Alkalisulfate und -karbonate und freie Kohlensäure im entgegengesetzten Sinne wirken. In Berührung mit anderen Metallen, wie Platin, Eisen, Zinn, erhöht sich seine Löslichkeit in Wasser. Von Ätznatron wird das Blei lebhaft, seine Legierungen jedoch gar nicht angegriffen. In Salpetersäure ist es um so löslicher, je mehr salpetrige Säure sie enthält; verdünnte warme Salpetersäure löst es sehr leicht, konzentrierte schwieriger. Salzsäure und Schwefelsäure haben eine nur geringe lösende Kraft, die sich aber durch die gleichzeitige Anwesenheit anderer, besonders Sauerstoffsäuren erhöht. Organische Säuren lösen Blei in beträchtlichem Maße, die Anwesenheit von Schwefelsäure vermindert jedoch ihre lösende Kraft. Mit Kupfer und Antimon legiertes Blei wird von Schwefelsäure, zumal in der Wärme, viel energischer angegriffen als reines Blei. Wenn die Schwefelsäure auch schließlich das Blei bei höherer Temperatur angreift, so ist es doch, abgesehen von Platin und Kupfer, dasjenige Metall, welches in ausgedehntester Weise in der Technik gebraucht wird, wo nur immer freie Schwefelsäure zur Verarbeitung kommt.

In Zement gebettetes Blei wird mürbe und brüchig, deshalb schützt man solche Röhren mit einem dicken schützenden Anstrich oder einer Umkleidung von Asbest, Dachpappe u. dergl.

Zink. Es kommt als Blendezink und als Galmeizink in den Handel; letzteres ist das reinere, ohne jedoch frei von Verunreinigungen zu sein. Es ist von bläulich-weißer Farbe und starkem Metallglanz. In ganz reinem Zustande ist es etwas dehnbar. Durch Verunreinigungen wird es im allgemeinen spröder; ein Gehalt von 0,5 % Blei hingegen macht es geschmeidiger. Eisen bis zu 0,3 % hat in dieser Hinsicht keinen Einfluß. Die Eigenschaft des Zinks, unter geringem Druck oder auch bei einer Temperatur von 100—150° dehnbar zu werden und es nach dem Erkalten auch zu bleiben, ist für die Technik von großem Werte, denn dadurch allein wird seine Verwendung zur Herstellung von Blechen und Drähten ermöglicht. Bei 205° wird es so spröde, daß es gepulvert werden kann. Es läßt sich ebenso wie das Blei schlecht mit der Feile, besser mit der Raspel bearbeiten. Das Zink dehnt sich von allen Gebrauchsmetallen am gleichmäßigsten und stärksten aus, zieht sich nach dem Guß aber auch sehr gleichmäßig zusammen.

Spez. Gewicht 6,86, gewalzt 7,20. Schmelzp. gegen 420°; entzündet sich bei ca. 500° an der Luft. Siedep. 930°. Wärmeleitung 19 ($Ag = 100$). Elektr. Leitung 15 ($Hg = 1$). Linear. Ausdehnungskoeffizient 0,0000292.

100 kg kosten an 50—54 M.

Zink ist an der Luft und in Wasser beständig. Von kochendem Wasser wird es langsam oxydiert. Säuren und Alkalien lösen das Zink um so leichter, je unreiner es ist, und reines Zink wird von Säuren um so leichter gelöst, je langsamer es aus dem Zustande der Glühhitze erkaltet war. Zink fällt Kupfer, Silber, Blei, Kadmium aus ihren Lösungen. Geschmolzenes Zink kann bis zu 5 % Eisen auflösen.

Zinn. Von allen Zinnsorten sind das Bankazinn und das Malakkazinn aus Ostindien, dann das englische Kornzinn die reinsten, das sächsische und böhmische Zinn sind weniger rein. Das Zinn besitzt eine schwach bläulich-silberweiße Farbe und hohen Metallglanz. Nächst dem Blei ist es das weichste der Gebrauchsmetalle. Es knirscht beim Biegen (Zinngeschrei); beim Reiben zwischen den Fingern erteilt es denselben einen eigentümlichen, lange anhaftenden Geruch. Es ist sehr dehnbar und läßt sich zu dünnen Blättchen, Stanniol, auswalzen. Nach dem Reichsgesetz von 1887 darf das für Eß-, Trink- und Kochgeschirr verwendete Zinn nicht mehr als 10 % Blei enthalten. Bei 100° läßt sich das Zinn zu Draht ausziehen, bei 200° dagegen ist es spröde und pulverisierbar.

Das geschmolzene Zinn dehnt sich beim Erstarren aus. Eisen macht das Zinn hart und spröde, beeinträchtigt den Glanz und die Farbe. Blei und Kupfer erhöhen die Festigkeit und Härte. Es läßt sich feilen, sägen, bohren und hämmern.

Spez. Gewicht 7,3. Schmelzp. 238°. Siedep. 1500—1600°. Wärmeleitung 13,65 ($Ag = 100$). Elektr. Leitung 9,87 ($Hg = 1$). Linear. Ausdehnungskoeffizient 0,0000271.

Der vielen Schwankungen unterworfene Preis beträgt im Mittel 360 bis 380 M. pro 100 kg.

Das Zinn widersteht oxydierenden Einflüssen sehr gut und wird bei gewöhnlicher Temperatur auch von Wasser nicht angegriffen, ebenso nicht von schwachen Säuren. Deshalb, sowie seiner leichten Verarbeitung wegen wird es für chemische Apparate mannigfach verwendet. Dauernder Einfluß von Temperaturen unter 10° machen das Zinn brüchig; es erleidet die „Zinnpest“.

Nickel. Es ist ein silberweißes, ins Stahlgraue schimmerndes, stark glänzendes, sehr hartes, politurfähiges, magnetisches Metall, das sich schmieden, schweißen, zu Platten walzen und zu Draht ausziehen läßt. Den Magnetismus verliert es bei 350°. Seine Zähigkeit verhält sich zu der des Eisens, mit welchem es sehr viele Ähnlichkeiten hat, wie 9 : 7. Es läßt sich mit Schmiedeeisen und auch mit Stahl zusammenschweißen. In der chemischen Industrie bürgert sich das Nickel immer mehr ein, und in Form von Schalen, Deckeln und Tiegeln ersetzt es in vielen Fällen die teuren Platinapparate. Nickelkochgeschirre sind sehr verbreitet.

Spez. Gewicht 8,9. Schmelzp. nach verschiedenen Angaben 1392 bis 1600°. Elektr. Leitung 7,37 ($Hg = 1$). Linear. Ausdehnungskoeffizient 0,0000128.

100 kg kosten 450—600 M.

Das Nickel ist sehr widerstandsfähig gegen atmosphärische Einflüsse. Verdünnte Säuren, besonders verdünnte Salpetersäure, greifen es an. Von konzentrierter Salpetersäure wird es passiv gemacht. Alkalien greifen es wenig an, nur starke konzentrierte Laugen.

Platin. Ein glänzend silberweißes, hämmer- und schweißbares, sehr geschmeidiges Metall, das sich zu Blech walzen und zu Draht ausziehen läßt. Nach dem Gold und Silber besitzt es die größte Dehnbarkeit. Ähnlich wie beim Eisen unterscheidet man gehämmertes und geschmolzenes Platin. Das für technische Zwecke verwendete Platin enthält eine Beimischung von 2 % Iridium, wodurch es härter und widerstandsfähiger gegen chemische Agenzien wird; deshalb ist in den für die Schwefelsäureindustrie hergestellten Platinapparaten der Iridiumgehalt absichtlich sehr groß.

Spez. Gewicht 21,5. Schmelzp. gegen 1800°. Wärmeleitung 8,4 ($Ag = 100$). Elektr. Leitung 6,5 ($Hg = 1$). Linear. Ausdehnungskoeffizient 0,00000899.

Der sehr schwankende Preis ist gegenwärtig etwa 1400 M. pro 1 kg.

Das Platin ist äußerst widerstandsfähig gegen chemische Angriffe, von Säuren wirkt nur Königswasser darauf ein und konzentrierte Schwefelsäure bei Verunreinigung mit salpetriger Säure. Feuchtes Chlor, schmelzende Alkalien und Schwefelalkalien und auch Ätzbaryt hingegen greifen Platin leicht an. Ferner verbindet es sich direkt mit Phosphor, Arsen, mit leicht reduzierbaren Metalloxyden und mit schmelzenden Metallen zu ebenso leicht schmelzenden Legierungen. Auch glühende Kohle greift Platin stark an.

Um die durch den Gebrauch angegriffene Oberfläche der Platingefäße zu reinigen, werden sie mit sehr feinem Sande abgescheuert oder man schmilzt darin Kaliumbisulfat.

Silber. Es ist elastisch, zähe und dehnbar. In der Weißglut fängt es an sich zu verflüchtigen. Im Knallgasgebläse kocht es und kann destilliert werden. Vor dem Erstarren zeigt es wie das Kupfer und Platin die Erscheinung des Spratzens, das durch Bedecken des geschmolzenen Silbers mit Kohlenpulver oder Kochsalz vermieden werden kann. Das Silber enthält immer Spuren von Verunreinigungen.

Spez. Gewicht 10,5. Schmelzp. 960°. Wärmeleitung 100. Elektr. Leitung 59 ($Hg = 1$). Linear. Ausdehnungskoeffizient 0,0000192.

1 kg kostet annähernd 90 M.

Neben anderen Eigenschaften gibt ihm seine Widerstandsfähigkeit gegen Alkalien eine verbreitete Anwendung zu chemischen Apparaten.

Aluminium. Von zinnweißer Farbe, ist es so hart wie Silber, sehr gut schmiedbar und dehnbar. Seine geringe Schwere in Verbindung mit seiner Festigkeit und seinem guten Leitungsvermögen für Wärme und Elektrizität führen es in der Technik mehr und mehr ein. Das Löten ist, wenn auch noch etwas schwierig, so doch immerhin ausführbar. Die Zugfestigkeit des gegossenen Aluminiums ist gleich der des Gußeisens, die des geschmiedeten, gezogenen und gewalzten Aluminiums aber beträchtlich höher.

Das Aluminium wird als Reinigungsmittel bei dem Stahlguß verwendet, indem es das Steigen des Stahls und die Bildung von Blasenrinnen verhindert.

Spez. Gewicht 2,7. Schmelzp. 660°. Wärmeleitung 37 ($Ag = 100$). Elektr. Leitung 32 ($Hg = 1$). Linear. Ausdehnungskoeffizient 0,000 023 13.

1 kg Aluminium kostet gegen 3 M.

Luft, Wasser und Schwefelwasserstoff sind ohne Einwirkung auf das Aluminium, ebenso greifen es verdünnte und konzentrierte kalte Salpetersäure sowie kalte konzentrierte Schwefelsäure nicht an, lebhaft dagegen Alkalien und Salzlösungen, besonders Chloride und Nitrate. Organische Säuren haben einen schwachen Einfluß und Fette und Fettsäuren selbst bei Luftzutritt gar keinen. In dieser Hinsicht kann das Aluminium als das widerstandsfähigste aller Gebrauchsmetalle bezeichnet werden. Auch ist Phenol ohne jeden Einfluß.

In Berührung mit anderen Metallen wird das Aluminium stark positiv elektrisch und bildet in Berührung mit allen Gebrauchsmetallen und Säuren oder Salzlösungen ein galvanisches Element, in dem das Aluminium die Rolle des sich auflösenden Metalles spielt. Mit Kupfer gibt es einen starken, mit Eisen und Zinn einen schwachen Strom. Dieses Verhalten des Aluminiums anderen Metallen gegenüber ist bei seiner Verwendung in der Technik nicht außer acht zu lassen.

Das Aluminium des Handels enthält in der Regel bis zu 5 % Eisen und Kieselsäure.

Legierungen.

Man kann die Legierungen als chemische Verbindungen im weiteren Sinne betrachten, weil sie einerseits nicht bloße Gemenge bilden, andererseits aber auch nicht nach festen Molekulargewichtsverhältnissen zu erfolgen brauchen. Die Eigenschaften der Legierungen sind neue und nicht ohne weiteres ableitbar aus den Mischungsverhältnissen der darin befindlichen Metalle. Aus diesem Grunde spielen die Legierungen in der Metalltechnik eine bedeutende Rolle, weil man eben in ihnen andere Metalle mit neuen, teils physikalischen, teils chemischen Eigenschaften erzeugen kann. Man kann geradezu sagen, daß die technisch wertvollsten Metalle Legierungen sind. Als allgemeine Charakteristika lassen sich anführen: Die Legierungen sind stets spröder als das weichste der zusammengeschmolzenen Metalle. Die Härte ist größer als die des weichsten darin befindlichen Metalles. Die Streckbarkeit wird geringer als die ihres dehnbarsten Metalles. Das spezifische Gewicht ist selten das aus der Zusammensetzung berechenbare. Der Schmelzpunkt ist in den meisten Fällen geringer als der des leichtflüssigsten Metalles. Chemische Agenzien und Luft pflegen auf Legierungen schwächer einzuwirken als auf die einzelnen Metalle.

Die technisch wichtigeren Legierungen für die chemische Industrie sind die des Kupfers mit Zink und Zinn, des Bleies mit Antimon und auch die leicht schmelzbaren Legierungen von Rose und Wood. Außer diesen dienen noch eine große Menge anderer Legierungen verschiedenen speziellen Zwecken, für welche sie durch die Erfahrung als besonders brauchbar ermittelt worden sind. Im allgemeinen lasse man nicht außer acht, daß bei der Vereinigung verschiedener Metalle, also auch bei Legierungen, elektrische Spannungen entstehen können, welche die Dauerhaftigkeit der Apparate zu beeinträchtigen vermögen.

Kupferlegierungen.

Messing (Kupfer und Zink). Die Legierungen des Kupfers zeichnen sich vor diesem meist durch größere Härte und Steifheit, leichtere Schmelzbarkeit und dünneren Fluß, geringere Oxydierbarkeit und größere Billigkeit aus. Vermehrung des Kupfergehalts bedingt größere Hämmerbarkeit, Weichheit und Dichtigkeit des Korns, aber auch einen höheren Preis. Mehr Zink gibt größere Härte, Sprödigkeit, hellere Farbe und größere Wohlfeilheit.

Das gewöhnliche Messing, der Gelbguß, enthält durchschnittlich 30 % Zink. Es eignet sich sehr zu Gußwaren, weil es dünnflüssig ist, die Form gut ausfüllt und einen dichten Guß liefert, ferner für Gegenstände, welche Härte und Steifheit bedürfen, und wegen seiner Dehnbarkeit zu dünnen Blechen und Drähten. Sein Ausdehnungskoeffizient ist 0,000018.

Rotmessing, Tombak, unterscheidet sich vom Gelbmessing durch den höheren Kupfergehalt, gegen 80 % und mehr. Es wird besonders da verwendet, wo Weichheit, große Dehnbarkeit und eine rötere Farbe gefordert werden.

Beide Messingarten enthalten häufig auch Zinn und Blei.

Weißmessing mit ca. 50—80 % Zink ist hart, spröde, von silberweißer Farbe und nur zu Gußwaren verwendbar.

Delta-Metall ist eine eisenhaltige Kupfer-Zinklegierung von sehr hoher Festigkeit und Zähigkeit, die sich bei Rotglut schmieden läßt.

Phosphor-Kupfer ist ein 5—15 % Phosphor haltendes Kupfer, das als Zusatz zum Raffinieren alter Metalle und zur Erzielung eines blasenfreien, dichten, zähen Gusses geschätzt wird.

Das Schlag- oder Hartlot besteht aus Kupfer und Zink, selten mit anderen Zusätzen.

Der Grundpreis für Messingbleche, -stäbe und -draht ist rund 150 M., für Delta-Metall 100—190 M. und für Schlaglot 165—200 M. pro 100 kg.

Bronze (Kupfer und Zinn, häufig auch Zink und andere Metalle). Der Prozentgehalt beider Metalle liegt zwischen sehr weiten Grenzen; ein höherer Kupfergehalt liefert rote, ein solcher von Zinn weiße Bronzen. Das Zinn härtet das Kupfer weit stärker als Zink, auch macht es dasselbe leicht flüssiger und dehnbarer. Ein geringer Prozentgehalt an Zink ist für die Widerstandsfähigkeit und die technischen Eigenschaften eher vorteilhaft als nachteilig, bis 2 % erhöhen die absolute Festigkeit, Zähigkeit und Elastizität.

Unter Metall schlechthin versteht man eine viel verwendete Legierung, die etwa aus 90 % Kupfer, 5 % Zinn und 5 % Zink besteht.

Maschinenbronze für Achsenlager, Schieber, Dichtungsringe, Kammräder enthält gegen 80—90 % Kupfer, auch 2—4 % Zink.

Rotguß ist eine zink-, bisweilen auch bleihaltige Bronze, welche, wie auch die übrigen, sehr säurebeständig ist.

Andere Bronzen sind: Glocken-, Geschütz-, Kunst-, Münzbronze.

Der Preis der technischen Bronzearten bewegt sich zwischen 240—280 M. pro 100 kg.

Phosphorbronzen. Der Phosphorzusatz zu den Bronzen geschieht zu ihrer Reinigung, zur Entfernung des in ihnen enthaltenen Sauerstoffs. Er erhöht die Festigkeit und Dehnbarkeit, macht die Bronzen also dichter und zäher, außerdem sehr widerstandsfähig gegen Säuren. Der Phosphorgehalt beträgt für einige Zwecke bis 3 %, meist aber weniger als 0,5 %. Die gewöhnliche Phosphorbronze läßt sich bei niedrigem Zinngehalt (bis 2 %) walzen und hämmern.

Die Stahlphosphorbronze ist sehr haltbar und äußerst säurebeständig und eignet sich deshalb für Maschinen- und Apparatenteile, welche einem hohen Drucke und starker Einwirkung von Säuren ausgesetzt sind.

In der Manganbronze wirkt das Mangan wie der Phosphor sauerstoffentziehend und ersetzt zugleich das Zinn.

Dieselbe desoxydierende Wirkung in der Siliziumbronze hat das Silizium, welches gleichzeitig die Festigkeit erhöht und die Dehnbarkeit verringert. Daher wird die Siliziumbronze besonders zu Telephon- und Telegraphendrähten verwendet.

Babbit besteht aus Kupfer 4 %, Zink 69 %, Blei 5 %, Antimon 3 %, Zinn 19 %. Es erweicht bei 165° und schmilzt bei 175°.

Aluminiumlegierungen.

Aluminiumbronze (aus Kupfer und Aluminium) enthält bis 10 % Aluminium. Sie ist äußerst widerstandsfähig gegen oxydierende Einflüsse, gegen Ammoniak, Alkalien, Schwefel, Chlor, Kochsalz, Alaun, Sulfitlaugen.

1 kg kostet 1,50—2 M.

Aluminiummessing mit 33 % Zink und 0,5—4 % Aluminium läßt sich schon bei dunkler Rotglut schmieden und dient häufig als Ersatz für die teueren Aluminiumbronzen, wenn nicht ganz so hohe Ansprüche an ihre Widerstandsfähigkeit gestellt werden.

Magnalium besteht aus Aluminium und Magnesium in wechselnden Verhältnissen (meist 10 % Magnesium) und zeigt ganz andere, wertvolle Eigenschaften, welche keinem der beiden Metalle einzeln zukommen. Es ist lötbar, sehr bruchsicher, dehnbar und politurfähig. Das spez. Gewicht ist 2,4—2,57, der Schmelzpunkt 650—700°. Zugfestigkeit: 24 kg für

1 qmm. Magnaliumguß und -bleche von 1,4—7 mm Dicke kosten pro 1 kg 9—18 M.

Aluminium und Eisen. Mit mehr als 1—2 % Eisen wird das Aluminium brüchig. Gußeisen mit 15 % Aluminium wird kaum von der Feile angegriffen. Stahl mit 7 % Aluminium und 1 % Mangan ritzt weiches Glas.

Aluminium gibt ferner brauchbare Legierungen mit Zinn, Zink, Nickel, Neusilber, Silber, Titan.

Hartblei. Zusätze von Zinn, Antimon, Kupfer, Silber, Eisen machen das Blei härter. Eine Mischung aus Blei und Antimon bis zu 20 %, welche gewöhnlich mit Hartblei bezeichnet wird, besitzt eine geringe Geschmeidigkeit und Dehnbarkeit, aber eine um so größere Druckfestigkeit. Deshalb wird das Hartblei vorteilhaft verwendet, wenn neben der chemischen Indifferenz des Bleies eine größere Härte des Metalls gefordert wird (s. Blei).

Weißmetall ist eine Antimon-Zinn-Kupferlegierung. Eine gute Mischung hat das Verhältnis von 82 + 12 + 6. Ein häufig angepriesenes billigeres Weißmetall ist eine Antimon-Zinn-Bleilegierung, die als Material für Lagerschalen und Stopfbüchsen wegen ihrer die Reibung vermindernden Eigenschaft verwendet wird.

100 kg je nach der Härte und Beanspruchung kosten 75—320 M.

Lötzinn, auch Schnelllot genannt, ist eine Mischung von Zinn und Blei von 40—60 % und kostet an 150 M. pro 100 kg.

Woodsche Legierung aus 4 Zinn, 8 Blei, 15 Wismut, 3 Kadmium hat einen bei 70° liegenden Schmelzpunkt, der durch Variation der Bestandteile beliebig erhöht werden kann. Sie wird zu Sicherheitspfropfen für Dampfkessel und als Dichtungsmittel bei Verschlüssen verwendet.

Roses Metall besteht aus 8 Wismut, 6 Blei und 3 Zinn und schmilzt bei 79°.

Lipowitzsche Legierung enthält 15 Wismut, 8 Zinn, 3 Kadmium und wird unter 60° schon weich.

Newtons Metall besteht aus 8 Wismut, 5 Blei und 3 Zinn und schmilzt bei 94,5°.

Bleche.

Die technisch wichtigsten Bleche sind Eisen-, Kupfer-, Zink-, Zinn-, Blei-, Platin-, Aluminium-, Messing- und Bronzebleche. Obgleich sie in den verschiedenartigsten Formen und Stärken hergestellt werden können, haben die gangbaren Handelssorten doch bestimmte Abmessungen. Zum Messen der Stärke dient die Blechlehre. Dieses Instrument ist entweder eine Stahlplatte mit einer Reihe von verschiedenen Einschnitten, die den Nummern der Blechlehre entsprechen, und welche beim Messen des Bleches der Reihe nach auf den Blechrand aufgeschoben werden, bis die der betreffenden Stärke entsprechende Nummer gefunden ist. Oder sie stellt eine Art Mikrometerschraube dar, in welche das zu messende Blech eingeschraubt und die Stärke auf einer mit der Meßschraube verbundenen Teilscheibe abgelesen wird.

Die Größen in Millimeter der 25 Nummern der deutschen Blechlehre sind in nachstehender Tabelle aufgeführt.

No.	mm	No.	mm	No.	mm	No.	mm	No.	mm
1	5,50	6	3,75	11	2,50	16	1,375	21	0,750
2	5,00	7	3,50	12	2,25	17	1,250	22	0,625
3	4,50	8	3,25	13	2,00	18	1,125	23	0,562
4	4,25	9	3,00	14	1,75	19	1,000	24	0,500
5	4,00	10	2,75	15	1,50	20	0,875	25	0,438

Das Gewicht eines Quadratmeters Blech in Kilogramm ist gleich dem spez. Gewicht multipliziert mit der Dicke in Millimetern, wonach z. B. 8 qm eines 5 mm starken Bleibleches 8 . 5 . 11,4 = 456 kg wiegen.

Die Eisenbleche heißen der Stärke nach: bis zu 5 mm Feinbleche, darüber Grobbleche, welche bis zu 18 mm Dicke Kesselbleche und darüber hinaus Panzerbleche heißen. Von den Feinblechen sind das Schwarzblech und das Weißblech, verzinntes Eisenblech, am gangbarsten. Die Vereinigung des ersteren geschieht durch Falzen oder Nieten und die des letzteren durch Falzen oder Weichlöten.

Grobbleche kosten pro 100 kg bis 18 M., Feinbleche je nach der Stärke von 5—0,5 mm 14—30 M.

Das Kupferblech kommt in den Stärken von 0,3—15 mm bei einer Breite von 1 m häufig aufgerollt als Rollkupfer in den Handel. Der Grundpreis desselben (s. Kupfer) beträgt zurzeit ca. 220 M., zu dem für geringere Stärken Zuschläge von 5—25 M. kommen.

Die gangbarsten Stärken des Bleibleches, das als Walzblei in Rollen bis 3 m Breite und bis 15 m Länge geliefert wird, sind 1 bis 10 mm. Die schwankenden Preise dafür sind zurzeit 28—36 M. pro 100 kg.

Draht.

Die Stärke des gewöhnlichen Drahtes beträgt 0,2—12 mm und das zum Messen der Dicke des Drahtes dienende Drahtmaß ist die Drahtlehre, die wie die Blechlehre konstruiert ist. In der deutsch-österreichischen Millimeter-Drahtlehre entsprechen die Nummern dem Zehnfachen der Drahtdicke in Millimetern, so daß z. B. ein Draht No. 30 eine Dicke von 3 mm hat.

Eisendraht aus Schweißeisen hat nach der Berl. Baupol.-Verord. eine Zugfestigkeit von 1200 kg pro 1 qcm.

100 kg der mittleren Stärken (4—5 mm) kosten 20—25 M.

Verzinkter Eisendraht kostet in den Stärken

von	1,0	1,4	2,0	2,5	3,1 mm
	42	34	30	28	27 Pf. pro 1 kg.

Der Kupferdraht wird in Stärken bis zu 0,3 mm herab zu Ringen gewickelt. Der Grundpreis beträgt zurzeit 190 M. pro 100 kg, zu dem für dünnere Sorten als 1,4 mm Überpreise hinzukommen.

Bleidraht kostet bis zu 2 mm Stärke zurzeit 65 M., dicker 58 M. pro 100 kg.

Metallverbindungen.

Die Verbindung der Metalle kann geschehen durch Falzen, Schweißen, Löten, Nieten und Schrauben, je nach der Art der Metalle und dem Zweck der Verbindung.

Falzen. Zur Verbindung dünnerer Bleche dient das Falzen häufig an Stelle des Nietens. Es besteht in der Vereinigung der hakenförmig umgebogenen Ränder. Die Festigkeit der Verbindung hängt von der Pressung ab, unter der die Falznaht geschlossen wird. Sie kann selbst einen wasserdichten Abschluß liefern. Je nach seiner Bildung unterscheidet man den einfachen und doppelten und den liegenden und stehenden Falz.

Schweißen. Die für die chemische Technik in Frage kommenden schweißbaren Metalle sind hauptsächlich das Eisen in der Form des Schmiedeeisens und Stahls, seltener Platin und Nickel und die anderen erwähnten schweißbaren Legierungen.

Die in dem Herdfeuer bis zum beginnenden Schmelzen (Schweißhitze) erhitzten oxydfreien Eisenteile werden auf dem Amboß zu einem einzigen Stücke zusammengeschmiedet, wobei im allgemeinen die Schweißstelle die gleiche Festigkeit wie die übrigen Teile erhält. Die Erzielung dieser Festigkeit ist natürlich beim Zusammenschweißen die Hauptsache und wird teils durch die richtige Ausführung des Schmiedens, teils durch gewisse Zusätze (Schweißpulver) erreicht.

Elektrische Schweißverfahren verschiedener Methoden haben sich auch für manche Sonderzwecke in der Praxis eingeführt.

Das wegen seiner Bequemlichkeit und allgemeinen Verwendbarkeit ausgezeichnete Verfahren von Goldschmidt, die Aluminothermie, beruht darauf, daß ein pulveriges Gemisch von Aluminium und Metalloxyden, Thermit genannt, sich mit Hilfe eines aus Aluminium und Bariumsuperoxyd bestehenden Entzündungsgemisches (der Zündkirsche) mit großer Leichtigkeit, z. B. vermittelst eines Streichholzes, entzünden läßt unter einer Temperaturentwicklung von über 2000°. Die Schmelze besteht dann aus Aluminiumoxyd und Metall. Die zusammenzuschweißenden Enden, wie Röhren, Stäbe, Schienen, werden gereinigt, mit einer geeignetermaßen vorbereiteten Form umgeben, in welche die obige feurig-flüssige Schmelze gegossen wird, wodurch die zu verschweißenden Enden bis zur Schweißhitze glühend werden und sich unter dem Druck der sie zusammenhaltenden Klemmschrauben vereinigen.

Autogenes Schweißen. Bei diesem Verfahren fährt man mit der wasserstoffreichen Knallgasflamme von ca. 2000° über die zu vereinigenden aneinanderstoßenden Kanten entlang, wodurch sie flüssig werden und sich vereinigen. Die ohne Flußmittel sich vollziehende Schweißung eignet sich für Schmiedeeisen, Stahl und Temperguß, sowie für Kupfer, Silber, Gold und Platin. Die Schweißvorrichtung ist inkl. Stahlflaschen für die Gase bequem transportabel.

Löten ist die Vereinigung zweier gleicher oder verschiedener Metalle mittelst eines dazwischen gebrachten verflüssigten Metalls, des Lotes. Daraus folgt, daß der Schmelzpunkt des Lotes niedriger sein muß als der der zu vereinigenden Metalle, und daß das Lot mit den letzteren ähnliche chemische Eigenschaften besitzen muß. Man kann also nicht beliebige Metalle verlöten oder als Lot verwenden.

Die bei niedriger Hitze schmelzenden und keine große Festigkeit besitzenden Lote heißen Weichlot, Schnelllot, Weißlot, Zinnlot zum Unterschiede des erst bei großer Hitze schmelzenden und demnach auch eine große Festigkeit und Zähigkeit besitzenden Lotes, welches Hart-, Streng-, Schlaglot genannt wird. Demgemäß unterscheidet man zwischen Hartlöten und Weichlöten.

Für beide Verfahren ist es nötig, daß die Lötstellen der zu verbindenden Gegenstände metallisch rein sind. Dies wird dadurch erreicht, daß die mechanisch gut zugerichteten Stellen beim Löten selbst mit einem Lötwasser, Lötfett oder Lötpulver (Salzsäure, Salmiak, Chlorzink, Kolophonium, Borax, Zyankalium) behaftet werden. Ein vielfach gebrauchtes Lötwasser besteht aus einer Auflösung des Lötsalzes — Ammoniumzinkchlorid ($ZnCl_2 + 2\,NH_4Cl$). Diese Mittel lösen schon gebildetes Oxyd auf, verhindern eine weitere Oxydation und begünstigen das Anhaften des Lotes. Während beim Weichlöten die zu vereinigenden Teile immer übereinander gelegt werden müssen, gestattet das Hartlöten, die Teile ohne Überdeckung zu vereinigen, indem sie stumpf zusammengestoßen werden. Sollen Apparate, die schon im Gebrauch gewesen sind, gelötet werden, so sind die betreffenden Teile sehr gründlich zu reinigen, um das Lot festhaften zu lassen, da sie unter der anhaltenden chemischen Beeinflussung oberflächlich meist stark angegriffen sind.

Zum Weichlöten bedient man sich hauptsächlich einer Legierung von Zinn und Blei in den Anforderungen entsprechenden Mischungsverhältnissen. Auch verwendet man Zinn oder Blei allein. Das Lot wird entweder mit Hilfe eines heiß gemachten kupfernen Lötkolbens aufgetragen oder mit der Gebläseflamme der Lötlampe in der zu lötenden Fuge verflüssigt.

Eisen, Stahl, Kupfer und Messing müssen vor dem Löten verzinnt werden. Das Löten von Blei mit Blei erfordert eine gewisse Geschicklichkeit und Erfahrung, um die Lötstelle nicht mit der Stichflamme zu verbrennen. Zum Löten von Stellen, zu denen man selbst mit dem kleinsten Kolben nicht gelangen kann, hilft man sich event. mit der Woodschen Legierung.

Um durch Hartlöten eine sehr feste Metallverbindung herzustellen, welche starker mechanischer Gewalt und großer Hitze widersteht, bedient man sich des Kupfers und seiner Legierungen, deren Zusammensetzung sich nach ihrer Schmelzbarkeit, nach der Natur der zu verlötenden Gegenstände und deren Farbe richtet. Die zu vereinigenden Teile werden mit Draht genau miteinander verbunden, im Koks- oder Holzkohlenfeuer glühend gemacht und das Lot gleichzeitig mit dem Lötmittel, meist Borax, in feinkörnigem Zustande auf die Lötstelle gestreut und aufgeschmolzen. Das gebräuchlichste Hartlot ist das Messingschlaglot, ein sehr zinkhaltiges, leichtflüssiges Messing. Ein aus Aluminium, Zink und Kupfer bestehendes Lot dient zum Löten von Aluminiumgegenständen.

Nieten sind Stifte, die zur Verbindung plattenförmiger Körper dienen. Sie werden unterschieden als Festigkeitsnieten (Brückenträger),

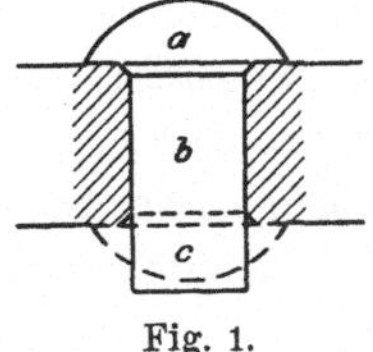

Fig. 1.

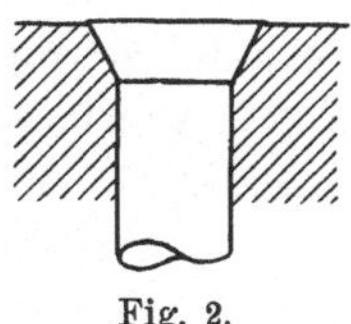
Fig. 2.

Verschlußnieten (Wasserreservoire) und solche, die fest und dicht halten müssen (Dampfkessel und Autoklaven). Die Niete (Fig. 1) besteht aus dem Setzkopf *a* und dem Schaft oder Bolzen *b*, dessen Ende nach dem Einziehen in das Nietloch mit dem Schellhammer zu dem Schließkopf *c* verdickt wird. Die gebohrten Nietlöcher geben eine haltbarere Nietung als die gestanzten und sind in bestimmten Fällen vorgeschrieben. Die Nietköpfe werden versenkt (Fig. 2), wenn das Vorstehen derselben aus irgend einem Grunde hinderlich ist. Bei versenkter Nietung wird auch die geringste Blechstärke dicker sein müssen als bei gewöhnlicher. Die Nieten werden je nach ihrer Länge kalt oder warm eingezogen. Sie heißen ein-, zwei- oder mehrschnittig, je nachdem sie in einem, zwei oder mehreren Querschnitten auf Abscherung, d. h. seitliches Zerreißen, beansprucht werden, also 2, 3 oder mehr Platten miteinander verbinden. Bei der Überlappungsnietung (Fig. 3a) — wenn die zu verbindenden Stücke übereinander gelegt werden — ist somit die Nietverbindung einschnittig, und bei der Laschennietung (Fig. 3b) — wenn die zu verbindenden Stücke stumpf aneinanderstoßen und durch Laschen verbunden sind — ist sie zwei- oder mehrschnittig. Das Material der Nieten ist Schweißeisen und Flußeisen, für schwache Bleche auch Kupfer. Den Formen und der Stärke der Nieten liegen, ebenso wie der Nietung selbst, wenn einreihig oder mehrreihig, genaue Berechnungen der Haltbarkeit zugrunde, nach denen die bezüglichen Normen des Vereins deutscher Eisenhüttenleute und des Preuß. Minist.-Erlasses vom 25. November 1891 formuliert sind.

Wenn Nietstellen undicht werden, so bleibt nichts weiter übrig, als sie in der geeigneten Weise, kalt oder heiß, nachhämmern zu lassen oder die Bleche zu verstemmen, d. h. mit einem stumpfen Meißel die Blechränder in der Richtung nach der Nietstelle hin zu bearbeiten.

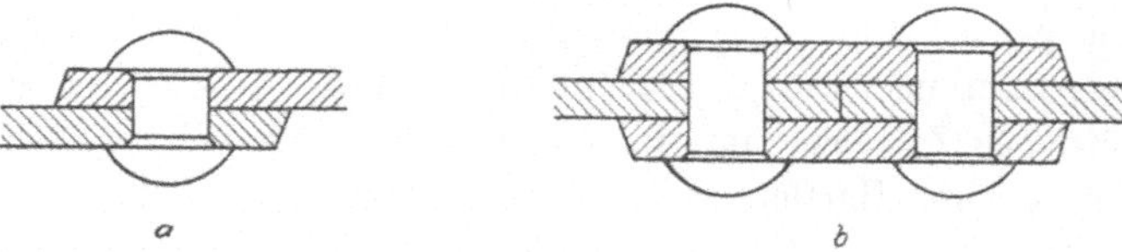

Fig. 3.

Schrauben ermöglichen im Gegensatz zu den bisherigen Verbindungsarten ein willkürliches Lösen ohne Beschädigung der damit verbundenen Teile. Man unterscheidet Befestigungsschrauben mit scharfem Gewinde, scharfgängige Schrauben (Fig. 4a), und Bewegungsschrauben mit flachem und meist steilerem Gewinde, flachgängige Schrauben (Fig. 4b). Die Gewinde sind in der Regel rechtsgängig. Je nachdem das Schraubengewinde einer oder mehreren Schraubenlinien entspricht, entstehen ein- oder mehrgängige Schrauben. Man unterscheidet den Schraubenkopf und den

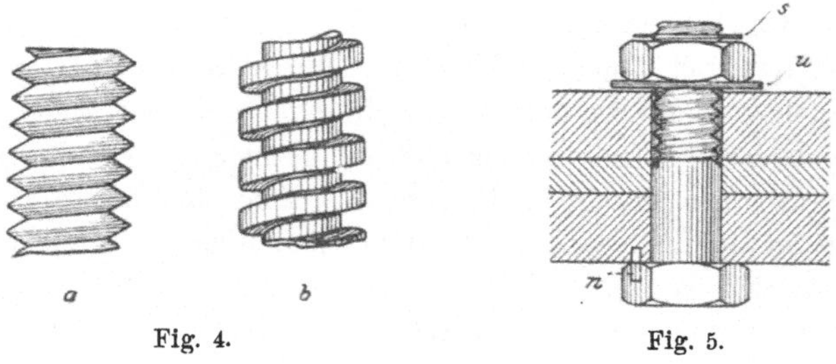

Fig. 4. Fig. 5.

das Gewinde tragenden Schraubenbolzen. Befestigt wird die Schraube mit der gleich dem Kopfe meist sechseckigen Schraubenmutter, unter welcher häufig zur Verminderung der Reibung beim Anziehen eine Unterlagscheibe (*u* Fig. 5) liegt. Sowohl die Schraubengewinde, wie die Muttern und Köpfe sind nach allgemein gültigen einheitlichen Normen (Withworthsystem) geschnitten und geformt.

Die Maschinenschrauben haben meist einen sechskantigen Kopf und eine sechskantige Mutter, während Kopf und Mutter der Holzschrauben in der Regel vierkantig sind.

Um das Mitdrehen des Schraubenbolzens beim Anziehen der Mutter mit dem Schraubenschlüssel zu verhindern, wird der Kopf mit einem zweiten Schlüssel gehalten; selten ist der Kopf dieserhalb mit einer Nase (*n* Fig. 5) versehen, weil solche Schrauben Löcher erfordern, die mit einer Ausbuchtung, Nuten, versehen sind. Für Verschraubungen, die nicht so sehr eine große Verschlußfestigkeit bezwecken als vielmehr eine bequeme Bedienung mit der Hand, sind die Köpfe und Muttern mit Lappen als Flügelschrauben gestaltet. Um das Lockern der Schrauben zu verhindern, was bei anhaltenden Erschütterungen der Verschraubungen eintreten kann, schraubt man zur Erhöhung der Reibung im Gewinde noch eine zweite „Kontermutter“, Gegen-, Doppel- oder Stellmutter, auf die erste, oder man steckt unmittelbar über der Mutter einen Splint (*s* Fig. 5) oder Keil in den Schraubenbolzen. Damit andrerseits aber die Muttern nicht auf der Schraube festrosten oder so fest sitzen, daß man sie beim Abdrehen möglicherweise abwürgen könnte, schmiert man das Gewinde — mit Petroleum oder Graphit — vorher ein. Dieses sollte noch viel mehr zur Gewohnheit werden, da es das Aufschrauben und spätere Abschrauben in jedem Falle ganz bedeutend erleichtert.

Abarten dieser gewöhnlichen typischen Schraubenform sind: die Stiftschraube ohne Kopf; die Holzschraube besitzt einen konischen Bolzen und ist sehr scharfgängig; die Ankerschraube, Fundament- oder Steinschraube ist aus Fig. 6 ersichtlich.

Fig. 6.

Die Schrauben werden meistens aus bestem Schmiedeeisen gefertigt, doch werden namentlich Holzschrauben, aber auch die gewöhnlichen Mutterschrauben nicht selten aus Messing oder Bronze hergestellt, z. B. in allen Fällen, wo es auf Widerstandsfähigkeit gegen Säuren und andere Einflüsse ankommt (Küfergefäße usw.).

Die zur Befestigung der Schrauben dienenden Schlüssel sind in der Regel als Doppelschlüssel für zwei verschiedene Größen gebaut. Schlüssel mit verstellbarer Öffnung, die für alle Schrauben passen, werden Universalschraubenschlüssel, auch „Engländer“ genannt. Zur Bewegung der Holzschrauben mit geschlitztem Kopf gehört natürlich der bekannte Schraubenzieher.

Als Material der Schraubenschlüssel ist guter Stahl am geeignetsten. Die billigen Fabrikate aus weichem Eisen nutzen sich sehr schnell ab. Sie leiern sich aus und rutschen von der Schraube, wodurch sie Ursache zu Handverletzungen geben können.

Keramisches und verwandtes Material.

Glas besteht als Doppelsilikat aus einem Alkali- (*Ka, Na*) und einem Erd- oder Metallsilikat (*Ca*, *Ba*, *Mg*, *Sr*, *Pb*, *Zn*, *Mn*). Mit den wechselnden Bestandteilen seiner Zusammensetzung ändern sich auch seine Eigenschaften. Die Formel für Normalglas ist $\overset{I}{M}_2O$, $\overset{II}{M}O$, $6\,SiO_2$, worin $\overset{I}{M}$ und $\overset{II}{M}$ ein- und zweiwertige Metalle bedeuten. Am weichsten sind Bleigläser, bedeutend härter Kalk-Natrongläser und noch härter Kaligläser. Mit dem Kieselsäuregehalt wächst die Härte, welche auf der Oberfläche immer größer ist als im Innern, deshalb sind z. B. polierte Spiegelscheiben weniger widerstandsfähig als nicht polierte. Die Sprödigkeit des Glases kann durch ganz allmähliches Abkühlen vermindert werden. Der Widerstand des Hohlglases gegen äußeren Druck ist bedeutend größer als gegen inneren und die Zerdrückfestigkeit ist etwa 10mal so groß als die Zerreißfestigkeit. Glasapparate zum Erhitzen von Flüssigkeiten müssen eine gleichmäßige Wandstärke besitzen. Für Vakuum bestimmte Glasgefäße sind vor der Ingebrauchnahme unter Beobachtung der erforderlichen Sicherheitsmaßregeln auf ihre Haltbarkeit zu prüfen und im Gebrauch mit geeigneten Schutzhüllen zu versehen. Löcher werden leicht mit einer Rundfeile unter Befeuchten mit Terpentinöl oder Petroleum gebohrt. Glasröhren werden am sichersten mit der Schnur geschnitten, indem zu beiden Seiten der zu trennenden Stelle feucht gehaltenes Fließpapier gewickelt und der freibleibende 2—3 mm breite Ring in der Gasflamme erhitzt und dann durch Anspritzen abgeschreckt wird.

Spez. Gewicht 2,5. Wärmeleitung 0,19 ($Ag = 100$). Druckfestigkeit 75 kg pro 1 qcm. Linear. Ausdehnungskoeffizient 0,00000861.

Die Preise variieren je nach Qualität und Scheibengröße zwischen 1,15—5,00 M. pro 1 kg für einfache Stärke bis 2 mm und erhöhen sich bis 3 mm um 50 %, bis 4 mm um 100 %. Glasröhren kosten nach Durchmesser und Wandstärke pro 1 kg 1,20—1,50 M. und mehr.

Das für chemische Zwecke verwendete Glas soll gut gekühlt und dadurch widerstandsfähig gegen Temperaturwechsel und möglichst indifferent gegen chemische Einflüsse sein. Das Natronkalkglas übertrifft das Kalikalkglas bei weitem an Widerstandsfähigkeit gegen Wasser, Säuren und Alkalien, ist aber bedeutend leichter schmelzbar.

Das Hart- oder Vulkanglas ist charakterisiert durch größere Elastizität und erhöhte Widerstandsfähigkeit gegen Stoß, Schlag und plötzlichen Temperaturwechsel. Dagegen zerspringt es aber auch sehr leicht beim Ritzen, ja selbst ohne irgend einen erkennbaren äußeren Einfluß. Das Schottsche Verbundglas hat sich gegen schroffen Temperaturwechsel als sehr widerstandsfähig erwiesen, so daß seine Verwendung zu Lampenzylindern, Kochflaschen, Abdampfschalen, Wasserstandsröhren recht verbreitet ist.

Thüringer Glas ist ein leicht schmelzbares Glas, das in Form von Glasröhren und Glasstäben in chemischen Laboratorien viel gebraucht wird.

Drahtglas sind Glasplatten, in denen ein weitmaschiges Eisendrahtgewebe eingebettet ist. Dadurch erhalten sie eine hohe Widerstandsfähigkeit gegen Druck und Stoß, überdies zerstören event. Risse und Brüche den Zusammenhalt der Glasmasse nicht und event. Verletzungen durch abspringende Scherben werden verhindert. Mit Rücksicht auf diese Eigenschaften findet das Drahtglas Verwendung für Dachbedeckung und zur Herstellung von lichtdurchlässigen Fußböden, als Schutzhüllen für Wasserstandsgläser, als diebessichere Fensterscheiben u. dergl. Es wird hergestellt in Stärken von 8—60 mm. Preis pro 1 qm ca. 20 M.

Porzellan und **Ton.** Alle Tonwaren, wie Porzellan, Töpfergeschirr, Schamotte-, Back-, Ziegelsteine, Lehm, haben als Grundmaterial Tonerde und Kieselsäure. Die besonderen Arten werden erhalten teils durch natürlich vorkommende Beimengungen, teils durch absichtlich zugefügte Zuschläge. Wenngleich genaue Beziehungen zwischen Zusammensetzung und Schmelzbarkeit der Tone nicht ermittelt sind, so gilt doch im allgemeinen, daß die Feuerfestigkeit von der Bildung der Doppelsilikate abhängig ist. Reines Tonerdesilikat ist in gewöhnlichem Feuer unschmelzbar und wird noch schwerer schmelzbar, je mehr Tonerde es enthält. Kommt dazu Magnesium, Kalk, Eisen, Kali oder Natron, so nimmt die Schmelzbarkeit stetig zu und um so stärker, je mehr gleichzeitig der Kieselsäuregehalt wächst. Die Wärmeleitung des Tones ist gering, die Strahlung wesentlich größer.

Das Porzellan ist unter allen Tonwaren das festeste Material. Es entsteht durch Brennen einer Mischung schmelzenden Quarzes und Feldspates mit unschmelzbarem Kaolin und durch abermaliges Brennen nach dem Glasieren. Es ist eine weiße, durchscheinende, klingende, harte, auf dem Bruche gleichartige, feinkörnige Masse. Die Glasur ähnelt der Grundmasse und wird mit dem Garbrennen in einer Operation eingebrannt. Deshalb erscheint das Porzellan auf dem Bruche einheitlich zum Unterschiede von den übrigen Tonwaren, deren Bruchflächen verschiedene Dichtigkeiten zeigen.

Die hohe Indifferenz gegen chemische Einflüsse und Widerstandsfähigkeit gegen schroffen Temperaturwechsel machen das Porzellan zu einem geschätzten Material für Gefäße und chemische Apparate. Seine Qualität ist zugleich ein Maßstab für die Brauchbarkeit zu chemischen Zwecken. Glasur und Masse in ihrer Zusammensetzung und Verschmelzung bestimmen den Grad der Widerstandsfähigkeit gegen chemische Einwirkung und hohe Hitzegrade.

Fehler des Porzellans offenbaren sich in dem Abblättern, Abspringen und Haarrissigwerden der Glasur. Ein Abblättern wird leichter eintreten, wenn ein fertig gebildetes Glas zur Glasurbildung auf den Scherben gebracht wird, als wenn die Glasbildung erst auf dem Scherben stattfindet. Das Haarrissigwerden und das gewaltsame Abspringen der Glasur erklären sich durch die ungleiche Ausdehnung dieser und des Scherbens.

Die in der chemischen Industrie vielfach verwendeten gewöhnlichen Tonwaren bestehen hauptsächlich aus plastischem Ton, gemengt mit feinem Sand oder gemahlenen Scherben gebrannten Steinzeuges. Die halb verglaste Masse besitzt geringere Feuerbeständigkeit und verträgt plötzlichen Temperaturwechsel nicht, besitzt aber beträchtliche chemische Beständigkeit. Ungenügend glasierte oder zu wenig dichte Tongefäße saugen Flüssigkeiten und Lösungen auf und können von angenommenem Geruch nur sehr schwer gereinigt werden.

Die aus Porzellan und Ton hergestellten Apparate lagern oder hängen mit Rücksicht auf ihre Sprödigkeit auf weichen, elastischen Unterlagen (Filz u. dergl.) und werden in vielen Fällen zur Erhöhung ihrer Festigkeit mit eisernen Gurten, Bändern u. dergl. armiert. Große Tonschalen werden auch gut an ihren hervorstehenden Rändern aufgehängt oder ganz in Sand oder dergl. gebettet. Läßt man diese Vorsichtsmaßregeln außer acht, so kann man, besonders wenn die Gefäße häufigen Erschütterungen (durch Kochen) ausgesetzt sind, keine großen Ansprüche an ihre Lebensdauer stellen.

Der Kaolin, Tonsand, wird wegen seines hohen, über 1800^0 liegenden Schmelzpunktes zur Herstellung feuerfesten Mörtels verwendet.

Lehm ist eine Mischung von eisenhaltigem Ton mit Sand, bisweilen auch Kalk. Macht letzterer einen großen Prozentgehalt, über 30 $^0/_0$ darin aus, so heißt der Lehm Mergel. Ein über 50 $^0/_0$ Sand haltender Lehm wird mager, ein solcher mit weniger als 40 $^0/_0$ wird fett genannt. Lehm fühlt sich weniger fett an als Ton und schwindet beim Trocknen auch weniger als dieser, weil er eine geringere Wasserbindekraft besitzt. Er wird hauptsächlich als Mörtel für Ofenbauten gebraucht, die nur geringe Hitze entwickeln. Durch Nässe wird er aufgeweicht.

Spez. Gewicht des gebrannten Tons 1,8—2,6. Wärmeleitung 0,160 ($Ag = 100$).

Kalk und Kalkmörtel. Fetter Kalk, auch Weißkalk, Ätzkalk genannt, entsteht durch Löschen von gebrannten Kalksteinen, welche wenig Silikate, dagegen 90—99 $^0/_0$ kohlensauren Kalk enthalten. 1 cbm fetter Kalk nimmt 4—6 cbm Sand auf und gibt damit 4—6 cbm Mörtel. Magerer Kalk entstammt den Kalksteinen, die 15—20 $^0/_0$ Silikate enthalten, und hydraulischer Kalk solchen mit einem 30 $^0/_0$ übersteigenden Silikatgehalt. 1 cbm gebrannter Kalk gibt $1^3/_4$ cbm gelöschten Kalk. Das Löschen des Kalkes soll mit einer möglichst weitgehenden Temperaturerhöhung geleitet werden; ein dabei eintretender Wassermangel hat ein Verbrennen des Kalkes zur Folge, während zu viel Wasser ihn träge löscht und ersäuft.

1 cbm Weißkalk kostet 11—12 M., ungelöschter Kalk 1,60—2,30 M. pro 100 kg.

Der Mörtel dient zur Verbindung von Mauersteinen und zum Putzen und wird als Luft- und Wasser- oder Zementmörtel unterschieden.

Der Luftmörtel, Kalk- oder Kalksandmörtel besteht aus 1 Teil gelöschtem Kalk, 2—4 Teilen Sand und Wasser. Guten Mörtel liefert ein fetter, d. h. magnesia- und tonfreier Kalk. Der beigemengte Sand soll ein scharfkantiges, gleichmäßiges Korn haben und frei von Lehm, Ton und Humuszusätzen sein. Gewöhnlicher Mauerkalk besteht aus 1 Teil Weißkalk und 4 Teilen Sand. Der Zusatz von Sand geschieht nicht nur aus ökonomischen Gründen, sondern auch, um ein gleichmäßiges und nur wenig schwindendes Bindemittel zu erhalten. Kalk allein würde schwinden, zerreißen und zerklüften. Das Erhärten des Mörtels beruht auf der Karbonatbildung nach vorausgegangener Verkittung der Sandkörner und wird begünstigt durch den Druck der Steine. Es dauert so lange, wie noch Kalkhydrat und Wasser vorhanden sind. Beschleunigt kann es werden durch Kohlensäurezufuhr — daher das Aufstellen der Kohlenbecken in Neubauten, in denen mit Salpeter getränkte Kohle verbrannt wird — nicht aber durch Austrocknen allein, vielmehr würde dadurch eine bröcklige, wenig bindende Masse erhalten werden. Die große Härte alter Mauerwerke soll ihren Grund in dem allmählichen Übergang des amorphen kohlensauren Kalkes in die kristallinische Form und in der teilweisen Kalksilikatbildung haben.

1 cbm gewöhnlicher Kalkmörtel kostet gegen 6 M. und 1 cbm Putzmörtel ca. 7 M.

Hydraulischer Kalkmörtel ist ein Luft- und Wassermörtel. Er besteht aus 1—2 Teilen Sand und 1 Teil hydraulischem Kalk, der aus einem über 30 % Silikate haltenden Kalkstein erhalten ist. Das Abbinden tritt bei ihm sofort ein. Seine Anwendung erscheint geboten bei Arbeiten, die ein Erhärten im Wasser oder stark feuchter Luft erfordern. 1 cbm davon kostet an 10 M.

Zement und Zementmörtel. Die Zemente sind geglühte, pulverisierte Silikate, die unter dem Einfluß von Wasser zu einer steinharten Masse werden. Den besseren Zement liefert ein Mergel mit 20—25 % Ton, und je dichter und fester dieser ist, um so mehr wird es auch der Zement. Es existieren natürlich vorkommende Zemente; diese enthalten wenig oder gar keinen Kalk. Von den künstlichen Zementen enthält der Romanzement überschüssigen, freien Ätzkalk und steht dem hydraulischen Kalk nahe. Der Portlandzement ist reich an chemisch gebundenem Ätzkalk und ist ein Produkt von grünlich-grauer Farbe, entstanden durch Brennen bis zur Sinterung einer innigen Mischung von Kalk und tonhaltigen Materialien als den wesentlichsten Bestandteilen und darauffolgende Zerkleinerung bis zur Mehlfeinheit. Der Portlandzement ist dichter als der Romanzement, gibt daher auch einen dichteren und festeren Mörtel und absorbiert weniger begierig Kohlensäure und Wasser. Außerdem besitzt er eine größere Bindekraft und Festigkeit. Ein hoher Tongehalt verursacht ein schnelles Binden, ein hoher Kalkgehalt verlangsamt es. Zur vollkommenen Erhärtung des Zements muß er während des Erhärtungsprozesses genügend naß gehalten werden; lauwarmes Wasser gibt größere Festigkeit. Im Sommer bindet der Zement schneller als im Winter, muß aber vor der Einwirkung der direkten Sonnenstrahlen geschützt werden, da er sich sonst ungleich ausdehnen und die gefürchteten Schwindrisse erhalten würde. Ein gut erhärteter und abgebundener Zement kann Temperaturen von 200—300° ohne Bedenken ausgesetzt werden sowie die stärkste Kälte vertragen. Ein geringer Gipszusatz hat ein stärkeres Ausdehnen des Zements zur Folge, der an und für sich nicht treiben darf, vielmehr etwas schwinden soll. Ein Zusatz von gebrannter Magnesia erhält einen Zement mit hohem Sandzusatz noch bindefähig und verhindert die Bildung von Haarrissen an der Luft.

Außer zur Mörtelbereitung für Wasser- und Landbauten dient der Zement zur Herstellung von künstlichen Steinen und Formstücken, von Kristallisiergefäßen und anderen Schalen für die chemische Industrie, sowie zum Bau von Kanalisations- und anderen Röhren. Diese letzteren sind ihrer Solidität, Indifferenz gegen viele Chemikalien und bequemen Verlegbarkeit wegen vielfach für Abwässerungskanäle geeignet. Sie werden in runder und in Ei-Form in 1 m langen Stücken bis zu einem Durchmesser von über 1 m hergestellt.

Gegen saure Fabrikabwässer ist der Zementmörtel sehr widerstandsfähig, wenn er fett, d. h. arm an Sand ist.

Von Spiritus wird Zement durchdrungen. Gasförmige Kohlensäure wirkt nicht auf ihn ein, wohl aber sind kohlensäurereiche Wässer schädlich. Magnesiumchlorid und Sulfate sind dem Zement sehr gefährlich.

Mit Rücksicht auf die vielfache Verwendung des Zements als Material für Maschinenfundamente ist die Tatsache zu erwähnen, daß ein anhaltend mit fettem Öl durchtränkter Zement nach und nach ganz zerbröckelt; daher geschieht das Auffangen des Schmieröles in Blechuntersätzen nicht nur aus Gründen der Reinlichkeit.

Als Zementmörtel kommt reiner Zement, der trocken und zugfrei aufbewahrt werden muß, nur dann zur Verwendung, wenn besondere Dichtigkeit, Härte und Glätte verlangt werden. Im allgemeinen erhält er Zusätze von Sand und Kies. Ein solcher aus 1 Teil Zement und 1 bis 2 Teilen Sand bestehender Mörtel wird verarbeitet, wenn große Ansprüche an Widerstandsfähigkeit, Zug- und Druckfestigkeit und auch an Wasserdichtigkeit gestellt werden, z. B. zu Maschinenfundamenten und zu in Grundwasser liegenden Keller- und Fundamentmauern. Die Mischung von 1 Teil Zement und 3 Teilen Sand liefert den gebräuchlichsten Zement, der allen billigen Anforderungen entspricht. Verlängerter Zementmörtel enthält auf 1 Teil Zement 5—6 Teile Sand und 1 Teil Kalkbrei.

Der Zementmörtel wird durch inniges Mischen von Sand und Zement und durch allmähliches Zugeben von Wasser bis zur Bildung eines steifen Breies hergestellt und muß bald nach seiner Anmachung verbraucht werden, da ein erstarrter Mörtel nicht mehr verwendbar ist. Als geeigneter Sand ist solcher von allen Korngrößen zu betrachten, der auch frei ist von allen erdigen Beimengungen. Ein mit sehr feinem Sand gemischter Zement erhärtet langsam und bleibt porös, büßt also an Festigkeit ein.

Beton ist ein Gemenge von hydraulischem Mörtel mit Steinbrocken und enthält ungefähr 1 Zement, 3 Sand und 4 Teile geschlagene Steinbrocken. Zur Erzielung einer guten Festigkeit müssen die Zusätze frei von Erde, Lehm und sonstigen Verunreinigungen sein, auch darf zu seiner Anmachung nicht zu viel Wasser genommen und schließlich soll jeder Beton gestampft werden.

Als Ersatz für Mauerwerk eignen sich die Betonbauten in jeder Weise und haben den Vorzug vor jenen, um ca. 25 $^0/_0$ billiger zu sein und sich auch im Winter ausführen zu lassen. Deshalb sind sie für Industriezwecke besonders geeignet. Für Luft sind sie allerdings sehr wenig durchlässig.

Eine besondere dünnbreiige Mischung führt den Namen Gußbeton und wird zur Herstellung von Trögen, Röhren u. dergl. verwendet.

Traß gehört zu den natürlichen Zementen und ist eine Bimssteinart. In Verbindung mit Kalkbrei und Sand liefert er einen hydraulischen Mörtel. In fester Form findet er als Backofenstein Verwendung.

1 l Zementpulver wiegt 1,2—1,4 kg. 100 kg Romanzement kosten etwa 3,60—4,50 M. und Portlandzement 5 M. 1 cbm Beton wiegt an 2400 kg und kostet 11—24 M.

Back-, Ziegel- oder **Mauersteine** bestehen aus unreinem, gefärbtem, mehr oder weniger sandigem Ton. Sie werden ebenso wie die anderen künstlichen Steine: Klinker, Dachziegel, Schamottesteine durch Brennen des in teigigem Zustande geformten Materials dargestellt. Sie sind klingend, leicht ritzbar und leicht schmelzbar.

Von normal beschaffenen, für Bauzwecke verwendbaren Ziegelsteinen verlangt man folgendes: Sie sollen gerade Flächen haben und keine oder nicht große Steine, Risse und Höhlungen führen. Trotz eines lockeren, porösen Gefüges wird eine solche Härte und Festigkeit verlangt, daß sie sicher unter dem Hammer in der Richtung des Schlages zerbrechen. Nicht behaubare Steine sind nicht homogen und dauerhaft. Ferner sollen sie für Mörtel hinreichende Adhäsion besitzen und frostbeständig sein, auch unter dem Einfluß von Feuchtigkeit und Kälte nicht abblättern noch abbröckeln.

Der deutsche Normalziegel ist 250 mm lang, 120 mm breit und 65 mm hoch. Sein Gewicht beträgt etwa 3 kg. Eine Waggonladung von 10000 kg enthält $4^3/_4$ cbm Ziegelsteine. Eine $^1/_2$ Stein starke Wand rechnet man zu 130 mm, eine 1 Stein starke Wand zu 250 mm; für jeden weiteren halben resp. ganzen Stein Mauerstärke werden 120 mm resp. 250 mm für den Stein und 10 mm für die Fuge hinzugerechnet. 13 Schichten Ziegelsteine bilden 1 m Mauerwerk, d. h. die Höhe einer Ziegelstein- und Mörtelschicht beträgt durchschnittlich 77 mm.

Es erfordert an Ziegeln und Mörtel nach dem Preuß. Minist.-Erlaß 1 cbm volles Ziegelmauerwerk 400 Ziegel und 280—300 l Mörtel. Ferner erfordert 1 qm einer $^1/_2$ Stein starken Ziegelmauer ohne Öffnungen 50 Ziegel und 35 l Mörtel, so daß z. B. 1 qm einer 2 Steine starken Mauer das Vierfache verlangt. Man kann sagen, daß pro Ziegelstein $^3/_4$ l Mörtel im Mauerwerk gebraucht werden.

Zulässige Beanspruchungen auf Druck für 1 qcm Ziegelmauerwerk nach der Berl. Baupol.-Verord. sind für gewöhnliches Ziegelmauerwerk 7 kg, für Ziegelmauerwerk mit Zementmörtel 11 kg, bestes Klinkermauerwerk 12—14 kg, Mauerwerk aus porösen Steinen 3—6 kg, Kalksteinmauerwerk und Kalkmörtel 5 kg, Sandstein je nach Härte 15—30 kg, Rüdersdorfer Kalkstein in Quadern 25 kg.

Die für den Ziegelsteinverband notwendigen, aus einem Vollsteine hergestellten Bruchteile eines Ziegels, sogen. Quartierstücke (Fig. 7a, b, c, d), führen folgende Bezeichnungen:

Dreiquartier	im Formate	19 : 12 : 6,5 cm	(Fig. 7 a).
Zweiquartier (Halbstein) .	„ „	12 : 12 : 6,5 „	(„ 7 b).
Einquartier	„ „	6 : 12 : 6,5 „	(„ 7 c).
Riemenstück	„ „	25 : 6 : 6,5 „	(„ 7 d).

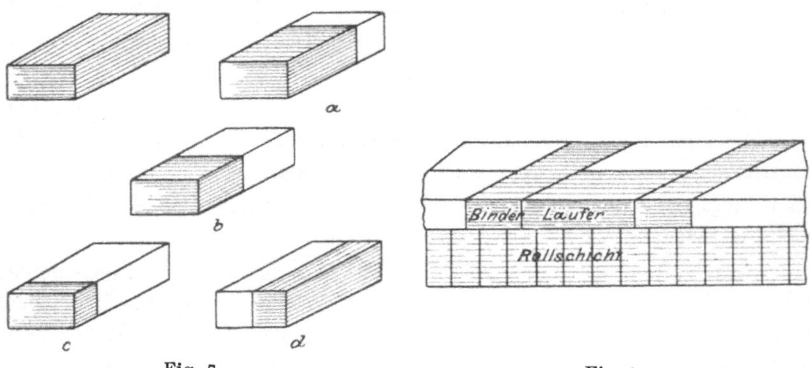

Fig. 7. Fig. 8.

Ein Mauerstein heißt Läufer, wenn seine lange Seite in der Längsrichtung der Mauer liegt, und Binder, wenn seine breite Seite oder sein Kopf in der Mauerfläche erscheint, d. h. wenn er mit seiner Länge in der Mauer bindet. Hochkant stehende Steine mit dem kleineren Querschnitt in der Mauerfront bilden eine Rollschicht (s. Fig. 8).

Die horizontalen Mörtelfugen heißen Lagerfugen, während die vertikalen Stoßfugen genannt werden.

Von den verschiedenen Mauersteinverbänden seien außer dem Schornsteinverband der Blockverband als der gebräuchlichste und der Kreuzverband als der beste genannt. Der Schornsteinverband ist bei $^1/_2$ Stein starken Mauern, z. B. für die Ausmauerung von Fachwerkwänden üblich. Er besteht aus lauter Läufern. Das Charakteristische des Blockverbandes sind abwechselnde Läufer- und Binderschichten ohne versetzte Stoßfugen der Läuferschichten (Fig. 9), während bei dem Kreuzverband, bei dem die Ziegelschichten innig ineinander greifen, die Läuferschichten mit den Binderschichten abwechseln und versetzte Fugen haben (Fig. 10). Ohne auf die für die verschiedenen Mauerverbände geltenden Regeln über die Schichtenlagerung einzugehen, mag nur bemerkt sein, daß im Innern der Mauer nie Stoßfuge auf Stoßfuge fallen darf.

Durchschnittspreise für 1000 Stück Mauersteine sind: Mauerziegel 24—27—30 M., Dachziegel 30 M., Mauerklinker 36—45 M., Pflasterklinker 40—65 M.

Klinker sind aus besserem Material hergestellte, sehr scharf, bis zur halben Verglasung gebrannte, sehr feste, gesinterte Backsteine von etwas kleineren Abmessungen.

Dachziegel verlangen einen kalkärmeren und sorgfältiger zubereiteten Ton. Sie dürfen von Wasser nicht durchdrungen werden, sonst fault das darunter liegende Holzwerk. Genügende Dicke und hinreichende Festigkeit, verbunden mit Widerstandsfähigkeit gegen atmosphärische Einflüsse, werden verlangt.

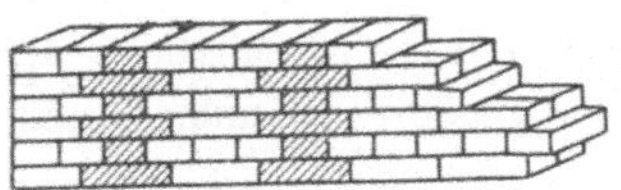
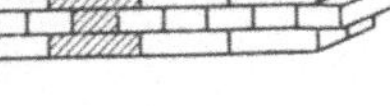

Fig. 9.

Fig. 10.

Schamottesteine sind feuerfeste Steine. Sie bestehen gewöhnlich aus $^2/_3$ Kieselsäure und $^1/_3$ Tonerde. Sie werden überall da angewendet, wo andere Steine schmelzen, also zu Ofenbauten für starke Feuerungen, zu Schmelztiegeln und anderen metallurgischen Zwecken. Sie müssen einen raschen Temperaturwechsel aushalten und fest genug sein, um einen starken Druck ertragen zu können. Die Erweichung und Schmelzung eines dem Feuer ausgesetzten Steines ist außer dem hohen Hitzegrade an sich auch dem Umstande zuzuschreiben, daß die angreifenden Stoffe, wie Flugasche, alkalische Dämpfe, schmelzende Alkalien und Metalloxyde, wie Flußmittel wirken.

Die Schamottesteine werden im Normalformat der Ziegelsteine zu 4 kg, in englischem Format von $225 \times 110 \times 63$ mm zu 2,9 kg und als Neun-Zöller: $235 \times 117 \times 65$ mm zu 3,3 kg hergestellt.

Im Normalformat kosten 1000 Stück für Feuerungsanlagen 100 bis 110 M., für spezielle metallurgische Zwecke 120—250 M. Schamottemörtel kostet 1,90—2,60 M. pro 100 kg und Schamottemehl 2,40 M.

Die Masse der Graphittiegel besteht aus 1 Teil Ton und 1 bis 2 Teilen Graphit. Der Zusatz des letzteren erhöht die Feuerbeständigkeit und vermindert die beim Brennen auftretende Neigung zum Schwinden und Reißen. Außerdem wirkt er schützend, reduzierend auf das eingeschlossene Metall durch Zerstörung der oxydierenden Gase, die durch die Poren des Tiegels in das Innere desselben eintreten könnten.

Sand. Der Bausand bildet den Hauptbestandteil des Mörtels, er besteht hauptsächlich aus Quarz. Er soll scharfkantig, feinkörnig und frei von Salzen, Ton und Pflanzenstoffen sein. Der Herkunft nach ist zu unterscheiden: Quellsand, Flußsand, Meeressand und Grubensand. Die ersten beiden geben die besten Sorten, während der Meeressand häufig Salze enthält, die für den Mörtel ebenso nachteilig sind, wie die bisweilen im Grubensand vorhandene Erde, Lehm und Humus. Sogen. Flugsand ist unbrauchbar.

Das spez. Gewicht des trocknen Sandes ist 1,4—1,6, das des nassen 2,0. Eine Waggonladung zu 10 tons enthält 10,5 cbm trocknen oder 5,5 cbm nassen Sand. Wärmeleitung 0,07 ($Ag = 100$).

1 cbm kostet je nach Güte 1—2 M.; Kies 4 M.

Sandstein hat ein spez. Gewicht von 2,2—2,5. Die Festigkeit des roten Sandsteins ist auf 15 kg und die des hellen auf 30 kg pro 1 qcm nach der Berl. Baupol.-Verord. normiert. Nach der Farbe schwankt der Preis zwischen 27 und 30 M. für 1 cbm. 1 qm der roten Platten kostet je nach der Stärke von 2,4—4,5, 4,5—7 und 7—9 cm Dicke 3,00, 3,50 und 4,50 M. und hat ein Gewicht von gegen 90, 110 und 130 kg.

Marmor hat ein spez. Gewicht von 2,5—2,8. Seine Festigkeit ist nach der Berl. Baupol.-Verord. auf 24 kg pro 1 qcm angesetzt. Deutscher Marmor kostet in 4 verschiedenen Sorten 1 cbm 110—250 M. in Blöcken, als Postament das 2—3fache. Der italienische Marmor ist 2—3mal so teuer wie der deutsche.

Kalkstein hat dem Marmor ähnliche Eigenschaften, mit dem er ja auch gleich zusammengesetzt ist. Er bildet nicht nur ein wertvolles Baumaterial, sondern liefert auch durch Brennen den für Bauzwecke viel verwendeten Kalk.

Für Bauzwecke kosten 100 kg 12 M.

Tonschiefer ist von blauer bis rötlicher Farbe und bildet ein inniges Gemisch von Quarz, Glimmer, auch Feldspat und Eisenoxyd. Bei einem spez. Gewicht von 2,7 wiegt z. B. eine 20 mm dicke Platte von 1 qm an 54 kg. Seine Indifferenz gegen Chemikalien bei einer leichten Bearbeitung gibt ihm eine häufige Verwendung zum Belegen von Tischen und Bekleiden von Wänden, welche säurefest sein sollen. 1 qm solcher Platten kostet bei 20 mm Dicke etwa 10 M.

Granit besteht aus Quarz, Feldspat und Glimmer. Er hat ein spez. Gewicht von 2,5—3. Seine zulässige Druckbeanspruchung beträgt 45 kg für 1 qcm. Der Preis ist sehr verschieden und richtet sich nach der Größe der Stücke. 1 cbm kostet etwa 120 M., 1 qm von 10—20 cm Dicke an 10—20 M.

Basalt, aus Augit, Feldspat und Magneteisen bestehend, läßt sich seiner großen Härte wegen nur sehr schwer bearbeiten und wird hauptsächlich für Wasserbauten verwendet. Bei einem spez. Gewicht von 2,8—3,2 hat er eine Druckfestigkeit von 75 kg pro 1 qcm und kostet 40—60 M. pro 1 cbm.

Serpentin ist von blaugrüner, fleckiger Farbe und läßt sich frisch gebrochen sehr leicht bearbeiten, wird aber an der Luft hart. Wegen seiner Feuerbeständigkeit wird er zu Schmelzofenanlagen verwendet.

Dinassteine sind aus reinem Quarz mit geringem Bindemittel hergestellte Ziegel von weißer Farbe und außerordentlicher Feuerbeständigkeit. Sie widerstehen den höchsten Hitzegraden und werden deshalb zum Ausfüttern von Glas-, Porzellanöfen und Feuerherden der Schweißöfen benutzt. In Berührung mit bleihaltigen und alkalischen Körpern jedoch schmelzen sie.

1000 Steine im Normalformat kosten an 180 M.

Gips, gebrannter schwefelsaurer Kalk, findet ausgedehnte Verwendung auf Grund seiner Eigenschaft, sich mit Wasser zu einem plastischen Brei anrühren zu lassen, der sehr bald unter Volumenvergrößerung erstarrt. Das Erstarren kann durch Zufügung von Eibischwurzelpulver (bis 8 $^0/_0$) verzögert werden; mit diesem Zusatz vermengt, wird der Gips erst nach einer Stunde fest und erhält eine große Härte. Über 200^0 erhitzter, „tot gebrannter“ Gips hat die Fähigkeit, mit Wasser einen erhärtenden Brei zu geben, verloren. In Gips gebettetes Eisen rostet stark. Um den erhärteten Gips aus dem Gefäße leicht heraus zu bekommen, in welchem er angerührt worden ist, braucht man letzteres nur mit etwas verdünnter Salzsäure gefüllt einige Zeit stehen zu lassen, worauf er sich von den Wandungen glatt ablöst.

Spez. Gewicht des gebrannten Gipses 1,81, des gegossenen und getrockneten 0,97. Wärmeleitung 0,08 ($Ag = 100$).

100 kg kosten gegen 2 M.

Asbest ist ein Verwitterungsprodukt der Hornblende und besteht im wesentlichen aus Magnesiumsilikat mit chemisch gebundenem Wasser. Er steht dem Talk und Meerschaum sehr nahe. Er bildet eine weißliche bis graugrüne, faserige, biegsame oder spröde Masse von oft seidenartigem Glanz, die sich fettig anfühlt. Seine Unverbrennlichkeit, Unlöslichkeit in Säuren und Laugen, Widerstandsfähigkeit gegen heiße Gase und Dämpfe, sein schlechtes Leitungsvermögen für Wärme und Elektrizität, seine Wasserdichtigkeit nach dem Imprägnieren, vereint mit der Eigenschaft, sich zu Gespinsten und Geweben, zu Papier und Pappe verarbeiten und sich zu Pulver mahlen zu lassen, machen ihn zu einem unentbehrlichen Material für eine große Anzahl technischer Fabrikate.

Asbestpappe, -papier und -schnur werden zu Isolierungen und zum Verdichten für Dampfzylinder und Flanschenverbindungen, Asbestpulver als Zusatz feuerfester und wasserdichter Kitte verwendet.

Asbestpappe hat ein spez. Gewicht von 1,2. 1 kg kostet etwa 0,80 M., in Tafeln 1,50 M.

Bimsstein ist ein hauptsächlich aus Aluminiumsilikat bestehendes Mineral vulkanischen Ursprungs. Er bildet blasige, schwammige, weiße, graue, gelbliche Massen, oft mit faserigem Gefüge. Er läßt sich leicht bearbeiten und dient außer als Schleif- und Poliermittel wegen seiner Indifferenz auch als Absorptionsmaterial, ferner für Stopfen u. dergl.

Der künstliche, durch Pressen von Bimssteinpulver mit einem Bindemittel erhaltene Bimsstein kommt in Tafel- und Ziegelform in den Handel.

Spez. Gewicht des Pulvers 2,19—2,22, der Stücke 0,4—0,9. Kopf- und faustgroße Stücke kosten 32—35 M. pro 100 kg, Pulver 30 M. und 100 Stück Platten 35 M.

Kieselgur, auch Infusorienerde genannt, bildet ein leichtes, lockeres, graues Pulver, welches zu Isolierungen gegen Stoß, Schall, Wärme und Kälte, sowie zur Herstellung sehr leichter Steine und auch als Verpackungsmaterial und zur Wasserreinigung Verwendung findet.

Spez. Gewicht 0,7. 1 cbm wiegt lufttrocken, je nach der Herkunft, 200—700 kg und kostet roh 3—7 M. pro 100 kg.

Kitte.

Kitte sind teigähnliche, seltener breiige oder flüssige Massen, welche zum Abdichten oder als Bindemittel für feste Körper ausgedehnte Anwendung finden und welche die chemische Technik nicht entbehren kann. Alle Kitte gleichen sich darin, daß sie im weichen oder flüssigen Zustande appliziert werden und unter mehr oder minder weitgehender Veränderung ihrer Masse erhärten und eine innige Verbindung der verkitteten Körper herstellen. Für alle Fälle ihrer Verwendung ist es nötig, daß die zu vereinigenden Flächen gut gereinigt sind und während des vollkommenen Erhärtens der Kitte in absoluter Ruhe verbleiben. Es darf nie mehr Kitt aufgetragen werden, als eben zur Verkittung nötig ist. Bei heiß verwandten Kitten müssen die zu verkittenden Gegenstände möglichst auf dieselbe Temperatur gebracht werden. Die wenigsten Kitte behalten ihre gute Brauchbarkeit bei der Aufbewahrung, sie sind daher besser für den Bedarf zusammenzusetzen. Ölkitte können unter Wasser längere Zeit haltbar aufbewahrt werden.

Man kann die Kitte einteilen: 1. ihren Eigenschaften nach in wasserdichte, säure- und feuerfeste oder 2. ihrer Zusammensetzung nach in Ton-, Kalk-, Mineral-, Metall-, Leim-, Eiweiß-, Glyzerin-, Öl-, Harz- und Kautschukkitte oder 3. ihrer Verwendung nach in Glas-, Porzellan-, Steinkitte, Holz-, Horn-, Metall- und Ofenkitte.

Nachstehend seien einige erprobte Rezepte für verschiedene Zwecke gegeben.

Glas- und Porzellankitte. Der gewöhnliche Glaserkitt besteht aus Schlämmkreide und Leinölfirnis, die zu einer Paste zusammengeknetet werden. Käsekitt ist eine Lösung von Kasein in Wasserglas. Die Mischungen von Leinsamen-, Bohnen- und Roggenmehl mit und ohne Zusatz von Gips oder Bolus mit Wasser, Leimwasser und Stärkekleister, welche als Lutierungen für Flaschen und andere Glasapparate verwendet werden, schließen sich den Eiweißkitten an. Ein Kitt für Wasserleitungsröhren besteht aus je 10 Teilen Kolophonium und gebranntem Kalk, die mit 3 Teilen Leinölfirnis zusammen geschmolzen und nach und nach mit 10 Teilen zerzupfter Baumwolle durchgeknetet werden. Einen sehr widerstandsfähigen, gegen Säuren indifferenten Kitt liefert ein aus Bleiglätte und Glyzerin hergestellter Teig, der, wenn er nicht zu kalt ist, in einigen Stunden zu einer steinharten Masse trocknet und daher auch nicht vorrätig gehalten werden kann. Er eignet sich zum Kitten von Glas, Ton, Eisen, Steinarbeiten usw.

Ein Steinkitt besteht aus 2 Kieselgur, 2 Bleiglätte und 1 Kalkhydrat, die mit Leinölfirnis oder Glyzerin zu einem steifen Brei verrührt werden.

Andere Kitte sind Mischungen von Kautschukabfällen, Schwefel, Fetten, Terpentinöl, Bleiglätte, Gips, Sand und Steinmehl.

Ein aus 3 Guttapercha, 2 Colophonium und 1 Teer zusammengeschmolzener Kitt eignet sich, warm verwendet, sehr gut zur Verbindung von Tonleitungen für heiße Säuregase.

Holzkitte. Zur Verkittung von Stein und Holzfugen: 15 Teile Kalkhydrat werden mit 4 Teilen Kasein und Wasser zu Brei verrührt und 80 Teile Sand hineingearbeitet. Ein Kitt für Holz und Glas auf Eisen besteht aus gleichen Teilen gepulverter Kreide oder Bimsstein und Schellack; er wird heiß aufgetragen. Zum Verschmieren von Fugen in Holzkonstruktionen kann unter Umständen auch der gewöhnliche Glaserkitt gute Dienste leisten.

Ein aus Asbest und Wasserglas hergestellter Kitt wird für Holz- und Glassachen recht oft verwendet; er ist aber nicht wasserdicht.

Metallkitte. Leinölfirnis mit Bleiglätte, Bleiweiß oder Mennige zusammengeknetet, liefern Kitte, welche in Verbindung mit Asbest und Hanfschnüren allgemein zum Abdichten von Verschlußteilen verwendet werden.

Ofenkitte enthalten alle Ton mit geringen Zusätzen von Wasser oder Wasserglas als Bindemittel.

Kitte für Metallrohrverbindungen. 1 Schwefel, 2 fein gepulverter Schwefelkies werden zusammen geschmolzen und in die Rohrverbindung eingetragen. Ein Brei aus 3 Kalkhydrat, 8 Schwerspat, 6 Graphit und 3 gekochtes Leinöl geben ebenfalls einen guten Kitt.

Kitte für Eisen oder Stein mit Eisen. 2 Salmiak, 1 Schwefelblumen werden mit Wasser und Eisenfeilspänen zu einem steifen Brei angerührt.

Holz.

Holzarten. Die zu Bauzwecken verwendeten Holzarten werden im Winter gefällt und müssen frei sein von fauligen Stellen und solchen Ästen, von großen Rissen und besonders von Wurmfraß. Ferner sollen sie einen guten Klang besitzen und gut getrocknet sein. Feuchtes, d. h. noch safthaltiges Holz fault leicht, es wird bald morsch und begünstigt die Schwammbildung; ferner schwindet es, d. h. es verkürzt sich in der Breitenrichtung, wirft sich und reißt.

Frisches Holz hat im Durchschnitt 40—50 %, waldtrocknes gegen 20 % und lufttrocknes Holz 8—10 % Wasser. Wenn das Austrocknen der hergerichteten Nutzhölzer sehr schnell vor sich geht, so schwinden sie unregelmäßig, was ein Reißen und Werfen der Holzmasse zur Folge hat. Diese Eigenschaft, beim Trocknen zu schwinden und sich zu ziehen, von der der Tischler sagt: „das Holz arbeitet", erfordert bei seiner Verarbeitung besondere Berücksichtigung hinsichtlich der Abmessungen und Vereinigungen, indem dem Schwindmaß die gebührende Rechnung getragen werden muß.

Die Dauerhaftigkeit der Bauhölzer ist von großer Wichtigkeit. Häufiger Wechsel von Feuchtigkeit und Trockenheit beeinträchtigt sie, während ganz im Wasser oder ganz im Trocknen befindliches Holz immer dauert. Von den Nutzhölzern sind die dauerhaftesten Eiche und Ulme, harzreiche Kiefern und Lärche, am wenigsten dauerhaft sind Buche, Birke, Linde, Pappel, Weide und harzarme Nadelhölzer. Aus dieser Einteilung lassen sich aber für ihre technische Verwendung keine Schlüsse ziehen, vielmehr bestimmen die spezifischen Eigenschaften der einzelnen Arten ihre Verwendung zu den verschiedenen Zwecken. Es werden also auch Spaltbarkeit, Biegsamkeit, Festigkeit und Farbe außer der Dauerhaftigkeit wesentlich für die Wahl der Holzart sein.

Um die Dauerhaftigkeit zu erhöhen, was so viel heißt, wie die Fäulnis verhindern, wird das Holz entweder vor der Verwendung gründlich ausgetrocknet oder von den die Fäulnis verursachenden Bestandteilen befreit oder durch Unschädlichmachung der Fäulniserreger auf chemischem Wege konserviert.

Zur Haltbarmachung des trocknen Holzes wird es mit Teer, Firnis, Ölfarbe, Paraffin, Pech angestrichen oder noch besser getränkt, um das Eindringen von Feuchtigkeit in das Innere des Holzes zu verhindern. Während die Entfernung des die Fäulnis des Holzes verursachenden Saftgehaltes durch Auslaugen in fließendem Wasser oder auf einem der vorher genannten Wege erreichbar ist, wird durch Imprägnierung mit antiseptisch wirkenden Mitteln das Holz auf chemischem Wege dauerhaft gemacht. Die Hölzer werden zu dem Zwecke entweder einfach in die Imprägnierungsflüssigkeit eingelegt, eingesumpft, wie der technische Ausdruck lautet, oder aber durch Auslaugen: Erhitzen mit gespannten Wasserdämpfen erst dazu vorbereitet, d. h. für die nachfolgende, event. durch Druck erhöhte Imprägnierung aufnahmefähiger gemacht.

Die Biegsamkeit der Hölzer äußert sich in ihrer Elastizität und Zähigkeit, welche nicht nur bei den verschiedenen Hölzern, sondern auch bei ein und derselben Holzart je nach Alter, Bau und Feuchtigkeit verschieden sind. Fichte, Kiefer, Lärche, Eiche, Esche sind elastische und zähe Hölzer.

Die Festigkeit der Hölzer ist für den chemischen Apparatebau nicht minder wichtig. Alles grüne Holz ist fester als das schon seit einiger Zeit geschlagene. Unmittelbar am Mark und unter der Rinde gelegenes Holz, der Splint, ist weniger fest als der übrige Teil, das Kernholz.

Der Stamm der Nadelhölzer unseres Klimas ist auf der Südseite weniger fest als auf der Nordseite, wo die Jahresringe auch dünner sind. Daher kommt es, daß das Herz des Baumstammes nie in seinem Mittelpunkt liegt, und daß man Holz mit dünneren Jahresringen größere Festigkeit zuschreibt. Im allgemeinen kann man auch sagen, daß die härteren Hölzer beständiger gegen Fäulnis sind. Bei den Laubhölzern ist die Reihenfolge vom harten zum weichen Holz etwa: Eiche, Buche, Ulme, Esche, Linde, Pappel.

Beim Einkauf des Nutzholzes versäume man nicht, dasselbe in der Länge und Dicke nachzumessen. Wird es außerhalb gekauft, so pflegt es durch Einschlagen eines Stempels gekennzeichnet zu werden.

In der Praxis gibt man dem Holze bei Druck 4—8fache, bei Zug 10fache Sicherheit.

Die **Kiefer** liefert das gebräuchlichste Holz, es ist weich, zähe, schwach elastisch, leicht spaltbar, tragkräftig und wenig schwindend. Seine große Dauerhaftigkeit nimmt mit dem Alter — der Harzzunahme — zu. Es wird durch Anilin usw. rot gefärbt, ohne abzufärben.

Spez. Gewicht lufttrocken 0,5—0,6. Zulässige Beanspruchung auf Zug 100 kg, auf Druck 65 kg pro 1 qcm.

Pitchpine (Pechkiefer) ist sehr dauerhaft, sehr tragkräftig und elastisch, es schwindet wenig und zieht sich nicht, reißt aber leicht in trockner Luft.

Spez. Gewicht 0,72, feucht 0,80.

Fichte (Rottanne) ist sehr zähe und tragkräftiger und elastischer als die Kiefer, nähert sich dieser an Dauerhaftigkeit und schwindet fast gar nicht.

Spez. Gewicht 0,5.

Weißbuche ist hart, zähe, schwach elastisch, gedämpft sehr biegsam, kräftig und sehr widerstandsfähig gegen Druck, Schlag und Stoß, schwer spaltbar, schwindet und reißt stark, nur im Trocknen oder unter Wasser haltbar. Wird wegen seiner Eigenschaft, von Lösungen nicht ausgelaugt zu werden, also diese nicht zu färben, sehr gern zu Bottichen, Rührern und Rührspateln verarbeitet.

Spez. Gewicht 0,75, feucht 1,01. Zulässige Beanspruchung auf Zug 100 kg, auf Druck 80 kg pro 1 qcm.

Rotbuche reißt noch stärker, wird durch Säuren blau gefärbt und färbt selbst die damit in Berührung kommenden Lösungen. Dieser letzte Umstand ist in der sonst häufigen Verwendung des Rotbuchenholzes zu berücksichtigen.

Eiche ist sehr leicht an den festen, rechtwinklig zur Faser verlaufenden Markstrahlen, der Maserung, zu erkennen, hart (Winter- oder Steineiche ist härter als die Sommereiche), sehr tragkräftig und ziemlich elastisch, sehr zähe, leicht spaltbar, im Trocknen wie im Feuchten sehr haltbar, fäulnisbeständig, schwindet mäßig, reißt aber und wirft sich leicht.

Spez. Gewicht 0,75. Zugfestigkeit 100 kg und Druckfestigkeit 80 kg pro 1 qcm.

Lärche ähnelt der Eiche, ist jedoch weicher im Holz und besonders geeignet für Konstruktionen unter Wasser.

Spez. Gewicht 0,6.

Rüster, Ulme, ist sehr hart und säulenfest, gegen Stoß sehr widerstandsfähig, biegsam, zähe und elastisch, schwer spaltbar, schwindet wenig und ist auch in der Nässe sehr dauerhaft. Sie eignet sich daher unter anderem gut für Rührwerke.

Spez. Gewicht 0,7.

Erle ist weich, wenig tragkräftig, schwach elastisch, leicht spaltbar, im Wasser haltbar, sonst wenig dauerhaft, schwindet mäßig.

Spez. Gewicht 0,55.

Pappel zeichnet sich durch ihre große Weichheit aus, ist zähe und im Trocknen haltbar. Sie schwindet ziemlich stark und reißt wenig.

Spez. Gewicht 0,48.

Die drei ausländischen Holzarten Pockholz, Teakholz und Hickoryholz sind unverwüstlich, steinhart, schwer spaltbar, schwinden und reißen so gut wie gar nicht. Während das Pockholz wenig biegsam ist, ist das Hickoryholz biegsam und zähe. Pockholz ist schwerer als Wasser. Das Teakholz hat ein spez. Gewicht von 0,8 und das Hickoryholz ein solches von 0,6—0,9.

Das **Bauholz** wird mit folgenden technischen Ausdrücken bezeichnet: a) Ganzholz, wenn es aus einem Stamm ohne Längsteilung geschnitten ist; ist dieser einmal geteilt, so heißt es: b) Halbholz, wenn gekreuzt geschnitten: c) Kreuzholz, und mehrmals geschnitten: d) Schnitt- oder Schrotholz, welches die Bohlen, Bretter, Pfosten und Latten liefert (Fig. 11a—d).

Das Halbholz hat demnach Kanten, die nicht immer scharf, sondern meist etwas abgerundet sind. Solche Hölzer nennt man im Gegensatz zu den mehr Abfall liefernden scharfkantigen Hölzern wald- oder wahnkantig. Aus Ganzholz hergestellte Halb-, Kreuz- oder Schrothölzer sind natürlich um die Dicke der Sägeschnitte, ca 1 cm, dünner, so daß z. B. ein Ganzholz von 25×25 cm liefert 2 Halbhölzer von 12×25 cm und 4 Kreuzhölzer von 12×12 cm.

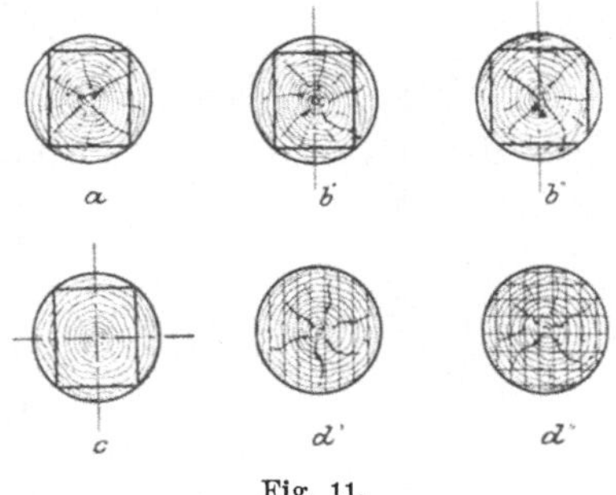

Fig. 11.

Für die Bestimmung der Abmessungen der Hölzer zu Bauzwecken ist aus ökonomischen Gründen zu empfehlen, sich nach den nachgenannten, 1898 behördlicherseits festgestellten Normalprofilen für Kanthölzer und Schnittmaterial zu richten.

Die Messung der Stärke geschieht ca. 70 cm vom Ende des Holzes.

Tabelle für Normalprofile für Bauhölzer in Zentimetern.

8	10	12	14	16	18	20	22	24	26	28	30
8/8	8/10	10/12	10/14	12/16	14/18	14/20	16/22	18/24	20/26	22/28	24/30
	10/10	12/12	12/14	14/16	16/18	16/20	18/22	20/24	24/26	26/28	28/30
			14/14	16/16	18/18	18/20	20/22	24/24	26/26	28/28	
						20/20					

Tabelle für Schnittmaterial (Bretter, Bohlen, Pfosten, Latten).

Längen: 3,50, 4, 4,50, 5, 5,50, 6, 7, 8 m.

Stärken: 15, 20, 25, 30, 35, 40, 45, 50, 60, 70, 80, 90, 100, 120, 150 mm.

Besäumte Bretter steigen in den Breiten von Zentimeter zu Zentimeter.

Starke und kürzere Stämme werden zu Bohlen (10—5 cm stark), zu Spundbrettern (5—4 cm stark), zu Tischlerbrettern (3—2,5 cm), zu Schalbrettern (2 cm) und zu noch dünneren Schwarten geschnitten.

Die Preise der Bauhölzer variieren nicht nur nach der Qualität, sondern auch nach den Gegenden der Herstammung und des Verbrauchs. Im Westen Deutschlands kosten sie durchschnittlich 20 % mehr als im Osten. Es gelten im allgemeinen:

		Eiche und wertvolle Laubhölzer	Nadelhölzer
Kantholz:			
Baukantige Balken	pro 1 cbm[1])	60—90	30—50 M.
Vollkantige „	„ „ „	70—100	35—45 „
Scharfkantige „	„ „ „	90—120	45—60 „
Splintfreie „	„ „ „	120—150	
Schnittholz:			
Planken, kantig 10—15 cm stark	„ „ „	100—150	45—80 „
Bohlen, „ 8 cm stark .	„ „ qm	9—12	5,5—7 „
„ „ 5 „ „ .	„ „ „	7—9	4,5—5,5 „
Bretter, „ 4 „ „ .	„ „ „	5—7	3—4,5 „
„ „ 3 „ „ .	„ „ „	4—5	2—3 „
„ „ 2 „ „ .	„ „ „	2—3	1—1,5 „
Latten:			
Dachlatten 2,5 : 5 bis 3 : 6 cm stark	pro 100 lauf. m		6—9 „
Spalierlatten 1,5 : 2,5 und 2 : 2 cm „	„ 100 „ „		1—1,5 „

Holzbearbeitung.

Die für die Betriebszwecke erforderlichen Holzkonstruktionen sind zum weitaus größten Teil Arbeiten des Zimmermanns. Tischlerarbeiten kommen nur vereinzelt in Betracht.

Von den Zimmerarbeiten, die in der Hauptsache das Verbinden der Hölzer ausmachen, ist zunächst zu fordern, daß der Verband der Hölzer fest und sicher ist, daß er der jeweiligen Beanspruchung der Hölzer entspricht und daß er ein „Atmen“ der Hölzer gestattet, d. h. daß die Nässe abfließen und die Luft zutreten kann, um ein Faulen des Holzes zu verhindern. Mit anderen Worten: alle Holzkonstruktionen müssen so ausgeführt werden, daß sie ventiliert werden können.

Die Balkenverbände werden, um obigen Anforderungen zu entsprechen, daher nach ganz bestimmten Regeln hergestellt, die in großen Umrissen zu kennen in dem Verkehr mit den Zimmerleuten von Nutzen ist, und die deshalb mit einigen Worten erwähnt werden mögen.

Die Holzverbindungen bestehen in der Knotenbildung, in der Verlängerung, der Verstärkung, der Verknüpfung und der Verbreiterung der Hölzer.

Wenn sich zwei oder mehrere Hölzer kreuzen, z. B. bei Gerüsten, so entsteht ein Knoten, welcher nie lose sein darf, um keine Verschiebung der Hölzer befürchten zu lassen. Es wird z. B. dadurch in einen festen Knoten verwandelt, daß drei Hölzer nicht in einem Punkte gekreuzt werden, sondern durch Bildung eines Dreiecks einen unverschiebbaren Knoten bilden (Fig. 12).

[1]) Unter 1 cbm ist ein Kubikmeter feste Holzmasse verstanden. Die ausländischen Hölzer werden nach Gewicht verkauft.

Das Verlängern des vertikalen Holzes nennt man das Aufpfropfen. Es geschieht am einfachsten, aber auch am schlechtesten durch eiserne Schienen (Fig. 13) oder durch einen eisernen Dübel und zwei Eisenringe (Fig. 14). Besser ist die Verbindung durch einen eisernen Schuh (Fig. 15) oder bei kantigen Hölzern — auch in nicht vertikaler Richtung — mittelst Scherzapfen und Scherschrauben (Fig. 16a und b).

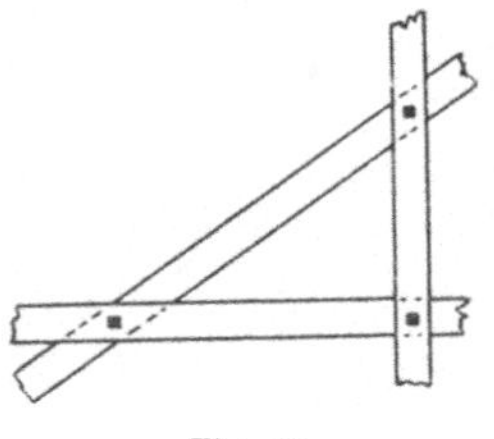

Fig. 12.

Die Stöße werden hauptsächlich bei liegenden Balken angewendet und befinden sich stets an einer unterstützten Stelle. Die hauptsächlichsten Stoßverbindungen sind der gerade Stoß (Fig. 17), der schräge Stoß (Fig. 18) und der schräg versetzte Stoß (Fig. 19).

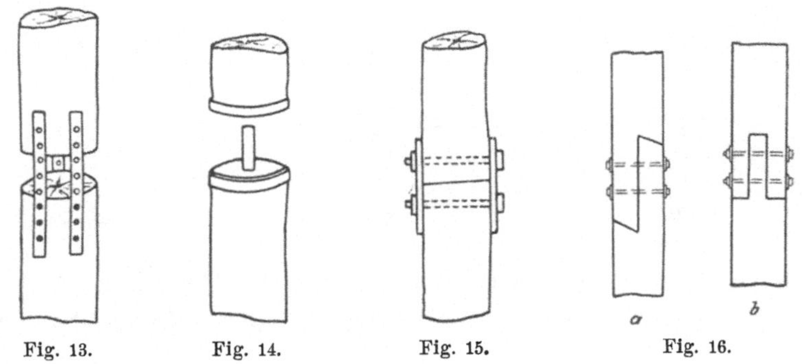

Fig. 13. Fig. 14. Fig. 15. Fig. 16.

Inniger sind die Blattungen. Die am meisten angewendeten sind das gerade und schräge Blatt (Fig. 20 und 21) und das gerade und

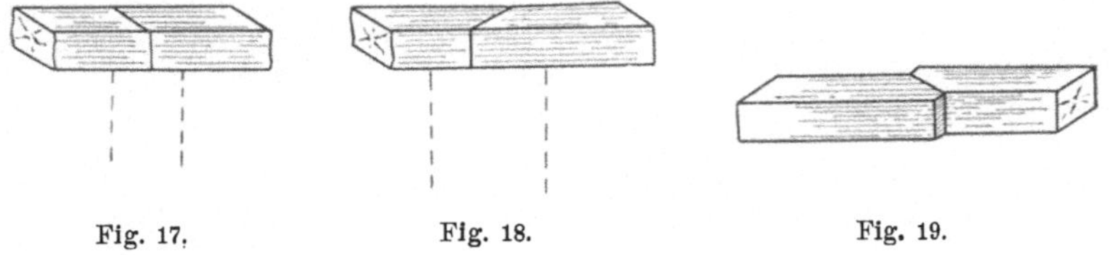

Fig. 17. Fig. 18. Fig. 19.

schräge Hakenblatt (Fig. 22 und 23), die durch Holzdübel noch fester gemacht werden können.

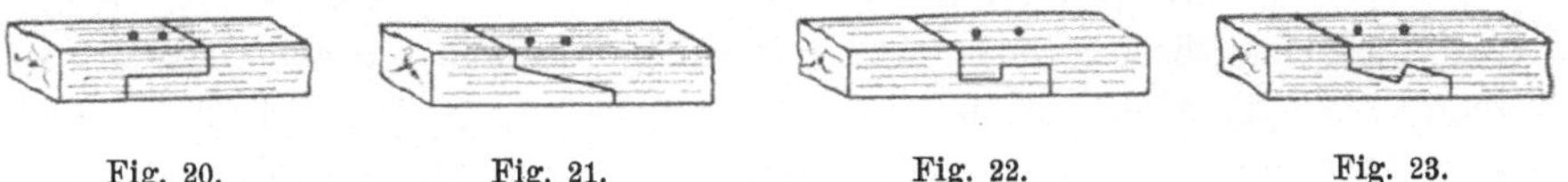

Fig. 20. Fig. 21. Fig. 22. Fig. 23.

Die seltener vorkommende Verstärkung des Holzes geschieht durch Verdübelung oder Verzahnung (Fig. 24 und 25).

Die Verknüpfungsarten der Hölzer sind je nach der Lage der Verbundhölzer zueinander verschieden. Eine Verzapfung verbindet Hölzer, die in einer Ebene bündig liegen. Den geraden und zurückgesetzten oder Achselzapfen zeigen Fig. 26 und 27, den Scher- oder Gabelzapfen Fig. 28.

Fig. 24. Fig. 25.

Die Überblattungen sind Verknüpfungen von sich kreuzenden Hölzern. Man bezeichnet sie als einfache (Fig. 29), als schwalbenschwanzförmige (Fig. 30) und als hakenförmige Überblattung

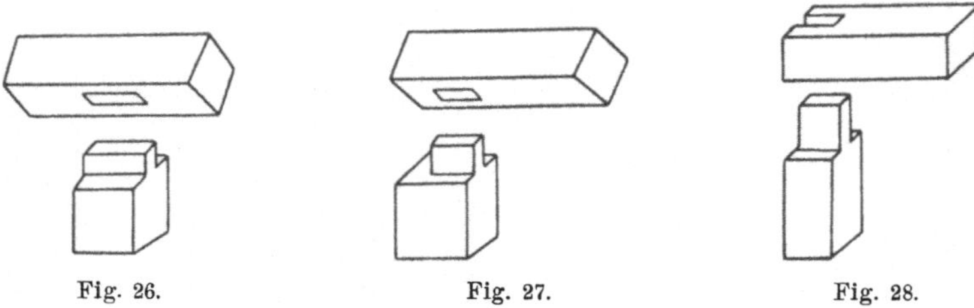

Fig. 26. Fig. 27. Fig. 28.

(Fig. 31). Ecküberblattungen heißen sie, wenn die Hölzer keine Kreuzung, sondern eine Ecke bilden; so stellt Fig. 32 eine schräge Ecküberblattung dar.

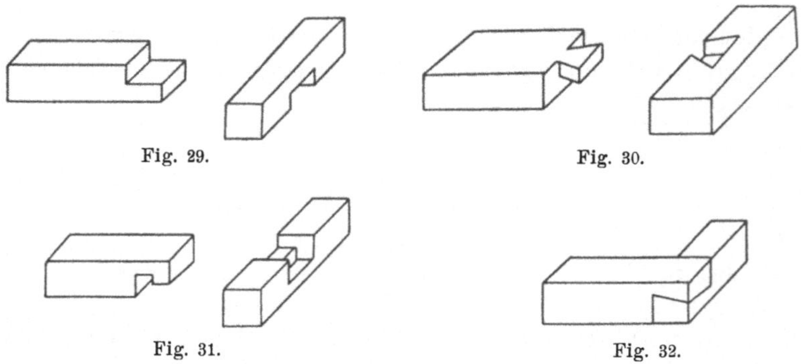

Fig. 29. Fig. 30.

Fig. 31. Fig. 32.

Von Verkämmungen der Hölzer spricht man, wenn dieselben in verschiedenen Ebenen liegen und nur wenig ineinander greifen. Fig. 33 zeigt einen geraden Kamm. Eine Versatzung stellt Fig. 34 dar. Sie wird da erforderlich, wenn unter einem Winkel wirkende Druckkräfte zu übertragen sind.

Die Verzinkung ist eine feste Eckverbindung von Bohlen und von Brettern (Fig. 35).

Alle diese Verbindungen können, wie schon erwähnt wurde, durch Dübel oder Bolzen verstärkt werden.

Die Verbreiterung von Holz beschränkt sich im allgemeinen auf Bohlen und auf Bretter. Die einfache Aneinanderlegung nennt man das gerade oder schräge Fugen (Fig. 36). Die halbe Spundung (Fig. 37)

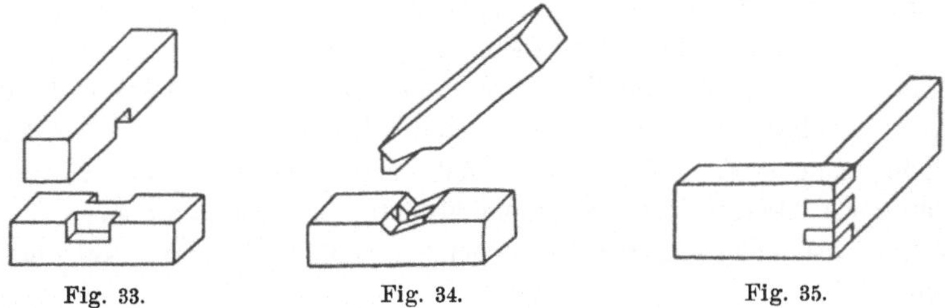

Fig. 33. Fig. 34. Fig. 35.

unterscheidet sich von den verschiedenen Arten der ganzen Spundung, wie aus den Fig. 37 und 38 ersichtlich ist. Die Federung (Fig. 39)

Fig. 36. Fig. 37.

verlangt aus Eiche oder Hirnholz hergestellte Federn, welche in die Nuten eingeschoben werden.

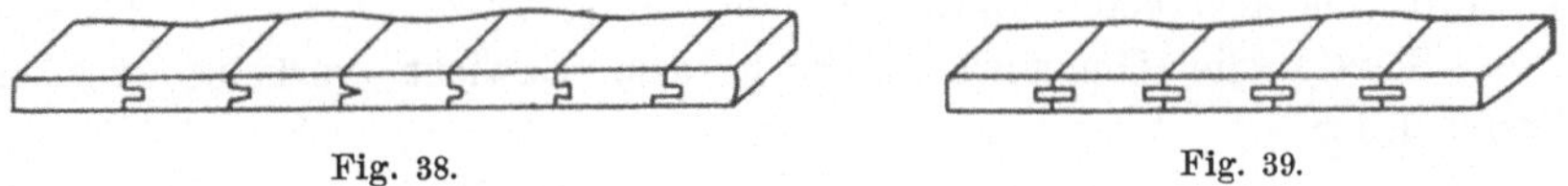

Fig. 38. Fig. 39.

Wie aus diesen Angaben hervorgeht, können für dieselbe Konstruktion bisweilen verschiedene Holzverbindungen gewählt werden, von denen derjenigen der Vorzug zu geben ist, die bei gleicher Zweckmäßigkeit einfacher und daher auch billiger ist.

Kautschuk.

Weichgummi. Der hauptsächlich zu Stopfen, Schläuchen, Dichtungsringen und -platten verwendete Weichgummi ist vulkanisierter Kautschuk. Die Brauchbarkeit für technische Zwecke, nämlich die Eigenschaft, gegen chemische Agentien widerstandsfähiger und hinsichtlich der Elastizität weniger von der Temperatur beeinflußt zu werden, erhält der Kautschuk erst durch Vulkanisieren, d. h. durch die Vereinigung mit Schwefel. Ein Zusatz von 10 $^0/_0$ gilt für das beste Mengenverhältnis und liefert einen Gummi vom spez. Gewicht 0,99. Die Gummiwaren werden am besten mit Glyzerin eingerieben und an einem nicht trockenen, mäßig temperierten, dunklen Orte oder vollständig unter Wasser aufbewahrt. Am allerschädlichsten für alle Kautschukwaren ist abwechselndes Feucht- und Wiedertrockenwerden. Sie verlieren beim Liegen alle an Elastizität und

Festigkeit. Die beste Handelssorte führt den Namen Para-Gummi. Mineralische Beimengungen, wie Kreide, Kalkhydrat, Schwerspat, Blei- und Zinkoxyd, vermindern die Elastizität und erhöhen die Festigkeit und mit Ausnahme des Bleioxyds die Isolierfähigkeit, schwächen aber wesentlich die Widerstandsfähigkeit des Kautschuks gegen anorganische und organische Säuren, erhöhen hingegen diejenige gegen Öle und leisten dem Hart- und Brüchigwerden beim Lagern Vorschub. Organische Beimengungen vermindern die Elastizität und die Widerstandsfähigkeit gegen Wärme, erhöhen aber die gegen Säuren. Die Einwirkung von Alkalien ist nicht nennenswert. Zu Leuchtgasleitungen verwendete Gummischläuche werden nach längerer Zeit hart und brüchig. Es empfiehlt sich, die für Gas- und Wasserleitungszwecke dienenden Schläuche nicht durcheinander zu bringen.

Um die großen, teuren Gummiverpackungen länger brauchbar zu erhalten, wird beim Abdichten zwischen Gummi und dem event. heiß werdenden Metall eine Lage Schreibpapier gelegt oder auch die Metallfläche mit Wasserglas oder Graphit bestrichen. Diese einfache Vorsichtsmaßregel verhindert ein Anbrennen oder Festkleben und Zerreißen des Gummis beim Öffnen der Dichtungsflächen.

Kautschukschläuche und -platten können in der Weise etwas widerstandsfähiger gegen chemische Einflüsse, wie Schwefel-, Salz- u. a. Säuren, gemacht werden, indem man sie — die Schläuche auch innen — mit Paraffin von geeigneter Konsistenz einfettet.

Soweit die Gummiwaren nach dem Gewicht verkauft werden, kostet 1 kg

Gummistopfen	18—27 M.
Gummiplatten	24 „
Gummischlauch	10 „ und mehr.

Hartgummi unterscheidet sich von dem Weichgummi durch einen viel größeren (40 %) Schwefelgehalt; andere Beimengungen sind nicht so häufig. Er ist schwarz, hart wie Horn und läßt sich auf der Drehbank bearbeiten. In heißem Wasser erweicht er. Ein hoher Schwefelgehalt und ein länger andauerndes Vulkanisieren machen den Hartgummi gegen chemische Einflüsse vollkommen indifferent, erhöhen die Festigkeit und Tragfähigkeit, heben aber die Elastizität fast ganz auf.

Gutta Percha ist das beste Material für Manschetten zu Pumpen und hydraulischen Pressen.

Durit ist ein lederartiges Dichtungsmaterial, das gegen Säuren und Alkalien ziemlich widerstandsfähig ist und von Petroleum, Schwefelkohlenstoff, Benzin, Benzol und ähnlichen nicht gelöst wird.

Vulkanfiber ist eine aus Pflanzenfasern nach geheim gehaltener chemischer Behandlung durch hohen Druck hergestellte Masse, welche äußerlich dem Hartgummi ähnelt und ein spez. Gewicht von 1,3—1,4 hat.

Die biegsame, schwerere Vulkanfiber bildet lederartig zähe, nicht dehnbare, aber glatte und ebene rote oder schwarze Platten und widersteht kaltem und heißem Wasser und Ölen vorzüglich. Sie liefert daher für viele Zwecke ein ausgezeichnetes Dichtungsmaterial, so für Verpackungen, Verdichtungen, Ventile, Pumpenklappen u. dergl.

Die harte Vulkanfiber ist eine harte, sehr zähe, hornartige Masse, die weder springt noch bricht und sich vollkommen wie hartes Holz bearbeiten und leimen läßt. Sie widersteht sehr hohen Hitzegraden und ist ein elektrischer Nichtleiter. Sie bildet ein zähes, reibungsfreies, nicht oxydierbares Material, das gegen Stoß und Bruch, gegen Feuchtigkeit, Fette und Öle unempfindlich ist.

Die Platten haben bei einer Dicke von 1—12 mm und darüber eine Größe von 1 : 1,5 m. 1 kg kostet 4—5 M.

Hanf. Er soll langfaserig, weich, rein ausgezogen und frei von Werg, auch frei von Staub, Sand und den Anichen oder Schäwen sein und einen reinen, seidenartigen, gelblich-weißen Glanz besitzen. Er ist um so besser, je länger, feiner und fester er ist.

Außer in der Form von Seilen und Gurten wird er unversponnen zum Abdichten im Verein mit Mennigekitt oder Talg beständig gebraucht, wobei er das Anhaften dieser Substanzen begünstigen soll. Außerdem dient er zum Verpacken von Stopfbüchsen, Muffen, Kolben und für viele andere Gelegenheiten.

1 kg kostet je nach Güte 1—2 M.

Filz dient als Unterlage für Maschinen und Trägerköpfe zur Dämpfung von Schall in Erschütterungen. Mit Paraffin getränkt, ist er von unbegrenzter Dauerhaftigkeit. Zur Verhinderung des Breitdrückens und Erhärtens wird das Filzlager mit einem Drahtgeflecht belegt. Druckbelastung pro 1 qcm bis 30 kg.

Kork wird ebenso als Unterlegmaterial für Maschinen verwendet. Druckbelastung pro 1 qcm 11—18 kg.

Die Anwendung des **Leders** beschränkt sich zumeist auf den Gebrauch zu Treibriemen, wo es allerdings eine große Rolle spielt. Über die Beurteilung und Behandlung der Treibriemen ist in dem Kapitel über Transmissionen das Nähere gesagt. Sonst wird das Leder hin und wieder für Kolbenmanschetten und Ventilklappen gebraucht, bei welcher Gelegenheit erwähnt sein mag, daß es unter dem Einfluß von heißem Wasser schrumpft, hart und unbrauchbar wird.

Festigkeit der Materialien.

Die Arten der Festigkeit, auf die die Materialien beansprucht werden können, sind: Zug- oder absolute Festigkeit, Druck- oder rückwirkende Festigkeit, Biegungs- oder relative Festigkeit, Scher-, Knick- und Drehungsfestigkeit. Die der Zerstörung des Zusammenhanges eines Körpers widerstehende Kraft wird als Bruchfestigkeit oder Tragkraft bezeichnet und die Spannung in dem Körper, die dieser entspricht, als Festigkeit, Festigkeitskoeffizient, Bruchmodul oder Bruchkoeffizient.

Die Zug- und Druckfestigkeit sind bei einigen Körpern gleich groß und proportional ihrem Querschnitt. Bei anderen und gerade bei denjenigen, welche in der Praxis auf Druckfestigkeit beansprucht werden, ist diese beträchtlich größer.

Der Scher- oder Schubfestigkeit hat ein Körper zu widerstehen, wenn zwei entgegengesetzte Kräfte, wie beim Zerschneiden mit der Schere, oder beim Druck einer Stanze auf ihn wirken, z. B. die Nietbolzen eines unter Druck befindlichen Dampfkessels.

Die Knickfestigkeit z. B. bei Säulen ist proportional dem Elastizitätsmodul des Materials, der Länge, dem Querschnitt. Sie ist abhängig von der Art der Befestigung der Stabenden, ob sie eingespannt oder frei sind, so daß 4 Fälle zu unterscheiden sind (Fig. 40). Ein Ende ist eingespannt, das andere frei, a. Beide Enden sind frei, b. Ein Ende ist eingespannt, das andere drehbar, aber in der Achsenrichtung des geraden Stabes geführt, c. Beide Enden sind eingespannt, d. Die Bruchbelastungen für die 4 Fälle verhalten sich nach Euler wie $^1/_4 : 1 : 2 : 4$.

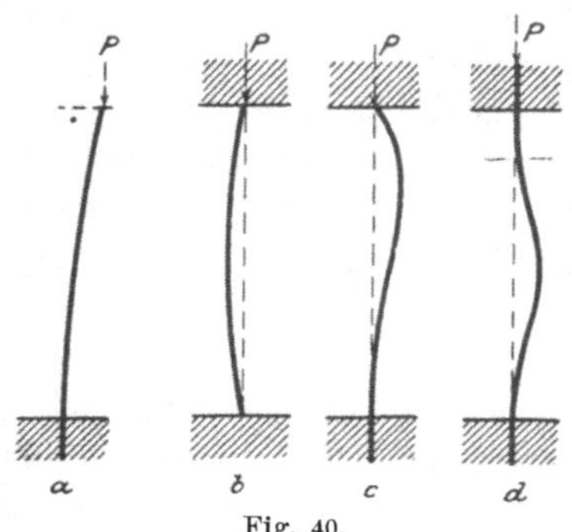

Fig. 40.

Die Biegungs- oder relative Festigkeit ist eine zusammengesetzte Widerstandsäußerung gegen verschiedene gleichzeitig wirkende Beanspruchungsarten. Außer gleichzeitiger Bruch- und Zugfestigkeitsbeanspruchung spielt neben der Größe auch die Form des Querschnittes eine wesentliche Rolle. Fügt man dazu die verschiedenen Arten der Belastung, so ergeben sich daraus eine außerordentliche Anzahl von Einzelfällen.

Bei an einer an einem Ende eines Balkens wirkenden Last sei, wenn er am anderen Ende gehalten wird, die Tragfähigkeit gleich 1, so ist sie, wenn beide Enden unterstützt sind und die Last in der Mitte des Balkens wirkt, gleich 4 und gleich 8, wenn beide Enden festgespannt, z. B. eingemauert sind. Die Tragfähigkeit erhält die doppelte Größe, wenn die Last sich auf die ganze Länge des Balkens verteilt. Ferner ist die Tragfähigkeit proportional der Breite, dem Quadrat der Höhe — der Dimension der senkrechten Kraftrichtung — und umgekehrt proportional der Länge. Daraus folgt, daß es zur Erzielung größerer Tragfähigkeit vorteilhafter ist, die Höhe eines liegenden Balkens beträchtlicher zu machen, als seine Breite, da die erstere den größeren Einfluß auf die Tragfähigkeit besitzt. Das für Balken aus runden Stämmen gebräuchliche günstigste Verhältnis von Höhe zu Breite ist 7 : 5. Die Tragfähigkeiten von Balken mit quadratischem Querschnitt verhalten sich wie die Kuben der Seiten.

Auf Grund der Tatsache, daß eine größere Höhe eines Balkens der Breite gegenüber für seine Tragfähigkeit vorteilhafter ist, und daß die äußeren Teile — die Oberfläche — besonders in Anspruch genommen werden, ist für die massiven Träger die I-Form die günstigste. Für Träger mit zylindrischem Querschnitt besteht demnach auch die Tatsache, daß für die gleiche angewendete Trägermasse ein hohler mehr trägt als ein massiver, natürlich auch einen größeren Durchmesser haben wird. Die Tragfähigkeit für Hohlzylinder bei gleicher Wandstärke und gleichem Material ist proportional dem Quadrat der Durchmesser (und nicht den Kuben, wie bei den vollen Trägern).

Die Drehungs- oder Torsionsfestigkeit (der Transmissionswellen z. B.) ist eine Art der Schubfestigkeit. Das zum Zerdrehen notwendige Moment, das Bruchmoment, ist also bei kreisförmigem Querschnitt proportional den Kuben der Durchmesser, bei rechteckigem Querschnitt proportional dem Produkt aus der größeren Seite und dem Quadrat der kleineren. Der Verdrehungs- oder Torsionswinkel, welcher gebildet wird aus der längs der Welle gezogenen Geraden und der aus der Verdrehung herrührenden, zu einer Schraubenlinie gewordenen Geraden, ist proportional der Wellenlänge und der Verdrehungskraft und umgekehrt proportional dem Schubelastizitätsmodul und der vierten Potenz des Durchmessers bei kreisförmigen Querschnitten.

Die Festigkeitsgrenzen für die Praxis dürfen sich, um eine genügende Sicherheit der Konstruktion zu bieten, niemals den theoretischen, absoluten Grenzen nähern. Ist man doch über die innere Beschaffenheit der Materialien niemals ganz im klaren. Hölzer können eine weniger feste innere Faser besitzen, als sie äußerlich vermuten lassen. Steine können teils verwittert, teils schlecht gebrannt sein. Metalle können Guß- oder Kompositionsfehler besitzen. Die atmosphärischen Einflüsse sind ebenso nachteilig, wie die Art der Belastung wechseln kann. Aus diesen Gründen soll die wirkliche Belastung in keinem Falle größer als $^1/_3$ der absoluten Tragfähigkeit sein. Die Sicherheit nennt man die Zahl, welche den Bruchteil der beanspruchten Festigkeit ausdrückt. Man spricht von einer 3, 4, 6fachen Sicherheit, je nachdem die Festigkeit bis zu $^1/_3$, $^1/_4$, $^1/_6$ beansprucht wird.

Sodann ist auch die Dauer der Festigkeit in Betracht zu ziehen. Dieselbe wird bei allen Materialien im Laufe der Zeit durch chemische und physikalische Einflüsse beeinträchtigt. Das Eisen rostet, Holz fault, Steine verwittern. Zu den rein physikalischen Einflüssen gehört die Ermüdung des Materials durch fortgesetzte wechselnde Beanspruchung, welche schließlich den Bruch herbeiführen kann, ohne daß eine Einzelbeanspruchung die Elastizitätsgrenze auch nur erreicht hätte.

Im allgemeinen lassen sich über die oben angeführten Materialien folgende Verhältniszahlen angeben. Dem Schmiedeeisen gibt man bei Zug 6—10fache, bei Biegung 4—6fache, dem Gußeisen bei Druck 4—6fache

Sicherheit. Dem Holze wird bei Druck 4—8fache, bei Zug 10fache und dem Stein bei Druck 15—20fache Sicherheit gegeben. Es hängt dabei von der Art der Beanspruchung ab, ob gleichmäßig oder wechselnd und stoßweise belastet, und von dem Grade der äußeren Einflüsse, ob man sich im gegebenen Falle den unteren Grenzen nähern muß oder ob man die oberen erreichen kann.

Um die Festigkeit der Materialien zu prüfen, dienen Festigkeitsprüfungsmaschinen, welche je nach der Prüfungsart auf Druck, Zug, Biegung usw. entweder in ihrer ganzen Konstruktion oder nur in den Einspannvorrichtungen verschieden sind und die meistens den ganzen Verlauf der Beanspruchung in Form eines Diagrammes selbsttätig aufzeichnen. Bei der Prüfung selbst werden die Materialien auf eine Festigkeit erprobt, die die in der Praxis nachher geforderte um ein gewisses Vielfache überschreitet und überschreiten muß, aber dennoch nicht überflüssigerweise gesteigert werden darf, da es wohl eintreten kann, daß das Material durch eine allzuhohe Beanspruchung dermaßen geschwächt wird, daß es nachher den normalen Anforderungen nicht mehr genügt und große Gefahren in sich schließen kann.

Die Betriebshandwerker.

Von den in den chemischen Fabrikbetrieben beschäftigten Handwerkern muß mit Recht außer der eigentlichen Berufsfertigkeit eine gewisse allgemeine Geschicklichkeit und Intelligenz verlangt werden, weil ihnen häufig eigenartige Arbeiten übertragen werden, die aus dem Rahmen ihrer alltäglichen Berufsarbeit heraustreten und wohl auch nicht immer mit den handwerksmäßigen Gewohnheiten allein fertig gebracht werden können.

Daher ist es auch empfehlenswert, die in diesem Spezialbereich einmal eingearbeiteten Handwerker dauernd im Dienste zu halten, woraus sich nicht selten auch der Vorteil herausbildet, daß sie nach gewonnener praktischer Erfahrung mit recht vernünftigem Urteil helfend zur Seite stehen können.

Die Gewohnheit mancher Vorgesetzten, alle von einem Untergebenen geäußerten Ansichten oder Vorschläge von dem Standpunkte des Besserwissenden aus abzuweisen, welche sogar so weit gehen kann, daß er sie nur deshalb, weil von einem Untergeordneten ausgesprochen, nicht zur Ausführung bringt, obgleich er von ihrer Brauchbarkeit überzeugt ist, ist ebenso verkehrt, wie zum Nachteil des Geschäftes. Denn einmal kann man auch von den Dümmsten lernen! Dann aber steckt in diesen, wenn auch manchmal recht naiven Äußerungen doch hin und wieder etwas, aus dem man auf Dinge aufmerksam gemacht wird, die zu neuen Ideen anregen. Andererseits wirkt die beständige Abweisung von dergleichen Bemerkungen aber sehr bald in dem Sinne, daß den Leuten die Lust und das Interesse an ihrer Arbeit genommen wird und sie ihre Schuldigkeit rein mechanisch tun, ohne auch nur daran zu denken, ob und wie sie sich bewährt, ja selbst Wahrnehmungen verschweigen, deren rechtzeitige Meldung Schäden und Gefahren verhindern würde. Deshalb höre man jeden von anderer Seite gemachten Vorschlag an, der doch immer im Interesse des Gelingens, also des Gewinnes gemacht wird, verwerte ihn, wenn er brauchbar ist, sonst aber erkenne man wenigstens die damit zum Ausdruck gebrachte gute Absicht an. Die in neuerer Zeit von manchen Fabriken getroffene Einrichtung, daß die Arbeiter in der Gesamtheit aufgefordert werden, etwaige Ideen oder Vorschläge zu Verbesserungen schriftlich oder mündlich der Firma bekannt zu geben, mit dem Versprechen einer angemessenen Vergütung bei ihrer Brauchbarkeit, ist sehr zu begrüßen, da sie ebenso anregend wie fördernd auf die Lust zur Arbeit wirkt.

An den für die eigenartigen Betriebskonstruktionen benötigten Werkzeugen lasse man es nicht fehlen, denn die mit unzulänglichen Mitteln ausgeführten Arbeiten lassen auch nur zu leicht an guter Verwendbarkeit zu wünschen übrig. Von dem beständig oder doch häufiger gebrauchten Material, wie Eisen, Kupfer, Blei, Rohren, Blechen, Hölzern, und was sich sonst für die verschiedenen Betriebe als beständig erforderlich erweist, sei stets ein dem Betriebsumfange angemessener Vorrat vorhanden in Rücksicht auf den bei eiligem Bedarf sonst durch Bestellung und Lieferung entstehenden Zeitverlust. Trotz des Vorrates darf mit diesem Material aber nicht verschwenderisch und aus dem Vollen gewirtschaftet werden, wozu bisweilen bei neu eingestellten Handwerkern Neigung vorhanden ist. Die sogen. Abfälle sind immer zuerst aufzubrauchen, soweit es angängig ist; und es ist öfter angängig, als es den Anschein hat. Der die Aufsicht über die Handwerker ausübende Meister hat darauf ganz besonders zu achten, denn sonst werden gar zu leicht aus Bequemlichkeitsgründen kleinere Stücke beiseite gestellt, welche noch ganz gut mitbenutzt werden könnten. Um den Verbrauch derselben zu erleichtern, muß darin, sowie auch in den sonstigen Reservestücken der Apparatur stets Ordnung herrschen, damit nicht durch Suchen Zeit verloren geht oder sie im gewünschten Falle womöglich gar nicht aufzufinden sind.

Aus demselben Grunde werden die nicht mehr in Betrieb zu nehmenden Apparate sachgemäß demontiert und ihre wieder verwendbaren Teile nicht der Vergessenheit oder dem alten Eisen überliefert.

Zu dem Ordnungssinn der Handwerker muß sich Gewissenhaftigkeit gesellen. Hängt doch von der sorgfältigen und exakten Ausführung häufig Gut und Menschenleben ab. Ohne an die durch nachlässige Arbeit möglichen Unglücksfälle zu denken, sei daran erinnert, daß beim Aufbau von Apparaten Handwerkszeuge, Schrauben, Bolzen u. dergl. darin liegen bleiben oder auch hineinfallen können und teils aus Vergeßlichkeit, teils auch aus Sorglosigkeit nicht herausgeholt werden, weil das Entfernen vielleicht mit Umständlichkeiten verknüpft ist, und daß bei der Inbetriebsetzung dadurch die größten, zunächst unerklärlichen Störungen entstehen können und auch schon entstanden sind.

Um solche unliebsamen Vorkommnisse nach Möglichkeit zu vermeiden, müssen außer der zu beobachtenden allgemeinen Vorsicht und Achtsamkeit auch noch den gegebenen Umständen entsprechende Vorsichtsmaßregeln getroffen werden. So sind bei Arbeiten an Brunnen, Türmen, tiefen Gruben oder sonstigen Gefäßen, die entweder gar nicht oder nur mit großer Umständlichkeit befahren werden können, Planen oder Tücher unter der Arbeitsstelle auszuspannen, die das Hinabfallen des Werkzeuges u. a. verhindern. Oder aber: für das Arbeiten im Innern von Apparaten u. dergl. zähle oder sortiere man das mitzunehmende Handwerkszeug und sonstiges Material genau, um nach der Beendigung feststellen zu können, daß nichts vergessen worden ist. Schließlich ist es für gewisse Arbeiten selbst am Platze, leicht entgleitende Werkzeuge an eine Schnur zu binden, wenn z. B. befürchtet werden kann, daß sie in tiefe mit Flüssigkeit gefüllte Gefäße fallen können.

Handelt es sich darum, einen Apparat nur ganz vorübergehend für einen oder wenige Versuche zu improvisieren, so lasse man nicht unnötig Zeit und Geld durch das sogenannte, in diesem Falle ganz überflüssige technische Verschönen verschwenden. Die Handwerker sind zunächst von Beruf aus immer daran gewöhnt, ihren Arbeiten einen letzten Schliff und die nötige Ansehnlichkeit zu geben, und lassen nicht davon ab, wenn man es ihnen nicht ausdrücklich vorschreibt. Andererseits ist es aber auch keineswegs überflüssig, darauf zu achten, daß bei definitiven Einrichtungen nach der stets zuerst zu berücksichtigenden Zweckmäßigkeit auch dem Geschmacke insoweit Rechnung getragen wird, als es sich kostenlos ausführen oder doch mit dem Kostenpunkte vereinigen läßt. Eine saubere Einrichtung und ansprechende Anlage übt in jedem Falle einen günstigen Einfluß auf Arbeit und Arbeiter aus.

Die Apparatur ist ein so wichtiges Fundament für die chemische Technik und ihr korrekter Bau die erste Bedingung für ein einwandfreies Funktionieren des Betriebes, daß allen darauf bezüglichen Faktoren eine gründliche Beachtung zu widmen ist.

Neben der Güte und sachgemäßen Ausführung der Handwerkerarbeiten ist aber auch jeder Umstand zu berücksichtigen, welcher auf den Gestehungspreis einen Einfluß hat. Hierzu gehört die gute Ausnutzung des den Handwerkern zu stellenden Hilfspersonals. Es gibt Handwerker, welche sich beständig und bei den kleinsten Arbeiten von ihrem Handlanger bedienen lassen, wie wenn er zur p e r s ö n l i c h e n Dienstleistung angestellt wäre. Diese Gewohnheit darf man nicht einbürgern lassen, da sie später kaum noch abzugewöhnen ist. Ebenso wie die Handwerker in vielen Fällen allein arbeiten können, wird es für die Hilfsarbeiter zu jeder Zeit genügend Arbeit geben, die sie selbständig auszuführen imstande sind. Als da sind kleinere Montierungsarbeiten, Herrichtung der Werkzeuge,

Aufräumung der Werkstätte, Vorrätigmachen einer Reihe von ständigen Gebrauchsstücken, wie Bordscheiben, Verpackungen, Holzdübeln, Lot usw. Zu anderen Gelegenheiten empfiehlt es sich wiederum, dem Handwerker möglichst ausreichendes Hilfspersonal zur Verfügung zu stellen, wenn dadurch die gerade zu besorgende Arbeit beschleunigt wird, und wenn er seiner persönlichen Fähigkeit nach imstande ist, dasselbe unter seiner Aufsicht ausgiebig zu beschäftigen.

Für genügende Beschäftigung der Handwerker in ruhigen Zeiten, welche sich wohl in allen Betrieben gelegentlich einstellen, ist rechtzeitig Sorge zu tragen. Es ist die Aufgabe des Werkmeisters, über die Arbeiten in dieser Berücksichtigung so zu disponieren, daß die Handwerker, die man nicht entlassen will, in den stillen Tagen nicht nur irgend etwas tun, um nicht müßig zu sein, sondern auch nützlich beschäftigt werden.

Um alle diese Momente in den Werkstätten richtig zur Geltung zu bringen, ist ein erfahrener und umsichtiger Meister nötig, welchen man ebenso, wie die Betriebsvorarbeiter, mit Beharrlichkeit und Konsequenz heranzubilden streben muß.

Die für die chemischen Fabriken in Betracht kommenden Handwerker sind die Schlosser, Grobschmiede, Kupferschmiede, Klempner oder Spengler, Zimmerleute, Tischler oder Schreiner, Böttcher oder Küfer und Maurer.

Schlosser und **Grobschmiede** werden wohl meist in einer Werkstatt oder doch in benachbarten Räumen arbeiten, weil die Natur der Arbeiten den Gebrauch vieler gemeinsamer Werkzeuge und Utensilien verlangt. Während sich der Schmied mit der gröberen Bearbeitung des Eisens hauptsächlich im glühenden Zustande befaßt, liegen dem Schlosser mehr die feineren Bearbeitungen desselben und meist in kaltem Zustande ob, sowie die allgemeinen Reparaturen an den Betriebsmaschinen, weshalb er spezielle Kenntnis in der Maschinenschlosserei, dem Armaturenfach und der Schwarzblecharbeit haben muß.

In ihren Werkstätten werden hauptsächlich angefertigt die verschiedensten eisernen Hilfsgerätschaften, Konsole, Träger, Schutzvorrichtungen, Riemenausrücker, Faßreifen, Schellen für Rohrleitungen, Laschen und was sonst noch in dieser Art vorkommt. Ferner Rohrarbeiten, das Verlegen der Muffen- und Flanschenrohre, das Einpassen von Ventilen, Schiebern, Hähnen, das Ausrichten der Wellen usw.

In der **Kupferschmiede** findet die Bearbeitung von Gegenständen, sowie die Herstellung von Apparaten und Leitungen aus Kupfer, Blei und Zinn statt. Das Löten, Verzinnen, Verbleien wird ebenfalls hier ausgeführt.

Während die Schmiede- und Schlosserarbeiten meist durch bloßes Betrachten und Nachmessen auf ihre ordentliche Ausführung hin beurteilt werden können, genügt das bei den Kupferschmiedearbeiten allein nicht, bei welchen außerdem eine Prüfung der gelöteten und verschraubten Teile auf ihre Dichtigkeit vor der Inbetriebnahme notwendig ist, soweit sie sich in der Werkstätte vornehmen läßt. Andere Arbeitsfehler können sich auch erst bei der Verwendung der betreffenden Stücke einstellen und deshalb muß man gerade von diesen Handwerkern eine absolute Zuverlässigkeit und Gründlichkeit in der Arbeit verlangen. Unsorgfältige Verbleiung oder Verzinnung können z. B. ebenso, wie schlecht gedichtete Teile, deren mangelhafter Zustand in der Werkstätte nicht zu erkennen war, und die an nur schwer zugänglichen Betriebsstellen montiert sind, zu den unangenehmsten Folgen Anlaß geben, was beweist, daß deren sachgemäße Ausführung eine reine Vertrauenssache ist.

Der **Klempner,** Blechschmied, Spengler, verarbeitet speziell die übrigen Metallbleche, wie Weiß-, Schwarzblech, Zink- und Zinnblech zu Gefäßen, Trichtern, Rinnen, Aufsätzen, Deckeln, Schutzblechen, Einsätzen, Ofenrohren, Beschlägen usw. Ferner fertigt er häufig auch die für den Versand benötigten Kannen, Kanister u. a. an und besorgt das Verlöten der Emballage für den Transport.

Dem **Zimmermann,** in größeren Betrieben auch dem Tischler, liegen sämtliche Holzausführungen ob, die in den chemischen Fabriken eine nicht geringe Ausdehnung haben. Er baut die Schuppen, Verschläge, Gerüste, Treppen, Leitern, Böcke, Podeste, Laufstege, Kästen, Arbeitstische, Handrührer, Rührschaufeln u. a. m. Ein Zimmermann, der nicht sparsam ist, kann im Laufe des Jahres leicht 50 % mehr als die notwendige Holzmenge verarbeiten, ebenso kann durch übertrieben festes und dauerhaftes Arbeiten mitunter das Doppelte des hinreichenden Holzes verarbeitet werden.

Der **Böttcher,** Faßbinder, Küfer, Büttner, Kübler steht in Betrieben in Arbeit, bei denen das Faßmaterial eine größere Rolle spielt.

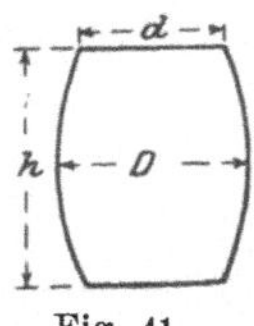

Fig. 41.

Der Typus der Böttcherfabrikate ist das Faß, von dem sich die Bottiche und Wannen der verschiedensten Formen ableiten. Alle diese Gefäße werden aus durch Holz- oder Eisenreifen zusammengehaltenen Dauben hergestellt und durch einen unteren und auch oberen Boden geschlossen. Damit das Antreiben der Reifen für das vollkommene Abdichten der Dauben ermöglicht wird, haben alle Böttchergefäße eine konische oder gewölbte und nicht eine zylindrische Form. Die Stärke der Wölbung oder Verjüngung wird durch den Faßstich ausgedrückt, worunter der Unterschied der Durchmesser des Faßbauches und des Faßkopfes ($D - d$ Fig. 41) verstanden wird. Der Faßinhalt ist nach der Formel:

$$J = 1/12\, \pi\, h\, (2 D^2 + d^2)$$

zu berechnen.

Das zur Faßfabrikation nötige Holz ist im frischen Zustande zu verarbeiten und die Art desselben richtet sich nach den bestimmten

Zwecken, denen die Gefäße dienen sollen. Ist man sich über die Art der Beeinflussung des aufzunehmenden Inhaltes durch das Holz nicht sicher, dann nehme man nicht etwa an, daß dieses oder jenes Holz wohl brauchbar sein wird, sondern stelle es einwandfrei fest, indem man das fragliche Holz in der betreffenden Flüssigkeit den Umständen entsprechend kalt oder warm stehen läßt, um sich von der Wirkung überzeugen zu können. Für manche Zwecke werden die Fässer durch Ausschwefeln, Auspichen, Leimen und Dämpfen noch besonders hergerichtet. Auch das Material der mitunter dazu gebrauchten Stifte, Schrauben, Nägel, ob Eisen, Kupfer, Messing usw., kann, wenn diese mit dem Faßinhalt in Berührung kommen, einen nachteiligen Einfluß haben.

Böttchergefäße dürfen nicht leer stehen und austrocknen, da sie dann leck werden und nur durch wiederholtes Vollgießen und Antreiben der Reifen wieder dicht zu machen sind. Zu stark ausgetrocknete Fässer fallen selbst ganz auseinander und müssen von dem Böttcher wieder zusammengestellt werden. Wenn ein Vollhalten der Böttcherwaren nicht möglich ist, dann sind sie wenigtens an einem kühlen, feuchten Orte (Keller) aufzubewahren und von Zeit zu Zeit zu begießen. Undichtigkeiten, die durch Quellen des Holzes und Antreiben der Reifen nicht zu beseitigen sind, können am sichersten von der Innenseite, damit nicht die Dichtung von dem Flüssigkeitsdruck herausgedrückt wird, mit geeignetem Kitt, Pech oder Leim in Verbindung mit Hanf, Schilf oder Holzspänen beseitigt werden.

Zum Unterschiede von Zimmerarbeiten sind Bottiche und Fässer immer so aufzustellen, daß sie möglichst voll, also mit allen Dauben auf der Unterlage ruhen, daß aber trotzdem die Luft zu dem Faßboden Zutritt behält, um ein Faulen des Holzes zu verhindern. Aus diesem Grunde ist ein fäulnishemmender Anstrich der Unterlagen sowie der Bottiche und Fässer von außen um so mehr zu empfehlen, als doch in den meisten Betriebsräumen die Umstände für ein schnelleres Verderben des Holzes vorhanden sind.

Sollte man in die Lage kommen, Faßspunde für diesen oder jenen Fall selbst anfertigen zu lassen, so achte man darauf, daß sie in der Weise aus dem Holz geschnitten werden, daß die Holsfaser nicht in der Richtung der Spunddicke, sondern in der des Durchmessers verläuft, da er im anderen Falle durchnässen würde. Desgleichen muß der Spund, damit er beim Festschlagen anzieht und schließt, so in das Spundloch eingesetzt werden, daß das Holz von Spund und Spunddaube in einer Richtung verläuft. Zum Heraustreiben des Spundes benutzt man einen wuchtigen Holzhammer von der ganzen Breite der Spunddaube, mit dem man auf die letztere dicht neben den Spund schlägt. Mit eisernen oder zu schmalen Holzhämmern oder Rohrenden oder gar Schraubenschlüsseln, wie sie bisweilen dazu verwendet werden, zerschlägt man sehr bald die Spunddaube.

Maurerarbeiten kommen recht häufig in chemischen Betrieben vor, so daß in Fabriken selbst mittlerer Größe wohl beständig ein Maurer Beschäftigung haben wird. Außer den in regelmäßigen Zwischenzeiten wiederkehrenden Neuausmauerungen von Kessel- und anderen Feuerungen, sind es Arbeiten der verschiedensten Art, für die er benötigt wird, z. B. das Einmauern von Trägern, Stützen, Konsolen, ferner die durch Verlegen der Leitungen bedingten Ausbesserungen, das Zusetzen oder Versetzen von Türen, das Aufmauern neuer Zwischenwände für andere Raumeinteilungen, das Zementieren und Durchstemmen von Mauern und Fußböden u. dergl. mehr. Das gebräuchlichste Baumaterial, wie Kalk, Zement, Sand, Ziegelsteine und Schamottesteine (s. d.), müssen in angemessenen Mengen vorrätig sein. Da die Maurerarbeiten immer mit Schmutzbildung verbunden sind, so ist die Arbeitsstätte des Maurers in den Betriebsräumen vorzubereiten, damit die Apparatur oder gar das Fabrikat nicht dadurch verunreinigt werden. Auch sorge man dafür, daß der Mauerschutt nicht übermäßig in die benachbarten Räume verschleppt wird, was bei einem lebhafteren Verkehr gar zu leicht geschehen kann. Für das Arbeiten im Freien ist zu bedenken, daß Mauerungen, die unter — 4° C. ausgeführt werden, nicht haltbar sind und daß Zementmörtel überhaupt keinen Frost verträgt.

Das Werkzeug der Betriebshandwerker.

In welcher Vollkommenheit das Werkzeug und die Werkzeugmaschinen für die Hilfsbetriebe der Handwerker anzuschaffen sind, hängt natürlich von den ihnen gestellten Aufgaben ab. In nachfolgendem seien die gebräuchlichsten Stücke zusammengestellt, die man den wechselnden Anforderungen gemäß vervollständigen oder verringern kann.

Für die Erhaltung des ordentlichen Zustandes des Werkzeugbestandes übergebe man den Handwerkern ein Verzeichnis der ihnen gelieferten Werkzeuge und inventarisiere dasselbe vielleicht alle 3 Monate. Sodann ist für geeignete — auch verschließbare — Aufbewahrung der Werkzeuge zu sorgen. Gleiches Werkzeug, wie Hammer, Zangen verschiedener Werkstätten, ist auf irgend eine Weise kenntlich zu machen, damit jeder Streit über ihr Besitztum ausgeschlossen bleibt.

Die Schlosserwerkzeuge bestehen aus Hammern und Zangen verschiedener Art, aus Schraubenschlüsseln mit festen und verstellbaren Backen, Schraubenziehern, Keilziehern, Flach- und Spitzmeißeln, Bohrern, Bohrknarren, Schraubstöcken, Handsägen, Senkeisen, Reibahlen. Für Rohrarbeiten kommen hinzu: Rohrschraubstöcke, Rohrabschneider, Gewindeschneider, Schneidkluppen, Gewindebohrer und Rohrzangen.

An maschinellen Einrichtungen können in Frage kommen: Bohrmaschinen, Drehbänke, Schleifsteine, Sägemaschinen, Schmirgelmaschinen und Hobelmaschinen.

Für den Schmied kommt hinzu: Ein Schmiedeherd mit Gebläse, eine Feldschmiede, das Handgeräte zu diesen, Amboße mit Gesenke und

Hörnern, Amboßblock, Amboßhammer, Handhammer, eine Richteplatte, mitunter auch Senkplatten und Reifenbiegmaschinen.

Für Blecharbeiten der Kupferschmiede und Klempner sind nötig: Blechlehre, Blechscheren für Hand und mit Hebelkraft, Holz- und andere Hammer, Schraubstöcke und -zwingen, Lötkolben und -lampen, Stanzen und Lochmaschinen, Drahtzangen, Feldschmiede und Rohrzangen.

Das hauptsächlichste Werkzeug für die Holzbearbeitung ist: Handsägen, Hammer, Stemmeisen, Hobel, Zangen, Raspeln, verschiedene Bohrer, Zentralbohrer, Schraubenzieher, Holzfeilen, Anreiß- und Gehrungswinkel; zum Leimen: Leimtopf, Pinsel, Schraubzwingen; ferner Beile und Brecheisen.

Die Maurerausrüstung besteht im allgemeinen aus dem Mörtelschaff, Handkellen, Schaufeln, Spaten, Maurerhammer, Wasserwage, Besen, Maurerpinsel, Glattstrichreiber. Dazu können kommen ein Handsieb für feinen Sand, Schubkarren, Kalklöschpfanne und Kalkgrube.

Für Montierungs- und sonstige allgemeine Zwecke kommen noch in Betracht: Montagegerüste, Leitern, Flaschenzüge, Taue, Ketten, Handwinden, Wasserwagen, Zirkel, Anreißer, Winkel, Maßstäbe, Bandmaße, Tachymeter, Schiebelehren, Taster, Mikrometerschrauben, Riemenspanner, Riemenlocher, Ölkannen.

B. Mechanische Hilfsmittel.

Rohrleitungen.

Die Rohrleitungen dienen zur Beförderung von Flüssigkeiten und Gasen und bilden somit einen wichtigen Faktor in den Fabrikanlagen. Im allgemeinen ist von ihnen zu sagen, daß die Röhren sowohl für die Zuleitungen wie für die Ableitungen bei Neuanlagen nicht zu eng gewählt werden sollten. Wenn sie den zur Zeit der Anlage geforderten Ansprüchen gerade genügen, so können bei späteren Ausdehnungen des Betriebes und Vergrößerungen des Leitungsnetzes ungenügender Druck und zu geringe Förderung der Leitungen recht lästige Kalamitäten sein.

Die Leitungen selbst sollten frei und bequem zugänglich angelegt werden, etwas von der Wand entfernt und die etwaigen Nähte der Rohre stets nach vorn, dem Auge sichtbar sein, damit defekte Stellen leicht zu finden und die Reparaturen schnell ausführbar sind. Aus demselben Grunde sollen auch die Rohrverbindungen leicht zugänglich sein und in keinem Falle eng an der Mauer oder gar in derselben liegen, was man bei Neuanlagen bisweilen sieht. Um im Bedarfsfalle Abzweigungen ausführen zu können, ohne die Leitung teilweise herausnehmen und den Betrieb gar unterbrechen zu müssen, sind die Rohre in gewissen Abständen mit blind verschraubten Reservestutzen zu versehen, welche zu jeder Zeit und ohne Umständlichkeiten eine Rohrverlängerung gestatten.

Sodann gebe man allen Leitungen ein wirklich genügendes Gefälle nach der passendsten Richtung hin. Dadurch wird sowohl ein schnelleres vollkommenes Entleeren derselben erreicht und bei den im Freien liegenden eine größere Garantie gegen das Einfrieren im Winter erhalten. Bei Rohrleitungen mit zu geringem Gefälle können sehr leicht Rückstände in denselben verbleiben, welche die Verstopfung begünstigen. Solche Leitungen für breiige, schlammige und Bodensätze mit sich führende Massen sollen außerdem reichlich weit und selbst auf Kosten des Aussehens der Anlage möglichst gradlinig und mit keinen scharfen Krümmungen versehen sein, um das sehr leichte Verstopfen zu vermeiden oder eintretendenfalls ohne besondere Umständlichkeiten beseitigen zu können.

Es hat sich als sehr zweckmäßig erwiesen, die einzelnen Leitungen für Dampf, Wasser, Vakuum, Druckluft usw. in verschiedenen Farben anzustreichen, um sie auf diese Weise im verlangten Falle schnell und sicher zu erkennen, was, wenn viele Leitungen zusammenliegen, bei gleichem Aussehen aller Rohre bisweilen seine Schwierigkeiten hat.

Die Abflußleitungen für Kondens-, Kühlwasser u. a. Betriebsabgänge liegen in den Betriebsräumen so tief wie möglich, damit sich auch den späteren Anschlüssen an die einzelnen Apparate keine Schwierigkeiten entgegenstellen. Das Kondenswasser soll in der Heizleitung keinen Wassersack bilden, wodurch die genaue Einstellung des Heizdampfes kaum möglich gemacht würde; auch soll es immer sichtbar abfließen. Im allgemeinen ist zu empfehlen, alle Abwässer sichtbar in die Hauptabflußleitungen eintreten zu lassen (meist durch Anbringung von Trichtern auf die letzteren), was für die Kontrollierung der Arbeitsprozesse große Vorteile bietet.

Die Dampfröhren liegen aus praktischen Gründen hoch, d. h. über den Wasserröhren, damit das event. zum Kühlen zu verwendende Wasser nicht durch die von ersteren aufsteigende Wärme angewärmt wird. In welcher Höhe die Hauptdampfleitung zu führen ist, bedarf je nach den obwaltenden Betriebsverhältnissen der eingehenden Erwägung, um die Abzweigungen nach den Verbrauchsstellen nicht unnötig lang zu machen und damit sie auch sonst für die ganze Betriebsanlage am günstigsten und auch zugänglich liegt. Ferner ist es auch nicht gleichgültig, ob die Stutzen der Hauptleitung für die Abzweigungen nach unten oder nach oben zeigen. Im ersten Falle wird das Kondenswasser der Hauptleitung stets in die Abzweigungen nach den Verbrauchsstellen mitgeführt werden, während im anderen Falle, wenn die Stutzen nach oben zeigen und am Ende der Hauptleitung ein Kondenstopf vorhanden ist, der Dampf ziemlich wasserfrei in die Zweigleitungen eintritt. Die erstere Anlage hat auch den Nachteil, daß bei sich bildenden Undichtigkeiten der Stutzenflanschen das herabtropfende Kondenswasser die Rohrisolierungen aufweichen und beschädigen kann.

Haben Dampf und Dampfwasser längere Zeit in den Leitungen gestanden und sind letztere kalt geworden, so wird sich beim wiederbeginnenden Durchströmen häufig Wasser durch die Verbindungsstellen drücken, was aber nach dem Wiederwarmwerden infolge der Ausdehnung der Rohre und Zusammenpressung der Rohrverbindungen aufzuhören pflegt und nicht als eine Undichtigkeit der Leitung zu betrachten ist.

Das den Leitungen nach solchen Ruhepausen zuerst ausströmende Wasser sowie auch der Dampf sind immer durch mitgeführten Eisenrost verunreinigt, und deshalb läßt man den Dampf oder das Wasser kurze Zeit frei ausströmen, ehe man sie in die Gefäße leitet. Wird es verlangt den Rost oder sonstige aus der Leitung herrührende Verunreinigungen in absoluter Weise fern zu halten, so muß ein Zwischengefäß oder ein Dampfwasserableiter eingeschaltet werden, um von diesem aus mit einem Rohrende oder Schlauch aus indifferentem Metall in das Gefäß zu gehen.

Zur Kompensierung der durch die Wärme bedingten Ausdehnung und Verschiebung längerer Rohrleitungen müssen entsprechende Einrichtungen getroffen werden. Es gibt deren verschiedene. In der Mitte der Gesamtleitung befindet sich z. B. ein in der Regel aus Messing oder Kupfer hergestelltes Rohrstück, welches sich in einem weiteren dieses umfassenden Rohre durch eine Stopfbüchse verschieben kann. Oft wird auch ein in Hufeisen- oder Schleifenform gebogenes elastisches Rohr in die Leitung geschaltet, doch so, daß sich darin kein Kondenswasser ansammeln kann, also horizontal. Nach neueren Untersuchungen haben sich auch Metallschläuche ohne Gummieinlage selbst für die höchsten Temperaturen und hohen Druck sehr gut bewährt. Damit diese Kompensatoren aber auch ihren Zweck erfüllen und nicht das Gegenteil bewirken infolge des Bestrebens des Dampfes, den elastischen Teil auseinander zu treiben, müssen die äußersten Enden der Rohrleitung gegen Längsverschiebung festgelegt werden, also fest in den Schellen eingeschraubt sein.

Über den Grad der Längenausdehnung einer Röhrenfahrt kann man sich leicht eine Vorstellung machen, wenn man sich erinnert, daß der Ausdehnungskoeffizient des Eisens 1/901 für 100° und von 100—145° das Doppelte davon beträgt. Demnach würde sich eine ca. 30 m lange Dampfleitung bei einer Dampfspannung von 5 Atm. um gegen 5 cm ausdehnen.

Auch in den anderen Leitungen dürfen niemals Spannungen herrschen, welche zu Rohrbrüchen Veranlassung geben können. Dies wird entweder durch nicht zu feste Lagerung in den Rohrschellen erreicht oder bei den in sackendem Erdreich liegenden Leitungen durch Einschaltung geeigneter Krümmer oder Metallschlauchstücke, sowie durch andere elastische (Kupfer-) Teile bei gußeisernen Leitungen.

Bei längeren und definitiven Betriebsleitungen werden für nachträgliche Abzweigungen in gewissen Entfernungen Stutzen angelötet resp.

T-Stücke eingesetzt. Das sind meist recht-, selten schiefwinklig zur Rohrleitung stehende, kurze, mit Muffen oder Flanschen versehene und blind verschraubte Rohrenden, an welchen im Bedarfsfalle die neuen Abzweigungen mit der Hauptleitung verbunden werden. Diese Stutzen sollten überall da angebracht werden, wo auch nur die geringste Möglichkeit einer späteren Abzweigung vorherzusehen ist, denn die geringe Mehrarbeit ihrer Anbringung bei der Anlage der Leitung steht in keinem Verhältnis zu der durch ihre nachträgliche Anbringung besonders an bekleideten Röhren bedingten Betriebsstörung.

Ebenso ist die Einschaltung bequem zugänglicher Ventile und Hähne zum Abstellen, resp. Ausschalten längerer Röhrenfahrten oder solcher durch die Betriebsart besonders gefährdeter Strecken notwendig, damit bei event. Bruch oder plötzlichem Undichtwerden der Rohre nicht die ganze Anlage, sondern nur der defekte Teil außer Funktion gesetzt zu werden braucht. Daß diese Absperrvorrichtungen sich zu jeder Zeit in einem gut funktionierenden Zustande befinden sollen, um nicht eintretendenfalls zu versagen, ist etwas zwar Selbstverständliches, jedoch immerhin zu betonen; denn es können Monate, ja Jahre vergehen, bis sie eines Tages ihren Zweck erfüllen sollen, und dann kann ihr Versagen größeres Unheil anrichten, als wenn sie überhaupt nicht vorhanden wären und man sich auf sie auch nicht verlassen hätte.

Kohlensäure- und Preßluftleitungen müssen, da die Gase immer etwas feucht sein werden, ebenfalls vor Frost geschützt sein. Dieser Feuchtigkeit wegen pflegen sie auch innerlich zu rosten, wenn sie nicht aus einem nicht rostenden Material bestehen. Um den Rost zurückzuhalten, sind auch hier die für die Dampf- und Wasserleitungen zu diesem Zwecke genannten Vorkehrungen zu treffen. Daß solche Druckleitungen überall da, wo man sich ihrer bedient, mit einem Manometer zu versehen sind, versteht sich wohl von selbst.

Vakuumleitungen der trockenen und Wasserluftpumpe müssen sehr sorgfältig abgedichtet werden. Drückende Leitungen verraten ihre Undichtigkeiten leicht an dem heraustretenden Wasser, Dampf usw. und an dem damit verbundenen Geräusch. Bei saugenden Leitungen konstatiert man die Undichtigkeiten dagegen nur an dem Fallen des Manometers, und die fragliche Stelle zu finden, verlangt größere Aufmerksamkeit. Zu diesem Zwecke ist es praktisch, wenn diese Leitungen in gewissen Abständen Hähne führen, so daß man durch deren abwechselndes Schließen den Teil der Leitung ermitteln kann, in dem sich das Leck befindet. Daß die Hähne selbst nicht Undichtigkeiten aufweisen, ist natürlich zu beachten. Ein aufmerksames Hinhören längs des fraglichen Teils der Leitung läßt zuweilen ein schwaches Geräusch der eingesogenen Luft vernehmen. Bespritzt man eine solche lecke Stelle des Rohres mit Wasser, so wird das Geräusch verstärkt und das Wasser in die Undichtigkeit eingesogen und aufgetrocknet. Ist es aber nicht möglich, auf diese Weise die defekte Stelle zu ermitteln, so muß man sämtliche Verbindungen frisch verdichten, bis das Vakuum wieder anhält.

Daß Vakuumleitungen infolge von Unaufmerksamkeit oder von Schäden flüssige wie breiige Stoffe einsaugen, kommt von Zeit zu Zeit immer einmal vor, und die daraus entstehenden Folgen sind sehr störend, da sich die Leitungen nicht immer so leicht reinigen lassen. Es ist immer gut, solche Möglichkeiten vorauszusehen und entsprechende Vorsichtsmaßregeln zu treffen, welche am einfachsten darin bestehen, daß zwischen Vakuumleitung und Apparat ein Zwischengefäß von Glas oder von Metall mit Wasserstandsrohr geschaltet wird.

Rohre.

Für die Wahl des Rohrmaterials — ob Eisen, Kupfer, Blei, Ton usw. zu nehmen ist — sind verschiedene Punkte maßgebend: Die Natur der zu fördernden Stoffe, deren Quantität, der Preis des Rohrmaterials und der Charakter der Leitung, ob provisorisch oder definitiv. Zur Verwendung kommen hauptsächlich Guß- und Schmiedeeisen, Kupfer, Blei, Zinn, auch Ton, Porzellan, ja selbst Kautschuk und Holz, wenn die jeweiligen Umstände es verlangen sollten.

Eiserne Rohre. Sie kommen, als die wohlfeilsten, überall da zur Verwendung, wo es die chemischen Eigenschaften der zu transportierenden Materie irgend gestatten und wo nicht besonders starke Krümmungen und viele Verzweigungen ein zu diesen Zwecken geeigneteres Material empfehlen. Zur größeren Widerstandsfähigkeit gegen Einflüsse verschiedener Art werden die eisernen Rohre sowohl außen wie auch innen mit einem Teeranstrich oder Asphalt überzogen, z. B. wenn sie in die Erde gebettet werden. Zum Schutze gegen Säuren findet man sie bisweilen auch emailliert.

Gußeiserne Rohre werden im allgemeinen nicht auf Druck geprüft. Die geringste gangbare Weite ist 25 mm. Je nach dem lichten Durchmesser — bis 1200 mm — beträgt die Baulänge 0,5—4,0 m, die geläufigste ist 3—4 m. Unter Baulänge ist bei den Flanschenrohren die Gesamtlänge, d. h. von Dichtungsfläche zu Dichtungsfläche der Flanschen gemeint, während bei Muffenrohren die Rohrlänge ohne die Muffentiefe (Fig. 46a) darunter verstanden wird. Die gußeisernen Rohre sollen die S. 13 genannten Eigenschaften des grauen Gußeisens besitzen und ihre Zugfestigkeit soll mindestens 12 kg für 1 qmm betragen.

Da die einzelnen Rohre nicht bearbeitet werden können, so verwendet man zum Bau des Leitungsnetzes Verbindungsstücke. Das sind nach bestimmten Normalien angefertigte Formstücke: Krümmer und Verzweigungen, für welche die in Fig. 42 angegebenen Buchstabenbezeichnungen allgemein gültig sind, so daß man z. B. unter A-Stücken, R-Stücken ganz bestimmte Formen versteht, die in ihren Abmessungen in vielen

Nummern Massenartikel sind, sonst aber in jeder verlangten Größe mit keinen oder geringen Mehrkosten angefertigt werden.

Auf 20 Atm. Druck geprüfte gußeiserne Rohre sind für Dampf- und Druckleitungen als Flanschenrohre (s. Rohrverbindungen) gebaut. Für

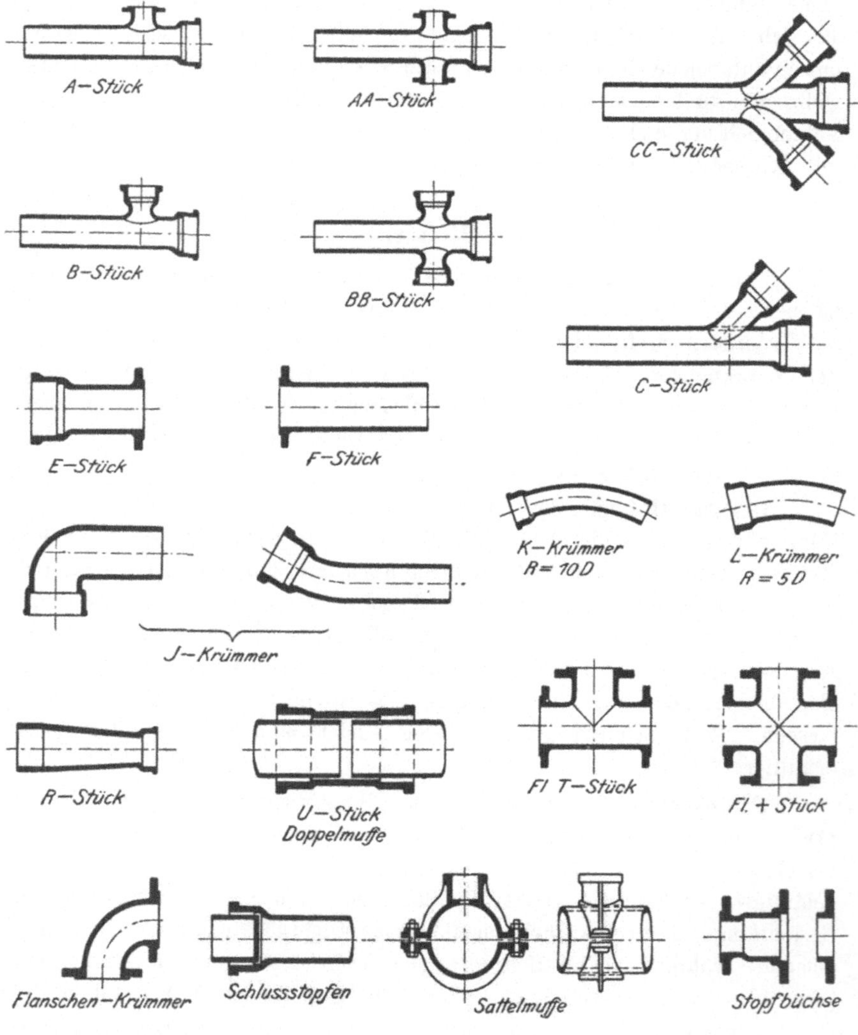

Fig. 42.

Gas- und Wasserleitungen sind es Muffenrohre, die sich für einen Betriebsdruck bis 10 Atm. eignen; Wasserleitungsrohre für 6 Atm. Betriebsdruck sind 5—10 %, solche für 4 Atm. Druck und Gasleitungsrohre sind 10 bis 15 % leichtere und billigere Sorten.

Nachstehende Tabelle gibt einen Überblick über die Gewichte und Preise gußeiserner Rohre.

Baulänge m	Lichte Weite mm	Abgerundet. Gewicht für das Stück kg	Der laufende m M.
Gerade Muffenrohre:			
2	25—30	14	ca. 1,60
2	40	21	1,70
2,5	60	43	2,70
3	80	60	3,10
3,5	100	84	4,00
4	150	156	6,30
4	200	226	9,00
4	300	395	14,00
4	500	800	30,00
Auf 20 Atm. Druck gepr. Flanschenrohre:			
2	40	21	3,00
2	60	32	3,75
3	80	62	4,30
3	100	70	5,50
3	150	125	7,50
4	200	240	11,70
4	300	410	16,50
4	500	850	32,50

Die Baulänge beträgt im Mittel für gußeiserne Rohre
bis inkl. 40 mm lichte Weite . . . . 2,0 m,
„ „ 60 „ „ „ . . . . 2,5 „
„ „ 90 „ „ „ . . . . 3,0 „
„ „ 100 „ und mehr . . . . 4,0 „.

Flanschetrohre und -krümmer (Fig. 43) dienen zur Herstellung des Überganges von den Gußrohrleitungen zu den schmiedeeisernen Rohren mit ovalen Flanschen.

Schmiedeeiserne Rohre haben vor den gußeisernen den Vorzug größerer Festigkeit und Drucksicherheit. Infolgedessen haben sie dünnere Wandstärke und ein geringeres Gewicht. Sie lassen sich biegen und demnach die Leitungen leichter montieren, so daß sie besonders in kleineren Durchmessern sehr viel in den Betrieben angewendet werden. Sie rosten aber leichter als gußeiserne Rohre und dürfen daher u. a. nicht ohne Rostschutz in die Erde gelegt werden.

Die schmiedeeisernen Rohre werden entweder aus einem massiven Eisenstab nahtlos gewalzt (Mannesmann-Rohre) oder — und das ist noch die allgemeinere Darstellungsart — sie werden aus einem Blech- oder

Flacheisenstreifen zusammengebogen und die Längsnaht durch Falzen, Nieten, Löten oder Zusammenschweißen geschlossen. Stumpfgeschweißte Rohre entstehen durch stumpfes Zusammenstoßen der Nahtränder, überdeckt und patentgeschweißte dagegen, wenn die Blechkanten sich gegenseitig etwas überdecken.

Die Flanschenrohre sind, weil leichter auswechselbar, die empfehlenswerteren — und selbst bei Muffenleitungen sind der leichteren Auswechselung halber in gewissen Entfernungen Flanschenrohre einzuschalten.

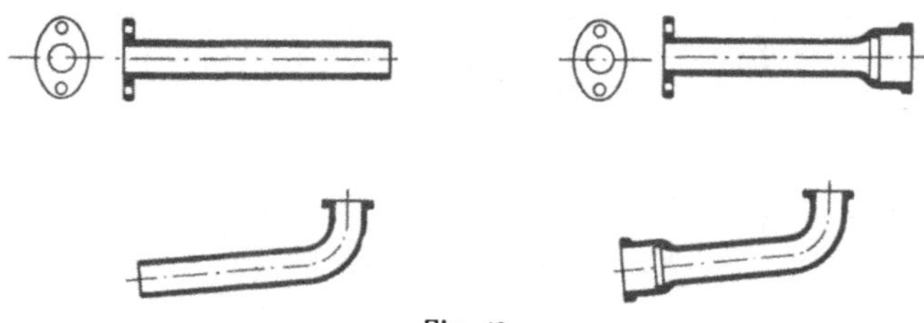

Fig. 43.

Den Abmessungen der schmiedeeisernen und auch Mannesmann-Rohre liegt noch häufig der englische Zoll zugrunde.

Schmiedeeiserne und Stahlrohre mit Gewinden und Muffen für Gas, Wasser und Dampf kosten etwa:

Lichte Weite engl. Zoll	Lichte Weite mm	Gewicht für den laufenden m kg	Preis für den laufenden m Pf.
1/8	3	0,37	17
1/4	6,5	0,55	20
3/8	10	0,80	24
1/2	13	1,25	30
5/8	16	1,45	44
3/4	19,5	1,75	45
1	26	2,45	63

Andere Arten schmiedeeiserner Rohre kosten:

Äußerer Durchmesser engl. Zoll	Äußerer Durchmesser mm	Annäherndes Gewicht für den laufenden m kg	Patentgeschweißte schmiedeeiserne Rohre M.	Schmiedeeiserne Rohre für Dampfleitung mit schmiedeeisernem, drehbarem oder aufgelötetem festen Flansch	Stahlrohre für hohen Druck M.
1 1/2	40,5	1,6	1,05	2,30	10,00
2	50	3,0	1,25	2,60	12,00
3	78	5,4	1,80	4,00	—
4	102	9,0	3,00	6,20	—
5	127	12,0	4,50	10,00	—
6	152	17,0	6,00	14,00	—

Die Baulänge der schmiedeeisernen Rohre ist gewöhnlich 5 m. Man findet außerdem im Handel: schmiedeeiserne verzinnte Dampfheizungsrohre, verzinkte Eisenblechrohre, schmiedeeiserne genietete Bohrrohre, armierte Wasserrohre.

Der Rohrbiegeapparat Zyklop gestattet ein Biegen der Rohre bis 4 Zoll ohne Füllung. Dies geschieht ohne Verbeulung bei wenig Kraftaufwand.

Kupferrohre gelangen zur Verwendung, wo die chemischen Eigenschaften der zu befördernden Stoffe es verlangen, wenn bei hoher Temperatur des Röhreninhaltes große Anforderungen an die Festigkeit der Rohre gestellt werden und wo viele Krümmungen und Windungen in der Leitung vorhanden sind. Für überhitzten Dampf von über 250° eignen sich jedoch Kupferrohre von großem Querschnitte nicht, da sie dann zu weich werden.

Sie gewähren den Vorteil, daß sie sich bis zu 10—15 mm Weite kalt biegen lassen. Zu dem Zwecke werden sie mit Sand gefüllt und verstopft, damit das dünnwandige Rohr beim Biegen nicht knickt. Aus demselben Grunde werden Kupferrohre größeren Durchmessers auch mit geschmolzenem Fichtenharz ausgegossen, worauf das Warmbiegen nach dem Erkalten des Harzes vorgenommen wird. So wird das beim Biegen wieder weiche Harz von dem zu beiden Seiten der zu biegenden Stelle festbleibenden eingeschlossen und erhält das Lumen der Röhre beim Biegen aufrecht. Durch nachheriges Anwärmen des Rohres ist das ganze Harz herauszuschmelzen und das Rohr mit Sägemehl zu reinigen.

Die Kupferrohre werden entweder aus Blech und mit hartgelöteter Naht oder nach verschiedenen anderen Verfahren auch ohne Naht hergestellt und sind natürlich dann sehr viel sicherer und haltbarer, aber auch teuerer.

Die Wandstärken der Kupferrohre sind 1, $1^1/_2$, 2, $2^1/_2$, 3, $3^1/_2$, 4 und 5 mm. Rohre über 120 mm Durchmesser haben eine geringste Wandstärke von 2 mm und solche von über 160 mm Durchmesser mindestens 3 mm Wandstärke. Die Fabrikationslänge ist 4—6 m. Das Gewicht der Kupferrohre ist annäherungsweise 0,03 D. W. L. kg, worin D. der innere Durchmesser und W. die Wandstärke in Millimetern und L. die Rohrlänge in Metern ist. Demnach würde ein Rohr von 15 mm innerem Durchmesser, 2 mm Wandstärke und 3 m Länge $0{,}03 \times 15 \times 2 \times 3 = 2{,}70$ kg wiegen (2,85 ist das gewogene Gewicht). Der sehr schwankende Grundpreis für gelötete Kupferrohre ist gegen 200 M. für 100 kg und 170 bis 180 M. für nahtlose, zu dem der nach Wandstärke und Rohrdurchmesser wechselnde Überpreis hinzuzuzählen ist. Überpreise für 100 kg Rohre sind beispielsweise:

Wandstärke in mm	10 mit Naht	10 ohne Naht	15 mit Naht	15 ohne Naht	20 mit Naht	20 ohne Naht	40 mit Naht	40 ohne Naht	100 mm Durchmesser mit Naht	100 mm Durchmesser ohne Naht
1	45	120	70	72	65	60	—	24	28	40 M.
2	35	50	25	30	15	18	3	3	3	—
3	25	35	17	15	13	6	2	—	2	—
4	—	28	15	10	7	—	—	—	—	—
5	—	35	12	15	6	—	—	—	2	—

Bronze- und Messingrohre stehen im Gewicht und Preise den Kupferrohren nahe.

Bleirohre dienen besonders zu den Zwecken, in welchen die chemische Indifferenz des Bleies — z. B. gegen Schwefelsäure und Chlor — in Betracht kommt, und wo es sich darum handelt, schnell eine Leitung zu improvisieren, denn die sehr biegsamen Bleirohre lassen sich ebenso leicht in jedem gewünschten Sinne biegen, wie es bequem ist, nach aufgestecktem Flanschenring einen Flanschbord zu hämmern und so die Rohrverbindung herzustellen. Die auf der einen Seite schätzbare Weichheit des Bleies wird in den Fällen zum Nachteil, wenn diese Rohre dem Druck ausgesetzt und darin heiße Stoffe gefördert werden. Die dann weichwerdenden und sich ausdehnenden Rohre deformieren sich stark und müssen sachgemäß armiert werden. Daher wendet man in solchen Fällen auch homogen verbleite Eisen- oder Kupferrohre an.

Gepreßte Bleirohre sind den gezogenen vorzuziehen, da sie frei von Höhlungen und dichter sind. Die handelsüblichen Abmessungen der Bleirohre sind 10—80 mm lichte Weite mit dem Durchmesser entsprechenden verschiedenen Wandstärken von 2,5—7,5 mm. Sie werden jedoch auch in kleineren und wesentlich größeren Weiten hergestellt. Das annähernde Gewicht pro 1 m geht aus folgender Zusammenstellung hervor.

Lichte Weite	10	15	20	25	30	50 mm
Wandstärke 3—4 mm .	1,4	1,9	2,9	3,5	4,0	7,5 kg
Wandstärke 5 mm . .	2,7	3,6	4,5	5,4	6,0	9,4 kg

Die Bleirohre haben in kleineren Weiten 20—30 m, in mittleren 10—20 m und in größeren Weiten 5—15 m Länge. 100 kg Bleirohr kosten etwa 48 M.; innen oder außen verzinnt ca. 3 M., innen und außen verzinnt ca. 5 M. mehr. Hartbleirohre sind um 3—4 M. pro 100 kg teurer. Homogen verbleite Eisen- und Kupferrohre kosten in normalen Abmessungen 150—180 M. pro 100 kg. In Berücksichtigung der verschiedenen spez. Gewichte und des Umstandes, daß die Wandungen der Bleirohre relativ viel stärker als die der Kupferrohre sind, stellen sich Blei- und Kupferrohre so ziemlich gleich im Preise.

Zinnrohre und innen verzinnte Bleirohre haben eine Verwendung in den Fällen, wo die chemische Indifferenz des Zinns verlangt wird; so besonders für Wasserleitungsröhren und Kühlschlangen der Destilliergefäße. Ihre große Biegsamkeit machen sie gleich den Bleirohren für viele, häufigen Veränderungen ausgesetzte Anlagen tauglich, soweit der dem Blei gegenüber ca. 7 mal höhere Preis es gestattet. Für anhaltend hohen Druck, sowie hohe Temperaturen sind sie zu weich und daher nicht geeignet. Das annähernde Gewicht der Zinnrohre bei einer Wandstärke von 3 mm ist 0,08 d. L., worin d. die lichte Weite in Millimetern und L. die Rohrlänge in Metern bezeichnet. Demnach würde ein 5 m langes und 20 mm weites Zinnrohr wiegen: $0{,}08 \times 20 \times 5 = 8{,}0$ kg.

100 kg Zinnrohr kosten 400 M., mit Bleimantel 80 M. Die Zinnrohre werden in um 1 mm zunehmenden Weiten und verschiedenen Wandstärken von 2, $2^1/_2$ und 3 mm in Längen wie die der Bleirohre hergestellt.

Aluminiumrohre existieren in den Weiten von 10—60 mm und kosten den Weiten entsprechend 14—10 M. pro 1 kg. Ihre Verwendung ist zwar noch beschränkt, doch unterliegt es wohl keinem Zweifel, daß sie sich infolge der neutralen Eigenschaften dieses Metalles immer mehr einbürgern werden. Von den verschiedenen bis jetzt bekannt gewordenen Lötverfahren eignet sich aber noch keins so ganz für die Praxis der Betriebswerkstätten.

Glasrohre werden zu sehr vielerlei Zwecken in den chemischen Fabriken verwendet, wie für Heber, Wasserstandsgläser und alle die Fälle, in denen man auf die Sichtbarkeit des fließenden Inhaltes Wert legt. Was von dem Glase im allgemeinen gesagt wurde, gilt auch von den Glasrohren. Sie sollen gut gekühlt und bis zu einem gewissen Grade widerstandsfähig sein gegen schroffen Temperaturwechsel. Weite Rohre aus Natronglas lassen sich leichter biegen als solche aus schwer schmelzbarem Kaliglas, die an dem schweren Gewicht und meist auch an der grünen Farbe erkennbar sind. Die Wasserstandsrohre für Dampfkessel werden aus besonders widerstandsfähigem Material angefertigt.

Glasrohre größeren Durchmessers lassen sich nicht mehr mit der Feile trennen. Auf zweierlei andere Weise aber gelingt ein sicheres Absprengen. Um die zu trennende Stelle wird ein fester Bindfaden einmal herumgeschlungen und zu seiner seitlich unverschiebbaren sägeartigen Bewegung einseitig ein Stück starkes Papier mehrmals um das Glasrohr gewickelt. Durch die von zwei Leuten auszuführende sägeartige Hin- und Herbewegung des Bindfadens wird die Stelle sehr stark erhitzt, dann am einfachsten durch Daraufspucken plötzlich abgekühlt und abgesprengt. Oder man umgibt die durchzusprengende Stelle im Abstande von etwa 3 mm gut mit Filtrierpapier-Bandagen von etwa 3 cm Breite, erhitzt sie nun im Bunsenbrenner mit der Vorsicht, daß das Filtrierpapier feucht, also kalt bleibt, so springt das Glasrohr glatt in dem von den beiden Papierstreifen offen gelassenen Ringe ab.

1 kg Glasröhren kostet je nach dem äußeren Durchmesser und der Wandstärke 1,20—4,50 M.

Tonrohre, vielmehr noch Porzellanrohre dürften, da sie weniger zerbrechlich sind als Glasrohre, diese in sehr vielen Fällen ersetzen, so lange es sich nur um das Material und nicht auch um die Durchsichtigkeit handelt. Sie sind innen und außen glasiert, in kleineren Weiten als Mundstücke für Leitungen in Gebrauch und besonders in großen Weiten von 600 mm und mehr für Abwässer-, Laugen- und Säureleitung viel in Verwendung. Tonrohre lassen sich ebenso wie die übrigen Gegenstände aus Ton gut mit Meißel und Feile bearbeiten, wenn man nur die Vorsicht dabei anwendet, das zu bearbeitende Stück weich, z. B. auf Säcken zu lagern, und nicht zu gewaltsam bei dem Picken verfährt.

Der Preis des laufenden Meters Tonrohr ist bis zu 100 mm lichte Weite gleich dem $1^1/_2$fachen der Millimeter in Pfennigen, darüber hinaus steigt er progressiv, so daß z. B. ein 300 mm weites Rohr 6 M., ein 500 mm weites 16 M. und ein 800 mm weites 36 M. kostet.

Schläuche.

Schläuche sind biegsame Rohre von Hanf, Gummi, Leder oder Metall und finden teils als solche Verwendung, teils als Rohrverbindungen für ganz vorübergehende Zwecke. Infolge der bequemen Handhabung leisten sie sehr gute Dienste und werden nicht selten auch da verwendet, wo sie entbehrt und durch sich weniger schnell abnutzende Beförderungsmittel ersetzt werden könnten, denn von allen diesen sind die Schläuche die kostspieligsten. Mit Rücksicht auf ihre Verletzbarkeit sind alle Schläuche immer sorgsam zu behandeln und vor dem Brechen in acht zu nehmen. Knicke in den Schläuchen müssen stets vermieden werden. Nach dem Gebrauch sind sie, zumal wenn sie nicht immer demselben Zwecke dienen, ordentlich mit Wasser auszuspülen und zusammengerollt, besser über einem Bügel hängend aufzubewahren.

Die Hanfschläuche nässen, wenn sie trocken gewesen sind, mehr oder minder stark bis zum völligen Aufquellen der Faser und sind deshalb nur da im Gebrauch, wo dieser Umstand nicht von Belang ist. 1 m roher Hanfschlauch kostet ca. das Doppelte des über 40 mm betragenden und in Millimeter angegebenen Durchmessers in Pfennigen.

Berieselungs- und Druckschläuche sind Gummischläuche mit 1—4 Hanfeinlagen, den an sie gestellten Druckanforderungen entsprechend. Die Preise richten sich nach dem inneren Durchmesser und der Anzahl der Einlagen.

1 m Schlauch kostet

	mit 2 Einlagen	mit 4 Einlagen
bei einem Durchmesser von 25 mm	3,70 M.	5,00 M.
„ „ „ „ 50 „	7,00 „	9,50 „

Metallumflochtene Schläuche werden bis auf 50 Atm. Druck geprüft und können für den 10fachen Druck hergestellt werden. Sie dienen zur Leitung von Dampf, Wasser, Säuren und Gasen. Solche Druckschläuche für Dampf kosten etwa 0,50 M. pro 1 mm lichten Durchmesser und laufendes Meter.

Lederschläuche sind aus besten, ausgewaschenen und besonders hergerichteten Häuten hergestellt und durch Kupfernieten zusammengefügt. 1 m kostet ca. das 2—$1^1/_2$fache in Mark der lichten Weite in Zentimeter.

Metallschläuche bestehen aus einem schraubenförmig aufgerollten profilierten Metallband, dessen Ränder beweglich, aber dicht ineinandergreifen und zur sicheren Abdichtung zwischen den Rändern mit schmalem Asbest- oder Gummiband ausgekleidet sind. Sie besitzen eine große Widerstandsfähigkeit infolge ihrer Asbesteinlage, haben eine sehr große Verwendbarkeit und können für Drucke bis 300 Atm. hergestellt werden. Die Metallschläuche lassen sich natürlich nicht so bequem wie die gewöhnlichen Schläuche in beliebige Längen teilen und aufstecken, da ihre Enden — am besten mit einem bestimmt geformten Mundstück — verlötet werden müssen. Diese Metallschläuche, mit Flanschen und Muffen versehen, eignen sich vorzüglich zur Einschaltung in längere Rohrleitungen, um diesen die Steifheit zu nehmen und das durch letztere verursachte Undichtwerden zu vermeiden.

Das zu ihrer Herstellung verwandte Material ist verzinnter, vernickelter oder reiner Stahl, Bronze und alle anderen gewünschten Metalle. Die handelsüblichen Weiten sind 5—200 mm.

Rohrverbindungen und Verdichten derselben.

Die einzelnen Rohre werden zu einer Leitung verbunden in der einfachsten Weise durch übergestülpte und festgebundene Schlauchstücke. Diese Methode gibt die beweglichsten Verbindungen, ist aber sehr wenig dauerhaft und sicher, sofern nicht die Schlauchstücke druckfest und mit Schlauchschellen befestigt sind. Widerstandsfähiger und steifer sind die Flanschen- und Muffenverbindungen resp. die Kombination beider. Bei jeder dieser beiden Rohrverbindungen muß der Abdichtung (s. S. 78) eine besondere Aufmerksamkeit gezollt werden, da diese erst die Röhren zu einer geschlossenen Leitung vereinigt. Zusammengelötet werden die Rohre selten und nur in bestimmten Fällen, wo eine Auswechselung derselben nicht so sehr bedacht wird, wie die Vermeidung irgend welcher Verdickungen in der Leitung. Blei- und Zinnrohre werden ihrer leichten Bearbeitung wegen häufiger zusammengelötet.

Flanschenverbindungen.

Die in den chemischen Betrieben am häufigsten ausgeführte Rohrverbindung ist die durch Flanschen, weil sie, obgleich teurer als die Muffenverbindung, sehr drucksicher ist und ein schnelles Auswechseln der

Rohrteile gestattet. Sie besteht darin, daß zwei mit scheibenförmigen Rändern, den Flanschen *a* (Fig. 44) versehene Rohrenden dadurch miteinander verbunden werden, daß die mit entsprechenden Löchern versehenen Flanschen durch Schrauben fest aufeinander gepreßt werden können. In diesem Falle sind die Flanschen fest mit dem Rohre verbunden, angelötet oder angegossen oder aufgeschraubt.

Häufig ist es zweckmäßiger und konstruktiv einfacher, die Flanschen als drehbare Scheibenringe, also beweglich zu gestalten (Fig. 45). Hier wird der lose Flansch auf das Rohr aufgesteckt und dann dessen Rand mit einem Bord *b* versehen entweder durch Umbördelung des Rohres bei Blei- und Zinnrohren oder durch Auflöten eines aus Blech ausgeschlagenen oder gestanzten Scheibenringes, der Bordscheibe, bei Eisen- und Kupferröhren.

Solche Flanschenrohre und Flanschen werden in Guß- und Schmiedeeisen nach bestimmten Normalien in der Größe und der Bohrung der Schraubenlöcher hergestellt. Die runden Flanschen haben je nach Größe 3, 4 und mehr Schraubenlöcher. Für enge Rohre bis $2^1/_2$ Zoll verwendet

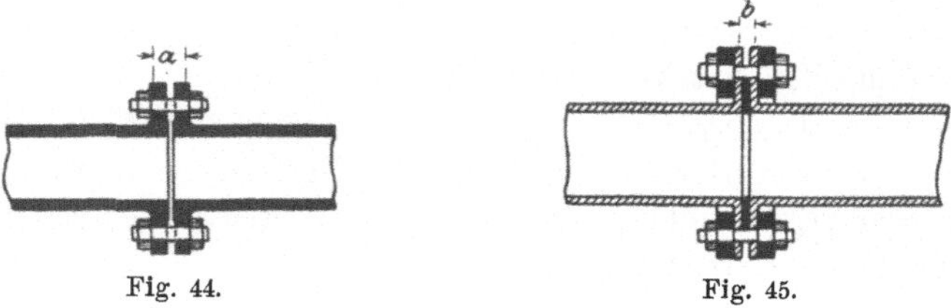

Fig. 44. Fig. 45.

man auch ovale, sogen. Ohrenflanschen mit zwei Schraubenlöchern, wenn die Leitung nur auf geringen Druck beansprucht wird. Diese Art des Flanschenverschlusses von runden, ovalen und selbst eckigen Öffnungen ist für fast alle Apparate in der chemischen Industrie gebräuchlich.

Ein Rohr ist blind verschraubt, mit einem Blindflansch versehen, wenn es mit einem Rundbleche oder einer ovalen Scheibe durch Flanschenverbindung abgedichtet ist, um z. B. für spätere Fälle einen weiteren Rohranschluß zu gestatten, oder an Stellen, wo überflüssige Abzweigungen abmontiert sind. Mittelst eines Blindflansches wird auch häufig ein Teil einer Rohrleitung zwecks Reparaturen abgesperrt. Damit nun dieser, in die Leitung eingesteckte Blindflansch nicht vergessen und übersehen wird, was schon oft dagewesen und selbst zu schweren Unfällen Veranlassung gegeben hat, sollte der Blindflansch von einer dem inneren Röhrendrucke entsprechenden Stärke nie anders als mit einem **gut sichtbar** bleibenden Stiele versehen eingesteckt werden.

Muffenverbindung.

In ihrer äußeren Form sieht die Muffenverbindung eleganter aus und kostet auch weniger. Sie läßt sich aber nicht so leicht auswechseln und widersteht im allgemeinen nicht einem so starken inneren Röhrendrucke, wenn sie nicht durch Verschraubung verstärkt ist. Sie wird dadurch hergestellt, daß das stumpf abgeschnittene Ende eines Rohres *r* (Fig. 46) in den erweiterten und verstärkten Kropf eines zweiten Rohres hineingesteckt resp. hineingeschraubt wird. Zur zentralen Führung des hineingesteckten Rohres ist die Muffe am Boden mit einem Wulst *w* versehen. Es ist einleuchtend, daß bei dieser Art der Rohrverbindung das Herausnehmen eines Rohres aus einer geschlossenen Leitung mit Umständlichkeiten verbunden ist.

Eine andere Muffenverbindung ist die mit Hilfe eines kurzen, mit Innengewinde versehenen weiteren Rohrstückes, das erst auf das eine mit entsprechendem Gewinde versehene Rohrende ganz aufgeschraubt und nachher auf das andere, stumpf dagegengehaltene Rohr zur Hälfte zurückgeschraubt wird. Diese Verbindung ermöglicht ein Herausnehmen eines Rohres ohne eine seitliche Verdrängung der Leitung.

Eine dritte Muffenkonstruktion unterscheidet sich von dieser eben genannten dadurch, daß das die Muffe bildende kurze Rohrstück halb mit Rechts- und halb mit Linksgewinde geschnitten ist, entsprechend den in gleichem Sinne geschnittenen zu überfassenden Rohrenden. Durch die Schraubenbewegung einer solchen die Rohrenden fassenden Mutter werden die Rohrenden gegeneinander gepreßt resp. auseinander getrieben. Das Auswechseln einer solchen Muffe setzt demnach voraus, daß die Leitung sich um die Muffenlänge seitwärts verschieben läßt.

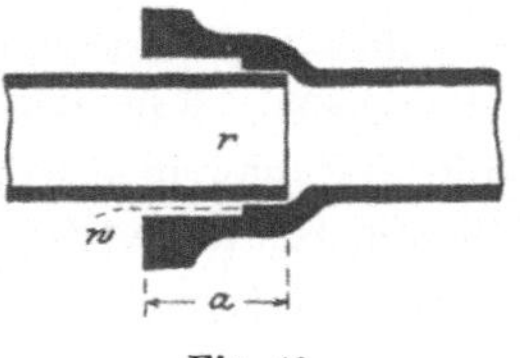

Fig. 46.

Mit Hilfe der Gewindemuffen werden nur Röhren engeren Kalibers miteinander verbunden. Aus dem Gesagten geht demnach hervor, daß man bei längeren gewindelosen Muffenverbindungen zur leichteren Auswechselung einzelner Rohrlängen in gewissen Abständen vorteilhaft Flanschenrohre einschaltet. Im anderen Falle würde man dies ohne Zertrümmerung eines Rohres nicht erreichen.

Flanschenmuffen sind, wie der Name sagt, Vereinigungen von Flanschen und Muffen und dienen zur Herstellung ganz besonders fester und sicherer Rohrverbindungen.

Die Überfallmutter kann auch hierher gerechnet werden, welche aus einer mit Innengewinde versehenen Kapsel besteht, die auf das Rohrstück aufgeschraubt wird.

Die Flanschen- und Muffenverbindungen der Rohrleitungen sollten in erster Linie nur als Vereinigungskonstruktionen der Rohre betrachtet und somit nicht auch als Versteifung der dadurch erzielten Rohrverlängerung beansprucht werden. Eine Rohrverbindung, die gleichzeitig tragen soll, wird nicht sehr zuverlässig und dauerhaft in ihrer Dichtung sein. Die Rohrleitungen werden deshalb richtiger in gewissen Abständen in der Nähe der Verbindungsstellen unterstützt und getragen.

Verdichten der Rohrverbindungen und Gefäßöffnungen.

Um die Flanschenverbindungen der Rohrleitungen vollkommen dicht zu machen, müssen zwischen die an und für sich schon möglichst ebenen, aufeinander stoßenden Dichtungsflächen der Bordscheiben oder festen Flanschen noch elastische Dichtungen geschaltet werden, welche den verschiedenen mechanischen und chemischen Beanspruchungen entsprechend aus verschiedenartigem Material, wie Pappe, Asbest, Kautschuk, Vulkanfiber, Kupfer, Aluminium usw., bestehen. Es ergibt sich nach kurzer Erfahrung von selbst, welches Material im gegebenen Falle für die Dichtung, auch Verpackung genannt, am geeignetsten ist.

Für ein häufiges Auswechseln der Dichtung besonders größerer Gefäßöffnungen werden sich meistens die billigeren Pappringe empfehlen, denn die öftere Wiederverwendung schon gebrauchter Verpackungen bietet, da sie nicht mehr elastisch sind, nicht genügende Sicherheit. Asbestpappedichtungen sind wegen ihrer Widerstandsfähigkeit gegen Hitze und Chemikalien viel im Gebrauch, auch solche aus Gummi mit Leinwand- und Metalleinlagen. Für dauernde Dichtungen werden Blei-, Aluminium- und profilierte Kupferringe häufig benutzt. Außer diesen Verpackungen werden als Dichtungsmittel verwendet: dick gekochtes Leinöl, ferner dicker, steifer Bleiweiß- und Mennigekitt, welcher mit Hilfe von eingelegten Hanfsträhnen oder Bindfaden wulstförmig ausgerollt und in nicht zu dicker Lage zwischen Schraubenlöcher und Rohr- oder Gefäßhöhlung gelegt wird.

Damit sich die Pappe- und Asbestdichtungen besser den abzudichtenden Flächen anpassen, werden sie vor dem Auflegen angefeuchtet, wobei aber zu beachten ist, daß die aufgeweichten Verpackungen sehr leicht verletzbar sind. Um die großen teuren Dichtungen mehrere Mal verwenden zu können, legt man zwischen Verpackung und Rohrscheibe ein Blatt Papier oder verhindert auf andere Weise — z. B. durch Einreiben mit Talkum oder Graphit — das Anbrennen der Dichtung, infolgedessen sie beim Lösen der Verflanschung meistens zerreißen würde.

In sehr vielen Fällen werden die Verpackungen aus den Asbest-, Pappe- und anderen Kartons nach Bedarf ausgestanzt oder ausgeschlagen. Der mit dieser Arbeit Beauftragte — in der Regel der Maschinist oder ein Maschinenschlosser — soll sich zu dem Zwecke Schablonen aller häufiger gebrauchten Verpackungen halten, um damit die Kartongrößen am besten ausnützen und auch immer von den verschiedenen Verpackungen einen Vorrat halten zu können. Wenn in eiligen Fällen erst immer die Verpackungen zugeschnitten werden sollten, so würde dadurch unter Umständen ein bedenklicher Zeitverlust entstehen können.

Die Auswahl der im Handel angepriesenen Dichtungen ist sehr groß und das über sie in der Praxis gewonnene Urteil recht verschieden.

In vielen Fällen dürfte der Grund zu Klagen über nicht befriedigende Dichtungen eher in ihrer mangelhaften Applizierung liegen, als an dem Material. Nicht vollkommen ebene, teils verbogene oder mit angebackenen Resten früherer Verpackungen bedeckte Dichtungsflächen, ungenaues Einlegen der Verpackungen, sowie falsches Anziehen der Flanschenschrauben sind nicht selten die Ursachen unvollkommener Abdichtungen.

Die Wahl des geeigneten Verpackungsmaterials kann man wohl immer dem Meister überlassen, soweit er darin gute Erfahrungen gemacht hat. Entschließt man sich in gewissen Fällen zu einem neuen Material, so probiere man erst mit einer oder wenigen Verpackungen die Brauchbarkeit zum Vergleiche mit dem bisher dafür verwendeten.

Alle eine Abdichtung zusammenhaltenden Schrauben dürfen nie in der Weise angezogen werden, daß erst eine ganz fest und dann die anderen der Reihe nach ebenso angezogen werden. Auf diese Weise wird man niemals eine zuverlässige Dichtung bekommen; durch eine solche ungleichmäßige und zugleich übertriebene Beanspruchung einzelner Schrauben sind nicht selten schon Betriebsstörungen, ja sogar auch Unfälle verursacht worden. Die Schrauben sollen nicht der Reihenfolge nach, sondern stets **zwei gegenüberliegende** nacheinander mäßig, dann zum zweiten und dritten Male fester und schließlich, event. nach dem Warmwerden, ganz fest angezogen werden.

Zum Abdichten der gewöhnlichen Muffenverbindungen wird zwischen Muffenkopf und hineingestecktes Rohr ein geteerter Hanfstrick hineingestemmt und schließlich ein Bleiring herumgegossen und gleichfalls verstemmt. Gewindemuffen werden derart dicht gemacht, daß man entweder zwischen die gegeneinander stoßenden Rohrenden einen elastischen Metallring legt oder in die Rohrgewinde einige mit Mennigekitt eingefettete Hanffäden legt und dann die Muffen darauf schraubt oder indem man auch beide Dichtungsarten vereinigt.

Befestigung der Rohrleitungen.

In den seltensten Fällen bleiben die Leitungen unfixiert, sondern meist werden sie in gehöriger Weise befestigt, mit der Berücksichtigung, daß die mit oder ohne Kompensationsrohr versehenen Röhrenfahrten zu ihrer Dehnung und Zusammenziehung genügend Bewegungsfreiheit behalten. Die ordnungsgemäß festgehaltenen Rohrverbindungen dürfen durch ein Rütteln der Leitung nicht gelockert werden können. Die Rohre sollen nie auf den Flanschen oder Muffen ruhen, vielmehr ihrem Gewicht entsprechend in bestimmten Abständen und nie zu weit von den Rohrverbindungen unterstützt und getragen werden. Die Befestigung der freiliegenden Leitungen geschieht allgemein durch Rohrschellen. Das sind aus Bandeisen hergestellte, mit Schrauben oder durch Scharniere und Schrauben zu vereinigende Halbringe, die das Rohr umfassen; der eine Halbring ist mit einem Mauereisen, Bandeisenwinkel, Schraubenbolzen

u. dergl. zwecks Befestigung an der Wand, Decke oder in der Mauer versehen. Seltener, weil es weniger fest ist, werden die Leitungen in Schlingen aus Eisenband aufgehängt. Ein direktes Festlegen der Leitung gegen die Wand mittelst eingeschlagener Haken oder halber Rohrschellen ist nur bei Leitungen ganz untergeordneter Art angebracht, da jede Reparatur eine Entfernung dieser Befestigungen verlangt und außerdem die Mauer beschädigt.

Bei der Anbringung von Rohrleitungen sollte man auch stets auf später notwendig werdende Reparaturen Rücksicht nehmen und die Muffen und Flanschen nicht an so versteckten Stellen anbringen, daß es bisweilen ein Ding der Unmöglichkeit ist, mit einem Schlüssel daran zu schrauben. Ganz ungehörig, aber dennoch bisweilen zu finden ist es, daß die Rohrverbindungen sogar in der Mauer liegen.

Bekleiden der Rohrleitungen.

Damit die in den Leitungen vorhandenen Temperaturen von Dampf und heißen Flüssigkeiten nach Möglichkeit erhalten bleiben, muß man deren Abkühlung an den Rohrwandungen durch Bekleidung der Rohre mit einem Wärmeschutzmittel verhindern.

Von wie hervorragend ökonomischem Nutzen diese Maßregel ist, ergibt folgende kurze Berechnung: Es kondensieren sich stündlich pro 1 qm Röhrenoberfläche je nach der Lufttemperatur (in gußeisernen Röhren) 3—5 kg Dampf von 7 Atm. Berechnet man 1 kg Dampf mit 0,3 Pf., so beträgt der Jahresverlust bei 300 zehnstündigen Arbeitstagen gegen $300 \times 10 \times 0{,}9$—0,15 Pf. = 27—45 M. pro 1 qm. Da man nun durch Umhüllung der Leitung mit guter Wärmeschutzmasse den Wärmeverlust um 60 % herabdrücken kann und die Umkleidung pro 1 qm 5—6 M. kostet, so wird man dadurch jährlich bei 100 qm Rohrleitung 700—1200 M. an Dampf ersparen.

Somit ist es einleuchtend, daß die Untersuchungen über den Wirkungsgrad der verschiedenen praktisch verwendeten Isoliermittel sehr energisch betrieben werden und daß die Industrie deren Herstellung sich mit großem Interesse angelegen sein läßt. Für die Wahl des im gegebenen Falle anzuwendenden Isoliermaterials sind folgende Faktoren zu berücksichtigen: Widerstandsfähigkeit gegen dauernden Einfluß hoher Temperaturen, gegen chemische und mechanische Einflüsse, ferner die Anbringungsweise, die Wiederverwendbarkeit des Materials und der Preis. Während an den durch eine Fabrik hindurchgehenden Hauptdampfleitungen z. B. eine dauernde Isolierungsform angebracht ist, gibt es andererseits häufig kurze Rohrleitungen und Apparate, welche mit der Änderung des Betriebes und der Apparatur wechseln und daher zweckmäßigerweise mit einem Material zu isolieren sein werden, das eine beliebige Wiederverwendung gestattet. Der Wert der Isoliermaterialien steht im umgekehrten Verhältnis zu ihrem Wärmeleitungsvermögen, welches nach Pasquay folgendes ist:

Seidenabfälle	0,048
Filz	0,057
Korkschalen	0,099
Kieselgurkompositionen	0,122

Um unter der großen Menge empfohlener Isoliermaterialien die bewährtesten zu nennen, seien angeführt: Weißblechmäntel, einfach und doppelt. Die in den Mänteln vorhandenen Luftschichten wirken als schlechte Wärmeleiter. Zöpfe und Polster aus Seidenabfall widerstehen hoher Temperatur genügend und sehr gut chemischen und mechanischen Einflüssen. Ihre Anbringung ist einfach und sauber. Es kostet jedoch 1 kg 1,70 M. Korkisoliermasse, Korkschalen, -steine und -platten nutzen sich stärker ab, sind dafür aber billiger im Gebrauch. Kieselgurkompositionen in Pulver und in Teigform mit und ohne Asbest oder Kameelhaare als Bindemittel werden sehr viel verwendet. Die Anbringungsart ist zwar nicht so reinlich, da sie als Teig aufgetragen werden, dafür aber können sie durch Pulverisierung der abgebrochenen Stücke und Anmachung mit Wasser beliebig oft wieder verwendet werden und sind nicht teuer. Mit 100 kg Kieselgurteig für 6 M. kann man 3 qm Rohrleitung 20 mm dick bekleiden. Um die Temperaturen von Leitungen und Apparaten auf einer gewünschten Höhe zu erhalten, ferner um Leitungen vorübergehend vor Frost zu schützen, umwickelt man sie mit dünnem, etwa 10 mm starkem Bleirohr, durch das man dem Bedarf entsprechend Dampf streichen läßt; oder man legt unter die Leitung ein Dampfrohr und wickelt das Heizrohr mit der zu heizenden Leitung zusammen ein.

Verschlußapparate.

Unter diesen Apparaten ist es die Stopfbüchse, welche in der chemischen Apparatur eine ebenso wichtige wie ausgedehnte Rolle spielt, und mit deren Bau und Instandhaltung der Betriebs-Chemiker unbedingt vertraut sein muß. Die Stopfbüchse dient zur Abdichtung der Bewegungsübertragung in einen geschlossenen Raum und bildet einen muffenartig erweiterten Röhrenteil, eine Büchse, durch welche luft-, wasser- und dampfdicht eine Welle oder ein Rohr beweglich hindurchgeht. Ihr Hauptteil ist das Stopfbüchsengehäuse *b* (Fig. 47a), welches in seinem unteren Teile die Welle *w* willig und mit oder ohne Spielraum hindurchgehen läßt, dagegen in seinem oberen Teile derartig erweitert ist, daß man um die Welle herum das gut eingefettete Dichtungsmaterial, die Verpackung *v* einlegen kann, welche dann mittelst des Druckringes *d* von der Stopfbuchsbrille *i* durch Flanschenverschraubung mäßig stark eingedrückt wird, um die Abdichtung herzustellen. Das Festdrücken der Verpackung geschieht außer durch Druckschrauben auch durch Überfallschrauben. In diesem Falle darf der niedergepreßte Druckring nicht an der Schraubenbewegung teilnehmen. Von Wichtigkeit ist es, die Verpackung nicht zu fest zu pressen, weil dadurch der sich bewegende Kolben gebremst wird und einen unnützen Mehrverbrauch von Kraft erfordert. Ein gleichmäßiges Anziehen der Druckschrauben ist auch hier erforderlich, weil durch einen schiefen Druck die Verpackung undicht wird, außerdem eine Abnutzung des Kolbens, ein Verschleißen eintreten kann. Durch Unreinigkeiten im Packmaterial wird die Kolbenstange geriffelt. Die Wahl des Packmaterials richtet sich nach den Einwirkungen, welchen die Stopfbüchse ausgesetzt ist. Mit Talg oder besser Paraffin getränkte Hanfzöpfe, mit Graphit bestrichene Baumwollschläuche und Asbestschnüre werden hauptsächlich außer den vielen fertigen, im Handel befindlichen Stopfbuchspackungen verwendet. Auch bestimmt geformte Metallringe sind im Gebrauch.

Nach Fig. 47b gebaute Stopfbüchsen sind nicht recht praktisch, da sich bei ihnen die Verpackung v leicht in das Schraubengewinde hineindreht und ein ordentliches Anziehen der Druckschraube verhindert.

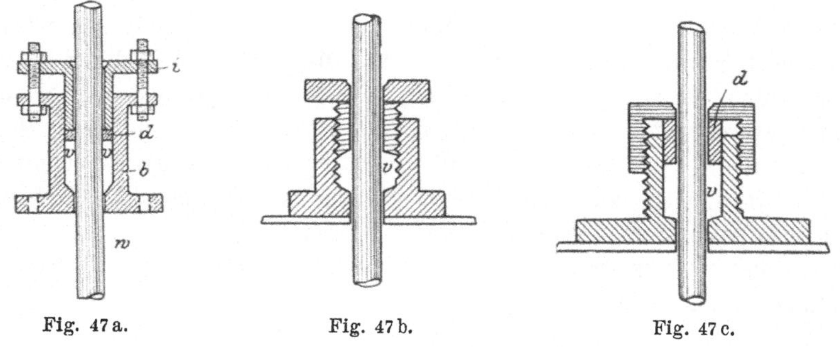

Fig. 47a. Fig. 47b. Fig. 47c.

Besser sind die nach Fig. 47c gebauten Stopfbüchsen, welche mit Hilfe einer als Überfallmutter ausgebildeten Schraube den Druckring d auf die Verpackung v pressen.

Des weiteren gehören zu den Verschlußapparaten die Hähne, Ventile, Schieber und Drosselklappen, welche dazu dienen, den Durchgang von flüssigen und gasförmigen Körpern nach Willkür zu regeln. Sie werden somit in die Leitungen eingeschaltet und zur Füllung und Entleerung von Gefäßen an diesen angebracht. Alle Verschlußapparate werden im Verlaufe von kürzerer oder längerer Zeit dadurch unbrauchbar, daß sich die abdichtenden Flächen abnutzen, daß sie verschleißen. Damit nun dieser unvermeidliche Verschleiß nicht durch falsche Montierung noch begünstigt wird, so schalte man diese Organe immer möglichst so in die Leitungen ein, daß sie nicht an Stellen liegen, wo sich Wassersäcke zu bilden oder sonstwie Flüssigkeiten anzusammeln pflegen. Die hier zusammenströmenden Verunreinigungen dringen dann als Fremdkörper zwischen die beweglichen Flächen und rauhen sie bald auf.

In konstruktiver Hinsicht unterscheiden sich die verschiedenen Abschlußorgane dadurch, daß die Hähne in der Dichtungsfläche rotieren, die Ventile sich von der zu schließenden Öffnung abheben, der Verschluß des Schiebers durch eine verschiebbare, und der der Drosselklappe durch eine drehbare Ebene bewirkt wird. Demnach sind die in Wasserleitungen häufig vorhandenen Niederschraubhähne eigentlich Ventile. Bezüglich ihres Funktionierens sind sie dadurch unterschieden, daß durch die Hähne ein plötzliches Absperren, durch die Ventile und Schieber dagegen ein allmähliches Verschließen und Öffnen bewirkt wird. Während also durch das verhältnismäßig langsame Öffnen und Schließen des Ventils eine plötzliche Druckänderung in der Leitung nicht eintreten wird, können durch das momentane Abstellen eines Hahnes einer unter Druck stehenden Wasserleitung so starke Schläge, Wasserschläge, auch hydraulische Stöße genannt, entstehen, daß die Haltbarkeit der Leitung dadurch gefährdet wird. Aus diesem Grunde sind z. B. in den meisten städtischen Wasserleitungen Hähne verboten.

Hähne. Bezüglich ihrer Konstruktion werden sie eingeteilt in Kükenhähne, Stopfbuchs- oder Kappenhähne und in selbstdichtende Hähne.

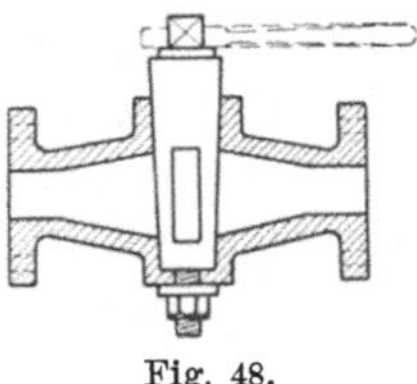

Fig. 48.

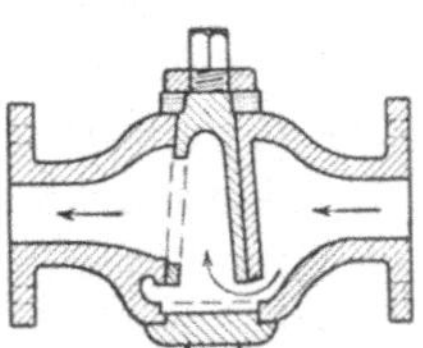

Fig. 49.

Zur Befestigung in der Leitung sind sie mit Lötzapfen, Muffen oder Flanschen, resp. mit zwei verschiedenen dieser drei Ausführungsformen versehen und als Durchgangs- oder als Ausflußhähne gebaut. Hähne mit zu breiten Flanschenringen sind deshalb sehr unpraktisch, weil bei ihnen eine unbehinderte Handhabung der Griffe unmöglich ist.

Die gewöhnlichen Kükenhähne (Fig. 48) bestehen aus einem rechtwinklig zur Durchgangsöffnung und konisch gebohrten Gehäuse, in dem ein mit einer Querdurchbohrung versehener konischer Körper, der Hahnschluß oder das Küken, drehbar ist. Das Küken wird nach dem Hineinstecken in das Gehäuse durch eine aufgelegte Metallscheibe und aufgeschraubte Mutter festgehalten. Die nach diesem Prinzip gebauten wohlfeilen Hähne benutzt man für gewöhnliche Zwecke. Sie haben drei Stellen, an denen sie undicht werden können, nämlich am oberen und unteren Austritt des Kükens aus dem Gehäuse und in der Mitte um die Durchbohrungsöffnung herum, so daß trotz Querstellung ein Durchsickern durch entstandene Rillen zwischen Küken und Gehäuse eintreten kann. Deshalb werden zur Abstellung von Dämpfen und unter Druck stehenden Gasen die besser schließenden Stopfbuchshähne verwendet, deren Küken nicht durch den unteren Teil des Gehäuses hindurchtreten und in demselben durch eine Stopfbüchse festgehalten werden. Die Konstruktion der selbstdichtenden Hähne (Fig. 49) besteht im wesentlichen darin, daß das konische, unten breitere Küken ausgehöhlt und seitlich angebohrt ist. Es wird von unten in das Gehäuse hineingesteckt und der Boden desselben mit einer zwischen Küken und Gehäuse genügend Raum lassenden Überfallschraube geschlossen. Durch den in der Leitung befindlichen Druck wird das Küken gegen das Gehäuse gepreßt und dadurch die Abdichtung erzielt.

Diese geschilderten Hähne heißen Durchgangshähne, weil bei ihnen Zu- und Abfluß in einer geraden Linie liegen. Bilden letztere aber einen Winkel, so heißen sie Winkelhähne, deren Küken sowie die der Drei- und Mehrweghähne entsprechend anders gebohrt sind.

Das zur Herstellung der Hähne verwendete Material richtet sich z. T. nach ihrer Verwendung. Zur Vermeidung des Rostens ist Messing und Rotguß sehr geeignet. Für Laugen und Eisen nicht angreifende Säuren kommen auch eiserne Hähne zur Verwendung. Hartbleihähne mit Hartgummiküken leisten in bestimmten Fällen gute Dienste, jedoch ist bei ihrer Verwendung daran zu denken, daß das Gummiküken durch Hitze weich und unbrauchbar wird; in solchen Fällen tun Hartbleihähne mit Tonküken bessere Dienste. Am zerbrechlichsten und deshalb auch in nur beschränktem Gebrauch sind Hähne aus Ton und Porzellan. Da sie sich aber nicht immer vermeiden lassen, schütze man sie in geeigneter Weise, am besten durch einen Holzrahmen, so daß sie nicht aus Unachtsamkeit abgebrochen werden können.

Die Tonhähne existieren in den Formen der Zapfenhähne — als Durchgangs- und Schnabelhähne — und zum Einschalten in Flanschenleitungen.

Holzhähne, die meist aus Pflaumenholz angefertigt werden, finden auch gelegentliche Verwendung, obgleich sie nicht sehr dauerhaft sind. Man achte darauf, daß sie nicht austrocknen. Küken und Gehäuse dürfen nicht in verschiedenem Maße austrocknen noch quellen, da sie sonst nicht mehr ineinander passen würden.

Für das Einschalten der Hähne in die Leitungen gilt dasselbe, wie für das Verbinden der Rohre. Sie können als Muffen-, als Flanschenhähne oder als Muffen- und Flanschenhähne gebaut sein. So verbreitet die Hähne mit einarmigem Griffe auch sind, so liegt in diesem einarmigen Griffe doch eine Gefahr, auf die aufmerksam zu machen nicht überflüssig ist. Sitzt nämlich das Küken eines liegenden Hahnes nicht sehr fest in dem Gehäuse, so kann durch anhaltendes Rütteln der Leitung der Hahngriff event. aus einer labilen Lage nach und nach von selbst in eine stabilere Stellung übergehen und dabei die Leitung entweder öffnen oder schließen, wenn sie vorher geöffnet war. Und daß durch solches unbemerktes Umstellen der Leitung Betriebsstörungen verschiedenster Art eintreten können, ist nur zu wahr.

Metallene Durchgangshähne für	25	50	80 mm Rohrweite
kosten ca.	6—10	12—30	25—60 M.

Flanschenhähne sind natürlich teurer als Muffenhähne.

Ventile. Hinsichtlich ihrer Funktionierung können sie als selbsttätige und als Spindelventile unterschieden werden. In den Ausführungsformen sind sie unendlich verschiedenartig und werden zur Einschaltung in die Leitungen gleich den Hähnen als Flanschen- und Muffenventile gebaut. Jedes Ventil besteht aus dem Ventilgehäuse, dem Ventilkörper und dem Ventilsitz. Der Ventilsitz ist die Fläche, auf welcher der den Verschluß bewirkende Ventilkörper ruht (Fig. 50).

Die selbsttätigen Ventile öffnen und schließen sich je nach den in dem Ventilgehäuse vorhandenen Druckverhältnissen, also ohne äußeren Mechanismus und werden hauptsächlich bei Pumpen verwendet. Zu ihnen gehören die Klapp-, Kugel-, Speise- und Kegelventile.

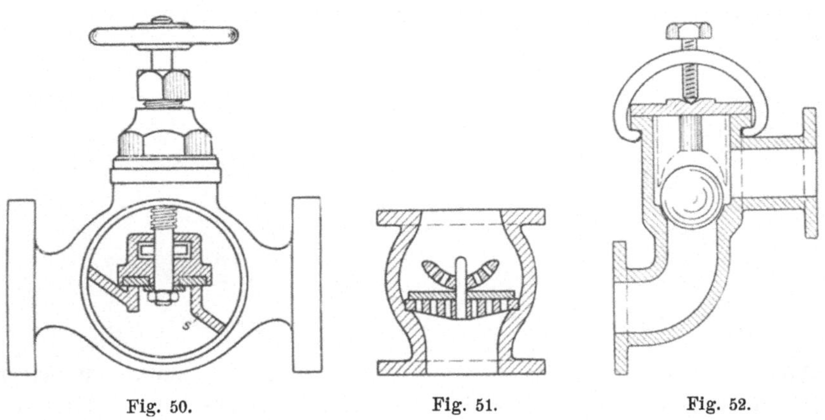

Fig. 50. Fig. 51. Fig. 52.

Je nachdem sich die Pumpenventile beim Ansaugen oder beim Empordrücken der zu fördernden Flüssigkeit öffnen, heißen sie Saug- oder Druckventile. Liegen die Saugventile auf dem Grunde der Pumpen, so heißen sie auch Bodenventile. Haben die Klappventile — so benannt nach der Klappenform des Verschlußteiles — einen größeren Durchmesser, nennt man sie auch Tellerventile; dann besitzen sie in der Regel auch einen zentral befestigten scheibenförmigen Ventilkörper, für dessen Hubbegrenzung beim Aufschlagen eine entsprechend geformte Metallfläche dient (Fig. 51). Die Ventilkörper der Klappenventile sind Gummi- oder Lederplatten, die wohl auch, um ihre Steifigkeit und ihr Gewicht zu erhöhen, mit Metallplatten belegt sind, oder es sind auf den Ventilsitz aufgeschliffene Metallscheiben. Die auf der einen Seite des Ventilsitzes befestigten Platten legen sich so auf den Sitz, daß sie durch den von oben wirkenden Druck auf den Sitz festgedrückt, durch den von unten wirkenden aber aufgeklappt werden.

Die Kugelventile und Speiseventile sind geradlinig bewegte Ventile, ebenso wie alle Spindelventile. Der eine Vollkugel aus Hartgummi, Metall, Pockholz, Elfenbein usw. bildende Ventilkörper der Kugelventile (Fig. 52) ruht auf einem dementsprechend geformten Sitz und wird in seiner Bewegung durch die Führungsstege — aus dem Gehäuse hervorspringende Naben — in der seitlichen Abweichung und durch den Anschlag — meist kreuzweise übergreifende Doppelbügel — in der Hubhöhe begrenzt.

Bei den Rückschlagventilen — den Speiseventilen der Dampfkessel z. B. — sowie allen folgenden wird der Ventilkörper Kegel genannt. Sie sind konstruktiv dadurch gekennzeichnet, daß die Kegelbewegung entweder im Sitz geführt oder durch eine im oberen Ventilgehäuse vorhandene Führung geleitet wird. Die Hubbegrenzung des Kegels wird durch einen oben im Kegel befindlichen Stift erreicht, der in einer am Ventildeckel angebrachten Büchse gleitet (Fig. 53) oder auch durch einen aus dem Ventildeckel in das Gehäuse hineinragenden Stift

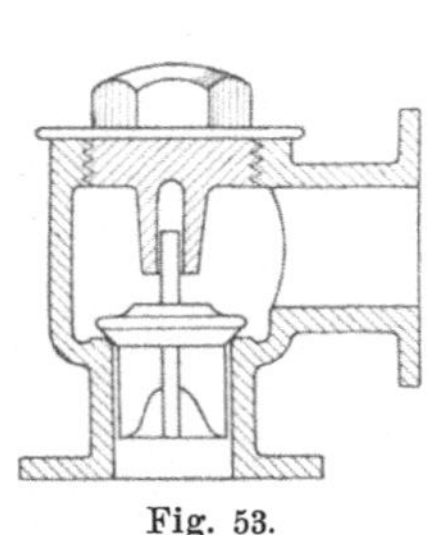
Fig. 53.

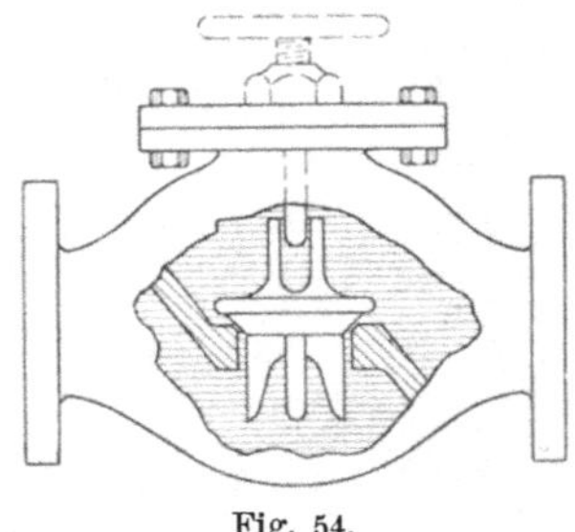
Fig. 54.

(Fig. 54). Will man den Kegel außerdem auch von außen auf seinen Sitz drücken können, so wird der Stift als abgedichtete Spindel durch das Gehäuse hindurchgeführt und dann mittelst einer Führungsschraube gegen den Deckel gepreßt. Kegelventile im engeren Sinne heißen dann die Speiseventile, weil sich bei ihnen der Ventilkörper mit einer flach kegelförmigen Auflagefläche auf die entsprechende konische Ringfläche des Ventilsitzes setzt.

Die Spindelventile sind auch im weiteren Sinne Kegelventile und gestatten, den Ventilkörper im Gegensatz zu den selbsttätigen Ventilen mit Hilfe einer Spindel von außen in jeder Lage einzustellen, die Leitung zu drosseln. Zu ihnen zu zählen sind die Niederschraub- und Bauchventile, die Absperr-, Dreiweg- oder Wechselventile und Eckventile. Die Niederschraub-, Absperr- und Bauchventile — letztere ihrer äußeren Form nach so benannt — teilen ihr Gehäuse durch eine in der Durchströmungsrichtung liegende Scheidewand s (Fig. 50) in zwei Teile, und die Durchlochung der letzteren bildet den Ventilsitz. Vermittelst einer durch eine Überfallmutter abgedichteten Spindel wird der Ventilkegel auf- und abbewegt.

Da der auf dem Ventilsitz ruhende Teil des Kegels nun derjenige Teil ist, welcher am schnellsten abgenutzt werden wird, so ist bei den meisten Konstruktionen dieser Abdichtungsring auswechselbar. Die Jenkinsventile sind in dieser Hinsicht sehr gut konstruiert. Die Befestigungsart dieses auswechselbaren Dichtungsringes sowie sein Material ist nun sehr verschieden, je nach dem Zweck, dem das Ventil dienen soll. Es kann bei sehr engem Durchmesser eine zentral gehaltene Leder- oder Gummiplatte sein. Der Dichtungsring kann in einer geraden (Fig. 50) oder schwalbenschwanzförmigen Nute im Kegel befestigt sein. Ebenso wechselt die Befestigungsart der Spindel und ihre Abdichtung und die Führung in dem Kegel. Bei den kleineren Ventilen bis 30 mm Durchmesser wird die Abdichtung und Führung durch eine Überfallmutter erreicht; bis 50 mm Röhrenweite wird ein aufgeflanschter Eisendeckel mit Überfallmutter dazu verwendet. In diesem Falle wird die Spindel oberhalb der Stopfbüchse mit Gewinde versehen und von einer, auf Säulen oder Bügeln ruhenden Führungsmutter gehalten.

Es ist einleuchtend, daß die Bewegung der Spindelventile durch Hand den in der Leitung herrschenden Druck überwinden muß. Nun kann letzterer aber so groß werden, daß die Handhabung nur mit äußerster Kraftanstrengung geschehen könnte. Für diese Fälle gibt es Ventile mit entlastetem Kegel, welche zur Bewegung verhältnismäßig wenig Kraft bedürfen. Das Wesentliche dieser Konstruktion liegt darin, daß der in dem Gehäuse vorhandene Kegel seinerseits nochmals zu einem kleineren Ventilgehäuse mit Kegel ausgebildet ist, so daß der Öffnung des Hauptventils die des kleineren Ventils durch dieselbe Spindelbewegung vorangeht. Ferner existieren Absperrventile, die außer dem allmählichen Verschlusse auch ein momentanes Schließen des Kegels, selbst von einer entfernten Stelle aus, ermöglichen. Eine solche Einrichtung ist bisweilen erwünscht, wenn bei eintretender Gefahr ein möglichst schnelles Abstellen der Dampfleitung gefordert wird, denn das Öffnen und Schließen der großen gewöhnlichen Ventile geht verhältnismäßig nur langsam von statten.

Bei den Dreiweg- oder Wechselventilen ist die Form des Doppelkegels und ihrer Sitze den Rohrverzweigungen entsprechend modifiziert.

Die Konstruktion der Eckventile (Fig. 53) ist sehr einfach, indem mittelst Spindel ein gut abdichtender Kegel in dem einen Rohre so führbar ist, daß er das sich abzweigende Rohr verschließen resp. zum Durchgang freigeben kann.

Dampfdruck-Reduzierventile werden überall da eingeschaltet, wo Dampf, Luft, Gas mit sehr konstantem Druck durch die Leitung gehen soll, wo also ein Raum unter gleichmäßiger und geringerer Dampfspannung von einem Gefäß mit stärkerer und wechselnder Dampfspannung gespeist werden soll. Eine Bauart dieser Ventile beruht darauf, daß ein mit dem Ventil verbundener, belasteter Hebelarm dem gewünschten Dampfdruck das Gleichgewicht hält und bei einer Erhöhung des Dampfdruckes das Ventil abschließend resp. bei einer Verminderung dasselbe öffnend verschiebt.

Das Material für die Herstellung von Ventilen ist Eisen, Messing und Rotguß; sie werden auch, den verschiedenen Anforderungen entsprechend, mit Blei, Hartblei, Zinn und Hartgummi ausgekleidet.

Einige Preise für Dampf- und Wasserleitungsventile aus Gußeisen mit Rotgußgarnitur sind:

für 13	25	50	80 mm Durchgangsöffnung
4,50—6	7,50—12	26—35	50—60 M.

Schieber. Die mit Muffen und Flanschen gebauten Schieber dienen zum Absperren von Dampf-, Wasser- und Gasleitungen hauptsächlich großen Durchmessers. Sie existieren jedoch schon für lichte Rohrweiten von 40 mm an. Ihre Konstruktion bewirkt nicht, wie die der Ventile, eine Änderung der Bewegungsrichtung des durchfließenden Stromes. Der Schieber bewegt sich senkrecht zur Stromrichtung, die bei ganzer Öffnung keine Querschnittsverengung erleidet. Die Spindelführung und ihre Dichtung ist die wie bei den großen Ventilen. Da bei großem Durchmesser und starkem Seitendrucke auch hier eine dementsprechend große Kraft zur Bewegung des Schiebers nötig ist, so sind auch Schieberkonstruktionen entstanden, die mit geringerem Kraftaufwand betätigt werden können. Solche Umlauf- und Entlastungschieber sind in ihrer Ausführung dahin vervollkommnet, daß der eigentlichen Schieberöffnung die eines Umlaufkanals resp. der Durchlöcherung des Schiebers vorangeht.

Komplette Gas- oder Wasserschieber kosten bei einer lichten Durchgangsweite von:

250	400	500	1000 mm.
100—190	200—400	320—600	—1500 M.

Im weiteren Sinne sind Schieber Regulierorgane für Speisevorrichtungen vieler Zerkleinerungsmaschinen, Rauchschieber zur Regulierung des Zuges in Schornsteinen und Steuerungsteile an Dampfmaschinen.

Die **Drosselklappe** eignet sich nicht zur Erzielung eines absolut dichten Verschlusses und stellt hauptsächlich ein Regulierungsorgan für die in einer Leitung vorhandene Strömung dar. Nach Fig. 55 bildet sie ein für die Einschaltung in Flanschen oder Muffenleitungen passendes zylindrisches Gehäuse, welches im Innern eine flache Scheibe, die Drossel, trägt, die durch einen mit einer Stopfbüchse abgedichteten Spindelgriff einstellbar — drehbar — ist.

Kondenswasser-Ableiter und -Abscheider. Diese Apparate dienen dazu, das in den Dampfleitungen sich beständig bildende Kondenswasser und das aus dem Kessel mitgerissene Wasser fortzuschaffen, ohne jedoch dem Dampf selbst Austritt aus der Leitung zu gewähren.

Die Kondenswasserableiter, auch Kondenstöpfe genannt, befinden sich am Ende einer Dampfleitung, während die Kondenswasserabscheider in der Mitte einer Dampfleitung eingeschaltet sind, um das Dampfwasser abzuführen.

Den sehr verschiedenartigen Konstruktionen der Kondenswasserableiter oder -töpfe liegen drei wesentlich verschiedene Prinzipien zugrunde, nach denen das den Wasseraustritt regulierende Ventil betätigt wird. Erstens durch das Gewicht des Kondenswassers, zweitens durch die Auftriebkraft dieses Wassers und drittens durch die Ausdehnung von Metallen durch die Wärme des Dampfes.

1. In dem Kondenswasserableiter (Fig. 56) schwimmt, solange der Wasseraustritt unterbrochen ist, ein leerer Topf. Bis nahe dem Boden des offnen Topfes führt von oben her ein zentralstehendes Rohr, das dem Wasser Austritt ins Freie gewährt, unter Passierung eines in dem Deckel des Apparates befindlichen Ventils. Der Ventilkörper folgt den Bewegungen eines durch das zentrale Rohr hindurchgehenden Stabes. Bei zunehmendem Wasserstande in dem Ableiter wird schließlich das Wasser sich in den

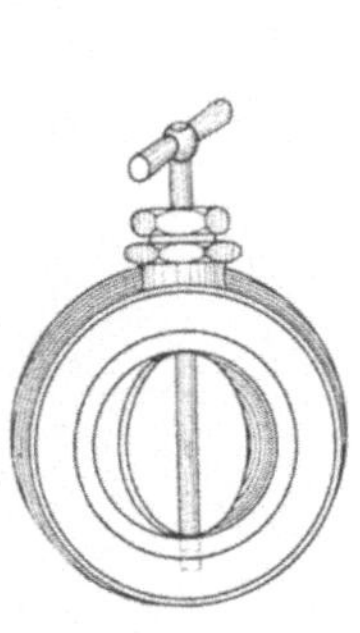

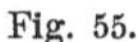

Fig. 55.

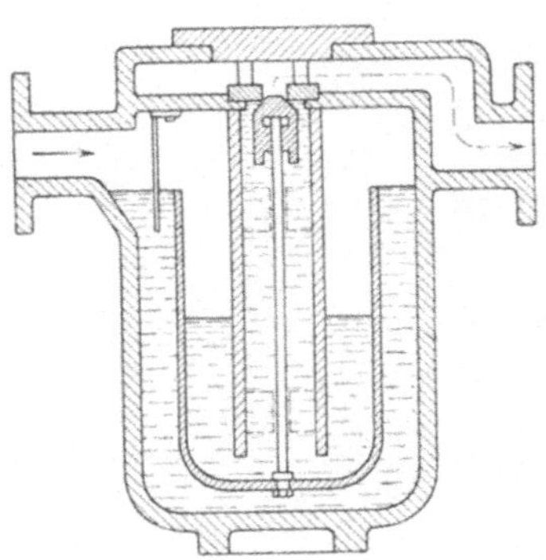

Fig. 56.

Topf ergießen, ihn füllen, zum Sinken bringen und dadurch mittelst des sich senkenden Stabes das Ventil öffnen, durch welches nun das unter dem Dampfdrucke stehende Wasser ins Freie befördert wird, bis der Topf so weit entleert ist, daß er, dem Auftrieb folgend, sich hebt und durch den Stab das Ventil schließt.

2. Die durch Auftrieb den Wasseraustritt ermöglichenden Ableiter sind konstruktiv das umgekehrte Prinzip der ersten Art (Fig. 57). Hier ist ein am Boden des Topfes befindliches Ventil mit einer Hohlkugel, dem geschlossenen Schwimmer, verbunden, das bei wenig Wasser auch geschlossen ist, bei zunehmendem und steigendem Wasserstande erleidet der Schwimmer einen Auftrieb, dessen Kraft das Ventil öffnet, das Wasser austreten läßt und sich wieder schließt, wenn die Wassermenge bis zu einem bestimmten Grade abgenommen, d. h. der Schwimmer bis zu diesem Punkte gefallen ist. Um größeren Druck zu überwinden, kann die Schwimmerbewegung der Hohlkugel mittelst Hebelkonstruktion auf das Ventil übertragen werden.

3. Die dritte Art der Ventilbewegung geschieht durch ein in einem Kondenstopfe befindliches System von Metallstäben, die in gebogener Form so miteinander verbunden sind, daß sich die durch die Wärme des Dampfes geltend machende Ausdehnung der einzelnen Stäbe addiert und daher groß genug wird, um ein mit dem untersten Stabe in Verbindung stehendes Ventil geschlossen zu halten (Fig. 58). Bei Füllung des Topfes mit Kondenswasser, das ja kälter als der Dampf ist, ziehen sich die Stäbe zusammen und öffnen das Ventil.

Eine andere recht handliche Ausführung — für Dampfheizungen z. B. — dieser Gruppe besteht darin, daß in einem halbkreisförmigen flachen Gehäuse ein gekrümmtes Rohr mit ovalem Querschnitt — entsprechend der Einrichtung der Federmanometer — unter dem Einfluß des heißen Dampfes gestreckt und durch das kältere Kondenswasser wieder

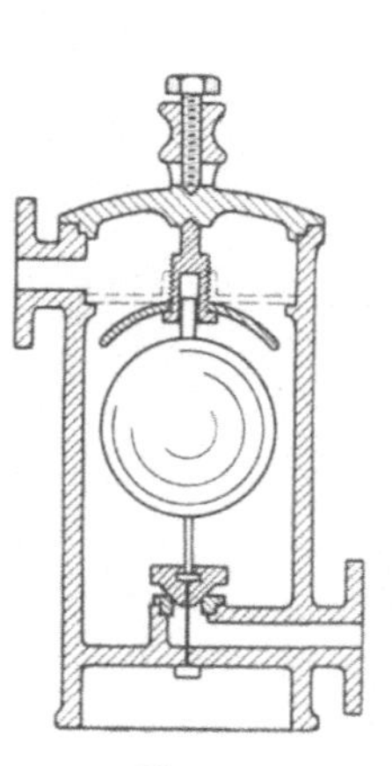

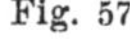

Fig. 57.

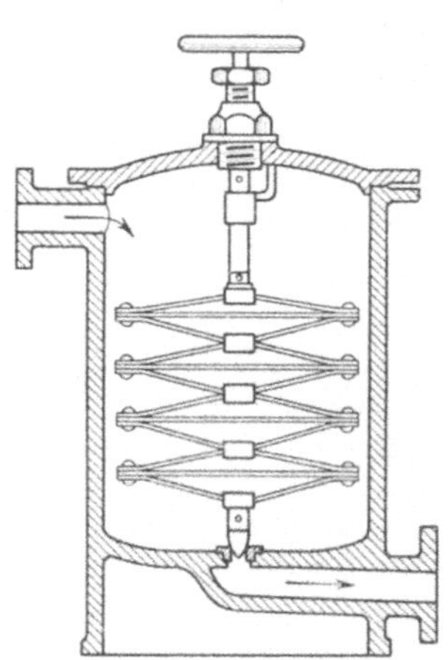

Fig. 58.

gekrümmt wird und diese Bewegungen zum Schließen und Öffnen eines Ventiles dienen.

So einfach nun alle diese Apparate der Theorie nach funktionieren, so ist damit aber keineswegs gesagt, daß sie sich auch in der Praxis dementsprechend bewähren. Im Gegenteil bilden die Dampfwasserableiter wohl in den meisten Betrieben wenn auch nicht gerade einen beständigen Ärger, so doch einen Faktor, an dem recht häufig etwas auszusetzen ist. Die Rolle, welche dieser Apparat spielt, ist andererseits nicht zu unterschätzen. Sein Versagen bedeutet entweder Arbeitsstörung deshalb, weil das nicht aus dem Topfe tretende Kondenswasser die Dampfleitung allmählich anfüllt und abkühlt. Ein anhaltendes Austreten von Dampf, wenn sich das Ventil nicht mehr selbsttätig schließt, bedeutet Dampfverlust. Aus diesen sehr triftigen Gründen müssen diese Dampfwasserableiter einer beständigen Beobachtung unterworfen bleiben. Zur sichersten und auch bequemsten ständigen Beobachtung ihrer Wirkung läßt man das Kondenswasser aus den Ableitern frei austreten und führt es durch einen Trichter der Kondenswasserleitung zu. Sie sollten nicht, wie es so häufig der Fall ist, so versteckt oder unzugänglich aufgestellt sein, daß man nur mit Mühe zu ihnen herangelangt, und daß man sich kaum anders als durch Anfühlen mit der Hand von ihrem Funktionieren überzeugen kann. Wieviel aber eine solche oberflächliche Kontrolle wert ist, bedarf wohl keiner weiteren Erwähnung. Deshalb kann man der Konstruktion auch nicht immer schuld geben, und neue Apparate funktionieren immer gut. Wohl aber müßten sie — häufiger, als es in der Regel geschieht — von Zeit zu Zeit gründlich nachgesehen und gereinigt werden, denn die in den Kondenstöpfen sich beständig ansammelnden Unreinigkeiten der verschiedensten Art werden jeden Mechanismus schließlich verschmieren. Aus diesem Grunde werden sich diejenigen Wasserableiter am besten bewähren, deren Konstruktion am einfachsten ist und deren Ventile nicht beständig im Kondenswasser liegen. Am sparsamsten arbeiten die kontinuierlich wirkenden, die das wenige kondensierte Wasser sofort abgeben. Bei den periodisch wirkenden wird naturgemäß immer ein beträchtlicher Teil Dampf nach dem Wasser ausströmen, bis sich der die Schließung des Ventiles bewirkende Zustand wieder eingestellt hat.

Fig. 59.

Die Kondenswasserableiter haben ihren Platz am Ende der Dampfleitungen und deshalb gibt man, aber auch damit kein zurückfließendes Wasser Schläge in den Leitungen verursacht, den Dampfleitungen immer ein schwaches Gefälle in der Richtung des Dampfstromes.

Bei der Anschaffung eines Dampfwasserableiters ist die lichte Weite der Anschlußrohre und die Leistung desselben in der Abführung von kondensiertem Wasser in Liter für eine gegebene Abkühlungsfläche in der Stunde maßgebend.

Es kosten Dampfwasserableiter von einer Leistung von 20 l pro 1 qm und Stunde

bei einer Maximalleistung von	1000	8500	23 500	l
und einem Rohranschluß von	20	50	80	mm l. W.
gegen	50	120	200	M.

Beabsichtigt man, dem Dampf an einer bestimmten Stelle der Leitung, z. B. vor der Dampfmaschine, sein Kondenswasser zu entziehen, so schaltet man dort einen

Kondenswasserabscheider ein (Fig. 59). Das sind Gefäße sehr verschiedenartiger Ausführung, welche den Dampf zwingen, bei einem nicht verringerten Gesamtquerschnitt gegen Flächen zu strömen, an die das kondensierte Wasser anprallt, worauf es, dem Gesetze der Schwere folgend, nach dem tiefsten Teile des Gefäßes fällt, um von dort aus zu dem Dampfwasserableiter geführt zu werden, während der entwässerte Dampf den Dampfwasserabscheider an seiner höchsten Stelle verläßt.

Verschließen der Apparate.

Den Ausführungen über die Verschlußapparate sollen einige Angaben über das Verschließen der Apparate im allgemeinen folgen, welche, so geringfügiger Art zu sein sie auch scheinen mögen, doch von nicht zu vernachlässigender Wichtigkeit sind. Bei dem Verschließen der Apparate besteht ein wesentlicher Unterschied darin, ob dasselbe nur sehr selten und dann für längere Zeit geschieht, oder ob es eine in begrenzten Zeitabschnitten sich regelmäßig und häufig wiederholende Prozedur ist. Ein dauernder Verschluß kann auf die verschiedenartigste Weise auszuführen sein, durch Nageln, Nieten, Löten, Schrauben, Kleben, Kitten, Mauern, wie es gerade der gegebene Fall verlangt. Bei allen diesen Arbeiten ist jedoch die Möglichkeit eines späteren Öffnens zu berücksichtigen, damit dasselbe nicht unnötig erschwert wird. Und die Berechtigung dieses Hinweises erkennen wohl alle diejenigen ohne weiteres an, welche in ihrer Praxis einmal die Komplimente gehört haben, die der mit der gelegentlichen Öffnung eines Gefäßes usw. beauftragte Arbeiter event. an die Adresse dessen richtete, der seinerzeit die Verschließung besorgt hatte. Man kann bei solchen Arbeiten intelligent, wie andererseits auch unverständig zu Werke gehen. Das Verschließen soll, um es in einem Satze auszudrücken, jedem vorliegenden Zwecke entsprechend gründlich, weder mit oberflächlicher Leichtigkeit, noch mit übertriebener Sicherheit so ausgeführt werden, daß ein später notwendig werdendes Wiederöffnen den Umständen nach bequem und ohne unnötige Sachbeschädigung ausführbar ist.

Häufig zu benutzende Verschlußvorrichtungen sind, den verschiedenen Ansprüchen gemäß, in einem ganz bestimmten Sinne und oft mit einem hohen Maße von Intelligenz konstruktiv durchgebildet, wie die über diesen Gegenstand bestehenden zahlreichen Patente beweisen. Möglichste Einfachheit der Handhabung des Verschlusses soll sich mit einer absoluten Zuverlässigkeit vereinigen. Kleine, für den Verschluß unentbehrliche Gegenstände, wie Stifte, Splinte, Keile, Stopfen, Schrauben usw., sollen am richtigsten an dem Gefäße mit einer Kette befestigt sein oder mindestens während des Öffnens immer an einem und demselben dafür bestimmten Platze aufbewahrt werden. Die Muttern von herausgenommenen Schrauben werden sogleich wieder auf dieselben heraufgedreht, wie auch zu markieren ist, für welche Löcher gewisse Schrauben bestimmt sind. Verschlußdeckel, Kappen u. dergl. werden, wenn sie von den Gefäßen trennbar sind und nicht schon durch ihre Gestalt die beim Auflegen einzunehmende Lage unzweideutig anzeigen, mit einem am Apparat an korrespondierender Stelle anzubringenden Zeichen, Einkerbung u. dergl., versehen. Beim Fehlen eines solchen kann sich das Verschließen unangenehm verzögern, wenn nicht gar durch falsches Auflegen größere Übel entstehen, wie z. B. ein unvollkommenes Abdichten, das sich erst bei der Inbetriebsetzung bemerkbar macht und zur Abstellung derselben zwingt oder die Verzerrung und Verbiegung der Verschlußteile selbst.

Ebenso, wie es notwendig ist, die speziell den Verschluß bildenden Flächen vor Beschädigung zu schützen, muß es zur Gewohnheit werden, vor dem Verschließen sich durch Befühlen dieser eigentlichen Verschlußflächen davon zu überzeugen, daß dasselbe nicht etwa durch kleine Unebenheiten oder Fremdkörper, wie abgeblätterter Rost, Verpackungsabfall oder dergl., behindert wird. Alle warm gewordenen Schrauben sind, um den Verschluß dicht zu halten, nachzuziehen. Daß die einen Verschluß bewirkenden Schrauben nicht in seitlicher Folge, sondern immer zwei gegenüberliegende nacheinander und auch nicht auf einmal ganz fest angezogen werden sollen, mag hier noch einmal, weil es von großer Wichtigkeit ist, erwähnt sein.

In dem Falle, wo nach dem Evakuieren eines verschlossenen Apparates das Vakuummeter Undichtigkeiten anzeigt, befeuchtet man, wenn es angängig ist, die in Frage kommenden Verschlußstellen, um event. die undichte Stelle an dem Auftrocknen zu erkennen. Haben die Apparate einen bestimmten innern Druck auszuhalten, so müssen sie vor dem ersten Gebrauch auf den entsprechenden Überdruck und auf ihre Dichtigkeit — in der Regel durch Einpressen von Wasser, Luft und Benetzen mit Seifenwasser — geprüft werden.

Aus all dem Gesagten geht hervor, daß ein sorgfältiges Montieren der Apparatur die erste Vorbedingung für den richtigen Verlauf der darin vorzunehmenden Arbeiten ist und deshalb mit der ihm gebührenden Gründlichkeit besorgt werden muß.

Meßapparate.

Wage und Gewichte. Erübrigt es auch, auf die Konstruktion der in den chemischen Betrieben eine sehr wichtige Rolle spielenden Wagen einzugehen, so läßt sich doch manches über ihre Art, ihre Aufstellung und Behandlung sagen, was im Interesse der von ihnen zu erwartenden Dienste liegt.

Hinsichtlich der Genauigkeit und Empfindlichkeit unterscheidet das Eichungsamt Präzisions- und Handelswagen. Die Analysenwagen unterliegen nicht der Kontrolle des Eichungsamtes.

Die in den Laboratorien benutzten Wagen sind meist oder sollten sein Apothekerwagen, die nach dem Gesetze Präzisionswagen sein müssen. Diese Präzisionswagen tragen zum Unterschiede von den Handelswagen in dem Eichungsstempel zwischen dem D und R einen Stern.

Die bei der Eichung zulässigen Fehlergrenzen, d. h. die größten zulässigen Gewichtszulagen der Präzisionswagen sind nach der Eichordnung vom 27. Dezember 1884 für jedes Gramm der größten zulässigen Last:

2,0 mg bei einer Last bis 20 g,
1,0 „ „ „ „ von über 20 g bis 200 g,
0,5 „ „ „ „ „ „ 200 g „ 2 kg,
0,2 „ „ „ „ „ „ 2 kg „ 5 kg,
0,1 „ „ „ „ „ „ 5 kg.

Die im *Gebrauche* befindlichen Präzisionswagen dürfen eine *doppelt* so große Fehlergrenze haben.

Die *Handelswagen* werden als gleicharmige und ungleicharmige unterschieden. Zu den ersten gehören die unterschaligen *Tarier-* und *Handwagen* und die oberschaligen *Balken-* und *Tafelwagen*. Zu den letzteren ungleicharmigen gehören die *Dezimalwagen* und *Zentesimalwagen*, ferner die *Läuferwagen* und *Briefwagen*.

Die *Tarierwagen* und Handwagen unterscheiden sich von den Präzisionswagen nur durch eine weniger sorgfältige Bauart und geringere Empfindlichkeit. Die oberschalige Tafelwage ist infolge des komplizierten Übertragungssystems und vervielfachten Reibungswiderstandes so wenig empfindlich, daß sie für das Wägen kleinerer Mengen als 100 g unbrauchbar wird und nur für nicht sehr genaue Gewichtsbestimmung brauchbar ist. Deshalb ist sie auch selten mit dem Eichungsstempel versehen.

Die *Dezimalwagen* sind als *Brücken-* und als *Dezimaltischwagen* gebaut. Letztere sind bei einer kleinen Platzbeanspruchung und großen Genauigkeit für das Wägen von 3 kg abwärts sehr geeignet und ersetzen deshalb vorteilhaft die unempfindlicheren Tafelwagen.

Die *römische* oder *Schnellwage* bildet einen ungleicharmigen Doppelhebel. Die Last hängt an einem Haken des kürzeren Hebels, während das Gewicht auf dem mit einer Skala versehenen längeren Hebel verschoben werden kann.

Die Fehlergrenze, also die größte zulässige Gewichtszulage der Handelswagen beträgt für je 100 g der größten zulässigen Last:

0,2 g bis zu 200 g Belastung.
0,1 „ „ „ 5 kg „
0,05 „ über 5 „ „

Die hauptsächlich in dem Gebrauche der Betriebe befindlichen Wagen sind wohl die als Brückenwagen gebauten Dezimalwagen. In kleiner Ausführung sind sie handlich und transportabel; ihrer Empfindlichkeit Beachtung schenkend, sind sie stets behutsam zu tragen und nicht roh zu behandeln. Die größeren Wagen haben meistens ihren definitiven Platz und sind in trockenen Räumen vorteilhaft so tief versenkt, daß die Plattform der Brücke zur leichten und daher auch weniger Personal verlangenden Zuführung der Lasten mit dem Niveau des Raumes annähernd gleich hoch liegt. In Betriebsräumen, in denen Fußbodennässe eintreten kann, ist diese Versenkung nicht angebracht, da es sich kaum vermeiden ließe, daß sich in derselben Nässe ansammelte, und da es andererseits vermieden werden soll, daß sich der Rahmen der Wage verzieht. Um dies letztere auch sonst zu vermeiden, sollen die Wagen entweder eiserne oder hölzerne, aber dann gut geteerte Füße haben. Die Wagenbrücken sind im allgemeinen rechteckig, seltener dreieckig, außerdem werden auch alle anderen verlangten Formen hergestellt.

Für weniger große Belastungen, aber häufigen Gebrauch, bei dem es nicht auf äußerste Genauigkeit ankommt, dürften sich die automatischen Federwagen gut eignen, welche ein schnelles Abwägen und bequemes, doch dabei sicheres Gewichtsablesen gestatten. In neuerer Zeit haben sich die Dezimalwagen mit Laufgewicht sehr eingeführt, welche die Gewichtssätze überflüssig machen oder wenigstens bis auf einige größere Stücke beschränken. Die Vervollständigung dieser Wagen mit einem Druckapparat, welcher das gewogene Gewicht selbsttätig registriert, ist für viele Zwecke eine vorzügliche und sichere Kontrolle.

In feuchten und mit Säuregasen beladenen Räumen eignen sich diese Wagen mit Laufgewichten jedoch deshalb nicht, weil die Skala der Laufstange bald unleserlich und daher die Einstellung auch ungenau wird. Dann verlangen diese Wagen immer einen hellen Ort, damit die Skalaziffern sicher abgelesen werden können, welche mitunter auch an deutlicher Prägung zu wünschen übrig lassen.

In den Fabriken mit größerem Lastenverkehr befinden sich auch meistens Zentesimalwagen zur Wägung der beladenen Fuhrwerke. Eine solche Wage ist zwar etwas teuer — für 10000 kg Tragkraft mit einer entsprechenden Brückengröße von $4^1/_2 \times 2$ m kostet sie gegen 1000 M. — bietet dafür aber eine anders kaum durchführbare Kontrolle der ein- und ausfahrenden Materialien.

Welche Wagen nun auch im Gebrauch sein mögen, so sollten sie doch alle in einem ihren Zwecken und ihrer Zuverlässigkeit würdigen Zustande sein, was aber leider nicht immer der Fall ist. Ihre Empfindlichkeit ist ebenso zu erhalten, wie die ganze Wage überhaupt stets rein und frei von Staub und Schmutz sein soll. Daß sie an einem möglichst hellen Orte zur Verhütung falscher Gewichtsablesung stehen und ebenfalls nicht dem Wind und Wetter ausgesetzt sein soll, wurde schon gesagt, und daß dem Arbeiter ein richtiges Wägen und der Gebrauch der Arretierung beizubringen ist, kann hinsichtlich der Tatsache, daß ein richtiges Abwägen die erste Notwendigkeit jeder zuverlässigen Arbeit ist, nur empfohlen werden.

Zwischen Wägen und Wägen ist ein großer Unterschied. Die Wage darf nie länger, als zur Ermittelung des Gewichtes notwendig ist, auf den Schneiden balancieren. Zur Selbstkontrolle bei der Gewichtsfeststellung ist sehr zu empfehlen, die Größe der Gewichte beim Auflegen auf die Wage laut zu nennen und ebenso nachher das Gesamtgewicht durch lautes Addieren der Einzelgewichte festzustellen.

Die Gewichte befinden sich immer in dem dafür bestimmten Kasten, der gut so eingerichtet ist, daß man sich mit einem Blick von der Vollzähligkeit des Satzes überzeugen kann. In gewissen Zwischenzeiten ist es im eigenen Interesse angebracht, abgesehen von den darüber bestehenden Polizeivorschriften, sämtliche in den Betrieben vorhandenen Gewichte mit einem dazu reservierten Normalsatze zu kontrollieren. Schließlich sei noch bemerkt, daß ihre gelegentliche Verwendung zu anderen Zwecken, wie zur Beschwerung oder gar als Hammer, eine recht verbreitete Unsitte ist, aber dennoch nicht gut geheißen werden darf.

Beim Einkauf der Gewichte sehe man darauf, daß die Gewichtsstücke in der ganzen Fabrik von ein und derselben Form sind, um Irrtümer bei ihrem Gebrauch zu vermeiden. Es wird nämlich schnell zur Gewohnheit, das Gewicht dem Gewichtsstücke anzusehen, anstatt die daran befindliche Zahl abzulesen. Wenn die letzteren auch auf dem Gewichtsknopf vorhanden sind — und für Dezimalwagen verzehnfacht —, so bieten sie eine noch größere Gewähr für ein richtiges Wägen.

Eine gewöhnliche Brückenwage kostet für eine Tragkraft

von	100	300	500	1000	5000 kg
gegen	70	120	140	200	550 M.

Geeichte eiserne Gewichtsstücke

von	0,1	0,2	0,5	1	2	5	10	20	50 kg
kosten etwa	0,40	0,45	0,65	0,80	1,20	2,25	3,30	7,00	15,00 M.

Ein Satz Messinggewichte von 1—500 g kostet an 7—8 M.

Thermometer und **Pyrometer.** Es gibt wohl nur wenige chemische Prozesse, deren Verlauf nicht durch Temperaturmessungen kontrolliert zu werden braucht, und daraus erhellt die Wichtigkeit dieser Meßapparate. Vor der Ingebrauchnahme werden die Thermometer — gewöhnlich in größerer Anzahl — auf ihre Richtigkeit geprüft, sofern nicht schon die Bezugsquelle dafür birgt oder Garantie leistet. Den jeweiligen Zwecken und Apparaten entsprechend werden sie in den verschiedensten Formen meist als Quecksilber-, seltener als Metallthermometer angefertigt mit geradem und winkligem, kurzem und langem Stock, mit verkürzter oder anders geformter Skala für alle verlangten Temperaturzonen. Man achte besonders darauf, daß die in oder an dem Thermometer befindliche Skala genügend fest angebracht ist. Wie viele Thermometer befinden sich nicht im Gebrauch, deren Skala unbemerkt verrutscht ist!

Die für Betriebszwecke nötigen Thermometer werden meist nach Bestellung angefertigt. Man vergesse bei diesen Bestellungen nicht, außer der gewünschten Temperaturzone mit eventuellen Rotstrichen für bestimmte Grade die Skala- und Stocklänge, sowie auch die Stockdicke anzugeben, und sende, wenn es auf ganz genaue Ausführung ankommt, ein, wenn auch zerbrochenes Exemplar ein.

Nicht selten ist es von Wert, noch nachträglich die während einer Reaktion vorhanden gewesenen Temperaturgrenzen zu erfahren, für welche Zwecke die Maximum- und Minimumthermometer angebracht sind. Handelt es sich darum, über die in einer bestimmten Zeit herrschende Temperatur, von der unter Umständen das ganze Gelingen der Arbeit abhängt, eine beständige Kontrolle zu haben, so sind die zwar teuren, aber ausgezeichnete Dienste leistenden Registrierthermometer am Platze, welche selbst als Fernthermometer — zur Ablesung der Temperatur an einem beliebig entfernten Orte — gebaut werden.

Zur Wahrung des Betriebsgeheimnisses gibt es auch Thermometer und Manometer mit falscher, absichtlich verschobener Skala, nach der sich der Arbeiter zu richten hat und deren Angaben von dem Eingeweihten umzurechnen sind. Natürlich ist dafür zu sorgen, daß der Arbeiter keine Gelegenheit hat, ein solches Thermometer auch für andere Zwecke zu gebrauchen, die ihn die Unrichtigkeit erkennen ließe.

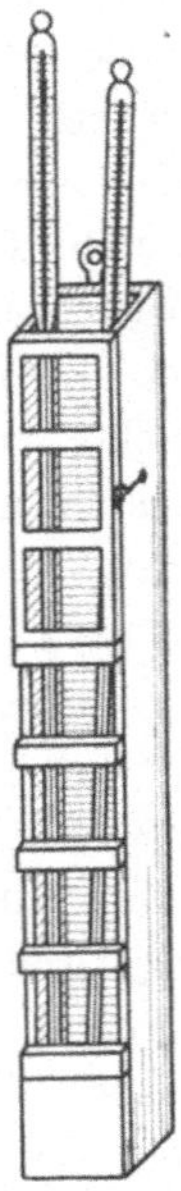

Die Anbringung der Thermometer an den Apparaten bietet bisweilen gewisse Schwierigkeiten, wenn z. B. die Temperatur an Stellen gemessen werden soll, welche ihrerseits durch Rührschaufeln befahren werden. Obgleich die Thermometer für den Betrieb schon kräftiger gebaut sind, so sind sie doch noch immer sehr zerbrechlich und müssen daher mit Schutzvorrichtungen versehen sein. Der aus dem Apparate herausragende Teil wird mit einer die Skala freilassenden Schutzhülse umgeben, welche mit dem Apparate steif verbunden ist. Wenn es angängig ist und kein Überdruck in dem Apparate herrscht, kann das Thermometer direkt in denselben hineingesteckt werden nach Ermittelung der für die Temperatur maßgeblichen Stelle. Daß die Thermometer und selbst die Apparate, um dies zu erreichen, bisweilen in bestimmtem Sinne gebaut und daß die bewegenden Teile, wie Rührschaufeln, auch dementsprechend geformt werden müssen, ist jedem Praktiker eine bekannte Tatsache. Um den Thermometerstock vor dem Zerbrechen durch in starker Bewegung befindliche Massen zu schützen, bringt man in der Bewegungsrichtung vor dem Thermometer eine steife Latte an oder man führt auch wohl in das Gefäß ein gut befestigtes Rohr, in das das Thermometer hineingestellt wird. Unversteifte Blei- oder Zinnrohre dürfen zu diesem Zwecke nicht genommen werden, da sie verbogen werden könnten und der Thermometerstock bei dem Verbiegen oder bei dem Herausziehen aus dem verbogenen Rohre abbrechen würde. Dieses Rohr ist, wenn Überdruck in dem Apparate herrscht oder andere Gründe es verlangen, unten geschlossen und gasdicht durch die Gefäßwand gesteckt. Zur schnelleren Wärmeübertragung auf das in dem Rohre stehende Thermometer wird jenes mit einer geeig-

Fig. 60.

neten Flüssigkeit, wie Glyzerin oder Rüböl oder auch Eisenpulver u. a., angefüllt.

Die nicht im Gebrauche befindlichen Thermometer haben ihren bestimmten Platz am besten in einem entsprechend gebauten langen, schmalen, an der Wand hängenden Kasten (Fig. 60), dessen Boden mit Filz oder Watte belegt ist, um die Thermometer sorglos hineinstellen zu können. Das Anhängen mittelst Schnur an einen Nagel ist unpraktisch. Schnur und Nagel bieten besonders in feuchten Räumen nur ungenügende Sicherheit, und die Finger des Arbeiters sind auch nicht immer die geschicktesten. Ebenso ist das Hinlegen der Thermometer auf die Arbeitstische ungehörig, weil sie dort nur zu leicht übersehen und zerdrückt werden.

Zum Messen von höheren Temperaturen, als die Quecksilberthermometer es gestatten, dienen die Pyrometer. Ihre Konstruktionsarten beruhen entweder auf der Ausdehnung eines heißwerdenden Metallstabes oder der ungleichen Ausdehnung verschiedener Metalle, sowie auf deren verschiedenen Schmelzpunkten (Segersche Kegel aus Glasurmasse); ferner auf der Ausdehnung der Luft (Luftthermometer) und der Änderung des elektrischen Leitungswiderstandes und des thermoelektrischen Stromes (elektrische Thermometer). Diese Apparate sind je nach der exakten Ausführung und dem durch den praktischen Gebrauch beeinträchtigten Zustand mehr oder minder zuverlässig; sie müssen jedenfalls sehr häufig nachgeeicht werden.

Aräometer. Sie dienen zur Bestimmung des spezifischen Gewichts von Flüssigkeiten und werden prinzipiell unterschieden als Skalenaräometer, wenn der Schwimmkörper von unveränderlichem Gewicht verschieden tief in die Flüssigkeiten einsinkt und das Gewicht auf einer empirisch hergestellten Skala abzulesen ist — und als Gewichtsaräometer, wenn der Schwimmkörper in den verschiedenen Flüssigkeiten immer bis zu dem gleichen Punkte durch Gewichtsbelastung zum Sinken gebracht wird. Die Skalenaräometer sind wohl fast ausschließlich im Gebrauch und müssen auf ihre Richtigkeit hin ebenso wie die Wagen nachgeprüft werden. Zu ihnen gehören die Alkoholometer von Richter und Tralles. Ersterer zeigt den Alkoholgehalt in Gewichtsprozenten an, deren Grade 0, 5, 10, 15 usw. nur genau ermittelt und deren übrige durch Teilung erhalten sind. Letzterer dagegen zeigt ihn in Volumprozenten an, die in allen Graden mit der wirklichen Einsenkung übereinstimmen.

Ferner gehört hierher die noch sehr verbreitete Baumèspindel. Die Gradeinheit derselben wird gebildet von dem zehnten Teil einer Skalalänge, deren Endpunkte durch Eintauchen der Spindel in destilliertes Wasser (Temp. 12,5, spez. Gewicht 1,000) und in eine bei derselben Temperatur eingestellte 10 %ige Kochsalzlösung fixiert werden. Bei der gleichen Gradlänge unterscheiden sich die originale Baumèspindel von der rationellen Baumèspindel nach Lunge dadurch voneinander, daß in der ersteren der durch Eintauchen in destilliertes Wasser erhaltene Punkt die Ziffer 10 und in der Baumé-Lungespindel die Ziffer 0 erhält. Daraus ergibt sich der in der Praxis nicht zu übersehende Unterschied um 10° für dieselbe Flüssigkeit, wenn sie leichter als Wasser ist und mit der einen oder anderen Spindel gemessen wird. Zum Messen für Flüssigkeiten, die schwerer als Wasser sind, ist wohl nur die rationelle Baumé-Lungespindel im Gebrauch. Eine für diesen Zweck etwa angefertigte originale Baumèspindel würde natürlich für die entsprechenden Flüssigkeiten um 10° niedrigere Ziffern tragen.

Aus nachstehender Tabelle (s. S. 100) ist das Verhältnis des spezifischen Gewichts zu der Baumé-Lunge- und der Baumèspindel zu ersehen.

Andere speziellen Zwecken dienende Aräometer sind das Saccharometer, Laktometer und die Mostwage, welche eben für die bezüglichen Verwendungen empirisch hergestellt werden.

Die **hydrostatischen Wagen** sind in der Form der Mohrschen und Westphalschen Wage bekannt, von denen die letztere eine vereinfachte Modifizierung der ersteren ist und einen 10 g schweren, mit Thermometer versehenen Senkkörper hat, der 5 g Wasser verdrängt. Die Reitergewichte dazu kann man sich eiligenfalls selbst herstellen. Diese Wagen existieren in noch kleineren Abmessungen, die das Wägen ganz geringer Flüssigkeitsmengen gestatten. Bei noch kleineren Mengen muß das Pyknometer genommen werden, mit dem man ja überdies die genauesten Resultate erhält.

Die Mohrsche Wage kostet je nach Ausführung 30—50 M.

Die im Handel befindlichen ordinären Aräometer und sonstigen Spindeln und Meßapparate, welche als Massenartikel hergestellt werden, lassen oft an Genauigkeit zu wünschen übrig. Es ist daher gut, dieselben mit einem geeichten oder sonst als richtig ermittelten Exemplare zu vergleichen, selbst wenn es sich nicht um sehr große Genauigkeit handelt. Die geringe Arbeit der Kontrollierung einer größeren auf einmal gekauften Anzahl Spindeln wird von der dadurch erlangten Gewißheit, mit richtigen Spindeln zu messen, reichlich aufgewogen.

Manometer. Die zum Messen des Druckes von Gasen und Dämpfen dienenden Manometer sind entweder Flüssigkeits- oder Federmanometer. Die ersteren, in U-Röhrenform mit einer geeigneten Flüssigkeit, z. B. Quecksilber, als Absperrungsmittel, dienen zum Messen geringen Druckes. Von den letzteren ist das Bourdonsche Röhrenfeder-Manometer (Fig. 61) charakterisiert durch eine hohle, spiralförmig gebogene Metallröhre *a* von ovalem Querschnitt. In einer anderen sehr brauchbaren Ausführungsform hat die Metallröhre einen ovalen, wellig gerippten Querschnitt *b* (Fig. 61). Wenn in dieses Spiralröhrchen Flüssigkeit hineingelangt und der Druck steigt, so ändert sich der Querschnitt der Röhre und damit auch ihre Form. Diese Formänderung wird durch eine Zeigerbewegung auf einer Skala zu einem meßbaren Ausdruck gebracht.

Grade: Baumé-Lunge	Spez. Gewicht	Grade: Baumé	Grade: Baumé-Lunge	Spez. Gewicht	Grade: Baumé	Grade: Baumé-Lunge	Spez. Gewicht
— 50	0,743	60	— 11	0,929	21	28	1,241
— 49	0,747	59	— 10	0,935	20	29	1,252
— 48	0,750	58	— 9	0,941	19	30	1,263
— 47	0,754	57	— 8	0,947	18	31	1,274
— 46	0,758	56	— 7	0,954	17	32	1,285
— 45	0,762	55	— 6	0,960	16	33	1,297
— 44	0,766	54	— 5	0,967	15	34	1,308
— 43	0,770	53	— 4	0,973	14	35	1,320
— 42	0,775	52	— 3	0,980	13	36	1,332
— 41	0,779	51	— 2	0,986	12	37	1,345
— 40	0,783	50	— 1	0,993	11	38	1,357
— 39	0,787	49	0	1,000	10	39	1,370
— 38	0,792	48	+ 1	1,007	(9)	40	1,384
— 37	0,796	47	+ 2	1,014	(8)	41	1,397
— 36	0,800	46	+ 3	1,021	(7)	42	1,411
— 35	0,805	45	+ 4	1,028	(6)	43	1,424
— 34	0,809	44	+ 5	1,036	(5)	44	1,439
— 33	0,814	43	+ 6	1,043	(4)	45	1,453
— 32	0,818	42	+ 7	1,051	(3)	46	1,468
— 31	0,823	41	+ 8	1,059	(2)	47	1,483
— 30	0,828	40	+ 9	1,067	(1)	48	1,498
— 29	0,833	39	+ 10	1,074	(0)	49	1,514
— 28	0,837	38	11	1,083		50	1,530
— 27	0,842	37	12	1,091		51	1,547
— 26	0,847	36	13	1,099		52	1,563
— 25	0,852	35	14	1,107		53	1,581
— 24	0,857	34	15	1,116		54	1,598
— 23	0,863	33	16	1,125		55	1,616
— 22	0,868	32	17	1,134		56	1,634
— 21	0,873	31	18	1,143		57	1,653
— 20	0,878	30	19	1,152		58	1,672
— 19	0,884	29	20	1,161		59	1,692
— 18	0,889	28	21	1,170		60	1,712
— 17	0,895	27	22	1,180		61	1,732
— 16	0,900	26	23	1,190		62	1,753
— 15	0,906	25	24	1,200		63	1,775
— 14	0,912	24	25	1,210		64	1,797
— 13	0,917	23	26	1,220		65	1,820
— 12	0,923	22	27	1,230		66	1,843

Bei den Plattenfeder-Manometern (Fig. 62) wirkt der Druck durch die Absperrflüssigkeit auf eine wellig gebogene runde Stahlplatte, die durch den wechselnden Druck mehr oder minder durchgebogen wird.

Diese Durchbiegung wird mittelst eines auf dem Plättchen stehenden Stiftes auf ein Zeigerwerk übertragen. Zur sicheren Funktionierung ist die Platte von nicht rostendem Metall oder auch durch eine untergelegte Kautschukscheibe vor dem Rosten geschützt, wenn die Absperrflüssigkeit Wasser ist. Diese letztere darf niemals fehlen und ist den verschiedenen Zwecken entsprechend zu wählen. So ist z. B. in nicht frostfreien Räumen anstatt Wasser Glyzerin oder Öl zu nehmen. Auch hat man

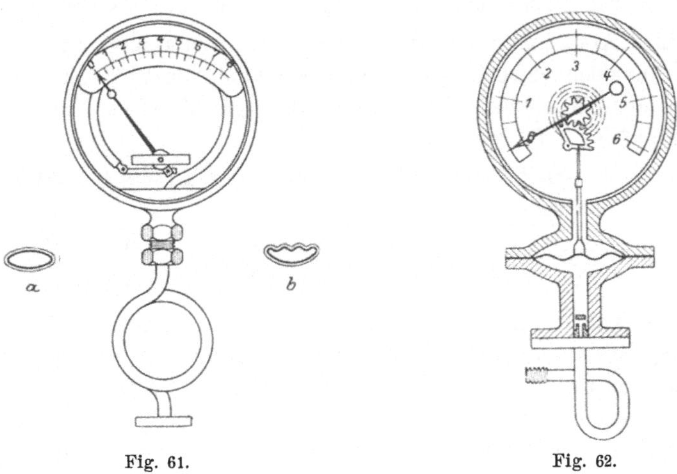

Fig. 61. Fig. 62.

darauf zu achten, daß bei der Montierung neuer Manometer die Absperrflüssigkeit nicht vergessen wird. Zur Aufnahme der letzteren dienen U- oder ringförmig gebogene Verbindungsrohre (Fig. 61 und 62). Zur Kontrollierung des ordnungsmäßigen Zustandes ist darauf zu achten, daß der Zeiger in dem Ruhestadium immer genau auf 0 zurückgeht. Ferner muß an jedem der Kontrolle unterworfenen Betriebsmanometer für die Kontrollierung seitens des revidierenden Beamten ein Flansch von den behördlich vorgeschriebenen Abmessungen (Fig. 63) vorhanden sein zur Anbringung des amtlichen Kontrollmanometers.

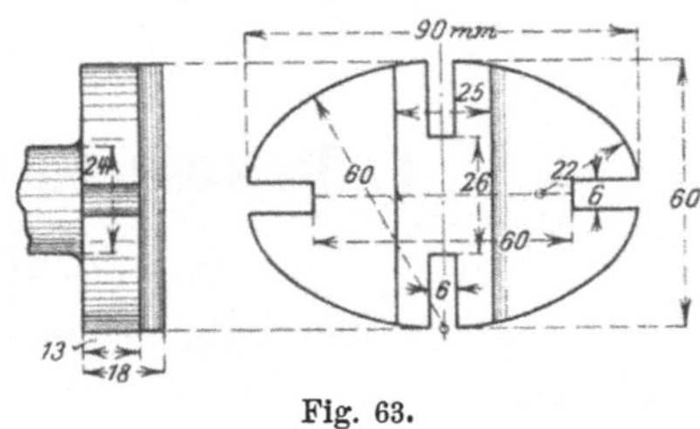

Fig. 63.

Vervollkommnungen der Manometer bestehen darin, daß sie außerdem mit mitnehmbaren Zeigern als Maximum- und als Minimummanometer und auch in Verbindung mit einem rotierenden Registrierapparat als Registriermanometer gebaut werden, ähnlich dem zur Aufzeichnung des Dampfmaschinen-Diagrammes. Dann gibt es gleich den Fernthermometern konstruierte Fernmanometer.

Die Manometer in Deutschland zeigen den Überdruck an und demnach beginnt ihre Skala mit 0 und der Zeiger schreitet vorwärts in dem Augenblick, wo der Siedepunkt über 100° C. steigt, so daß z. B. bei einem Manometerstand von 4 Atm. in dem Kessel ein Überdruck von 4 Atm. — auf den die Kesselbleche geprüft werden — aber eine wirkliche Dampfspannung von 5 Atm. herrscht und der entsprechende Siedepunkt des Wassers 150,99° C. ist. (In Frankreich zeigen die Manometer den wirklichen Druck, also 1 Atm. mehr an, als die unsrigen.)

Eine Atmosphäre entspricht dem Druck von rund 1 kg auf 1 qcm. Dieser Annahme entspricht ein Barometerstand von 735,5 mm bei 0° C., wonach der Siedepunkt des Wassers für verschiedenen Druck aus der Tabelle auf S. 105 ersichtlich ist.

Dampfkessel-Manometer kosten für einen Druck bis 30 Atm. bei einem Durchmesser

von	70	80	100	150 mm
an	5—9	10—13	11—15	14—25 M.

Die **Vakuummeter** entsprechen in jeder Weise den Manometern mit dem selbstverständlichen Unterschiede, daß hier der Grad des Vakuums von dem äußeren Überdruck der Atmosphäre abhängig ist. Demnach sind die Vakuummeter, da der Zeigermechanismus innerhalb der Veränderungen des Druckes einer Atmosphäre funktioniert, viel empfindlicher gebaut. Als für die meisten Zwecke brauchbar dienen die selbst herstellbaren und nie versagenden, mit Quecksilber gefüllten engen U-Röhren mit einer Schenkellänge von 80—90 cm (für event. Schwankungen der Quecksilbersäule), die auf einem schwarz angestrichenen Brette befestigt werden, auf dem die Skala aufgetragen ist.

C. Maschinelle Hilfsmittel.

Kraftquellen.

Zur richtigen Würdigung der fundamentalen Bedeutung des Dampfes als des vornehmsten Kraftmittels für die gesamte chemische Industrie ist es angezeigt, die Heizmaterialien, ferner die bei der Erzeugung des Dampfes in den Dampfkesseln und bei der Umwandlung der thermischen in mechanische Kraft sich abspielenden Vorgänge, sowie die bautechnischen Elemente der Heizungsanlagen insoweit zu besprechen, als sie dem Betriebs-Chemiker bekannt sein sollen, damit er die Zweckmäßigkeit, Leistung und Wartung dieser Einrichtungen sachgemäß zu beurteilen vermag. Man kann von ihm verlangen, daß er dieses unentbehrlichste Hilfsmittel, die Dampfkraft, richtig zu schätzen, zu bewerten und zu verwenden versteht, und daß er die an ihn herantretenden Grundfragen der Dampfkessel- und Maschinenlehre für den Betrieb richtig zu beantworten imstande ist.

Als Wasser zu technischen Zwecken wird hauptsächlich Fluß- und Brunnenwasser, weniger Quell- und Regenwasser verwendet. Der Brauchbarkeit für technische Zwecke sind weitere Grenzen gesteckt, als der für Genußzwecke. Für gewisse Industrien, wie Brennereien, Gerbereien, Stärke-, Zucker-, Papier- und andere Fabriken werden jedoch ganz bestimmte Anforderungen gestellt, welche über die für die allgemeine technische Verwendbarkeit hinausgehen. In letzterer Hinsicht kommt es hauptsächlich auf die Brauchbarkeit des Wassers zur Kesselspeisung an.

Bei Beurteilung eines Kesselspeisewassers ist zu berücksichtigen, in welchem Maße dasselbe die Kesselbleche angreifen und Kesselstein bilden kann. Chlormagnesium, sowie ein Gehalt an Luft und Kohlensäure begünstigen namentlich die Zerstörung der Bleche. Ein Zuckergehalt kann — in den Zuckerfabriken — dem Kessel gefährlich werden. Fetthaltiges Wasser ist ebenfalls zur Kesselspeisung ungeeignet. Als Kesselsteinbildner sind besonders schwefelsaures Calcium, kohlensaures Calcium und kohlensaures Magnesium anzusehen.

Die Zusammensetzung des Wassers sollte für alle Fälle, in denen sie eine gewisse Rolle spielt, durch eine genaue analytische Untersuchung ermittelt werden, damit man nicht in den unter Umständen zu machenden korrigierenden Zusätzen oder für andere Berücksichtigungen auf die Schätzung seiner Qualität angewiesen bleibt. Abgesehen von einer richtigeren Einstellung der Wässer, wird man in den meisten Fällen auch dadurch eine dauernde Ersparnis an Zusatzmitteln erreichen.

Der immer zuerst in Frage kommende Härtegrad eines Wassers wird bestimmt nach dem Gehalt an Erdalkalien. Als 1 deutschen Härtegrad bezeichnet man jeden Teil Kalk (CaO) in 100000 Teilen Wasser, wobei die anderen alkalischen Erden nach ihrem Molekulargewicht in Kalk umgerechnet werden. Der französische Härtegrad, welcher auch in Deutschland noch gebräuchlich ist, bedeutet 1 Teil kohlensaurer Kalk in 100000 Teilen Wasser. Weich nennt man ein Wasser bis zu 10 Härtegraden, während ein Wasser, dessen Härte 20 nicht übersteigt, wohl hart, aber für alle technischen Zwecke noch verwendbar ist.

Wärme und Arbeit.

Diejenige Wärmemenge, welche den Wärmezustand eines Kilogramm Wassers um 1^0 C. erhöht, ist die Wärmeeinheit: eine Kalorie. Die der Kraft einer Kalorie entsprechende mechanische Arbeit ist gleich 425 mkg. Sie stellt also den Arbeitswert der Wärmeeinheit dar und heißt das mechanische Wärmeäquivalent. Demnach ist der Wärmewert der Arbeitseinheit von 1 mkg gleich $\frac{1}{425}$ Kalorie.

Um Wasser von 100^0 in Dampf von 100^0 überzuführen, werden 537 Kalorien und demnach, um Wasser von 0^0 in Dampf von 100^0 überzuführen, 637 Kalorien verbraucht. Zur Erhöhung der Temperatur von

1 kg Dampf um 1 Grad sind 0,305 Kalorien nötig. Und im allgemeinen gilt die Formel: um m kg Wasser von 0^0 in Dampf von t^0 überzuführen, sind

$$m \,.\, (606{,}5 + 0{,}305\, t) \text{ Kalorien erforderlich.}$$

Um also beispielsweise in einem Kessel 500 kg Wasser von 40^0 in Dampf von 150^0 zu verwandeln, würden theoretisch

$$500 \,.\, (606{,}5 + 0{,}305 \,.\, 150 - 40) = 306125 \text{ Kalorien}$$

verbraucht werden.

Die Wärme, welche zur Erhöhung der Wassertemperatur dient, heißt sensible oder auch Flüssigkeitswärme und diejenige, welche den Aggregatzustand ändert, ohne die Temperatur zu erhöhen, heißt latente oder auch Verdampfungswärme. Letztere besteht aus einer inneren, welche den inneren Zusammenhang des Wassers überwindet, und einer äußeren, welche den Druck, mit dem das Wasser zusammengepreßt ist, überwindet.

Die Spannkraft des Dampfes wird ausgedrückt in Atmosphären oder in Kilogramm, denn der Druck einer technischen Atmosphäre ist gleich dem eines Kilogramm auf 1 qcm (genau 1,03 kg).

Mit Hilfe des Dampfmessers lassen sich durch einfache Ablesung alle Abschnitte des Dampfverbrauches feststellen, wie die Dampfspannung, die Dampfgeschwindigkeit, die durchströmende Dampfgeschwindigkeit an jeder beliebigen Leitungsstelle, wo der Apparat eingeschaltet ist. Man erhält dadurch einen sicheren Einblick in die Wirtschaftlichkeit der Dampfanlage, der Kessel, Kohlenkosten, Maschinen sowie der einzelnen Teile des Leitungsnetzes, der Isolierungen usw.

Mit der Erhöhung der Verdampfungstemperatur, d. h. des Siedepunktes des Wassers, wächst die Spannkraft, also der Atmosphärendruck und das spez. Gewicht des gesättigten Dampfes, wie es die Tabelle nach Zeuner (s. S. 105) veranschaulicht.

Gesättigter und ungesättigter oder überhitzter Dampf. Wenn, wie es in den Dampfkesseln der Fall ist, Wasser und Dampf in einem geschlossenen Raume bei einer bestimmten Temperatur, z. B. 145^0, zusammen sind, so besteht ein Gleichgewichtszustand; es herrscht, solange sich sonst nichts ändert, ein bestimmter Druck von 4 Atm. — am Manometer 3 Atm. Überdruck — und dieser Druck entspricht der Spannkraft des gesättigten Dampfes bei der betreffenden Temperatur. Sobald irgend etwas an dem Zustande geändert wird, indem z. B. durch Öffnen eines Ventils der Druck vermindert wird, treten sofort Kräfte auf, die den alten Gleichgewichtszustand wieder herstellen, indem sich soviel Wasser in Dampf verwandelt, daß der Dampf in dem Raume oberhalb des Wasserspiegels wieder gesättigt wird. Durch das Verdampfen des Wassers aber würde die Temperatur sinken, und um dies zu verhindern, muß der Kessel eben geheizt werden.

Absolute Spannung p in Atm.	kg für 1 qcm	Temperatur Grad Celsius t	Kalorien für 1 kg: Flüssigkeitswärme p	innere Verdampfungswärme Grad	äußere Verdampfungswärme Apu	Gesamtwärme λ	Gesamtwärme für 1 cbm Dampf Kal.	Gewicht von 1 cbm Dampf kg	Volumen von 1 kg Dampf cbm
0,1	0,10	46	46,2	538,8	35,4	620,5	42,6	0,06	14,55
0,5	0,51	81	82,0	510,7	38,6	631,4	199,0	0,31	3,17
1,0	1,03	100	100,5	496,3	40,2	637,0	385,9	0,60	1,65
1,5	1,55	111	112,4	487,0	41,1	640,5	568,4	0,88	1,12
2,0	2,06	120	121,4	480.0	41,8	643,2	748,2	1,16	0,85
2,5	2,58	127	128,7	474,3	42,4	645,4	925,9	1,43	0,69
3,0	3,10	133	134,9	469,4	42,8	647,3	1102,0	1,70	0,58
3,5	3,61	139	140,4	465,2	43,2	648,9	1276,9	1,96	0,50
4,0	4,13	144	145,3	461,4	43,6	650,4	1450,5	2,23	0,44
4,5	4,66	148	149,7	458,1	43,9	651,7	1623,6	2,49	0,40
5,0	5,16	152	153,7	454,9	44,1	652,9	1795,7	2,75	0,36
5,5	5,68	155	157,4	452,1	44,4	654,0	1967,0	3,00	0,33
6,0	6,20	159	160,9	449,4	44,6	655,0	2137,9	3,26	0,30
6,5	6,71	162	164,1	446,9	44,8	656,0	2307,5	3,51	0,28
7,0	7,23	165	167,2	444,6	45,0	656,9	2477,1	3,77	0,26
8,0	8,26	170	172,8	440,2	45,4	658,5	2815,7	4,27	0,23
9,0	9,30	175	178,0	436,3	45,7	660,1	3150,8	4,77	0,20
10,0	10,33	180	182,7	432,7	46,0	661,4	3487,0	5,27	0,18
11,0	11,36	184	187,0	429,4	46,2	662,7	3820,0	6,76	0,17
12,0	12,40	188	191,1	426,3	46,4	663,9	4152,3	6,25	0,15
13,0	13,43	192	194,9	423,4	46,6	665,0	4484,7	6,74	0,14
14,0	14,46	195	198,5	420,7	46,8	666,1	4816,6	7,22	0,13

Geschieht das Öffnen des Ventils sehr schnell oder entsteht sonst eine Dampfabgabe, die ein sehr rasches Sinken des Druckes zur Folge hat, so kann durch plötzliches Verdampfen des ganzen vorhandenen Wassers der Druck mit einem Male so gewaltig zunehmen, daß dadurch eine Explosion verursacht wird. Jede übermäßig schnelle und plötzliche Dampfentnahme aus dem Kessel ist daher zu vermeiden.

Wenn man bei dem oben beschriebenen Zustande von dem Dampf das Wasser absperrt, so kann bei vermindertem Dampfdrucke, z. B. auf 3 Atm., sich der Gleichgewichtszustand nicht wieder herstellen. Der Dampf wird für die herrschende Temperatur von 145° ungesättigt, er hat nicht mehr das Maximum der Spannkraft. Nun entspricht aber ein Druck von 3 Atm. der Spannung eines gesättigten Dampfes von etwa 133°. Dieselbe eingeschlossene Dampfmenge also, die bei 145° einen ungesättigten Dampf darstellte, wird beim Sinken der Temperatur gesättigt. Umgekehrt hätte man in unserem Beispiel den bei 145° gesättigten Dampf von 4 Atm. Spannung auch dadurch in ungesättigten überführen können, daß man bei gleichbleibendem Drucke die Temperatur steigert. Für 153° z. B. beträgt die Spannkraft des gesättigten Dampfes 5 Atm. und ein Dampf von 4 Atm. ist bei dieser Temperatur ungesättigt. Ein derartiger Dampf nun, der durch Steigerung der Temperatur in den ungesättigten Zustand übergeführt wird, heißt „überhitzter Dampf". Die Spannkraft eines überhitzten Dampfes ist demnach gleich der eines Dampfes von der Temperatur, bei welcher der überhitzte Dampf in einen gesättigten übergeht. Der überhitzte Dampf ist, wie aus dem vorhergehenden erhellt, dadurch ausgezeichnet, daß er Wärme abgeben muß, um in gesättigten Dampf überzugehen. Er ist daher nicht nur absolut trocken, sondern kann auch fortgeleitet werden, ohne sofort durch Kondensation an den kälteren Leitungswandungen feucht zu werden, was für viele Zwecke von großer Wichtigkeit ist. Andererseits kann er auch mehr Arbeit leisten als der gesättigte Dampf, ehe er aus dem Dampfzustande in den tropfbarflüssigen übergeht. Da die Überhitzung des Dampfes mit einer Volumenvermehrung verbunden ist, so ist zur Füllung gleich großer Räume eine entsprechend geringere Gewichtsmenge Dampf erforderlich und deshalb ist er zur Verwendung in den Dampfmaschinen hervorragend geeignet. Aber auch der Kesselbetrieb wird sparsamer wegen der geringeren Dampfbeschaffung; ebenso läßt sich die Leistung einer bestehenden Anlage durch Einbau eines Überhitzers wesentlich steigern.

Es hat sich die Verwendung des überhitzten Dampfes in der Praxis auch immer mehr eingebürgert, da sie eine Ersparnis an Feuerungsmaterial bedeutet und die damit verbunden gewesenen Schwierigkeiten konstruktiver Art überwunden sind. Diese bestanden, abgesehen von der damaligen Unerreichbarkeit befriedigender Dichtung und Schmierung, darin, daß das Metall, welches für gewöhnliche Dampfspannungen widerstandsfähig genug ist, für überhitzte Dämpfe (über 200—350°) sich nicht als fest genug erwies. Kupferröhren werden bei so hoher Temperatur zu weich und die Spindel der gußeisernen Ventile müssen aus Nickelstahl bestehen.

Verbrennung.

Da die Verbrennung in der chemischen Verbindung mit Sauerstoff besteht, so wird der Wert der Brennmaterialien mit dem Gehalt an Kohlenstoff und Wasserstoff steigen und herabgedrückt werden durch den Gehalt an Sauerstoff und mechanisch gebundenem Wasser. Durch den Sauerstoff wird er deshalb herabgedrückt, weil dieser von dem Wasserstoff so viel gebunden enthält, wie zur Bildung von Wasser nötig ist und daher die zur Verbrennung disponibel bleibende Menge Wasserstoff verringert. Das mechanisch gebundene Wasser, die Feuchtigkeit der Heizmaterialien, wird in Dampf verwandelt und verbraucht dazu eine bestimmte Wärmemenge. Stickstoff und Asche wirken als mechanischer Ballast, der zur

Wärmeentwicklung nichts beiträgt, die Transportkosten erhöht und auf Kosten des wirklichen Brennmaterials mit erwärmt werden muß.

Die bei der Verbrennung des Heizmaterials freiwerdende Wärmemenge — in Kalorien ausgedrückt — läßt sich sowohl rechnerisch ermitteln, sowie auch experimentell feststellen. Als Durchschnittsergebnis einer Reihe von Versuchen ist von dem Verein Deutscher Ingenieure und dem Internationalen Verbande der Dampfkesselüberwachungsvereine eine Verbandsformel, die Dulongsche Formel, vorgeschlagen worden, welche den Brennwert B eines Kilogramm Heizmaterial ausdrückt und lautet:

$$B = 8000\,C + 29000\left[H - \frac{O}{8}\right] + 25000\,S - 600\,W,$$

worin ist: 8000 die abgerundete Verbrennungswärme des Kohlenstoffs zu Kohlensäure,

29000 die abgerundete Verbrennungswärme des Wasserstoffs zu Wasserdampf,

25000 die abgerundete Verbrennungswärme des Schwefels zu Schwefeldioxyd,

600 die abgerundete Verdampfungswärme des Wassers,

C der Kohlenstoffgehalt,

$\left[H - \frac{O}{8}\right]$ der disponible Wasserstoffgehalt, der von dem Gesamtwasserstoff übrig bleibt nach Abzug des von dem vorhandenen O zur Wasserbildung verbrauchten H,

S der Schwefelgehalt und

W der Gehalt an Feuchtigkeitswasser.

An einem Beispiel mag die Formel erläutert werden. Eine oberschlesische Kohle enthält nach Bunte in einem Gewichtsteile:

$$\left.\begin{matrix} 0{,}778\ C, \\ 0{,}006\ S, \end{matrix} + \begin{matrix} 0{,}048\ H, \\ 0{,}017\ H_2O, \end{matrix} + \begin{matrix} 0{,}101\ O, \\ 0{,}050\ \text{Asche} \end{matrix}\right\} = 0{,}999.$$

Demnach ist der Wärmeeffekt, also Brennwert B dieser Stein kohle = 7438 Kalorien.

$$B = 8000 \,.\, 0{,}778 + 29000\left[0{,}048 - \frac{0{,}101}{8}\right] + 25000 \,.\, 0{,}006 - 600 \,.\, 0{,}017$$
$$= 7438.$$

Zuverlässiger ist die allerdings Spezialerfahrungen voraussetzende Heizwertbestimmung durch Verbrennung mittelst komprimierten Sauerstoffes in der kalorimetrischen Bombe.

Nach Grashof ist die Brennkraft, der Verbrennungswert, der wichtigsten Brennstoffe folgender:

1 kg lufttrocknes Holz	2731	Kalorien.
„ „ lufttrockner Torf	2743	„
„ „ lufttrockne Braunkohle	4176	„

1 kg Steinkohle	. . . .	7483 Kalorien.
„ „ Holzkohle	. . . .	7034 „
„ „ Koks	. . . .	7065 „

Die Heizwerte der verschiedenen Brennstoffgattungen unterliegen je nach Vorkommen beträchtlichen Schwankungen in der chemischen Zusammensetzung. Es gibt z. B. Steinkohlen mit 5500 Kalorien und solche bis zu 8000 Kalorien.

Aus diesen, von den einzelnen Heizmaterialien entwickelten Kalorien läßt sich nun weiter ermitteln, wieviel Wasser von 0^0 damit in Dampf von t^0 theoretisch überführbar ist; nämlich:

$$\frac{\text{Brennstoff}}{606{,}5 + 0{,}305\,t}\ \text{kg}.$$

In der Praxis ist es natürlich unmöglich, diesen Wert zu erreichen, wie aus folgendem hervorgeht. Der für die Verbrennung notwendige Sauerstoff wird als atmosphärische Luft zugeführt. In Wirklichkeit genügt die berechnete Luftmenge (für 1 kg hochwertige Kohle : 11,4 kg oder 9,6 cbm Luft) fast nie zur vollständigen Verbrennung, weil eine so innige Mischung der Gase schwer möglich ist, und weil dabei die Temperatur event. so hoch steigen kann, daß Kessel und Ofen stark angegriffen würden. Die tatsächlich zuzuführende Luftmenge beträgt vielmehr je nach der Güte der Feuerungsanlagen und ihrer Bedienung selten das $1^1/_2$ bis 2fache, unter ungünstigeren Verhältnissen, wie sie sehr verbreitet sind, aber auch das 3—4fache und noch mehr. Die überschüssige Luftmenge wird dabei aber auch erwärmt und drückt notwendigerweise die Feuerungstemperatur herab. Der Wärmeverlust durch Luftüberschuß ist ferner um so größer, je heißer die entweichenden Gase, die sogen. Abgase sind, daher wird deren Temperatur bei vielen Kesselanlagen beständig durch dicht hinter dem Schieber in den Rauchkanal eingestellte Thermometer kontrolliert. Noch wichtiger ist eine beständige Kontrolle des Luftüberschusses in den Abgasen, welche neuerdings mehr und mehr Eingang findet. Durchschnittlich beträgt ihre Temperatur beim Eintritt in den Schornstein gegen 250^0. Außerdem entsteht Wärmeverlust durch Strahlung und Leitung, so daß selbst bei den vollkommensten Anlagen die wirklich erreichte Verdampfung hinter der berechneten um etwa $^1/_3$—$^1/_4$ zurücksteht, wie aus folgender Zusammenstellung ersichtlich ist:

	theoretisch	praktisch
1 kg lufttr. Holz liefert ca. .	5,0	3—$3^3/_4$ kg Dampf.
„ „ „ Torf	4,5	3—$3^1/_2$ „ „
„ „ „ Braunkohle . . .	6,0	3—$4^1/_2$ „ „
„ „ Steinkohle	11,8	7—9 „ „
„ „ Koks	11,0	8 „ „

Die Erfahrung in der Praxis entscheidet am sichersten über die zweckmäßigste Luftmenge, welche für jedes Brennmaterial und jede

Kesselanlage verbraucht wird, um durch 1 kg Kohle die größte Menge Wasser zu verdampfen. Die Bewertung der Brennmaterialien für eine gegebene Kesselanlage liegt demnach in der Frage: Was kostet 1 kg Dampf von 100°? Durchschnittlich wird man 100 kg Dampf von 100° unter Ansetzung der Verzinsung und Amortisation des Anlagekapitals für Kessel und Kesselhaus mit 10 % zu 25—50 Pf. ansetzen können.

Brennstoffe.

Die für Kesselfeuerungen in Betracht kommenden Brennmaterialien sind Holz, Torf, Braunkohle, Steinkohle, Koks, Leucht-, auch Wasser- und Kraftgas und Petroleum. Da die in ihnen enthaltenen Mengen Kohlenstoff, Wasserstoff, Sauerstoff, Asche, selten Schwefel, ihren Wert ausmachen, also für die Heizkraft bestimmend sind, so läßt sich durch die quantitative Analyse ihre Heizkraft rechnerisch ermitteln.

Holz. Nach Peclet sind die als Brennholz verwendeten Hölzer in ihrem Gehalt an Kohlenstoff, Wasserstoff und Sauerstoff nahezu gleich. Dagegen ist der Wassergehalt der Holzarten und auch der verschiedenen Altersstufen einer Holzart sehr wechselnd. Frisch gefälltes Holz enthält 20—50 %, lufttrockenes noch 16—18 % Wasser. Gedörrtes Holz, d. h. solches, welches künstlich getrocknet und dessen Feuchtigkeit noch weiter, bis auf 12 % herabgedrückt ist, ist hygroskopisch.

Wasserfreie Holzmasse enthält durchschnittlich

50 % Kohlenstoff,
6 „ Wasserstoff,
41 „ Sauerstoff,
3 „ Asche.
100 %.

In einem Raummeter geschichteten Holzes sind als Holzmasse enthalten:

75 % Kloben- oder Scheitholz,
70 „ starkes Knüppelholz,
60 „ schwaches Knüppelholz und
50 „ Stockholz,

und er wiegt als

Kiefernholz	an 350 kg.
Erlen- und Birkenholz	„ 400 „
Buchenholz	„ 500 „
Eichenholz	„ 520 „

Dementsprechend ist auch der Preis des Brennholzes verschieden. Es kostet der Raummeter von

	Nadelholz	Eiche	Buche
gespaltenem Scheitholz . . .	3—7	4—10	6—12 M.
Knüppelholz	2—4	3—5	4—7 „

Für Kesselfeuerungen ist das Holz meist zu teuer, höchstens wird der Abfall: Säge- und Hobelspäne mitunter verfeuert.

Auch **Holzkohle** kommt für Kesselfeuerungen nicht in Betracht, da sie dafür zu teuer ist. Sie wird aber zu vielen anderen Heizzwecken in der chemischen Industrie verwendet.

100 kg trockene Holzkohle enthalten gegen 85—87 kg Kohlenstoff. 1 hl wiegt 15—22 kg und kostet 1—1,50 M.

Torf ist äußerst verschieden in seinem Heizwert. Er kann besser als Holz, event. aber auch viel minderwertiger sein. Sein Aschengehalt schwankt zwischen 1 und 50 %; ein Gehalt unter 10 % charakterisiert ihn noch als gute Sorte. Lufttrockener Torf enthält nach Abzug des Aschen- und Wassergehaltes im großen Durchschnitt:

60 % Kohlenstoff,
6 „ Wasserstoff und
34 „ Sauerstoff.
100 %.

Der Preßtorf stellt ein wirksameres Brennmaterial dar als der gewöhnliche Torf.

Braunkohle. In der Qualität ansteigend unterscheidet man: Moorkohle oder erdige, Lignit oder holzartige und schieferige Braunkohle, von denen in dieser Reihenfolge 100 kg der wasserfreien Substanz enthalten:

60, 65 und 70 kg Kohlenstoff,
30, 25 „ 20 „ Sauerstoff
und je 5 „ Wasserstoff und Rückstände.

Da sie beim Lagern und Trocknen zerfällt und an Heizkraft verliert und auch Selbstentzündung vorkommen kann, so wird sie bald nach der Förderung und hauptsächlich in der Umgebung der Fundorte verwendet. Auch ihres hohen Wassergehaltes (20—45 %) und ihres geringen Heizwertes halber vertragen sie keine großen Frachtkosten. 1 cbm enthält 700—800 kg.

Von den Braunkohlenbriketts sind die trocken gepreßten vorzuziehen, da sie kein überflüssiges Wasser als Ballast enthalten und vor der Braunkohle selbst einen höheren Heizwert besitzen.

Steinkohlen bilden das verbreitetste Heizmaterial für Kesselfeuerungen. Ihre wechselnde Zusammensetzung und besonders der Gehalt an freiem Wasserstoff bestimmen ihre verschiedenen Verwendungsarten.

Nach ihrer Stückgröße unterscheidet man Stückkohle, Nußkohle oder Kohlenklein, auch Staubkohle.

Die gasreiche Sinterkohle brennt mit langer Flamme, raucht stark und sintert zusammen; sie eignet sich gut für Kesselfeuerungen.

Backkohle oder fette Steinkohle eignet sich mehr für Gasbereitung und als Schmiedekohle.

Magere Steinkohle oder Sandkohle hat ähnliche Eigenschaften wie der Anthrazit, welcher fast ohne Flamme und ohne zu backen oder mürbe zu werden verbrennt.

Die durchschnittliche chemische Zusammensetzung ist folgende:

Gaskohle	Fettkohle	Magerkohle	Anthrazit	
75	80	85	90 %	Kohlenstoff,
5	4,5	4	3 „	Wasserstoff,
8	5	3	2 „	Sauerstoff und Stickstoff,
1	1	1	1 „	Schwefel,
7	7	5	3 „	Asche,
4	2,5	2	1 „	Wasser.

Nach dem Aussehen unterscheidet man auch Glanzkohle und Mattkohle, je nachdem sie glas- oder pechartig glänzt oder gestreift erscheint.

Da die Verbrennung langflammiger Kohle deshalb unrationell ist, weil sie leicht unvollkommen ist und deshalb einen ungünstigen Wärmeeffekt und außerdem starke Rauchentwicklung hat, so ist solche Flammkohle vorteilhaft mit schwer brennender kurzflammiger Backkohle gemengt zu verbrennen.

Schlechte Steinkohlensorten haben einen größeren Aschengehalt, der bis 15 % und darüber gehen kann.

Es wiegt 1 hl Ruhrkohle 98 kg, Saarkohle 87 kg, Zwickauer Kohle 77 kg, Oberschlesische und Niederschlesische Kohle 82 kg. Ein Waggon von 10000 kg Kohle enthält durchschnittlich 13 cbm Steinkohle.

Die Preise der Steinkohlen variieren nicht nur nach den Gruben, sondern hatten auch eine vorübergehend außerordentliche Steigerung erfahren, wie die folgende Zusammenstellung zeigt.

1000 kg kosteten durchschnittlich netto Kasse

	1904 M.	1905 M.	1906 M.	1907 M.
Dortmund, ab Werk:				
gute, fette Förderkohle . . .	10	10	10	10
gestürzte Stückkohle	12	12	12	12
Breslau, ab Grube:				
Oberschl. Gaskohle	11,50	11	11	11
Niederschl. „	15	15—16	16	16
Berlin, ab Bahnhof:				
Oberschl. Stück- (Mager-) Kohle	22	22	25	22
Saarbrücken, ab Grube:				
Flammförderkohle	12	12	12	12
Hamburg, ab Bord:				
Engl. Nußkohle	16—17	16	16—17	16—17
„ prima Steamkohle . . .	16—17	17	17—18	16—17

Steinkohlenbriketts werden aus Mager- und aus Fettkohlen unter Anwendung von Steinkohlenpech als Bindemittel in Größen von 2—6 kg hergestellt, auch in Form von Eierbriketts. Wegen ihrer guten Heizkraft sind sie sehr geschätzt.

Koks wird durch Verkokung der Steinkohlen gewonnen; er enthält fast keinen Wasserstoff und Sauerstoff mehr, sondern nur noch gegen 82 bis 85 % Kohlenstoff und 7—10 % Asche. Der Rest ist Wasserstoff, Sauerstoff, Schwefel und Wasser. Man unterscheidet Hüttenkoks und Gaskoks. Für Kesselfeuerungen hat er geringere Wichtigkeit als für verschiedene metallurgische Zwecke und zur Erzeugung hoher Temperaturen in Öfen zur Durchführung chemischer Reaktionen. Er brennt ohne Flamme und ist verhältnismäßig schwer zu entzünden, dann verlangt er zur guten Verbrennung eine dicke Schicht und lebhaften Zug. 1 cbm = ca. 450 kg kostet an 11—13 M.

Das **Leuchtgas** hat als Kraftquelle für Motorenbetrieb Interesse. Seine Verwendung hängt von verschiedenen Umständen ab und von der Rentabilität, die für den besonderen Fall berechnet werden muß und die nach dem gegenwärtigen Stande des Motorbaues schon sehr günstige Resultate ergibt; dafür sprechen außerdem die Einfachheit der Wartung und die stets bereite Funktionierung, sowie die Sauberkeit im Betriebe — Faktoren, welche alle für eine Reihe von Fällen sehr ins Gewicht fallen. 1 kg Leuchtgas entwickelt bei vollständiger Verbrennung — mit 14,2 kg Luft — 10113 WE.

Die Zusammensetzung des Steinkohlengases schwankt naturgemäß. Seine Hauptbestandteile in Volumenprozenten sind im Durchschnitt 40 Methan, 46 Wasserstoff und 12 Kohlenoxyd. 1 cbm Leuchtgas wiegt 0,52 kg und kostet 10—16—20 Pf.

Petroleum wird bei uns nur in geringem Maße zur Betreibung der Petroleummotoren verwendet. Einer ausgedehnteren Anwendung steht der zu hohe Preis entgegen. Dagegen wird es roh als Naphtha und besonders der Destillationsrückstand des Rohpetroleums, das Masut, in den Gegenden der Petroleumgewinnung viel und mit Vorteil zur Kesselfeuerung verwendet; es wird mittelst Düsen unter den Kessel geblasen. Die Brennkraft des Petroleums — Masuts — ist derjenigen der mittleren Steinkohle um etwa 20 % überlegen, so daß theoretisch mit 1 kg 16 kg Wasser verdampft werden können.

Das spez. Gewicht des Petroleums ist 0,8.

1 hl kostet an 20—22 M.

Dampfkessel.

Die Überführung des Wassers in Dampf von bestimmter Spannkraft mit Hilfe der Heizmaterialien geschieht in den Dampfkesseln. Die Wirtschaftlichkeit einer Dampfkesselanlage hängt, wie aus dem bisher Gesagten hervorgeht, von drei Faktoren ab. Erstens vom Heizwert der Brennmaterialien, zweitens von dem Wirkungsgrade der Verbrennung, d. h. von der möglichsten Annäherung des praktisch erreichten Heizwertes an den theoretisch erreichbaren des Brennmaterials und drittens von der möglichst vollkommenen Abgabe der erzeugten Hitze an das Kesselwasser.

Ins Praktische übersetzt lauten diese drei Faktoren: Preiswertes Brennmaterial, rationelle Feuerung und vorteilhafte Kesselanlage.

Diesen für alle Dampfkessel gültigen Sätzen schließen sich dann die für den jeweiligen Fall zu berücksichtigenden besonderen Forderungen an bezüglich des Raumes, der Betriebs- und Sicherheitsverhältnisse usw. Von diesen mannigfachsten Gesichtspunkten aus sind die verschiedenartigsten Kessel- und Feuerungsanlagen konstruiert, welche alle mit ihren unzähligen Einzelheiten ein großes Gebiet geistiger Arbeit, theoretischer Erwägungen und experimenteller Forschungen umfassen, das den hohen Wert seiner wirtschaftlichen Bedeutung in vollem Maße rechtfertigt.

Jede Dampfkesselanlage besteht aus dem eigentlichen Dampfkessel mit den Armaturen und der Feuerungsanlage, inkl. Einmauerung und Schornstein, welche Teile unter Hervorhebung des Wesentlichen nachstehend besprochen werden sollen.

Das **Material der Dampfkessel.** Ein Kesselmaterial ist um so geeigneter, je größer seine Festigkeit und Dehnbarkeit bei den Betriebstemperaturen, je größer seine Dauerhaftigkeit, sein Wärmeleitungsvermögen und je geringer sein Preis ist.

Zur Verwendung kommen durch den Puddelprozeß hergestelltes gewalztes Schweißeisen, dann das Fluß- oder Homogeneisen, welches vor dem ersteren als vollkommen schlackenfrei eine größere Festigkeit, aber andererseits eine geringere Schweißbarkeit besitzt. Das Gußstahlblech unterscheidet sich vom Flußeisen nur durch einen etwas größeren Kohlenstoffgehalt. Obgleich von größerer Zugfestigkeit als das Schmiedeeisen, scheint der Stahl den durch die Wärmeausdehnungen bedingten sehr starken Beanspruchungen gegenüber häufig nicht gleichmäßig genug zähe zu sein. Auch machen sich die Einwirkungen des Wassers beim Stahl mehr geltend als beim Schmiedeeisen. Das Kupfer findet wegen seines 4—5 mal so hohen Preises nur beschränkte Verwendung, obgleich es sonst ein vorzügliches Kesselmaterial ist. Es leitet die Wärme besser und rascher als Schmiedeeisen und bietet eine geringere Explosionsgefahr als dieses.

Messingbleche sind für diesen Zweck nicht geeignet, ja ihre Verwendung ist direkt verboten, ausgenommen für die nicht über 10 cm weiten Siede- und Feuerröhren.

Gußeisen ist im allgemeinen ebenfalls ungeeignet und darf für feuerberührte Kesselteile nach § 1 des Erlasses des Reichskanzleramts vom 29. Mai 1871 nur verwendet werden, wenn bei zylindrischer Form die lichte Weite nicht 25 cm und bei Kugelform nicht 30 cm übersteigt. Seine Anwendung in Verbindung mit Schweißeisen ist der verschiedenen Ausdehnung der beiden Metalle wegen nicht empfehlenswert. Aus Gußeisen hergestellte Dampfgefäße haben bei eventueller Explosion eine furchtbare Wirkung.

Für die Beurteilung der Materialien für den Dampfkesselbau, also der Feuerbleche, Winkeleisen, Nieteisen, Nieten, sind vom Internationalen Verband des Dampfkesselüberwachungs-Vereins Grundsätze vereinbart, welche an die Materialien ganz bestimmte Qualitätsforderungen bezüglich der Zug-, Biegungs-, Zerreiß- und anderer Festigkeiten stellen.

Jeder Dampfkesselbesitzer sollte es sich zur Pflicht machen, auch außer den vorgeschriebenen Kesselrevisionen sich von dem Zustande der Kesselbleche sowohl beim Ankauf als auch nachher während des Betriebes durch die gründlichste Kontrolle unterrichtet zu halten, um jeder Gefahr nach bestem Wissen vorzubeugen. Bei dem Ankauf alter Kessel gehe man mit der größten Vorsicht zu Werke und entschließe sich im äußersten Falle auch nur dann dazu, wenn man über die Herkunft sowie die bisherige Leistung, den Zustand und letzten Revisionsbefund mit absoluter Sicherheit Auskunft erhalten kann. Der Dampfkessel ist das Herz eines jeden industriellen Betriebes und deshalb setzt eine Vernachlässigung seines Zustandes den ganzen Betrieb den größten Gefährdungen aus.

Dampfkesselarten. Alle Dampfkessel haben eine zylindrische Form, welche nach der für die praktischen Verhältnisse nicht ausführbaren Kugelform die größte Festigkeit bietet. Andere Formen, wie die Kofferform, sind veraltet und für die jetzt gebräuchlichen Dampfspannungen von 6—12 Atm. unbrauchbar.

An jedem Dampfkessel unterscheidet man den Wasser-, Dampf- und Speiseraum. Der erste ist derjenige Raum, welcher während des Betriebes stets mit Wasser gefüllt ist. Von seiner Größe ist die Menge und vor allem die Regelmäßigkeit der Dampfbildung abhängig. In dem Dampfraume sammelt sich der entwickelte Dampf und trennt sich von den beim Sieden mitgerissenen Wasserteilchen, er dient also zur Entwässerung des Dampfes. Den zwischen dem zulässigen höchsten und niedrigsten Wasserstande liegenden Teil nennt man den Speiseraum, als denjenigen, welcher dem Quantum des zur Ergänzung des verdampften, frisch zugeführten Wassers entspricht.

Die Heizfläche ist derjenige Teil der Kesseloberfläche, welcher die durch die Feuerung erzeugte Wärme an das Kesselwasser überträgt. Mit Kilogramm Dampferzeugung in der Stunde auf 1 qm Heizfläche eines Kessels drückt man im allgemeinen zugleich die Leistungsfähigkeit desselben aus in der Formel: kg/m^2 Heizfläche.

Die besondere Gestaltung der zylindrischen Grundform hängt von einer Reihe zu erfüllender Bedingungen ab: Ohne das Gewicht des Kessels unnötig zu vergrößern, muß seine Festigkeit der erzeugten Dampfspannung genügen. Wasserraum und Heizfläche sollen zwecks Erzielung der günstigsten Verdampfung in einem passenden Verhältnis stehen. Der Dampfraum habe eine hinreichende Größe. Die Feuerung soll zur möglichst vollkommenen Wirkung gelangen. Die den einzelnen Kesselteilen und -arten zugrunde liegenden Abmessungen stützen sich ebenso auf theoretische Berechnungen, wie auf praktische Erfahrungen.

Die verschiedenen Typen von Ausführungsformen der stationären Dampfkessel im Gegensatz zu den uns weniger interessierenden Lokomobilen sind die Walzenkessel und Flammrohrkessel, die Heizröhrenkessel und Sideröhrenkessel und die zusammengesetzten Systeme.

Walzenkessel bilden vorn und hinten geschlossene zylindrische Röhren. Sie haben den Vorteil, billig und einfach in der Behandlung zu sein, eine leichte Reinigung zu gewähren und wenig Reparaturen zu bedürfen, andererseits besitzen sie trotz des großen beanspruchten Raumes eine verhältnismäßig nur geringe Heizfläche und nutzen daher die Wärme schlecht aus. Um eine Vergrößerung der Heizfläche zu erreichen, sind auch mehrere solcher Kessel übereinander gelegt und in zweckmäßiger Weise miteinander verbunden, damit die Wasserzirkulation, die Dampfbildung und Sammlung in dem obersten Kessel in der rationellsten Weise ermöglicht wird. Solche Kesselformen werden Siederkessel, Bouilleur- oder auch Wolffsche Kessel genannt.

Flammrohrkessel. Sind zur Vergrößerung der Heizfläche in der Längsrichtung des Zylinders ein Rohr oder zwei kleineren Durchmessers, sogen. Flammrohre eingebaut, so daß der Rost entweder in den Flammrohren, was meistens geschieht, oder vor diesen angelegt werden kann, dann erhalten wir den Typus der sehr verbreiteten zweiten Gruppe, der Flammrohrkessel. Kessel mit einem Flammrohr werden Cornwallkessel (Fig. 64a) und solche mit zwei Flammrohren Fairbairnkessel oder Lancashirekessel (Fig. 64b) genannt. Die Flammrohre, deren Nieten nicht im Feuerraum liegen sollen, sind sehr verschiedenartig gestaltet und typisch für bestimmte Konstruktionen.

Die Flammrohre bilden auch den gefährdetsten Teil dieser Kessel und deshalb ist ihr Zustand mit besonderer Aufmerksamkeit zu überwachen. Durch die Betriebsunterbrechungen werden infolge der Abkühlung Kürzung und nachherige Streckung bei der wieder beginnenden Heizung häufig wechseln, was zum Undichtwerden der Vernietung der Flammrohre mit den Zylinderböden führen kann. Bedenklicher als dies ist jedoch die Möglichkeit, daß die Flammrohre durch den Dampfdruck flach gedrückt werden und dann auch zur Explosion Veranlassung geben können. Es ist nämlich eine, auch durch das Experiment bewiesene Tatsache, welcher selbstverständlich — um der vorhin erwähnten Gefahr zu begegnen — bei der Berechnung der Blechstärke Rechnung getragen wird, daß die Röhren gegen äußeren Druck weniger widerstandsfähig als gegen inneren Druck sind. Zur Erhöhung der Widerstandsfähigkeit der Flammrohre sollten diese immer — in manchen Gegenden ist es Vorschrift — durch richtig angefügte Verstärkungsringe versteift sein.

Auch die Kesselsysteme von Fox und Galloway sind nach dieser Richtung vervollkommnete Flammrohrkessel. Der Foxsche Wellrohrkessel (Fig. 65) ist ein Cornwallkessel mit großem, seitlich im Zylinder angeordnetem, gewelltem Flammrohr und heißt daher auch Seitenrohrkessel. Das Foxsche Flammrohr ist ein Wellrohr, dessen Wellen in der zur Rohrachse senkrechten Ebene um das Rohr herumlaufen und diesem eine außerordentliche Steifigkeit gegen äußeren Druck verleihen. Diese Kessel haben sich bei hohen Druckbeanspruchungen bis 15 Atm. sehr gut bewährt und die Ausnutzung der Kohle ist sehr günstig. Es werden 70 bis 75 % der Ausnützung des Brennstoffheizwertes und 20—30 kg stündliche Dampfleistung auf 1 qm Heizfläche erreicht. Der Gallowaykessel (Fig 66)

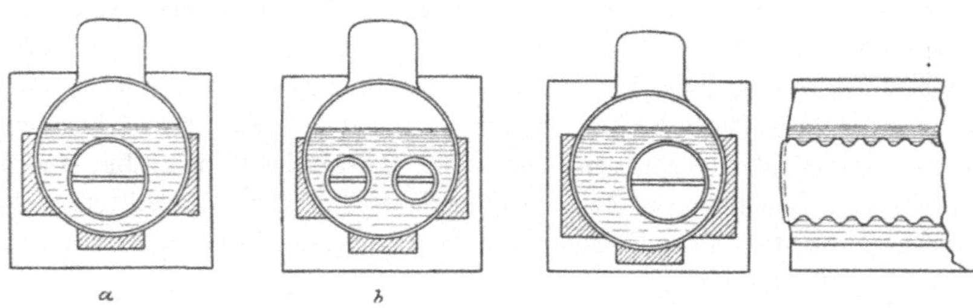

Fig. 64. Fig. 65.

hat quer durch das Flammrohr gelegte konische Verbindungsrohre, welche, von den Heizgasen rechtwinklig getroffen, die Heizfläche vergrößern — um etwa $^1/_3$—$^1/_2$ qm für jedes Verbindungsrohr — und vor allem die Widerstandsfähigkeit der Flammrohre beträchtlich erhöhen. Außerdem beeinflussen diese Verbindungsrohre die Wasserzirkulation ebenso günstig, wie

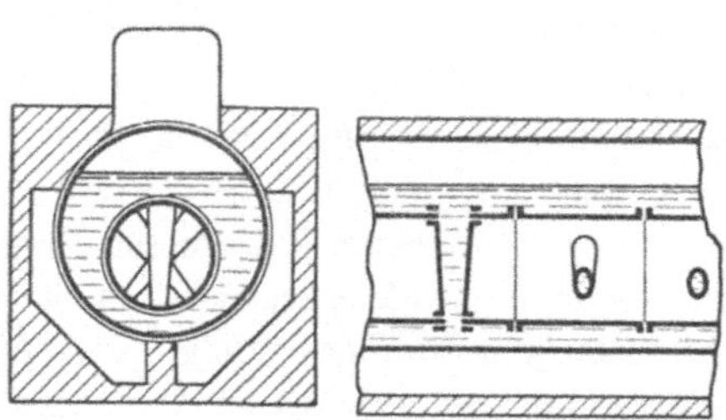

Fig. 66.

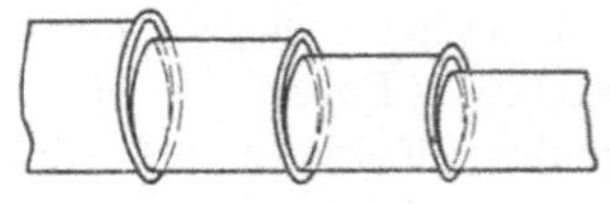

Fig. 67.

sie die Verdampfung erhöhen. Der noch zu dieser Gruppe gehörende Paukschkessel hat Flammrohre, die aus einzelnen enger werdenden Röhrenschüssen zusammengesetzt sind (Fig. 67). Die Unterkante derselben liegt in einer geraden Ebene, während an ihren oberen Punkten sichelförmig hervortretende Leisten entstehen, die direkt von den Feuergasen getroffen werden, was eine gute Wärmeausnutzung zur Folge hat.

Eine Ablagerung von Flugasche in den Flammrohren vermindert natürlich die Ausnutzung der Feuergase und wird daher möglichst vermieden werden müssen.

Die Heizröhrenkessel sind aus den Flammrohrkesseln in der Weise entstanden, daß das große Flammrohr durch eine entsprechend große Anzahl Röhren kleineren Durchmessers ersetzt ist, wodurch auf demselben Raum eine sehr viel größere Heizfläche geschaffen ist. Die Feuerung befindet sich dann meistens unter, selten vor dem Kessel. Solche Kessel mit dünnwandigen Heizröhren werden in liegender und stehender Form gebaut; u. a. haben Lokomobilen und Lokomotiven Heizröhrenkessel.

Die Wasserröhrenkessel sind aus dem Gedanken entstanden, den großen Wasserraum des Walzenkessels durch eine Anzahl kleinerer Wasserröhren zu ersetzen, welche alle von der gemeinsamen Feuerung umspült werden, um dadurch eine schnelle Dampfentwicklung hervorzubringen und dabei eine große Heizfläche auf einen relativ kleinen Raum zu beschränken und um andererseits eine eventuelle Explosionsgefahr in den Grenzen der Ungefährlichkeit zu halten. Je kleiner der Durchmesser dieser Wasserröhren ist, desto geringer braucht auch nur die Wandstärke zu sein, um einem hohen inneren und äußeren Druck zu widerstehen. Dampfspannungen bis zu 12 Atm. und darüber lassen sich in solchen Röhrenkesseln ohne Explosionsgefahr erzeugen, die selbst im eintretenden Falle der geringen Wassermenge wegen nur unbedeutend bleiben kann.

Die Röhrenkessel fordern mehr als die Walzen- und Flammrohrkessel reines Speisewasser.

Bisweilen ist es angebracht, verschiedene Kesselsysteme konstruktiv zu vereinigen, wie z. B. einen Heizröhrenkessel mit einem darunterliegenden Flammrohrkessel. Derartige Kessel heißen kombinierte Kessel.

Die Form der Röhrenkessel und ihre Kombinationen mit Walzen- und anderen Kesseln sind außerordentlich groß und dienen meistens Spezialzwecken.

Ein sehr verbreiteter Kessel dieser Gruppe ist der französische Belleville-Kessel. Ähnlichkeit mit diesem hat der deutsche Kessel von Lilienthal und der amerikanische Root-Kessel. Belleville- und Root-Kessel unterscheiden sich dadurch voneinander, daß in dem ersteren der Dampf gezwungen ist, alle übereinander liegenden Röhren zu durchstreifen, um in den Dampfsammler zu kommen, während in dem anderen der Dampf aus allen Röhren direkt in den Dampfsammler strömt. Der bewährte Steinmüller-Kessel ist die Kombination eines Root-Kessels mit übergelagertem großen Zylinder, dessen Inhalt als Wärmespeicher dient.

Die Einteilung der Kessel nach ihrer Beanspruchung
in Niederdruckkessel mit weniger als $^1/_2$ Atm. Überdruck,
in Mitteldruckkessel mit $^1/_2$—3 Atm. Überdruck und
in Hochdruckkessel mit mehr als 3 Atm. Überdruck
ist in der Praxis nicht mehr üblich.

Dampfkesselfeuerung. Von noch größerer Wichtigkeit als die Kesselanlagen selbst sind die Feuerungsanlagen hinsichtlich der dauernden

Betriebskosten, denn jede Unvollkommenheit darin bedeutet eine täglich sich wiederholende Mehrausgabe, die im Laufe eines Jahres zu einer ansehnlichen Höhe anwachsen kann.

In jeder Feuerungsanlage sind drei Hauptteile zu unterscheiden:

Der Feuerraum, in dem das Heizmaterial verbrannt wird.

Die Zugkanäle zur Umspülung der Kesselwände mit den Verbrennungsprodukten, um ihre Wärme an den Kessel abzugeben.

Der Schornstein zur Abführung der abgekühlten Feuerungsgase und Ansaugung frischer Luft, also zur Unterhaltung des Verbrennungsprozesses.

Für festes Brennmaterial, welches als das überwiegend häufigste für die nachstehend geschilderten Anlagen in Betracht kommt — denn die Feuerungsanlagen für flüssige und gasförmige Brennstoffe sind relativ einfach und in chemischen Betrieben auch nicht sehr verbreitet — besteht der Feuerungsraum aus dem Rost, der vorn von der Feuertüre und hinten von der Feuerbrücke begrenzt wird.

Die Feuertüre oder Zarge soll, damit sie sicher schließt, etwas schräg nach hinten stehen, ferner so beschaffen sein, daß sie ein bequemes Heizen gestattet, wozu vor allem nötig ist, daß sie in richtiger Höhe über dem Fußboden liegt und, wenn geschlossen, entweder keine Luft oder solche in, dem jeweiligen Bedarf entsprechend, regelbarer Menge eintreten läßt. Zur Beobachtung des Feuers soll sie mit einem kleinen, mit einem Deckel verschließbaren Schauloch versehen sein. Um ein Werfen der Türe durch die Hitze zu verhindern, ist sie als Doppeltüre gebaut und mit durch Stehbolzen gehaltenen Schutzplatten versehen. Bei zwei Flammrohren sind Winkelriegel für die nebeneinander liegenden Türen angebracht, so daß leicht zu erkennen ist, welche Feuerung zuletzt beschickt wurde. Die Form der Feuertüre ist sehr vielen Modifikationen unterworfen, wenn die Beschickung des Rostes nicht durch Hand, sondern automatisch besorgt wird. Diese letztere Art der Feuerung bezweckt, die Kohle, der fortschreitenden Verbrennung folgend, bei geschlossener Türe ununterbrochen zu erneuern. Der Verlauf der Verbrennungsvorgänge ist regelmäßiger als bei der periodischen Beschickung von Hand und die menschliche Arbeitskraft wird teilweise ersetzt.

Die Feuerbrücke am Ende des Rostes erhöht die Gas- und Luftmischung, wie die Einschnürung eines Lampenzylinders, und erhöht somit die Vollkommenheit der Verbrennung. Sie ist in der Regel aus feuerfesten Steinen gemauert, muß aber trotzdem, da die Einwirkung der Hitze sehr groß ist, von Zeit zu Zeit erneuert werden.

In dem Feuerraum geht die Verbrennung vor sich. Damit diese möglichst vollkommen verlaufe, müssen erstens die festen Brennmaterialien in den gasförmigen Zustand übergeführt werden unter möglichster Anpassung des gebildeten Gasquantums an den jeweiligen Bedarf. Zweitens muß die Luftzufuhr dem Gasquantum möglichst genau entsprechen. Ein Zuwenig an Luft bedeutet Rauchbildung und Vergeudung an Heizstoffen, ein Zuviel Abkühlung der Heizgase und Erhöhung des unsichtbaren Wärmeverlustes durch den Schornstein. Drittens soll die zugeführte Luft möglichst vollkommen mit den Heizgasen vermischt werden.

Trotz sorgfältiger Innehaltung dieser Bedingungen werden bei guten Anlagen durchschnittlich nur 70 % der erzeugten Hitze nutzbar gemacht. Etwa 16 % gehen durch den Schornstein verloren, 10 % Verlust entstehen durch Strahlung und Leitung und 4 % werden mit der Asche, unverbrannter Kohle u. a. nutzlos verbraucht.

Die Verbrennung muß mit dem Dampfverbrauch gleichen Schritt halten, um im Dampfdruck und -quantum keine Schwankungen eintreten zu lassen, welche demnach stets die Folgen einer mangelhaften Kesselwartung sind.

Der Rost ist der wichtigste Teil des Feuerraumes für feste Heizstoffe. Er bezweckt zweierlei, nämlich das Brennmaterial zu tragen und die Luft möglichst gleichmäßig verteilt und in richtiger Menge in den Feuerraum gelangen zu lassen. Zur Erreichung dieser Zwecke sind die Roststäbe sehr mannigfach konstruiert. Man kann die Wahl dem Geschmacke überlassen, wenn nur der Rost 1. genügend viel Luft hindurch läßt — für Steinkohle sei die Summe der Rostspalten $^1/_4$—$^1/_3$, für Holz und Torf $^1/_5$ der ganzen Rostfläche —; 2. nicht zu viel Kohle zwischen den Roststäben hindurchfallen läßt; 3. leicht von Asche und Schlacken gereinigt werden kann; 4. sich nicht verzieht, schmilzt oder verbrennt. Deshalb haben die Roststäbe eine gewisse Breite, welche nicht etwa für die Tragfähigkeit, sondern für die Abkühlung der auf der Oberfläche des Rostes herrschenden Hitze benötigt wird; 5. in der Gesamtfläche so groß ist, daß stündlich die erforderliche Menge Brennmaterial gut verbrennen kann. Die Länge des Rostes ist durch die Forderung begrenzt, daß er übersichtlich und unschwer ordnungsgemäß zu bedienen sei. Bei horizontalen Rosten sollten 1800 mm, bei schrägen Rosten 2000 mm nicht überschritten werden. Die in einer Zeiteinheit auf einem Quadratmeter Rostfläche verbrannte Menge Kohlen ist abhängig von der Zugstärke und der Dicke der Brennmaterialschicht auf dem Rost, welche gewisse Grenzen nicht überschreiten darf und mit der Zugstärke in einem bestimmten Einklang stehen muß. Die Ermittelung der zweckmäßigsten Höhe der Brennstoffschicht ist für ein sparsames Heizen von großer Wichtigkeit. Wird sie überschritten, so tritt aus Mangel an genügend verfügbarem Zug, der von der Essenhöhe abhängig ist, eine unvollkommene Verbrennung ein, die ein Qualmen des Schornsteins verursacht.

Man kann sagen, daß durchschnittlich bei natürlichem Schornsteinzug auf 1 qm Rostfläche 60—80 kg Steinkohlen oder 150—200 kg Braunkohle verbrannt werden, die rund 700000 WE. erzeugen und 500000 WE. nutzbar machen.

Man unterscheidet hauptsächlich Planroste, bei denen die hochkantig nebeneinander liegenden Roststäbe eine Ebene oder fast eine Ebene bilden, ferner Treppen- und Schrägroste. Bei ersteren bilden die treppenartig übereinander liegenden Roststäbe eine um 30—40^0 geneigte Ebene. Sie werden für Brennstoffe von geringerem Heizwert (sandige Braunkohlen u. dergl.) angewendet. Schrägroste werden für hochwertigere Brennstoffe gebraucht und mit 40—50^0 Neigung angelegt.

Ferner unterscheidet man nach Lage des Rostes zu dem Kessel:

Die Vorfeuerung. Der rings mit Mauerwerk umgebene Feuerraum liegt vor dem Kessel. Sie ermöglicht bei sehr hoher Temperatur eine ziemlich vollkommene Verbrennung, erfordert aber große Unterhaltungskosten und läßt durch Ausstrahlung an das Mauerwerk einen beträchtlichen Teil der Wärme verloren gehen.

Die Innenfeuerung. Der Rost liegt in dem im Kessel befindlichen Flammrohr. Sie gewährt eine sehr gute Ausnützung der entwickelten Wärme durch Strahlung und Leitung, so daß die Temperatur im Feuerraum wesentlich niedriger bleibt, infolgedessen dann aber auch leicht eine unvollkommene Verbrennung eintreten kann.

Die Unterfeuerung. Der Rost liegt unter dem Kessel. Sie stellt ein Mittelding zwischen den beiden vorigen dar.

Eine gute Ausnützung der auf dem Roste entwickelten Verbrennungswärme zur Dampfbildung hängt noch weiterhin von der Form der Kesselanlage ab. Zu dem Zwecke werden die Verbrennungsgase an den Kesselwandungen entlang geführt in Kanälen, die Feuerzüge oder einfach Züge heißen. Die von der Kesselwand gebildete Fläche der Feuerzüge in der ganzen Länge nennt man die Heizfläche des Kessels, zu welcher die Größe der Rostfläche immer in einem bestimmten Verhältnis steht. Bei kleinen Flammrohr- und Wasserrohrkesseln ist die Rostfläche $^1/_{25}$; bei großen Kesseleinheiten wächst diese Verhältniszahl bis 1 : 40; bei kombinierten Kesseln beträgt sie $^1/_{50}$—$^1/_{70}$.

Die Heizfläche muß während des Betriebes stets mit Wasser bedeckt sein, um die Gefahr des Erglühens auszuschließen, wodurch die Feuerbleche erheblich geschwächt würden, als auch um die Wärmeübertragung möglichst vollkommen zu machen. Die oberen Begrenzungsflächen dürfen bei kleinen Kesseln nicht als Heizflächen benutzt werden, weil es bei diesen unrationell ist und infolge des leichteren Erglühens eine Explosionsgefahr in sich schließt. Die Wärmeübertragung ist um so größer, je größer das Temperaturgefälle zwischen Kesselwasser und Heizkanälen und je größer die Heizfläche ist. Die Strömung und die Wärmeabgabe des Kesselwassers ist ja in der Nähe der Feuerung am größten, und demnach ist die Durchschnittsleistung der Heizfläche um so größer, je weiter man die Gase abkühlt, je besser man also die Wärme ausnützt, doch ist zur Erzeugung des nötigen Zuges eine gewisse Wärme der in den Schornstein tretenden Heizgase nötig. Die durch Zuführung neuer kälterer Wassermassen hervorgerufene Strömung fördert ihrerseits wiederum die Wärmeleitung.

Von den Zugkanälen selbst ist zu sagen, daß im allgemeinen die Decke der obersten Züge mindestens 10 cm unter dem niedrigsten Wasserstand liegen muß (s. Dampfkesselgesetz vom 5. August 1890 § 2), daß sie innen glatt seien und Einsteiglöcher besitzen, die für die Betriebsdauer vermauert bleiben. Ihre Größen- und Längenverhältnisse hängen von dem Kohlenverbrauch der Feuerung ab und werden von den Fachleuten für jede Kesselanlage bestimmt. An den Krümmungen befinden sich zum Abfangen der Flugasche tiefe Aschensäcke. Beim Verfeuern von Braunkohlen wird viel Flugasche abgeworfen, es sind daher zum Abfangen und bequemen Entfernen der letzteren noch besondere Vorkehrungen zu treffen.

Zur Regulierung der für die Verbrennung nötigen Luftmenge dient der Schieber, der in dem zwischen dem Kessel und Schornstein befindlichen Teile des Zuges, dem Fuchs, eingeschaltet ist. Dieser Schieber muß bei leichter Beweglichkeit ein sicheres Abstellen des Luftzuges gestatten und von dem Standort des Heizers aus vermittelst einer Kette oder eines Gestänges regulierbar sein. In Hinblick auf die Tatsache, daß eine richtige Regulierung des Schiebers von sehr großer Bedeutung für die Ökonomie des Heizens ist, sind verschiedene Übertragungssysteme konstruiert. Dieselben bezwecken sowohl die Schieberstellung und das Öffnen und Schließen der Feuertüre voneinander abhängig zu machen, als auch die Schieberstellung der fortschreitenden Verbrennung automatisch, d. h. von dem Willen des Heizers unabhängig folgen zu lassen. Eine zweckmäßige Schieberkonstruktion, die jedes Zuviel und Zuwenig der Luftzufuhr nach Möglichkeit ausschließt, ist daher für alle Rostfeuerungen anzustreben.

Der Schornstein — die Esse — soll nicht nur die zur Verbrennung nötige Luft ansaugen, sondern auch die Verbrennungsprodukte in einer Höhe ausstoßen, in welcher diese keine Belästigung mehr verursachen können; deshalb bestehen darüber, sowie über seine Höhe auch bestimmte Polizeivorschriften. Über die Form des Schornsteins, ob rund oder quadratisch, über das Material, ob Stein oder Eisenblech, über die Weite und Fundamentierung finden sich eingehende Angaben in „Scholl, Führer des Maschinisten", Braunschweig. Zur Unterstützung oder auch Beförderung des Zuges werden zuweilen Blasrohre — wie in den Lokomotivschornsteinen — und Ventilatoren in den Essen angebracht.

Querschnitt und Höhe des Schornsteins stehen zur Kesselanlage, Größe der Rostfläche, in bestimmten Verhältnissen. Bei Steinkohlenfeuerung ist die Weite an der Mündung des Schornsteins so groß, daß die Querschnittsfläche bei einer Höhe von 25, 30 und mehr Metern $^1/_4$,

$^1/_5$ und $^1/_6$ der Rostfläche beträgt. Die Höhe des Schornsteins wird etwa 25—50 mal den Durchmesser der Mündung betragen.

Gemauerte Schornsteine sind nicht nur billiger herzustellen als eiserne, sondern sie sind auch dauerhafter und wirken auch günstiger, weil der Zug nicht von der äußeren Temperatur abhängig wird, wie es bei den eisernen Essen der Fall ist, wenn sie nicht ummantelt sind.

Das Reinigen der Schornsteine geschieht am besten durch Abschießen einer nicht zu großen Pulvermenge im Schornstein bei geschlossenem Schieber, wodurch infolge der Lufterschütterung der Ruß abgelöst wird. Schornsteinbrände können durch Verbrennen von Schwefel gelöscht werden, da die schweflige Säure das Feuer erstickt.

Die durchschnittlichen Bruttokosten gemauerter Schornsteine, deren Abmessungen sich, wie gesagt, nach der Größe der Gesamtrostfläche richten, betragen bei 20 m Höhe an 1000 M., bei 25 m Höhe an 1800 M. und bei 30 m Höhe an 3000 M.

Zum Schlusse sei noch einer ganz anderen Feuerungsart, der Kohlenstaubfeuerung, deswegen gedacht, weil sie im Prinzip einen wesentlichen Fortschritt in der Feuerungstechnik bedeutet. Bei dieser Feuerung wird nach verschiedenen patentierten Verfahren ein inniges Gemenge von zu Staub gemahlener Kohle mit der zur Verbrennung nötigen Luft in die Flammrohre geblasen, wo die Verbrennung fast mit der theoretisch hinreichenden Menge Luft und ohne jede Rauchbildung vor sich gehen kann. Die der allgemeineren Einführung dieser an sich eleganten Feuerungsart hinderlichen Faktoren liegen immer noch in dem hohen Preise des Kohlenmehls, sowie auch in dem für die Ausmauerung der Flammrohre notwendigen Material, an welches natürlich sehr hohe Anforderungen gestellt werden müssen.

Dampfkesselleistung. Die Leistung eines Dampfkessels wird am richtigsten beurteilt nach der Gewichtsmenge Wasser, welche stündlich in Dampf von bestimmter Spannung bei vorteilhaftester Feuerung verwandelt wird. Die Gewichtsmenge steht u. a. im Verhältnis zu der Größe der vom Feuer berührten Kesselfläche, also kann man auch annähernd, wie schon erwähnt, die Leistung durch die Heizflächengröße in Quadratmeter ausdrücken. — 1 qm Heizfläche verdampft stündlich in Flammrohrkesseln ca. 15—20 kg, in kombinierten Flammrohr- und Heizrohrkesseln 10 bis 15 kg und in Wasserröhrenkesseln ca. 12—20 kg Wasser. — Am unbestimmtesten wird jedenfalls die Leistung eines Kessels in Pferdestärken ausgedrückt, da die einzelne Pferdekraft je nach dem System der Dampfmaschine sehr wechselnde Dampfmengen (stündlich 6—30 kg) gebraucht. Ganz allgemein kann man vielleicht sagen, daß 1 qm Heizfläche ca. $^1/_2$ bis 1 Pferdestärke entspricht.

Aus nachstehender Tabelle ist das Verhältnis zwischen Leistung, Größe und Gewicht einiger sehr verbreiteter Kesseltypen zu ersehen:

Heizfläche qm	Abmessungen: Länge des Kessels m	Durchmesser des Kessels m	Durchmesser des Flammrohres m	Rundes Gewicht bei 8 Atm. Druck	Ungefähre Preise in Mark: für 100 kg Kesselgewicht	für Feuerungszubehör	für die Ausrüstung
			Walzenkessel mit 1 Flammrohr:				
5	1,9	0,9	0,4	950	55	230	230
10	3,4	1,1	0,5	2 000	54	250	250
20	5,0	1,3	0,65	3 700	51	300	360
40	8,0	1,6	0,8	8 500	47	490	430
			Walzenkessel mit 2 Flammrohren:				
20	4,0	1,5	0,5	4 300	49	430	480
40	6,0	1,7	0,6	7 000	46	540	600
60	8,0	1,9	0,7	12 000	45	600	850
85	10,0	2,1	0,8	19 000	44	1000	1100
105	11,0	2,3	0,85	25 500	42	1150	1200
			Gallowaykessel:				
60	8,0	1,8	0,65	11 000	45	600	700
80	9,5	2,0	0,72	15 000	42	1000	750
100	11,0	2,2	0,78	20 000	42	1150	800

Die **Dampfkesselarmaturen.** Damit ein Dampfkessel betriebsfähig wird, muß er mit einer Anzahl kleiner Apparate versehen sein, von deren sicheren Funktionierung auch die Sicherheit des Kessels abhängt. Da also ihre Unvollkommenheiten eine Reihe von Gefahren in sich schließen, sind die betreffenden Teile verschiedenen polizeilichen Bestimmungen unterworfen.

Die Gesamtheit dieser Ergänzungsapparate nennt man Kesselarmatur oder -ausrüstung oder -garnierung.

Die einzelnen Armaturteile haben folgende Funktionen:

a) die Kesselspeisung,
b) die Vorwärmung des Speisewassers,
c) die Beobachtung des Wasserstandes im Kessel,
d) die Dampfableitung,
e) die Beobachtung des herrschenden Dampfdruckes,
f) die Sicherung gegen Überschreitung der vorgeschriebenen Druckgrenzen,
g) die Entleerung des Kesselinnern.

Hierüber sei in den folgenden Zeilen dasjenige gesagt, was zur Beurteilung der Betriebssicherheit notwendig ist; die näheren Einzelheiten bleiben dem Ingenieur und Mechaniker überlassen.

Die Dampfkesselspeisung. Das Kesselwasser muß in dem Maße, wie es verdampft, ersetzt werden, und zwar muß diese Ergänzung während des Betriebes geschehen, das heißt, das Speisewasser muß mit einem die Tension des Kesseldampfes überwindenden Druck zugeführt werden. Man bedient sich zu diesem Zwecke der Speisepumpe und des Injektors (s. d.). Die polizeiliche Vorschrift verlangt, daß jeder Kessel mit zwei zuverlässigen, hinreichend fördernden Speisevorrichtungen zu versehen ist, welche nicht von derselben Betriebsvorrichtung abhängig sind, und ferner, daß jeder Kessel mit einem Speiseventil versehen ist, welches durch den Dampfdruck geschlossen gehalten wird.

Es versteht sich wohl von selbst, daß die beiden voneinander unabhängigen Speisevorrichtungen stets in einem gebrauchsfertigen Zustande sich befinden müssen, wovon man sich ständig durch den Gebrauch zu überzeugen hat.

Außer dem durch den Dampfdruck sich selbsttätig schließenden Speiseventil befindet sich meist noch aus Sicherheitsgründen zwischen dem Rückschlagventil und dem Kessel ein Absperrventil. Auf den guten Zustand dieser Absperrorgane ist natürlich zu achten, besonders wenn die Möglichkeit der Kesselsteinablagerung in ihnen vorhanden ist. Diese letztere kann selbst in der Speisepumpe und dem Injektor eintreten. In solchen Fällen müssen die Armaturen mindestens bei jeder Kesselreinigung oder bisweilen auch noch häufiger revidiert werden. In die Speiseleitung ist ferner für die Erhöhung der Betriebssicherheit fast immer ein Windkessel eingeschaltet und endlich auch der Wassermesser, dessen Anbringung — oder die einer anderen Vorrichtung — zur beständigen Kontrollierung der Verdampfung, also auch der Kesselleistung und des Heizers, unbedingt nötig ist. Die praktischste Art der Einschaltung dieses Wassermessers, welche seine Ein- und Ausschaltung von dem Betriebsgange unabhängig macht, geht aus Fig. 68 hervor, in der nur mit den 3 Ventilen a, b, c zu manövrieren ist. Bei einem vorhandenen Vorwärmer hat der Wassermesser seine Stelle vor diesem. Von den verschiedenen Konstruktionen dieser Apparate sind diejenigen die besten, deren Genauigkeit weder durch die wechselnde Durchgangsgeschwindigkeit, noch durch die Temperaturänderung des Speisewassers beeinflußt wird. In gewissen Zwischenzeiten müssen sie auf ihr richtiges Anzeigen kontrolliert werden.

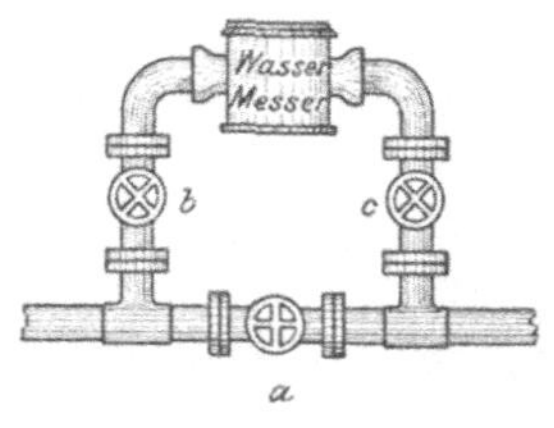

Fig. 68.

Das Speiserohr, welches sich übrigens auch durch ablagernden Kesselstein verstopfen kann, mündet unter dem tiefsten Wasserstand und ist vorteilhaft in der Längsrichtung des Kessels abgebogen, damit das kältere Wasser nicht gegen das Blech trifft und andererseits auch die Wasserzirkulation erhöht wird.

Die Vorwärmung des Speisewassers schließt verschiedene Vorteile in sich. So macht sie eine ansehnliche Ersparnis an Brennmaterial aus, wenn zur Anwärmung die abgehenden Heizgase oder der auspuffende Maschinendampf verwendet werden können; dann wird der Kessel durch vorgewärmtes Wasser mehr geschont, indem der korrodierende Einfluß des in jedem kalten Wasser vorhandenen Sauerstoffes sowie der Kohlensäure auf die innere Kesselwand aufgehoben und indem der störende Kesselstein größtenteils schon in dem Vorwärmer ausgeschieden werden kann. Schließlich wird die Dampfentwicklung gleichmäßiger als bei Zuführung eines Speisewassers von großem Temperaturunterschied. Die direkte Beimengung des Maschinenabdampfes zu dem Speisewasser ist im allgemeinen nicht zu empfehlen, da das Maschinenöl selten mit absoluter Zuverlässigkeit entfernt wird, was zu den unangenehmsten Kesselstörungen Ursache geben kann.

Je nach der Art der Vorwärmung sind natürlich auch die Konstruktionen der Apparate sehr verschieden. Erwähnt sei noch, daß das Gußeisen im allgemeinen aus den bei „Gußeisen" angeführten Gründen ein sehr geeignetes Material für ihren Bau darstellt.

Die Wasserstandsanzeiger. Die Beobachtung des Wasserstandes ist aus den schon früher angeführten Gründen von großer Wichtigkeit und muß sich deshalb mit voller Zuverlässigkeit ausführen lassen. Zur Beobachtung dienen Wasserstandsgläser und Probierhähne.

Nach gesetzlicher Vorschrift muß jeder Dampfkessel mit zwei getrennten Vorrichtungen — Wasserstandsglas, Probierhähne, Schwimmer — zur Erkennung des Wasserstandes versehen sein, wenn nicht die gemeinschaftliche Verbindung der Vorrichtung — also des Wasserstandsgläserpaares — mit dem Kesselinnern durch ein Rohr von mindestens 60 qcm lichten Querschnittes hergestellt ist. Die Wasserstandsgläser — meist zu zweien an einem Kessel — müssen aus bestgekühltem Glase hergestellt sein, leicht eingeführt werden können und von einer durchsichtigen Schutzhülle umgeben sein, die möglichst bruchsicher ist. Der niedrigste und höchste Wasserstand sind an dem Wasserstandsglase durch einen Zeiger, sowie an dem Kesselboden durch eine Marke gekennzeichnet. Das Erkennen der Wassersäule in den Gläsern ist bei manchen Anordnungen erschwert. In solchen Fällen eignen sich besonders Wasserstandsgläser, die in bestimmtem Sinne geschliffen resp. mit Längsrillen versehen sind. Infolge einer bestimmten Lichtstrahlenbrechung erscheint dann die Wasserhöhe im Glase als schwarze Säule auf hellem Hintergrunde.

Das Einsetzen der Wasserstandsgläser, welche entweder gut abgeschliffene oder umgeschmolzene Schnittflächen haben müssen, geschehe mit der nötigen Genauigkeit. Als Dichtungsmaterial eignet sich dreisträhnig geflochtener, eingetalgter Lampendocht sehr gut. Gummiringe sind nicht geeignet. Sie setzen sich leicht vor die Glasrohröffnungen;

außerdem werden sie zu hart und klemmen das Glas zu fest und begünstigen dadurch den Bruch, weil das Glas in seiner von dem Metall verschiedenen Ausdehnung gehindert wird.

Bei dem Probieren des Wasserstandes, d. h. bei der Untersuchung, ob die Hähne der Wasserstandsgläser auch nicht verstopft sind, sind Dampf- und Wasserhahn zunächst zu schließen, dann der Ablaßhahn zu öffnen und darauf abwechselnd der Dampf- und Wasserhahn. Nachdem beide geöffnet und wieder geschlossen sind, wird erst der Ablaßhahn wieder geschlossen und dann die beiden anderen Hähne wieder geöffnet.

Die Probierhähne gehören immer zu je zwei zusammen und sind in der Höhe des niedrigsten und höchsten Wasserstandes angebracht, so daß bei der Öffnung des obersten Dampf und des untersten Wasser austreten muß. Laut Vorschrift sind sie so konstruiert, daß sie behufs Reinigung von Kesselstein in gerader Richtung durchstoßen werden können.

Die Schwimmer sind seltener im Gebrauch. Sie gestatten nur eine indirekte Wasserstandsablesung und verlangen in jedem Falle eine sorgfältige Instandhaltung und Beobachtung.

Außer diesen Wasserstandsanzeigern existieren in der Praxis noch andere, die gleichzeitig als Alarm- und Signalapparate bei eintretendem niedrigsten oder höchsten Wasserstande funktionieren. Unter diesen sei die Schwartzkopffsche Sicherheitsvorrichtung wegen ihrer Zuverlässigkeit genannt. Sie zeigt sowohl den tiefsten als auch zu hohen Dampfdruck dadurch an, daß ein Pfropfen aus einer bestimmten Legierung zum Schmelzen gebracht wird und dabei den Schluß eines elektrischen Läutewerkes herstellt. Nach jedem Funktionieren des Apparates infolge eintretenden Wassermangels usw. ist der Schmelzpfropfen zu erneuern. Die Reservepfropfen befinden sich entweder in Verwahrung des Betriebsleiters, oder sind der Stückzahl nach von dem Heizer zu buchen.

Die Dampfableitung. Es ist in jedem Falle zu erstreben, daß der den Kessel verlassende Dampf möglichst trocken ist, also kein Wasser aus dem Kessel mit sich fortreißt. Dazu genügen meistens die bloßen Kesselformen nicht, sondern es müssen spezielle Einrichtungen getroffen werden, entweder an dem Kessel selbst oder außerhalb desselben in der Dampfleitung. Häufig wird der Kessel zu diesem Zwecke mit einem über dem am ruhigsten siedenden Wasserteile befindlichen Dome versehen, der eine Vergrößerung des Dampfraumes bildet. Die übrigen eine Wasserabscheidung bezweckenden Einrichtungen beruhen auf dem Prinzip, dem mit Wasser beladenen Dampf in seiner Strömung Hindernisse entgegenzustellen, gegen welche er anprallt, dabei das Wasser fallen läßt und seinen Weg in einer dem fallenden Wasser entgegengesetzten Richtung fortsetzt, oder indem der Dampf durch Einschaltung eines erweiterten senkrechten Rohrstückes seinen Gang verlangsamt, so daß das Wasser seine Beschleunigung verliert und sich auf dem Boden des Rohrstückes ansammelt, von wo aus es durch den Dampfwasserableiter abgeführt wird. Überhitzter Dampf ist stets trocken und bedarf daher dieser Behandlung nicht. Mit dem mitgerissenen Kesselwasser ist das durch die Kondensation des Dampfes in den Leitungsröhren zurückgebildete nicht zu verwechseln; über dessen Bildung und Berücksichtigung in Hinblick auf die Leitungsröhren ist das Nähere unter Dampfleitungen (S. 64 ff.) gesagt.

Zur Ermöglichung der Dampfabsperrung zu jeder beliebigen Zeit muß an jedem Kessel ein Dampfabsperrventil vorhanden sein. Sind mehrere Kessel einer Anlage durch Dampf- und Wasserröhren miteinander verbunden, so müssen für eine ganz zuverlässige Ausschaltung der einzelnen Kessel Garantien geboten werden, damit während der Kesselreinigung und Revision Unglücksfälle ausgeschlossen bleiben.

Zur Vermeidung einer Vakuumbildung nach dem Einstellen des Betriebes befindet sich an dem Kessel ein Ventil, das in solchen Fällen das Eintreten von atmosphärischer Luft in den Kessel gestattet.

Das Manometer dient zur Beobachtung des herrschenden Dampfdruckes und ist für den Heizer das wichtigste Instrument, das ihm über jeden Zustand Aufklärung gibt und deshalb einer beständigen Beobachtung bedarf. In konstruktiver Hinsicht stellt es meist ein Bourdonsches Röhrenfedermanometer, seltener ein Plattenfedermanometer dar. Zur Erhaltung der Empfindlichkeit ist es durchaus nötig, daß der heiße Dampf niemals direkt auf den Mechanismus wirken kann, daß also das das Manometer tragende Rohr ständig mit dem Absperrwasser gefüllt bleibt. An jedem der behördlichen Kontrolle unterstellten Manometer muß ein Flansch der vorgeschriebenen Größe und Abmessung (Fig. 63 S. 101) vorhanden sein, welcher die Befestigung des amtlichen Kontrollmanometers zu jeder Zeit gestattet.

Die Sicherheitsventile. Zur Sicherung gegen Überschreitung des vorgeschriebenen Maximaldruckes dienen die Sicherheitsventile, von denen meist diejenigen mit indirekter Belastung — mit an eingeschaltetem Hebel befindlichem Gewichte — im Gebrauch sind. Jeder Dampfkessel muß laut Vorschrift mindestens ein Sicherheitsventil haben. Die geringe Zuverlässigkeit der in der Praxis mitunter vorhandenen Sicherheitsventile kontrastiert mit ihrer Bedeutung für die Betriebssicherheit des Kessels. Von einem im guten Zustande befindlichen Ventile ist zu verlangen, daß es ohne Reibung in dem Ventilgehäuse beweglich ist, daß seine Belastung mit den Druckverhältnissen korrespondiert und daß der Dampf nicht zu langsam, andererseits aber auch bei weiterem Öffnen des Ventils nicht zu stark entweicht. Über ein gutes Dichthalten der Sicherheitsventile gilt dasselbe, was über die Ventile im allgemeinen gesagt wurde. Sicherheitsventile mit Federbelastung sind kaum in Gebrauch.

Das Entleeren des Kessels nennt man Abblasen, und die dazu vorhandenen Einrichtungen sind der sorgfältigen Aufsicht des

Heizers besonders zu empfehlen, denn ein Undichtwerden kann die größte Gefahr für den Kessel zur Folge haben.

Die **Kesselsteinbildung** ist wohl bei allen Kesselanlagen mit sehr wenigen Ausnahmen eine unvermeidliche Betriebsfolge, welcher eine ständige Berücksichtigung zu zollen ist. Auf die zahlreichen Methoden, welche für die Beseitigung des Kesselsteins oder seine Unschädlichmachung bestehen und mit mehr oder weniger Reklame angepriesen werden, kann hier nicht eingegangen werden. Den sogenannten Universalmitteln aber begegne man stets mit Mißtrauen, denn es ist zunächst immer nötig zu wissen, welche chemische Zusammensetzung der Kesselstein besitzt, um eine rationelle Beseitigung desselben zu erreichen. Die Reinigung des Wassers von den kesselsteinbildenden Salzen hat stets außerhalb des Kessels, das heißt vor Eintritt des Speisewassers in denselben, zu geschehen. Die innerhalb des Kessels angewendeten chemischen und mechanischen Mittel sind immer unvollkommen. Das für die meisten Fälle geeignetste und billigste Mittel zur Verhinderung der Kesselsteinbildung ist ein Zusatz von Soda, durch welche die hauptsächlichsten Kesselsteinbildner, Kalk und Gips, aus ihren löslichen Formen gefällt werden.

Zur Beseitigung des Kesselsteins aus dem Kessel wird er, wenn er sich in Schichten von etwa 3—5 mm angesetzt hat, mit einem stumpfen Hammer abgeklopft. Dünnere Schichten zu entfernen kostet mehr als die durch den verringerten Wärmedurchlaß verlorene Kohle. Das Abklopfen wird erleichtert, wenn der Kessel vor der Inbetriebsetzung mit einer nicht klebenden Schicht von Graphit, Teer, Petroleum u. a. angestrichen wird. Die Anwendung von Teer und Petroleum, das überdies mit der größten Vorsicht der Feuersgefahr wegen zu benutzen ist, verbietet sich natürlich, wenn der Dampf zu anderen als Kraftzwecken verwendet werden soll.

Bei Neuanlagen oder bei neuem Speisewasser sollte man die erste Kesseluntersuchung nach spätestens zwei Wochen vornehmen und durch wochenweise Verlängerung der Untersuchungsfristen die richtige Zeit für die regelmäßigen Reinigungen ausprobieren.

Erreicht die Kesselsteinschicht eine zu große Dicke, dann kann sie gelegentlich von selbst losspringen und durch Übereinanderlagerung die Bildung sehr dicker Schichten, der sogen. Kesselsteinkuchen, veranlassen, welche sehr gefährlich werden können, weil unter ihnen ein Durchbrennen oder starkes Erglühen der Kesselbleche zu befürchten ist.

Der Besitzer einer Kesselanlage oder sein stellvertretender Sachverständiger sollte es sich nicht verdrießen lassen, die Kessel von Zeit zu Zeit selbst außer einer äußeren auch einer inneren Besichtigung zu unterziehen, um sich von ihrem Zustande unterrichtet zu halten.

Betriebsstörungen und Explosion. Wenn auch der Dampfkessel die kalte Druckprobe einwandsfrei bestanden hat, so treten doch durch die verschiedene Ausdehnung der Bleche, durch die Dampfstöße, durch die Kesselsteinablagerung ganz veränderte Betriebsverhältnisse ein, welche schädliche Wirkungen ausüben. Deshalb ist es für die Betriebssicherheit notwendig, daß die kleineren Ersatzteile — bei Röhrenkesseln auch einige Röhren — vorhanden sind, um geringe Reparaturen ohne Aufschub und Unterbrechung ausführen zu können.

Als Hauptursachen der Gefahren, welche zu Kesselexplosionen führen können, seien genannt: Wassermangel, durch den die Heizfläche ganz oder teilweise bloßgelegt und glühend werden kann. Das plötzliche Ablösen größerer Flächen Kesselstein, unter dem die Platten glühend geworden sind. Abgenutzte, zu schwache Kesselbleche, die hauptsächlich durch innere Korrosionen geschwächt sind; äußere Korrosionen sind erfahrungsgemäß viel weniger gefahrdrohend. Der Sphäroidalzustand des Kesselwassers im Sinne des Leidenfrostschen Phänomens und der Siedeverzug, welch letzterer besonders durch öliges und unreines Wasser hervorgerufen werden kann. Übermäßiger Dampfdruck, verbunden mit inneren und äußeren Erschütterungen des Kessels. Letztere können verursacht werden durch Explosion eines Gemisches von brennbaren Gasen mit Luft, das in den Zügen entstehen kann, wenn während einer längeren Pause das Feuer gedeckt, d. h. mit einer größeren Menge frischen Brennmaterials überschüttet und dadurch im Glimmzustand erhalten wird.

Für den Fall, daß der Wasserstand trotz aufmerksamer Wartung unter den zulässigen niedrigsten Stand zu sinken droht, ist Gefahr im Verzuge. Um dieser zu begegnen, muß der Heizer versuchen, vorausgesetzt, daß die Flammrohre noch nicht glühend sind, durch energisches Speisen den Wasserstand zu halten, während er das Feuer herausreißt, alle Zugtüren weit öffnet, um möglichste Abkühlung der Kesselwandungen herbeizuführen. Die Betriebsleitung ist auch unverzüglich von der drohenden Gefahr in Kenntnis zu setzen. Die Dampfentnahme aus dem Kessel zum Betriebe der Maschine usw. darf nicht verringert werden; das Sicherheitsventil ist vorsichtig und langsam zu öffnen (bei schnellem Öffnen wird die Explosionsgefahr gesteigert). Zu beachten ist ferner, daß bei eintretender Gefahr der Platz vor den Feuertüren der gefährlichste ist. Ist dieser kritische Zustand vorüber, so ist der Kessel zu untersuchen und bis zur Beseitigung der störenden Ursache (meist Undichtigkeit der Nietungen) stillzulegen.

Aus der Erkenntnis dieser Ursachen ergeben sich die Maßregeln, welche zur Verhütung dieser Gefahren getroffen werden können. Zu ihnen gehören eine gute Beschaffenheit der Sicherheitsventile, der Speiseapparate und der Wasserstandsanzeiger; die sorgfältige Überwachung des Wasserstandes, eine regelmäßige Feuerung, die Vermeidung aller Stöße und Erschütterungen, ein langsames Öffnen und Schließen der Ventile, ein sorgfältiges Reinhalten von Kesselstein und eine unverzügliche Reparatur aller Defekte. Ein in gutem Zustande erhaltener und regelmäßig bedienter Kessel schließt im allgemeinen keine Gefahren in sich.

Daraus folgt, daß für die **Bedienung des Kessels** ein gleich gewissenhaftes und intelligentes Personal erforderlich ist. Folgende allgemeine Regeln zu beobachten, kann zur Pflicht gemacht werden.

Im Kesselhause sehe es stets ordentlich aus. Für den Heizer muß eine Sitz- und Waschgelegenheit vorhanden sein. An der herrschenden Ordnung und Sauberkeit erkennt man die Gewissenhaftigkeit des Heizers. Vor dem Beginne des Heizens ist nach dem Wasserstand und dem event. noch vorhandenen Druck im Kessel zu sehen, ferner sind die Hähne, Ventile, Wasserstandsanzeiger, Manometerhähne, kurz alle beweglichen Teile zu untersuchen und im Winter das mögliche Einfrieren kalt werdender Teile zu bedenken. Eine sparsame und rationelle Heizung verlangt, daß der Rost überall gleichmäßig bedeckt ist, daß die in mäßigen Mengen frisch aufgeworfenen Brennstoffe immer vorn an der Türe zu liegen kommen und daß die Schlacke unter dem Rost sich nicht anhäuft. Von der Wichtigkeit, den Rauchschieber vor dem jedesmaligen Öffnen der Feuertüre zu schließen, wurde schon gesprochen. Wenn mehrere miteinander verbundene Kessel geheizt werden, so muß bei allen eine gleichmäßige Druckzunahme stattfinden; im anderen Falle werden die Verbindungsventile nicht eher geöffnet, als bis in allen Kesseln gleicher Druck vorhanden ist. Vor kurzer Ruhepause wird der Schieber geschlossen, der Kessel vollauf mit Wasser beschickt, das Feuer nicht geschürt und nötigenfalls mit nassen Kohlen oder angefeuchteter Asche gedämpft. In Anbetracht der oben erwähnten möglichen Explosion der Gase in den Feuerzügen ist ein Decken des Feuers nicht zu empfehlen. Soll der Kessel für längere Zeit außer Betrieb gestellt werden, dann sind alle Einzelheiten in den Zustand vollkommenster Ordnung und Gebrauchsfähigkeit zu bringen; niemals darf man ihn in dem Zustande belassen, in welchem er sich am Betriebsschlusse befindet.

Von welcher Wichtigkeit ein richtiges sparsames Heizen ist und bis zu welchem Grade dasselbe von der Sachkenntnis und Gewissenhaftigkeit des Heizers abhängt, zeigen die Resultate einer Reihe von Wertheizungen, die vor Jahren von 11 geübten Heizern unter Zusicherung von Geldprämien ausgeführt wurden. Unter den gegebenen Umständen hatte der beste Heizer mit 1 kg Steinkohlen 6,89 und der schlechteste nur 4 kg Wasser verdampft.

Weinlig, von dem dieses Vergleichsheizen geleitet wurde, sagt dazu sehr treffend: „Wenn solche ungeheuren Unterschiede schon beim Wertheizen entstehen, bei dem das Streben der Heizer, der Erste zu sein und den Preis zu verdienen, aufs höchste angeregt ist, was mag dann in der großen Praxis vorkommen, wo Trägheit und Schlendrian die Bewartung leiten und wo weder Besitzer noch Heizer wissen, was die

Kesselanlage leisten könnte und müßte? Was hilft dem Ingenieur das Konstruieren und Erfinden guter Feuerungsanlagen, was hilft es ihm, wenn er die Fehler einer Anlage findet und die großen Mängel der Bewartung aufdeckt? Ohne Heizer, welche seine Absichten verstehen und befolgen können, bleibt eben alles nur ein guter Rat. So gipfelt die ganze Sache in dem einen Hauptpunkte, daß die ordentliche Ausbildung von Dampfkesselheizern mit allen Mitteln erstrebt werden muß, wenn man die Erfolge der Verbesserung der Feuerungsanlagen genießen und die günstige Ausnutzung der Kohle erzielen will. Bedenkt man, welcher Gewinn dadurch für den Kesselbesitzer, für das Nationalvermögen und welcher Fortschritt für die Sicherheit des Betriebes erzielt wird, so sollte der Entschluß nicht schwer fallen können."

Leider muß gesagt werden, daß nunmehr nach mehr denn 20 Jahren, welche seit dieser Anregung zur Bildung von Kesselheizerschulen fast vergangen sind, nur ein kleiner Teil der großen Anzahl von Kesselbetrieben von einem gründlich ausgebildeten Heizerpersonal bedient wird, und daß noch viele Kesselbesitzer die Wichtigkeit einer rationellen Feuerungsanlage und fachkundigen Kesselbedienung und Überwachung unterschätzen.

Das Berliner Polizeipräsidium hat verfügt, daß bei der Revision der Dampfkessel auch die Fähigkeiten der Kesselwärter geprüft und unfähige Heizer nötigenfalls auf dem Zwangswege zu entlassen sind. Gleichzeitig weist es auf die staatlichen Heizerkurse hin, an denen teilzunehmen allen Interessenten dringend empfohlen wird.

Der sächsische Kesselrevisionsverein hat folgende Vorschriften für die Bedienung des Planrostes ausgearbeitet:

Die Aufgabe der Kohle auf die Rostfläche hat derart zu erfolgen, daß alle Teile derselben gut bedeckt werden. Bleiben Roststellen unbedeckt, so wird die Heizwirkung der Kohle durch die einströmende kalte Luft vermindert. Kommt Stückkohle zur Verwendung, so ist dieselbe mindestens bis zur Faustgröße zu zerschlagen. Ein Aufstechen und Schüren des Feuers hat nur so oft zu erfolgen, als es die Art der Kohle unbedingt erfordert. Bei Kohle mit geringer Schlackenbildung kann das Aufstechen und Schüren fast ganz unterbleiben. Jedes Aufbrechen der Kohle, Aufrühren des Feuers mit Schüreisen oder Krücke hat starke Rauchentwicklung zur Folge und ist daher tunlichst zu vermeiden. Das Abschlacken der Rostfläche hat in bestimmten Zeitabschnitten zu geschehen. Sind in einer Anlage mehrere Kessel in Betrieb, so ist das Abschlacken der Roste der einzelnen Kessel nicht unmittelbar nacheinander, sondern in angemessenen Zwischenräumen vorzunehmen. Der Schornsteinzug ist durch richtige Einstellung des Schiebers dem Dampfverbrauche entsprechend zu regeln. Der Schieber ist nicht weiter zu öffnen, als für den Betrieb unbedingt notwendig. Der Schieber ist mehr aufzuziehen bei Eintritt eines größeren Dampfverbrauches und weiter zu schließen bei Verminderung desselben. In der regelrechten Handhabung des Schornsteinschiebers liegt der Schwerpunkt für einen sparsamen Kesselbetrieb. Der Schieber muß durch

Gegengewicht leicht beweglich gemacht und leicht gangbar gehalten werden. Es empfiehlt sich, hinter der Zugkette bezw. hinter dem Gegengewicht eine Skala derart anzubringen, daß die Größe der Schieberöffnung sofort zu ersehen ist.

An fleißiger Bedeckung der Rostfläche mit Kohle, Vermeidung jedes überflüssigen Schürens des Feuers, fleißiger und richtiger Handhabung des Schornsteinschiebers ist ein tüchtiger Heizer zu erkennen.

Die Beschickung der Rostfläche hat nach einer der nachstehenden zwei Bedienungsarten zu erfolgen:

1. Die Kohle ist dünn und gleichmäßig über die ganze Rostfläche verteilt zu streuen. Das Aufwerfen der Kohle hat oft und in kleinen Mengen zu geschehen. Um ein gutes Bestreuen der Kohle über die Rostfläche zu ermöglichen darf die Schaufel nicht gehäuft voll, sondern nur flach mit Kohlen bedeckt, genommen werden. Besitzt die Feuerung zwei Feuerungstüren, so sind die beiden Rostseiten nicht unmittelbar nacheinander, sondern in gleichen Zwischenräumen abwechselnd mit Kohle zu beschicken, damit auf einer Seite stets helles durchgebranntes Feuer sich befindet, durch welches die raucherzeugenden Gase, welche auf der andern frisch beschickten Seite sich entwickeln, entzündet und verbrannt werden können.

2. Die Kohle ist nur auf den vordersten Teil der Rostfläche, sowie auf die vorliegende Rostplatte aufzuwerfen und erst später, unmittelbar vor der neuen Beschickung, nach hinten zu schieben und über die ganze Rostfläche auszubreiten. Diese Bedienungsweise hat den Zweck, die frische Kohle vorzuwärmen, die Gase, welche hauptsächlich Rauch und Ruß erzeugen, auszutreiben und über dem hellen Feuer der hinteren Rostfläche zu entzünden und zu verbrennen. Das Hinterschieben mit der Krücke hat derart zu erfolgen, daß die Kohle nicht überstürzt und aufgerührt wird. Die Kohle (der Rostplatte) ist, von hinten anfangend, gleichmäßig über die Rostfläche auszuziehen. Um dies zu erreichen, ist mit der Krücke zuerst der hintere Teil des vorn aufgegebenen Kohlenberges auf das hinterste Ende der Rostfläche zu schieben, alsdann ist die nächstfolgende Partie des Kohlenberges nach hinten zu stoßen und so weiter, bis der vordere Teil des Rostes und die Vorplatte von Kohlen freigelegt sind. Die frische Kohle ist hierauf sofort vorn aufzugeben.

Regelrechtes Auseinanderziehen der vorn aufgegebenen Kohlen, Vermeiden jeder Überstürzung, jedes Aufrührens und Zurückziehens der Kohle sind unerläßliche Bedingungen zur Erzielung einer guten Verbrennung. Um die Krücke leicht handhaben zu können, empfiehlt es sich, den Stiel derselben aus Gasrohr herzustellen.

Hinsichtlich der **Wahl des Kesselsystems,** also zur Beantwortung der Frage, welche Dampfkesselanlage sich für eine chemische Fabrik und in dem speziellen Falle am besten eignet, muß man deren Betriebe kennen und wissen, welchen Zwecken der Kessel dienen soll. Je einfacher der Kessel ist, desto sicherer ist der Betrieb und um so geringer sind die Amortisationskosten. Entscheidend sind die Art der Dampfentnahme und -verwendung, das Speisewasser, der zur Verfügung stehende Platz und das Brennmaterial.

Für Maschinenbetrieb, für reines, weiches Speisewasser sowie für vorhandenen reichlichen Platz und gutes Brennmaterial eignet sich jede Kesselform. In den seltensten Fällen werden jedoch die Verhältnisse so günstig zusammenfallen, und meistens wird der eine oder andere Punkt mehr oder minder zu berücksichtigen sein. Soll der Dampf hauptsächlich zum Betriebe von Motoren und Arbeitsmaschinen und nur zum kleinsten Teile für Koch- und Heizzwecke verwendet werden, findet mit anderen Worten ein ziemlich regelmäßiger Dampfverbrauch statt, so werden Kessel mit geringem Wasserraum, also Röhrenkessel, ganz geeignet sein. Bei großem und stark wechselndem Dampfverbrauch für Heiz- und Kochzwecke neben Motorenbetrieb sind nur Kessel mit großem Wasserraum, also Walzenkessel oder Röhrenkessel mit Oberkessel zu empfehlen. Denn bei sehr wechselndem Dampfverbrauch kann man nur bei genügend großem Wasserraum, der gewissermaßen als Wärmespeicher dient, den Dampfdruck und den Wasserstand ohne große Mühe auf annähernd gleicher Höhe halten.

Ferner spielt das zur Verfügung stehende Speisewasser in der Auswahl des Kesselsystems eine wichtige Rolle. Bekanntlich setzen fast alle Wässer beim Kochen Kesselstein ab, der sich auf die inneren Gefäßwandungen ziemlich fest auflagert, dann die Wärmeleitung beeinträchtigt und sogar beim plötzlichen Loslösen größerer Stücke die Ursache zu Explosionen sein kann. Wenn nun auch eine große Anzahl Kesselstein auflösender Mittel im Gebrauch sind, so wird eine Reinigung des Kesselinnern doch in gewissen Zeitabschnitten nötig, und dann kommt es auf die bequeme Zugänglichkeit der zu reinigenden Teile an. Stehen einer inneren Kesselreinigung in konstruktiver Hinsicht Schwierigkeiten entgegen, so muß das Wasser unbedingt in besonderen Apparaten gereinigt werden. Steht Wasser zur Verfügung, welches Schlamm und nicht Kesselstein absetzt, so hat man in diesem Punkte freie Wahl, da sich der Schlamm ja mit größter Leichtigkeit entfernen läßt.

Die Betriebssicherheit der Röhrenkessel mit hohem Arbeitsdruck wird auch von dem oben genannten Wellrohrkessel erreicht, so daß der Grad der Dampfspannung wenig von Einfluß in der Wahl unter diesen Systemen ist.

Schließlich ist ein bisweilen zu berücksichtigender Umstand der, daß die Wartung der Röhrenkessel ein geschulteres Personal verlangt, als andere Systeme, und daß in bestimmten Fällen das Kesselsystem polizeilich vorgeschrieben ist (s. Dampfkesselgesetze S. 137 ff.).

Bis zu welchem Grade das Feuerungsmaterial auf die Wahl des Kesselsystems Einfluß hat, ist aus dem Abschnitt über die Kesselfeuerung bekannt geworden.

Für die **Beschaffung eines neuen Kessels** sind noch eine Reihe von Umständen zu berücksichtigen, die zu kennen nicht überflüssig ist.

Als Dampfkesselbesitzer wird man wohl immer Mitglied eines Kesselrevisionsvereins sein und als solcher durch die Vereinsingenieure fachmännische Unterstützung gegen mäßige Honorierung erhalten.

Wenn der neue Kessel entweder zur Ergänzung oder zum Ersatz eines schon im Betriebe befindlichen dienen soll und seine Art und Größe sowie die auf Speisewasser und Brennmaterial event. zu nehmenden Rücksichten bekannt sind, so wird die Auswahl desselben leicht sein. Anders gestaltet sich die Angelegenheit, wenn ein neuer Kessel für eine neue Betriebsstätte angeschafft werden soll. Außer dem von der Maschine verbrauchten Dampf muß man die Menge ungefähr einschätzen, die man zum Kochen, Heizen usw. nötig hat, um daraus die Kesselleistung, also schließlich die Abmessungen des Kessels zu berechnen. In den chemischen Betrieben wird man wohl immer mit einem stark wechselnden Dampfverbrauch rechnen müssen und danach unter fernerer Berücksichtigung des Speisewassers das System auswählen. In den meisten Fällen wird also ein Kessel mit großem Wasserraum von nöten sein. Für sehr reines Speisewasser kann dieser mit einem Röhrenkessel kombiniert sein, sonst aber sind die Flammrohrkessel angezeigt — Cornwall-, Fairbairn-, Galloway-, Pauksch-, Foxkessel. Für die Feuerungsanlage ist die Berücksichtigung des zur Verwendung bestimmten Brennmaterials notwendig.

Über die Gestehungskosten des erzeugten Dampfes kann man sagen, daß zur Erzeugung billigen Dampfes eine kostspieligere Anlage nötig ist, wohingegen eine billigere Anlage höhere Betriebskosten zur Folge haben wird. Solch letztere wird sich bei allen Anlagen mit knappem Anlagefonds, von kurzer Dauer und von unsicherer Rentabilität empfehlen.

Man verlange ferner von der den Kessel liefernden Firma eine Garantie für den geringsten Kohlenverbrauch bei gegebener Kohlensorte, bestimmter Dampfspannung und Temperatur des Speisewassers. Auch versäume man nicht, bei dem Lieferungsvertrag genau anzugeben, ob Transport- und Aufstellungskosten mit inbegriffen und welche Armaturteile mitzuliefern sind.

Daß unter den eingehenden Offerten nicht unbedingt die billigsten den Vorzug verdienen, wird Jedem bekannt sein, und solche mit weitgehenden Garantien hinsichtlich Kohlenverbrauch, guter Verbrennung und Trockenheit des Dampfes sind jedenfalls vorzuziehen.

Zur **Inbetriebsetzung eines neuen Kessels,** die nach der Abnahme erfolgt, wird er zunächst einige Zentimeter über den normalen Wasserstand gefüllt, worauf ein ganz gelindes Feuer angemacht wird, ohne daß am ersten Tage das Wasser kocht; die Feuertüre bleibt dabei offen, damit durch reichlichen Luftzutritt die Temperatur gemäßigt wird und damit zugleich die Austrocknung des frischen Mauerwerks vorteilhaft gefördert wird. Solange dieses sehr feucht ist, entströmen dem Schornstein deutliche Dampfwolken. Am nächsten Tage wird die Feuerung etwas verstärkt usw. bis zum regelmäßigen Gang.

Fast bei jeder neuen Kessel- und Schornsteinanlage wird es eintreten, daß das Feuer nicht ordentlich brennen will aus Mangel an genügendem Schornsteinzuge, der sich aus der zu starken Abkühlung der zu feuchten Wände erklärt. Zu dem Zwecke bleibt weiter nichts übrig, als im Schornsteinfuße event. wiederholt ein Bündel Stroh anzuzünden.

Ist in dem Kessel Dampfspannung vorhanden, so muß man sich von dem richtigen Funktionieren der Armaturen — Sicherheitsventil, Manometer, Probierhähne, Wasserstandsröhren, Speisevorrichtung, Absperrventile — überzeugen. Die Flanschen der Dampfleitung werden nachzuziehen sein und nunmehr ist der Kessel im Betrieb.

Das Dampfkesseljournal. Das Kohlenkonto figuriert zumeist mit einem ziemlich hohen Werte unter den Betriebsunkosten, und daher ist es in der Ordnung, daß über den Verbleib der Kohle und die erzielte Dampfmenge von dem Heizer oder Maschinisten Buch geführt wird, aus dem sich die einzelnen Verhältnisse des Kesselbetriebes klar übersehen lassen.

Das Dampfkesseljournal enthält vorn auf dem ersten Blatt den oder die numerierten Kessel verzeichnet mit allen sie charakterisierenden Angaben, wie Kesselsystem, die Kopie des offiziellen Fabrikschildes, Datum der Aufstellung, Gewicht, Abmessung, Wasserinhalt, Heizfläche, Rostfläche und Betriebsdruck.

Als Beispiel sei nachstehend (s. S. 136 und Fußnote [2]) S. 137) die Einrichtung eines solchen Journals mit den Aufzeichnungen einer Betriebswoche und dem Monatsabschluß wiedergegeben.

In den Spalten 1 und 2 werden die Betriebsstunden der Kessel notiert. Dann folgt das Gewicht der zugewogenen Kohle und die aus dem Stande des Wassermessers sich ergebende verdampfte Wassermenge, selbstverständlich unter Innehaltung oder Wiederherstellung des normalen Wasserstandes im Kessel. Der Quotient der Spalten 5 und 3 stellt somit die erzielte Verdampfung (6) dar. Aus den Spalten 8 und 11—14 ist der Dampfverbrauch für die verschiedenen Kraftzwecke ersichtlich in bezug auf die Betriebszeit. Bei Kenntnis der Fabrikbetriebsverhältnisse läßt eine Betrachtung dieser Zahlen erkennen, ob etwa außergewöhnliche Arbeiten oder Zwischenfälle eingetreten sind. So hat beispielsweise die Wasserpumpe am 5. März die außergewöhnlich lange Zeit von 8 Stunden gearbeitet, um, wie aus der Rubrik „Bemerkungen“ hervorgeht, für die nächsten Tage während der Reinigung des einen Kessels einen genügenden Wasservorrat in das Reservoir zu fördern.

Der Kohlenverbrauch der Spalten 3 und 15 gibt den Gesamtverbrauch, so daß der jeweilige ganze Bestand an Kohle sofort zu erkennen ist. Ferner ist es auf Grund dieser Buchungen leicht, die notwendigen Daten für die Berechnung einer event. zu gewährenden Kohlenprämie zu finden.

März 1908.

	1.	2.	3.	4.	5.	6.	7.	8.	9.	10.	11.	12.	13.	14.	15.	16.
	Betriebsstunden der Kessel		Kohlenverbrauch	Stand des Wassermessers	Verdampfte Wassermenge	Verdampfung	Dampfüberhitzer	Dampfverbrauch für							Anderer Kohlenverbrauch	Bemerkungen.
								Hauptmaschine	mit + ohne − Kondens.	Vakuum	Dynamomaschine			Wasserpumpe		
											Licht	Akkumulatoren	Kran			
	1	2	kg	l	l		Grad	Std.		ccm	Std.	Std.	Std.	Std.	kg	
1.				912 600												Kessel 2. Frische Mannlochverpackung.
2.	12	12	2 000	928 750	16 150	8,07	290	9	+	690	4	4	—	$3^1/_2$		
3.	12	12	2 100	945 250	16 500	7,68	300	10	+	680	4	3	—	$3^1/_2$	500 Sublimat.	Revision durch Kessel-Ingenieur.
4.	12	12	1 900	961 230	15 980	8,41	—	12	+	680	4	3	4	4		
5.	12	12	2 000	977 250	16 020	8,01	—	12	+	690	3	—	—	8		
6.		14	950	984 750	7 500	7,9	—	8	3 + / 5 —	700	3	6	—	$2^1/_2$	300 Destillierbl.	Kessel 1 innen und außen gereinigt.
7.		14	1 000	992 850	8 100	8,1	320	10	—	—	3	4	2	$2^1/_2$		
8.	.	.	.	.	.	.	.	.	.	.	.	.	.	.	.	
.	.	.	.	.	.	.	.	.	.	.	.	.	.	.	.	
.	.	.	.	.	.	.	.	.	.	.	.	.	.	.	.	
.	.	.	.	.	.	.	.	.	.	.	.	.	.	.	.	
31.				1 344 200												150 Tonnen Kohle erhalten.
Total	306	324	52 450		431 600	8,23		284	268 +		102	80	27	105	2300	
	630		2 300						16 —							

54 750 (s. Fußnote [2]) S. 136).

Eine weitere Kontrolle der Kesselheizung wird zweckmäßig in die Hände eines Aufsichtsbeamten gelegt. Wichtig ist, daß über dem Heizer noch eine verständige Überwachung steht, der auch die dauernde Kontrolle der Abgase obliegt. Deren Untersuchungsresultate müßten auch die Prämien des Heizers beeinflussen.

Für den Betriebsleiter empfiehlt sich ferner die Führung eines Journals, in das er die wichtigsten Daten aus dem Kesselbuch und außerdem noch ganz kurze Vermerke für die einzelnen Tage einträgt über den Verbleib des Dampfes, der nicht zum Betriebe der Maschinen verwendet wurde. Nur so ist es möglich, einen Überblick über die Kohlenmengen zu gewinnen, die tatsächlich einer gewissen Produktion dieses oder jenes Fabrikates entsprechen. Auch einer eventuellen Dampfvergeudung durch Undichtigkeiten der Leitungen oder beim Betriebe von Destillierblasen, Heizungen u. a. kommt man auf diese Weise auf die Spur.

Dampfkesselgesetze.[1])

Jeder Dampfkessel ist nach der Reichs-Gewerbeordnung genehmigungspflichtig.

Sein Bau und seine Ausrüstung, seine Prüfung und seine Aufstellung unterliegen gesetzlichen Bestimmungen, desgleichen seine Inbetriebsetzung, wie endlich sein Betrieb selbst.

Die in Betracht kommenden Gesetze und wichtigsten Verordnungen sind:

1. §§ 24 und 25 der Reichs-Gewerbeordnung über die Genehmigungspflicht.
2. Allgemeine polizeiliche Bestimmungen (des Bundesrates) über die Anlegung von Dampfkesseln vom 5. August 1890.
3. Die Vereinbarung der verbündeten Regierungen des Reiches vom 3. Juli 1890 zur einheitlichen Regelung der Kesselüberwachung (Genehmigung, Prüfung und Revision) in den deutschen Bundesstaaten.
4. Das preußische Gesetz vom 3. Mai 1872, welches den Betrieb der Dampfkessel betrifft und die Pflichten des Kesselbesitzers und Wärters festsetzt.
5. Die preußische Anweisung vom 16. März 1892, betreffend die Genehmigung und Untersuchung der Dampfkessel. (Von den anderen Bundesstaaten sind ähnliche Bestimmungen erlassen.)

---

[1]) Vergl. Sprenger, Winke für Gewerbeunternehmer, Berlin 1897.

[2]) Kohlenbestand am Ende Februar . . . . . . 65350 kg
Kohlenverbrauch im März . . . . 54750 „
Demnach Bestand Ende März . . . . . 10600 kg
Dazu erhalten am 31. März . . . . 150000 „
Am 31. März Totalbestand . . . . 160600 kg

A. Genehmigung der Dampfkessel.

1. Wann muß eine Genehmigung nachgesucht werden?

Der § 24 der Gew.-Ord. lautet: „Zur Anlegung von Dampfkesseln, dieselben mögen zum Maschinenbetriebe bestimmt sein oder nicht, ist die Genehmigung der nach den Landesgesetzen zuständigen Behörde erforderlich“ usw.

Im § 25 der Gew.-Ord. heißt es: . . . . Sobald eine Veränderung (Änderung der Lage oder Beschaffenheit) vorgenommen wird, ist dazu die Genehmigung der zuständigen Behörde . . . notwendig.

Dampfkessel im Sinne des Gesetzes sind alle geschlossenen Gefäße, in denen Wasser zu Dampf von höherer als atmosphärischer Spannung verwandelt wird. Eine gesetzliche Definierung des Begriffes Dampfkessel fehlt.

Im § 22 der Bestimmungen vom 5. August 1890 (s. d.) sind die Ausnahmen angeführt, welche zur Einschränkung des Begriffes Dampfkessel dienen.

Ferner bedarf es auch keiner Genehmigung für die Dampfmaschinen und Kraftmotoren anderer Art.

Einer erneuten Genehmigung bedürfen:

a) Dampfkessel, welche wesentliche Veränderungen in der Bauart erfahren haben.

b) Dampfkessel, welche wieder in Betrieb genommen werden sollen, nachdem die früher erteilte Genehmigung wegen unterlassenen Betriebes nach § 49 der Gew.-Ord. erloschen ist. Dies trifft nach dreijähriger Betriebspause zu und auch wenn von der erteilten Genehmigung innerhalb eines Jahres kein Gebrauch gemacht worden ist.

c) Feststehende Dampfkessel, welche wesentlichen Änderungen in der Lage oder Beschaffenheit der Betriebsstätte unterworfen worden sind.

d) Kessel, bei denen die in der Genehmigungsurkunde festgesetzte zulässige Dampfspannung erhöht oder eine Bedingung der Genehmigung geändert worden ist.

2. Antrag auf Genehmigung des Kessels.

Form und Inhalt des Antrages. — Die Genehmigung wird nur für einen bestimmten, genau darzustellenden und mit dem Namen des Fabrikanten und der Fabriknummer bezeichneten Kessel erteilt; sie schließt die Bauerlaubnis für das Kesselhaus ein. Die Ausarbeitung der für den Antrag erforderlichen Unterlagen (Kesselzeichnung und Beschreibung, Lageplan der Betriebsstätte, Bauriß des Kessel- und Maschinenhauses) in doppelter Ausführung werden gewöhnlich der Kesselfabrik und dem Bautechniker überlassen und von dem Bauherrn nur unterzeichnet. Für letzteren sind hauptsächlich folgende Bestimmungen von Interesse:

a) Über den Aufstellungsort: „Dampfkessel, welche für mehr als 6 Atm. Überdruck bestimmt sind, und solche, bei welchen das Produkt aus der feuerberührten Fläche in Quadratmetern und der Dampfspannung in Atmosphären Überdruck mehr als dreißig beträgt, dürfen unter Räumen, in welchen sich Menschen aufzuhalten pflegen (auch Lager, Trockenräume, Schuppen) nicht aufgestellt werden. Innerhalb solcher Räume ist ihre Aufstellung unzulässig, wenn dieselben überwölbt oder mit fester Balkendecke versehen sind . . . . Dampfkessel, welche aus Siederöhren von weniger als 10 cm Weite bestehen . . . unterliegen diesen Bestimmungen nicht".

b) Über den Arbeiterschutz. Das Kesselhaus darf nicht zu eng (mindestens 3—4 m Raum vor einem größeren Kessel) und nicht zu niedrig (mindestens 2 m Höhe über dem Kessel) und muß durch reichliche Dachfenster gut zu lüften sein. Die Kesselflächen seien durch Wärmeschutzmittel gut umkleidet und alle Punkte, wo der Wärter zu arbeiten hat, seien durch feste Leitern oder Galerien bequem zu erreichen. Die Sicherheitsvorrichtungen, wie Wasserstandsanzeiger und Manometer, seien gut beleuchtet und die Wasserstandsgläser gut geschützt. Endlich sollen möglichst zwei Ausgänge nach verschiedenen Seiten aus dem Kesselhaus führen.

c) Um die Nachbarn vor Schaden und Belästigung zu schützen, wird bei der Genehmigung stets die Bedingung gestellt, daß starke Rauchentwicklung und das Auswerfen von Funken, Ruß und Flugasche nicht eintreten dürfen.

d) Bei Neuaufstellung alter Kessel sind der Erbauer, die früheren Betriebsstätten, die Betriebszeit und die Gründe nachzuweisen, welche zur Außerbetriebsetzung geführt haben. Diese Ermittelungen, für welche die alten Genehmigungs- und Revisionspapiere zum Teil Anhalt bieten, sind natürlich auch für den Kauf alter Kessel außerordentlich wichtig. Dem Genehmigungsantrag ist ein Zeugnis über die amtliche innere Untersuchung des Kessels beizulegen, auf Grund dessen, falls die Genehmigung überhaupt erteilt werden kann, die höchste zulässige Dampfspannung festgesetzt wird.

Zuständigkeit. — Über die Genehmigung beschließt der Landrat in Landkreisen und der Magistrat oder die Polizeibehörde in Stadtkreisen. Maßgebend ist bei feststehenden Kesseln der Ort der Errichtung und für bewegliche Kessel der Wohnsitz des Antragstellers. Einzureichen ist der an diese Behörden zu richtende Antrag jedoch, je nachdem der Antragsteller einem Kesselüberwachungsverein angehört oder nicht, bei dem zuständigen Vereins-Ingenieur oder dem sonst zuständigen Kesselrevisor.

Kesselrevisoren sind die Gewerbeinspektoren und für die Dampfkessel-Überwachungsvereine deren Ingenieure. Einzelnen großen Unternehmern ist außerdem gestattet worden, ihre Kessel von eignen Beamten untersuchen zu lassen.

Genehmigungsverfahren. — Die Behörde prüft die Zulässigkeit der Anlage nach den bestehenden bau-, feuer- und gesundheitspolizeilichen Vorschriften und den allgemeinen polizeilichen Bestimmungen über die Anlage von Dampfkesseln. Demgemäß sendet der Kesselrevisor den Antrag nach Prüfung an die obige Beschlußbehörde und diese gibt den Bescheid. In dringenden Fällen kann der Vorsitzende der Beschlußbehörde einen Vorbescheid erteilen.

Im Durchschnitt werden 4—6 Wochen auf die Dauer des ganzen Verfahrens zu rechnen sein; eine öffentliche Bekanntmachung der Anträge findet nicht statt.

Innerhalb 14 Tage (wenn nicht eine Nachfrist bewilligt ist) nach Zustellung des Bescheides kann der Antragsteller entweder Beschwerde an den Minister für Handel und Gewerbe einlegen oder zunächst erst auf mündliche Verhandlung bei der Beschlußbehörde antragen.

B. Inbetriebsetzung von Dampfkesseln.

Nach seiner letzten Zusammensetzung, jedoch vor der Einmauerung oder Ummantelung ist jeder Kessel einer technischen Untersuchung (Wasserdruckprobe) durch den zuständigen Revisor zu unterziehen; diese kann in der Kesselfabrik geschehen. Der Beamte versieht die Befestigungsniete des Kesselschildes mit dem amtlichen Stempel und stellt ein Zeugnis aus. Wird der Kessel etwa beim Transport beschädigt, so kann diese Druckprobe wiederholt werden.

Nach vollkommener Fertigstellung der Kesselanlage muß diese vom Revisor abgenommen, d. h. ihre Übereinstimmung mit der Genehmigung festgestellt werden; das Zeugnis über die frühere Untersuchung und die Genehmigungsurkunde sind dabei vorzulegen. Auskunft über die sonst zu treffenden Vorbereitungen ist vom Revisor zu erbitten. Oft ist auch eine baupolizeiliche Abnahme des Kesselhauses vorzunehmen. Auf Grund der danach vom Kesselrevisor bescheinigten Abnahmeprüfung darf der Kessel ohne weiteres in Betrieb gesetzt werden. Die Bescheinigung ist der Genehmigungsurkunde anzuheften. Die in einem deutschen Bundesstaate erteilten Genehmigungen und Untersuchungszeugnisse werden in allen Bundesstaaten anerkannt. Kessel aus dem Auslande müssen in Deutschland der Druckprobe unterworfen und genehmigt werden.

Vor der Inbetriebsetzung eines beweglichen Kessels an einem neuen Orte ist der betreffenden Ortspolizeibehörde unter Angabe des Aufstellungsplatzes Anzeige zu machen.

C. Betrieb der Dampfkessel.

(Siehe Gesetz und Regulativ vom 3. Mai 1872, S. 140 ff.)

1. Wartung des Kessels. — Der Kesselbesitzer hat sich stets vor Augen zu halten, daß überall, wo Dampfspannung herrscht, durch diese und auch durch die Kesselfeuerung Gefahren entstehen können. Er wird deshalb dafür zu sorgen haben, daß alles Zubehör des Kessels sorgfältig im Stande gehalten wird, besonders aber die in den allgemeinen

polizeilichen Bestimmungen und in der Genehmigung ausdrücklich bezeichneten Sicherheitsvorkehrungen. Das sind namentlich Wasserstandsanzeiger, Manometer, Sicherheitsventile und die Speisevorrichtungen.

Um diesen Verpflichtungen nachzukommen, wird der Kesselbesitzer

a) zunächst einen durchaus zuverlässigen, sachkundigen Wärter anzustellen haben, der dann für die Unterhaltung der Anlage mitverpflichtet ist. Die Anstellung jugendlicher Personen als Kesselwärter ist durch preußischen Ministerialerlaß verboten.

b) Der Kesselbesitzer oder sein Vertreter müssen sich von der sorgfältigen Wartung des Kessels und der guten Instandhaltung aller Teile und Vorrichtungen überzeugt halten, und die von dem Kesselüberwachungsverein erlassenen Vorschriften für den Kesselwärter sind diesem stets zugänglich zu halten. Die Buchform dieser Vorschriften ist der Plakatform deshalb vorzuziehen, weil Plakate mit langem Text und damit erforderlicher kleiner Schrift selten gelesen werden und schließlich nur als Wanddekoration dienen. Ein Plakat, welches in einem kurzen Satze fordert, daß die betreffenden Vorschriften sich stets im Besitze des Kesselwärters finden müssen, ist entschieden wirkungsvoller.

c) Die regelmäßigen inneren und äußeren Kesselreinigungen sind von besonderer Wichtigkeit. Bei diesen Gelegenheiten hat auch immer eine genaue Besichtigung des Kessels auf seine Beschaffenheit, wie Leckstellen, Rostflächen und sonstige Beschädigungen zu erfolgen. Besitzt der Wärter nicht das erforderliche Verständnis für diese Untersuchungen, so ist ihm sachkundige Hilfe zu geben. Bei irgend welchen Zweifeln oder gefahrdrohenden Erscheinungen ist der Rat des Revisors einzuholen.

2. Amtliche Untersuchung des Kessels. — Die regelmäßigen Untersuchungen bestehen in der unangemeldeten äußeren Untersuchung, in der inneren Untersuchung und in der Wasserdruckprobe, welche in festgesetzten Zwischenzeiten ausgeführt werden müssen. Die beiden letzten Untersuchungen sind dem Kesselbesitzer mindestens 4 Wochen vorher anzuzeigen mit der Bekanntgabe der zu diesen Zwecken erforderlichen Vorbereitungen und mit der Berücksichtigung, daß der Betrieb so wenig wie möglich durch die Untersuchung beeinträchtigt wird. Bei allen wesentlichen Ausbesserungen des Kessels tut man gut, den Revisor hinzuzuziehen, um einmal ungeschickte Reparaturen zu vermeiden und dann auch bei der wieder notwendig werdenden Genehmigung keine Umständlichkeiten zu haben.

Das den Betrieb der Dampfkessel zum Gegenstand habende Gesetz vom 3. Mai 1872 und das Regulativ desselben lauten wie folgt:

Preußisches Gesetz, betreffend den Betrieb der Dampfkessel. Vom 3. Mai 1872.

§ 1. Die Besitzer von Dampfkesselanlagen oder die an ihrer Statt zur Leitung des Betriebes bestellten Vertreter, sowie die mit der Wartung von

Dampfkesseln beauftragten Arbeiter sind verpflichtet, dafür Sorge zu tragen, daß während des Betriebes die bei Genehmigung der Anlage oder allgemein vorgeschriebenen Sicherheitsvorrichtungen bestimmungsmäßig benutzt und Kessel, die sich nicht in gefahrlosem Zustande befinden, nicht im Betrieb erhalten werden.

§ 2. Wer den ihm nach § 1 obliegenden Verpflichtungen zuwiderhandelt, verfällt in eine Geldstrafe bis zu 200 Taler oder in eine Gefängnisstrafe bis zu drei Monaten.

§ 3. Die Besitzer von Dampfkesselanlagen sind verpflichtet, eine amtliche Revision des Betriebes durch Sachverständige zu gestatten, die zur Untersuchung der Kessel benötigten Arbeitskräfte und Vorrichtungen bereit zu stellen und die Kosten der Revision zu tragen.

Die näheren Bestimmungen über die Ausführung dieser Vorschrift hat der Minister für Handel, Gewerbe und öffentliche Arbeiten zu erlassen.

§ 4. Alle mit diesem Gesetze nicht im Einklang stehenden Bestimmungen, insbesondere das Gesetz, den Betrieb der Dampfkessel betreffend, vom 7. Mai 1856 werden aufgehoben.

Preußisches Regulativ, betreffend den Betrieb der Dampfkessel. Vom 3. Mai 1872.

1. Ein jeder im Betriebe befindliche Dampfkessel soll von Zeit zu Zeit einer technischen Untersuchung unterliegen.

Es bleibt vorbehalten, Ausnahmen hiervon nachzulassen, insoweit dies im Interesse der öffentlichen Sicherheit unbedenklich erscheint.

2. Die technische Untersuchung hat zum Zweck, den Zustand der Kesselanlage überhaupt, deren Übereinstimmung mit dem Inhalte der Genehmigungsurkunde und die bestimmungsmäßige Benutzung der bei Genehmigung der Anlage oder allgemein vorgeschriebenen Sicherheitsvorrichtungen festzustellen.

3. Die Untersuchung erfolgt hinsichtlich der Dampfkessel auf Bergwerken . . . durch die Bergrevierbeamten, im übrigen durch die von der zuständigen Staatsbehörde dazu berufenen Sachverständigen. Namen und Wohnort derselben wird, unter Bezeichnung des Bezirkes, auf welchen ihr Auftrag sich erstreckt, durch das Amtsblatt bekannt gemacht.

Bewegliche Dampfkessel gehören zu demjenigen Bezirke, in welchem ihr Besitzer oder dessen Vertreter wohnt.

4. Dampfkessel, deren Besitzer Vereinen angehören, welche eine regelmäßige und sorgfältige Überwachung der Kessel vornehmen lassen, können mit Genehmigung des Ministeriums für Handel usw. von der amtlichen Revision befreit werden.

Es bedarf einer öffentlichen Bekanntmachung durch das Amtsblatt, wenn einem Vereine eine solche Vergünstigung gewährt oder dieselbe wieder entzogen worden ist.

Ausnahmsweise kann auch einzelnen Dampfkesselbesitzern, welche für eine regelmäßige Überwachung ihrer Kessel entsprechende Einrichtungen getroffen haben, die gleiche Vergünstigung zuteil werden.

5. Die vorgedachten Vereine haben den Kgl. Regierungen (resp. Landdrosteien, Oberbergämtern, in Berlin dem Kgl. Polizeipräsidium) ein Verzeichnis der dem Verein angehörenden Kesselbesitzer unter Angabe der Anzahl der von

denselben in dem Bezirke betriebenen Kessel, sowie eine Übersicht aller in dem Laufe des Jahres ausgeführten Untersuchungen, welche zugleich deren Art und Ergebnis ersehen läßt, am Jahresschluß einzureichen. Sie haben ferner von jeder Aufnahme eines Kessels in den Verband und von jedem Ausscheiden aus demselben dem zur amtlichen Untersuchung der Dampfkessel in dem betr. Bezirke berufenen Sachverständigen unverzüglich Nachricht zu geben.

Die veröffentlichten Jahresberichte sind regelmäßig dem Ministerium für Handel usw. vorzulegen.

Die Vorschriften im ersten Absatz finden auch auf einzelne von der amtlichen Aufsicht befreite Kesselbesitzer (4) Anwendung.

6. Die amtliche Untersuchung der Damfkessel ist eine äußere und eine innere. Jene findet alle zwei Jahre, diese alle 6 Jahre statt und ist dann mit jener zu verbinden.

7. Die äußere Untersuchung besteht vornehmlich in der Prüfung der ganzen Betriebsweise des Kessels; eine Unterbrechung des Betriebes darf dabei nur verlangt werden, wenn Anzeichen gefahrbringender Mängel, deren Dasein und Umfang anders nicht festgestellt werden kann, sich ergeben haben.

Die Untersuchung ist vornehmlich zu richten: auf die Vorrichtungen zum regelmäßigen Speisen der Kessel; auf die Ausführung und den Zustand der Mittel, den Normalwasserstand in dem Kessel zu allen Zeiten mit Sicherheit beurteilen zu können; auf die Vorrichtungen, welche gestatten, den etwaigen Niederschlag an den Kesselwandungen zu entdecken und den Kessel zu reinigen; auf die Vorrichtungen zum Erkennen der Spannung der Dämpfe im Kessel; auf die Ausführung und den Zustand der Mittel, den Dämpfen einen freien Ausgang zu gestatten, wenn die Normalspannung überschritten wird; auf die Ausführung und den Zustand der Feuerungsanlage selbst, die Mittel zur Regelung und Absperrung des Zutritts der atmosphärischen Luft und zur tunlichst schnellen Beseitigung des Feuers.

Auch ist zu prüfen, ob der Kesselwärter die zur Sicherheit des Betriebes erforderlichen Vorrichtungen kennt und anzuwenden versteht.

8. Die innere Untersuchung erstreckt sich auf den Zustand der Kesselanlage überhaupt; sie umfaßt auch die Prüfung der Widerstandsfähigkeit der Kesselwände und des Zustandes des Kesselinnern. Sie ist stets mit einer Probe durch Wasserdruck nach § 11 der allgemeinen Bestimmungen für die Anlage von Dampfkesseln vom 29. Mai 1871 zu verbinden. Behufs ihrer Ausführung muß der Betrieb des Kessels eingestellt werden.

Die Untersuchung ist vornehmlich zu richten: auf die Beschaffenheit der Kesselwandungen, Nieten und Anker im Äußeren wie im Inneren des Kessels, sowie der Heiz- und Rauchrohre, der Verbindungsstutzen, wobei zu ermitteln ist, ob die Dauerhaftigkeit dieser Teile durch den Gebrauch gefährdet ist, und die nach Art der Lokomotivfeuerröhren eingesetzten Röhren nötigenfalls herauszuziehen sind; auf das Vorhandensein und die Natur des Kesselsteines; auf den Zustand der Wasserleitungsröhren und der Reinigungsöffnungen; auf den Zustand der Speise- und Dampfventile; auf den Zustand der Verbindungsröhren zwischen Kessel und Manometer resp. Wasserstandsanzeiger, sowie der übrigen Sicherheitsvorrichtungen; auf den Zustand des Rostes, der Feuerbrücke und der Feuerzüge außerhalb wie innerhalb des Kessels.

Die Ummauerung oder Ummantelung des letzteren muß, wenn die Untersuchung sich durch Befahrung der Züge oder auf andere einfache Weise nicht bewirken läßt, an einzelnen zu untersuchenden Stellen, oder wenn es sich als notwendig herausstellt, gänzlich beseitigt werden.

9. Werden bei einer Untersuchung erhebliche Unregelmäßigkeiten in dem Betriebe ermittelt, so kann nach Ermessen des Beamten in dem folgenden Jahre die äußere Untersuchung wiederholt werden.

Hat eine Untersuchung Mängel ergeben, welche Gefahr herbeiführen, und wird diesen nicht sofort abgeholfen, so muß nach Ablauf der zur Herstellung des vorschriftsmäßigen Zustandes erforderlichen Frist die Untersuchung von neuem vorgenommen werden.

Befindet sich der Kessel bei der Untersuchung in einem Zustande, welcher eine unmittelbare Gefahr einschließt, so ist die Fortsetzung des Betriebes bis zur Beseitigung der Gefahr zu untersagen. Vor der Wiederaufnahme des Betriebes ist in diesem Falle die ganze Untersuchung zu wiederholen und der vorschriftsmäßige Zustand der Anlage festzustellen.

10. Die äußere Untersuchung erfolgt ohne vorherige Benachrichtigung des Kesselbesitzers.

Von der bevorstehenden inneren Untersuchung des Kessels ist der Besitzer mindestens vier Wochen vorher zu unterrichten; über die Wahl des Zeitpunktes für diese Untersuchung soll der Sachverständige sich mit dem Besitzer zu verständigen suchen, um den Betrieb der Anlage so wenig wie möglich zu beeinträchtigen.

Bewegliche Dampfkessel sind von den Besitzern oder deren Vertretern im Laufe des Revisionsjahres nach ergangener Aufforderung an einem beliebigen Orte innerhalb des Revisionsbezirkes für die Untersuchung bereitzustellen.

Durch die Untersuchung der Dampfschiffskessel dürfen die Fahrten der Schiffe nicht gestört werden usw. . . .

Falls ein Kesselbesitzer den Anforderungen des zur Untersuchung berufenen Beamten, den Kessel für die Untersuchung bereitzustellen, nicht entspricht, so ist auf Antrag des Beamten der Betrieb des Kessels bis auf weiteres polizeilich stillzulegen.

Die zur Ausführung der Untersuchung erforderliche Arbeitshilfe hat der Besitzer des Kessels den Beamten auf Verlangen unentgeltlich zur Verfügung zu stellen.

11. Für jeden Kessel hat der Besitzer ein Revisionsbuch zu halten, welches bei dem Kessel aufzubewahren ist. Dem Buche ist die nach Maßgabe der No. 6 der Anweisung zur Ausführung der Gewerbeordnung vom 21. Juni 1869 oder der früheren entsprechenden Bestimmungen erteilte Abnahmebescheinigung anzuhängen.

Der Befund der Untersuchung wird in dieses Revisionsbuch eingetragen. Abschrift des Vermerkes sendet der Sachverständige der Polizeibehörde des Ortes, an welchem der Kessel sich befindet. Diese hat für die Abstellung der festgesetzten Mängel und Unregelmäßigkeiten Sorge zu tragen.

12. Der Sachverständige überreicht am Jahresschluß der Kgl. Regierung (Landdrostei) des Bezirkes, in Berlin dem Kgl. Polizeipräsidium eine Nachweisung der von ihm im Laufe des Jahres untersuchten Dampfkessel, welche den Namen des Ortes, an welchem der Kessel sich befindet, den Namen des Kesselbesitzers,

die Bestimmung des Kessels, den Tag der Revision und in kurzen Worten den Befund derselben ersehen läßt.

13. Für die äußere Untersuchung eines jeden Dampfkessels ist eine Gebühr von 5 Talern zu entrichten. Gehören mehrere Dampfkessel zu einer gewerblichen Anlage, so ist nur für die Untersuchung des ersten Kessels der volle Satz, für die jedes folgenden aber nur die Hälfte zu entrichten, wenn die Untersuchung innerhalb desselben Jahres erfolgt. Letzteres hat zu geschehen, sofern erhebliche Anstände nicht obwalten. Ist die Untersuchung zugleich eine innere, so beträgt die Gebühr in allen Fällen 10 Taler für jeden Kessel.

14. Bei denjenigen außerordentlichen Untersuchungen (9), welche außerhalb des Wohnortes des Sachverständigen erfolgen, hat dieser auch auf die bestimmungsmäßigen Tagegelder und Reisekosten Anspruch.

Gebühren und Kosten (13, 14) werden bei der Polizeibehörde des Ortes, wo die Untersuchung erfolgt ist, liquidiert, durch diese festgesetzt und von dem Kesselbesitzer eingezogen.

Berlin, den 24. Juni 1872.

Bekanntmachung, betreffend allgemeine polizeiliche Bestimmungen über die Anlegung von Dampfkesseln. Vom 5. August 1890.

1. Bau der Dampfkessel.

Kesselwandungen.

§ 1. Die vom Feuer berührten Wandungen der Dampfkessel, der Feuerröhren und der Siederöhren dürfen nicht aus Gußeisen hergestellt werden, sofern deren lichte Weite bei zylindrischer Gestalt 25 cm, bei Kugelgestalt 30 cm übersteigt.

Die Verwendung von Messingblech ist nur für Feuerröhren, deren lichte Weite 10 cm nicht übersteigt, gestattet.

Feuerzüge.

§ 2. Die um oder durch einen Dampfkessel gehenden Feuerzüge müssen an ihrer höchsten Stelle in einem Abstand von mindestens 10 cm unter dem festgesetzten niedrigsten Wasserspiegel des Kessels liegen.

Diese Bestimmungen finden keine Anwendung auf Dampfkessel, welche aus Siederöhren von weniger als 10 cm Weite bestehen, sowie auf solche Feuerzüge, in welchen ein Erglühen des mit dem Dampfraum in Berührung stehenden Teiles der Wandungen nicht zu befürchten ist. Die Gefahr des Erglühens ist in der Regel als ausgeschlossen zu betrachten, wenn die vom Wasser bespülte Kesselfläche, welche von dem Feuer vor Erreichung der vom Dampf bespülten Kesselfläche bestrichen wird, bei natürlichem Luftzug mindestens zwanzigmal, bei künstlichem Luftzug mindestens vierzigmal so groß ist, als die Fläche des Feuerrostes.

2. Ausrüstung der Dampfkessel.

Speisung.

§ 3. An jedem Dampfkessel muß ein Speiseventil angebracht sein, welches bei Abstellung der Speisevorrichtung durch den Druck des Kesselwassers geschlossen wird.

§ 4. Jeder Dampfkessel muß mit zwei zuverlässigen Vorrichtungen zur Speisung versehen sein, welche nicht von derselben Betriebsvorrichtung abhängig sind, und von denen jede für sich imstande ist, dem Kessel die zur Speisung erforderliche Wassermenge zuzuführen. Mehrere zu einem Betriebe vereinigte Dampfkessel werden hierbei als ein Kessel angesehen.

Wasserstandsanzeiger.

§ 5. Jeder Dampfkessel muß mit einem Wasserstandsglase und mit einer zweiten geeigneten Vorrichtung zur Erkennung seines Wasserstandes versehen sein. Jede dieser Vorrichtungen muß eine gesonderte Verbindung mit dem Innern des Kessels haben, es sei denn, daß die gemeinschaftliche Verbindung durch ein Rohr von mindestens 60 qcm lichtem Querschnitt versehen ist.

§ 6. Werden Probierhähne zur Anwendung gebracht, so ist der unterste derselben in der Ebene des festgesetzten niedrigsten Wasserstandes anzubringen. Alle Probierhähne müssen so eingerichtet sein, daß man behufs Entfernung von Kesselstein in gerader Richtung hindurchstoßen kann.

Wasserstandsmarke.

§ 7. Der für den Dampfkessel festgesetzte niedrigste Wasserstand ist an dem Wasserstandsglase, sowie an der Kesselwand oder dem Kesselmauerwerk durch eine in die Augen fallende Marke zu bezeichnen.

. . . .

Sicherheitsventil.

§ 8. Jeder Dampfkessel muß mit wenigstens einem zuverlässigen Sicherheitsventil versehen sein.

Wenn mehrere Kessel einen gemeinsamen Dampfsammler haben, von welchem sie nicht einzeln abgesperrt werden können, so genügen für dieselben zwei Sicherheitsventile.

. . . .

Die Sicherheitsventile müssen jederzeit gelüftet werden können. Sie sind höchstens so zu belasten, daß sie beim Eintritt der für den Kessel festgesetzten Dampfspannung den Dampf entweichen lassen.

Manometer.

§ 9. Auf jedem Dampfkessel muß ein zuverlässiges Manometer angebracht sein, an welchem die festgesetzte höchste Dampfspannung durch eine in die Augen fallende Marke zu bezeichnen ist.

. . . .

Fabrikschild.

§ 10. An jedem Dampfkessel muß die festgesetzte höchste Dampfspannung, der Name des Fabrikanten, die laufende Fabriknummer und das Jahr der Anfertigung, . . . auf eine leicht erkennbare Weise angegeben sein.

Diese Angaben sind auf einem metallenen Schilde (Fabrikschild) anzubringen, welches mit Kupfernieten so am Kessel befestigt ist, daß es auch nach der Ummantelung oder Einmauerung des letzteren sichtbar bleibt.

3. Prüfung der Dampfkessel.

Druckprobe.

§ 11. Jeder neu aufzustellende Dampfkessel muß nach seiner letzten Zusammensetzung vor der Einmauerung oder Ummantelung unter Verschluß sämtlicher Öffnungen mit Wasserdruck geprüft werden.

Die Prüfung erfolgt bei Dampfkesseln, welche für eine Dampfspannung von nicht mehr als 5 Atm. Überdruck bestimmt sind, mit dem zweifachen Betrage des beabsichtigten Überdrucks, bei allen übrigen Dampfkesseln mit einem Druck, welcher den beabsichtigten Überdruck um 5 Atm. übersteigt. Unter Atmosphärendruck wird ein Druck von 1 kg auf 1 qcm verstanden.

Die Kesselwandungen müssen dem Probedruck widerstehen, ohne eine bleibende Veränderung ihrer Form zu zeigen und ohne undicht zu werden. Sie sind für undicht zu erachten, wenn das Wasser bei dem höchsten Druck in andrer Form als der von Nebel oder feinen Perlen durch die Fugen dringt.

Nachdem die Prüfung mit befriedigendem Erfolge stattgefunden hat, sind von dem Beamten oder staatlich ermächtigten Sachverständigen, welcher dieselbe vorgenommen hat, die Nieten, mit welchem das Fabrikschild am Kessel befestigt ist (§ 10), mit einem Stempel zu versehen. Dieser ist in der über die Prüfung aufzunehmenden Verhandlung (Prüfungszeugnis) zum Abdruck zu bringen.

§ 12. Wenn Dampfkessel eine Ausbesserung in der Kesselfabrik erfahren haben, oder wenn sie behufs einer Ausbesserung an der Betriebsstätte ganz bloßgelegt worden sind, so müssen sie in gleicher Weise, wie neu aufzustellende Kessel, der Prüfung mittelst Wasserdrucks unterworfen werden.

Wenn bei Kesseln mit innerem Feuerrohr ein solches Rohr und bei den nach Art der Lokomotivkessel gebauten Kesseln die Feuerbüchse behufs Ausbesserung oder Erneuerung herausgenommen, oder wenn bei zylindrischen und Siedekesseln eine oder mehrere Platten neu eingezogen werden, so ist nach der Ausbesserung oder Erneuerung ebenfalls die Prüfung mittelst Wasserdrucks vorzunehmen. Der völligen Bloßlegung des Kessels bedarf es hier nicht.

Prüfungsmanometer.

§ 13. Der bei der Prüfung ausgeübte Druck darf nur durch ein genügend hohes offenes Quecksilbermanometer oder durch das von dem prüfenden Beamten geführte amtliche Manometer festgestellt werden.

An jedem Dampfkessel muß sich eine Einrichtung befinden, welche dem prüfenden Beamten die Anbringung des amtlichen Manometers gestattet.

4. Aufstellung der Dampfkessel.

Aufstellungsort.

§ 14. Dampfkessel, welche für mehr als 6 Atm. Überdruck bestimmt sind, und solche, bei welchen das Produkt aus der feuerberührten Fläche in Quadratmetern und der Dampfspannung in Atmosphären-Überdruck mehr als 30 beträgt, dürfen unter Räumen, in welchen Menschen sich aufzuhalten pflegen, nicht aufgestellt werden. Innerhalb solcher Räume ist ihre Aufstellung unzulässig, wenn dieselben überwölbt oder mit fester Balkendecke versehen sind.

An jedem Dampfkessel, welcher unter Räumen, in welchen Menschen sich aufzuhalten pflegen, aufgestellt wird, muß die Feuerung so eingerichtet sein, daß die Einwirkung des Feuers auf den Kessel sofort gehemmt werden kann.

Dampfkessel, welche aus Sioderöhren von weniger als 10 cm Weite bestehen, und solche, welche unterirdisch in Bergwerken oder in Schiffen aufgestellt werden, unterliegen diesen Bestimmungen nicht.

Kesselmauerung.

§ 15. Zwischen dem Mauerwerk, welches den Feuerraum und die Feuerzüge feststehender Dampfkessel einschließt, und den dasselbe umgebenden Wänden muß ein Zwischenraum von mindestens 8 cm verbleiben, welcher oben abgedeckt und an den Enden verschlossen werden darf.

5. Bewegliche Dampfkessel (Lokomobilen).

§ 16. Bei jedem Dampfentwickler, welcher als beweglicher Dampfkessel (Lokomobile) zum Betriebe an wechselnden Betriebsstätten benutzt werden soll, müssen sich befinden:

1. Eine Ausfertigung der Urkunde über seine Genehmigung, welche die Angaben des Fabrikschildes (§ 10) enthält und mit einer Beschreibung und maßstäblichen Zeichnung, dem Prüfungszeugnis (§ 11 Abs. 4), der im § 24 Abs. 3 der Gewerbeordnung vorgeschriebenen Bescheinigung und dem Vermerk über die zulässige Belastung der Sicherheitsventile verbunden ist.
2. Ein Revisionsbuch, welches die Angaben des Fabrikschildes (§ 10) enthält. Die Bescheinigung über die Vornahme der in § 12 vorgeschriebenen Prüfungen und der periodischen Untersuchungen muß in das Revisionsbuch eingetragen oder demselben beigefügt sein.

Die Genehmigungsurkunde und das Revisionsbuch sind an der Betriebsstätte des Kessels aufzubewahren und jedem zur Ansicht zuständigen Beamten oder Sachverständigen auf Verlangen vorzulegen.

§ 17. Als bewegliche Dampfkessel dürfen nur solche Dampfentwickler betrieben werden, zu deren Aufstellung und Inbetriebnahme die Herstellung von Mauerwerk, welches den Kessel umgibt, nicht erforderlich ist.

§ 18. Die Bestimmungen der §§ 16 und 17 treten außer Anwendung, wenn ein beweglicher Dampfkessel an einem Betriebe zu dauernder Benutzung aufgestellt wird.

Der 6. Abschnitt handelt von den uns nicht interessierenden Dampfschiffskesseln.

7. Allgemeine Bestimmungen.

§ 20. Wenn Dampfkesselanlagen, die sich zurzeit bereits im Betriebe befinden, den vorstehenden Bestimmungen aber nicht entsprechen, eine Veränderung der Betriebsstätte erfahren sollen, so kann bei deren Genehmigung eine Abänderung in dem Bau der Kessel nach Maßgabe der §§ 1 und 2 nicht gefordert werden. Im übrigen finden die vorstehenden Bestimmungen auch für solche Fälle Anwendung, jedoch mit der Maßgabe, daß für Lokomobilen und Schiffskessel den Vorschriften in den §§ 10, 11 und 16 bis zum 1. Januar 1892 zu entsprechen ist.

§ 21. Die Zentralbehörden der einzelnen Bundesstaaten sind befugt, in einzelnen Fällen von der Beobachtung der vorstehenden Bestimmungen zu entbinden.

§ 22. Die vorstehenden Bestimmungen finden keine Anwendung:

1. auf Kochgefäße, in welchen mittelst Dampfes, der einem anderweitigen Dampfentwickler entnommen ist, gekocht wird;
2. auf Dampfüberhitzer oder Behälter, in welchen Dampf, der einem anderweitigen Dampfentwickler entnommen ist, durch Einwirkung von Feuer besonders erhitzt wird;

3. auf Kochkessel, in welchen Dampf aus Wasser durch Einwirkung von Feuer erzeugt wird, wofern dieselben mit der Atmosphäre durch ein unverschließbares, in den Wasserraum hinabreichendes Standrohr von nicht über 5 m Höhe und mindestens 8 cm Weite oder durch eine andere von der Zentralbehörde des Bundesstaates genehmigte Sicherheitsvorrichtung verbunden sind.

§ 23. In bezug auf die Kessel in Eisenbahnlokomotiven bleiben die Bestimmungen des Bahnpolizei-Reglements für die Eisenbahnen Deutschlands in der Fassung vom 30. November 1885 und der Bahnordnung für deutsche Eisenbahnen untergeordneter Bedeutung vom 12. Juni 1878 in Geltung.

§ 24. Die Bekanntmachung, betreffend allgemeine polizeiliche Bestimmungen über die Anlegung von Dampfkesseln, vom 29. Mai 1871 und die diese Bekanntmachung abändernden Bekanntmachungen vom 18. Juli 1883 und vom 27. Juli 1889 werden aufgehoben.

Berlin, den 5. August 1890.

Der Reichskanzler.

In Vertretung: von Bötticher.

Bestimmungen über die Genehmigung, Prüfung und Revision der Dampfkessel.

(Nach einer Vereinbarung der Verbündeten Regierungen des Reichs in der Bundesratssitzung vom 3. Juli 1890)

1. Dampfkessel im allgemeinen.

1. Dampfkessel aus dem Auslande müssen der Druckprobe nach den Vorschriften im § 11 der allg. poliz. Bestimmungen vom 5. August 1890 im Inlande unterworfen werden.

Dampfkessel, welche in einem Bundesstaate am Verfertigungsort von einem hiermit beauftragten Beamten oder staatlich ermächtigten Sachverständigen nach §§ 11 und 13 der allg. poliz. Bestimmungen vom 5. August 1890 oder nach Vornahme einer Ausbesserung in Gemäßheit des § 12 geprüft und den Vorschriften unter § 11 Abs. 4 entsprechend abgestempelt worden sind, unterliegen, sobald sie im Ganzen nach ihrem Aufstellungsorte transportiert werden, auch wenn dieser in einem anderen Bundesstaate gelegen ist, einer weiteren Wasserdruckprobe vor ihrer Einmauerung bezw. vor ihrer Wiederinbetriebsetzung nur dann, wenn sie durch den Transport oder aus anderer Veranlassung Beschädigungen erlitten haben, welche die Wiederholung der Probe geboten erscheinen lassen.

2. Bewegliche Kessel.

(Lokomobilen, §§ 16 ff. der allg. poliz. Bestimmungen vom 5. August 1890.)

2. Bewegliche Kessel, deren Inbetriebnahme in einem Bundesstaate auf Grund des § 24 der Gewerbeordnung und der allg. poliz. Bestimmungen genehmigt worden ist, können in allen andern Bundesstaaten ohne nochmalige vorgängige Genehmigung in Betrieb gesetzt werden, sofern seit ihrer letzten Untersuchung nicht mehr als ein Jahr verflossen ist.

Hinsichtlich der örtlichen Aufstellung und des Betriebes kommen die polizeilichen Vorschriften desjenigen Bundesstaates zur Anwendung, in welchem der Kessel benutzt wird.

3. Die Genehmigung kann für mehrere bewegliche Kessel von übereinstimmender Bauart, Ausrüstung und Größe, welche in einer Fabrik im Laufe eines Kalenderjahres hergestellt werden, gemeinsam im voraus beantragt und durch eine Urkunde erteilt werden.

Für jeden auf Grund dieser Genehmigungsurkunde hergestellten beweglichen Kessel ist eine mit der Fabriknummer zu versehende beglaubigte Abschrift der Genehmigungsurkunde und ihrer Zubehörungen anzufertigen. Dieselbe gilt als Genehmigungsurkunde für den Kessel, dessen Fabriknummer sie trägt.

Die Beglaubigung der Abschrift kann durch den Beamten oder staatlich ermächtigten Sachverständigen, welcher die im § 11 der allg. poliz. Bestimmungen vorgesehene Untersuchung vornimmt, geschehen.

4. Bevor ein beweglicher Kessel in dem Bezirke einer Ortspolizeibehörde in Betrieb genommen wird, ist der letzteren von dem Betriebsunternehmer oder dessen Stellvertreter unter Angabe der Stelle, an welcher der Betrieb stattfinden soll, Anzeige zu erstatten.

5. Jeder bewegliche Kessel ist mindestens alljährlich einer äußeren Revision, und alle drei Jahre einer inneren Revision oder Wasserdruckprobe zu unterwerfen. Die innere Revision kann der Revisor nach seinem Ermessen durch eine Wasserdruckprobe ergänzen. Die äußere Revision kommt jedoch in demjenigen Jahre in Fortfall, in welchem eine innere Revision oder Wasserdruckprobe vorgenommen wird.

Die Wasserdruckprobe erfolgt bei Kesseln, welche für eine Dampfspannung von nicht mehr als 10 Atm. Überdruck bestimmt sind, mit dem anderthalbfachen Betrage des genehmigten Überdruckes, bei allen übrigen Kesseln mit einem Drucke, welcher den genehmigten Überdruck um 5 Atm. übersteigt. Bei der Probe ist, soweit dies von dem Revisor verlangt wird, die Ummantelung des Kessels zu beseitigen.

6. Der Betriebsunternehmer oder dessen Vertreter hat dem zuständigen Revisor zu der Zeit, zu welcher die innere Revision oder Wasserdruckprobe auszuführen ist, davon Anzeige zu erstatten, wann und wo der Kessel bereit steht.

7. Die nach Maßgabe des § 24 Abs. 3 der Gew.-Ord. von einem hierzu ermächtigten Beamten oder Sachverständigen eines Bundesstaates ausgestellten Bescheinigungen, die Bescheinigungen über die in Gemäßheit des § 12 der allg. poliz. Bestimmungen vom 5. August 1890 vorgenommenen Wasserdruckproben und die Bescheinigung über die Vornahme periodischer Untersuchungen werden in allen andern Bundesstaaten anerkannt.

Der Teil 3 handelt von Dampfschiffskesseln.

Kraftmotoren.

Dampfmaschinen.

In den Dampfmaschinen wird die dem gespannten Dampfe innewohnende Kraft in Arbeit, in Bewegung übergeführt. Bei allen Arten von Dampfmaschinen wird, seien sie stationär oder transportabel, liegend oder stehend, die Kraftentfaltung nach ihrem Dampfverbrauch bemessen und als relative Arbeitsleistung zum Ausdruck gebracht. Außer dieser gilt die meist in Pferdestärken angegebene absolute Arbeitsleistung als der Maßstab ihrer Größe. Der Dampfverbrauch bei kleinen Dampfmaschinen ist relativ größer als bei großen.

Die Konstruktion der Zylinderdampfmaschine wird in ihren Hauptzügen als bekannt vorausgesetzt. In dem Nachfolgenden sollen deshalb nur die Punkte erörtert werden, deren Kenntnis zur richtigen Bewertung und Kontrollierung der Leistung und Betriebskosten, sowie der Führung der Dampfmaschine nötig ist. Auf die zahlreichen Sonderausbildungen der verschiedenen Systeme einzugehen, wird nicht beabsichtigt.

Teile der Dampfmaschine. An jeder Dampfmaschine ist zu unterscheiden: 1. als wichtigster Teil der Zylinder mit dem Steuerungsmechanismus; dieser letztere besorgt durch rechtzeitiges Öffnen und Schließen der Kanäle mittelst der sogenannten Dampfabschlußorgane: Schieber, Hähne, Ventile, welche als Sperrmittel ihre besonderen Vorzüge und Nachteile haben, die richtige Zu- und Ableitung nach und aus dem Zylinder zur regelmäßigen Hin- und Herschiebung des Kolbens in diesem; 2. die zwangläufige Verbindung des Kolbens mit der Kurbel und der Schwungradwelle durch die Kolbenstange, den Kreuzkopf und die Pleuelstange zur Übertragung der geradlinigen Bewegung des Kolbens in die leichter fortzuleitende drehende des Schwungrades und zur gleichzeitigen Regulierung der Unregelmäßigkeiten der Umdrehungsgeschwindigkeit; 3. der von der Umdrehung beeinflußte Regulator zur selbsttätigen Erhaltung einer gleichmäßigen Geschwindigkeit des Schwungrades durch automatische Änderung der Dampffüllung bei wechselnder Belastung.

Man unterscheidet verschiedene

Arten von Dampfmaschinen. Nach der horizontalen und vertikalen Stellung des Zylinders teilt man sie ein in liegende und stehende Dampfmaschinen. Zu letzteren zählt man auch die kleineren, leicht an Gebäudemauern anzubringenden Wanddampfmaschinen. Sind mehrere gleichwirkende Zylinder vorhanden, deren jeder seinen Dampf direkt vom Kessel erhält, so nennt man sie Zwillings- und Drillingsmaschinen. Geht der Dampf aber nacheinander durch mehrere Zylinder zwecks stufenweiser Expansion, so heißen sie Zweifach-, Dreifach-Expansionsmaschinen, zu welchen auch die Woolfschen und Verbund- oder Compoundmaschinen gehören. Im Gegensatz zu den Expansionsmaschinen, bei denen die Zufuhr des Kesseldampfes vom Zylinder vorzeitig abgeschnitten wird und den Kolben durch Expansion vorwärts bewegt, wird bei den wenig verwendeten Volldruckmaschinen der Kolben bis an das Ende seines Hubes von dem zuströmenden Kesseldampf vorwärts getrieben. Je nachdem der Dampf durch Kühlung kondensiert wird oder nicht, heißen sie Kondensations- oder Auspuffmaschinen. Nach dem Prinzip der Steuerung existieren Schieber-, Ventil-, Hahnsteuerungen, resp. -Maschinen.

Abweichend von dieser auf ihrer inneren Konstruktion beruhenden Einteilung werden die Dampfmaschinen aber auch nach v. Reiche nach dem Gesichtspunkte des Zweckes gruppiert in solche für den Betrieb beliebiger Arbeitsmaschinen durch Vermittelung einer Kraftleitung: Transmissionsdampfmaschinen, und zweitens in solche zum direkten Betriebe bestimmter Arbeitsmaschinen, mit denen sie unmittelbar verbunden sind und für welche sie ihre ganze Kraft verbrauchen: Werkzeugmaschinen genannt.

Eine dritte Einteilung ist endlich die in stationäre Dampfmaschinen und Lokomobilen. Erstere ruhen auf festem, gemauertem Fundament und sind nur durch das Dampfrohr mit dem fest eingemauerten Kessel verbunden. Die Lokomobilen sind Motoren, bei denen Dampfkessel und Maschine ein Ganzes bilden und konstruktiv voneinander abhängen. Diese Vereinigung hat den Vorzug bequemer Ortsveränderung, schließt eine wesentliche Brennersparnis in sich und braucht viel weniger Raum zu ihrer Aufstellung. Die Lokomobilen haben ihren Namen daher, daß sie früher stets fahrbar auf einem Rädergestell montiert waren. Heutzutage konstruiert man auch stationäre Lokomobilen, bei denen eben nur die organische Verbindung von Kessel und Maschine das charakteristische Unterscheidungsmerkmal bildet.

Welche von diesen vielen Arten der Dampfmaschinen sich nun besonders als Kraftmotoren für den chemischen Fabrikbetrieb eignen, kann begreiflicherweise mit Rücksicht auf dessen Vielseitigkeit nicht ohne weiteres gesagt werden. In jedem Falle ist es zunächst wünschenswert, daß die Maschine solid gebaut ist, nicht einen zu komplizierten Mechanismus hat, der allerlei Reparaturen unterworfen ist, und daß solche in möglichst kurzer Zeit ausführbar sind. Außerdem wird ihr eine ziemlich wechselnde Beanspruchung zugemutet werden müssen. Abgesehen von ganz bestimmten Sonderzwecken wird sie somit der Gruppe der stationären Transmissionsdampfmaschinen mit Expansion angehören.

Expansion als die beste Ausnutzung des Dampfes wird unter allen Umständen zu wählen sein. Dann ist die Verwertung des Maschinenabdampfes zur Heizung, z. B. des Kesselspeisewassers, meist ökonomischer als der Wirkungsgrad der Kondensation. Bei Kraftbedarf von unter 2 PS. sind Gasmotoren vorzuziehen und für nicht ständige Betriebe ist eine billigere Maschine geeigneter, weil sich die bessere Dampfausnutzung einer teureren Maschine im Verhältnis zur Arbeitszeit weniger rentieren würde.

Leistung und Dampfverbrauch einer Dampfmaschine. Für die annähernde Berechnung der Leistung einer Volldruckdampfmaschine sei folgendes Beispiel angeführt:

Bei einem Zylinderdurchmesser von 20 cm und einem Kolbenhube, d. h. Entfernung der Umkehrpunkte des Kolbens im Zylinder von 50 cm trete der Dampf mit einem Überdruck von 5 Atm. in den Zylinder und das Schwungrad mache 120 Umdrehungen, mithin der Kolben 120 Doppelhube in der Minute. Der Druck von 5 Atm. beträgt auf 1 qcm 5 kg, also demnach auf die Kolbenfläche $5 \pi r^2 = 5 \,.\, 3{,}14 \,.\, 10^2 = 1570$ kg. Nun ist die Arbeit, die der Dampf beim Vorwärtsschieben des Kolbens um 50 cm, d. h. bei jedem einfachen Hub erreicht: 1570 . 0,5 kg und bei jedem Doppelhube 1570 kg. In der Minute macht die Welle 120 Umdrehungen, in der Sekunde also 2 Umdrehungen = 2 Doppelhube. Folglich ist die Leistung der Maschine 2 . 1570 = 3140 sek./kg/m oder, da 75 sek./kg/m eine Pferdekraft sind, $\frac{3140}{75} = \sim 42$ PS.

Für die Berechnung der theoretischen Leistungen einer einzylindrischen Dampfmaschine (die gebremste Pferdekraft ist um etwa 20 % niedriger) kann demnach die Formel aufgestellt werden:

$$n = \frac{Q\,(d - g)\,M}{60 \,.\, 75},$$

worin bedeutet Q den Querschnitt des Dampfzylinders in Quadratzentimeter, d die mittlere Dampfspannung und g den Gegendruck pro 1 qcm und M die Kolbengeschwindigkeit in Meter in 1 Minute.

Diese 42 PS. unseres obigen Beispiels sind die indizierte Stärke der Maschine. Von dieser gehen annähernd $^1/_5$ durch Reibung in der Maschine verloren, so daß gegen 33 PS. etwa der Welle entnommen werden können, welche man die effektive Stärke und auch die Nutzleistung der Maschine nennt.

$$\frac{\text{Indizierte Leistung}}{\text{Nutzleistung}} = \text{Widerstandsquotient.}$$

Daraus geht auch hervor, daß eine Dampfmaschine relativ um so billiger arbeitet, je voller sie belastet ist, weil der immer gleichbleibende innere Kraftverbrauch dann relativ geringer wird.

Zur Berechnung des Dampf- und Wärmeverbrauchs dieser 33pferdigen Maschine ist das Gewicht des Dampfes einer Zylinderfüllung sowie die entsprechenden Wärmeeinheiten zu ermitteln und mit der von ihr geleisteten mechanischen Arbeit zu vergleichen.

Der für einen Kolbenhub, also auch für eine Zylinderfüllung benötigte Raum ist nach Obigem $\pi r^2 l = 3{,}14 \,.\, 1^2 \,.\, 5 = 15{,}7$ l, und das spez. Gewicht von Dampf mit 6 Atm. Spannung ist 0,00326, demnach ist das Gewicht des Dampfes für einen Kolbenhub 0,0512 kg. Da diese 33pferdige Maschine in der Minute 240 und in der Stunde demnach 14400 Hube macht, so wird sie pro Stunde und Pferdekraft verbrauchen

$$\frac{14400 \,.\, 0{,}0512}{33} = 22{,}3 \text{ kg Dampf.}$$

Zur Bildung der 0,0512 kg Dampf sind nach der Formel auf S. 104 0,0512 (606,5 + 0,305 . 158) = 33,6 WE. verbraucht worden und die Arbeit des Kolbenhubes ist = 1570 . 0,5 = 785 kg/m, demnach haben 33,6 WE.

785 kg/m und 1 WE. = 23,4 kg/m geleistet. Nun entspricht aber tatsächlich 1 WE. = 424 kg/m, mithin leistet die Maschine nur 5,53 % der theoretischen Arbeit.

Davon ist noch der aus mehreren Ursachen entstehende Dampfverlust in Abrechnung zu bringen. Als Hauptursachen des Dampfverlustes gelten 1. der durchschnittlich $^1/_{20}$ der Zylinderfüllung betragende schädliche Raum; 2. die Kondensation des Dampfes an den Zylinderwänden. Daraus ergibt sich die Notwendigkeit, den Zylinder entweder mit einem Dampfmantel oder mit einem anderen Wärmeschutzmittel zu umgeben. Die Undichtigkeiten des Kolbens und der Steuerung können durch sorgfältige Ausführung fast auf 0 reduziert werden.

Wenn schließlich noch berücksichtigt wird, daß durchschnittlich nur $^3/_4$ des Brennmaterials nutzbar gemacht wird, so verringert sich die Leistung noch um einige Bruchteile von Prozenten.

Die obigen durchgeführten Berechnungen gelten für Auspuffmaschinen ohne Kondensation und Expansion.

Kondensationsdampfmaschinen. Durch Kondensation des aus der Maschine austretenden Dampfes wird vor dem Kolben ein Vakuum entstehen und der sonst durch den Gegendruck der atmosphärischen Luft verlorene Dampf nutzbar gemacht. Im obigen Beispiel würde diese Erhöhung der Arbeitsleistung $^1/_6$ betragen, vermindert um die Arbeit, welche für die Wasserpumpe nötig ist. Da also durch Kondensation die Leistung immer um etwa 1 Atm. erhöht wird, so fällt sie bei hohen Spannungen weniger ins Gewicht als bei niedrigen. Kondensation bedeutet mithin an und für sich eine Ersparnis. Ob eine solche in der Praxis auch eintreten wird, kann nur das Rechenexempel lehren, welches auch die Pumpenanlage und Amortisierung, ferner die Beschaffung des nötigen Kühlwassers zu berücksichtigen hat.

Expansionsdampfmaschinen. In der Expansionskraft des Dampfes von 6 Atm. liegt ebenfalls noch eine nutzbar zu machende Ersparnis. Zum bequemen Verständnis der Expansionswirkung und -größe diene das Diagramm der Fig. 69, welches eine vierfache Expansion darstellt. Die Abmessungen und Größen seien diejenigen des bisherigen Beispiels. A stelle den Zylinder und B dessen dreifache, vollkommen luftleer gedachte Verlängerung dar. Der Kolben wird von einem Druck von 6 . 314 = 1884 kg von *0* nach *1* geschoben. Dieser Volldruck sei durch die Linie C wiedergegeben. Wird nun die Dampfzufuhr abgestellt, so daß der in A vorhandene Dampf die seiner Tension entsprechende Druckkraft besitzt, so kann damit noch ein bestimmtes Quantum Arbeit geleistet werden. Der Kolben wird in die Verlängerung des Zylinders

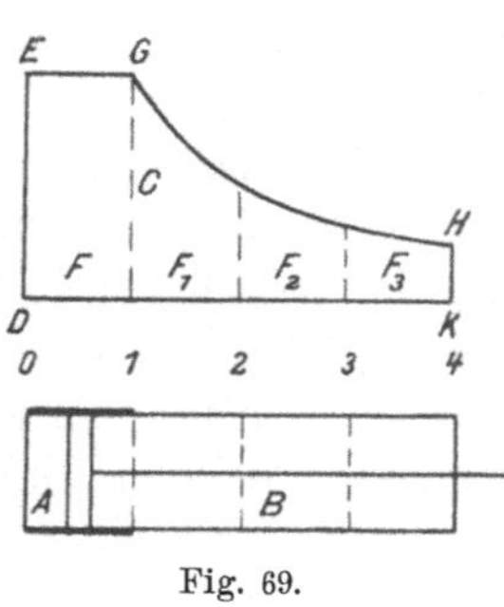

Fig. 69.

hineingedrückt, und zwar ist, wenn er bei *2* angekommen ist, der Druck gemäß dem Mariotteschen Gesetz nur noch halb so groß $= \frac{C}{2}$, in *3* wird er nur noch $\frac{C}{3}$, in *4* $\frac{C}{4}$ usw. sein. Die Fläche F stellt somit die Volldruckarbeit und die Summe der Flächen F_1, F_2, F_3 die Expansionsarbeit ΣF der Maschine dar.

Das Größenverhältnis beider Arten von Arbeit $\frac{F}{\Sigma F}$ ist daraus zu berechnen und stellt sich — bei vollkommener Kondensation — in Zahlen ausgedrückt folgendermaßen dar:

Expansion		Füllung		Füllungsgrad	$\frac{F}{\Sigma F}$
1 fach	oder	$^1/_1$ *)	oder	1	= 1 : 0
2 „	„	$^1/_2$	„	0,5	= 1 : 0,693
3 „	„	$^1/_3$	„	0,33	= 1 : 1,099
4 „	„	$^1/_4$	„	0,25	= 1 : 1,386
5 „	„	$^1/_5$	„	0,20	= 1 : 1,609
6 „	„	$^1/_6$	„	0,166	= 1 : 1,792
7 „	„	$^1/_7$	„	0,143	= 1 : 1,946
8 „	„	$^1/_8$	„	0,125	= 1 : 2,079
9 „	„	$^1/_9$	„	0,111	= 1 : 2,197
10 „	„	$^1/_{10}$	„	0,100	= 1 : 2,303

Die ganze vom Dampfe geleistete Arbeit bei vierfacher Expansion und Kondensation wäre also $1 + 1{,}386 = 2{,}386$ mal so groß wie die Arbeit, die ein gleiches Dampfquantum in einer Volldruckmaschine mit Kondensation leisten würde.

Betrachten wir die Maschine des obigen Beispiels unter der Voraussetzung, daß sie mit vierfacher Expansion und Kondensation arbeite, so wird zuerst durch die Kondensation bei angenommenem absoluten Vakuum der Dampf mit 1 Atm. mehr, also mit 6 Atm. Überdruck zur Wirkung gelangen. Die Dampfmenge dagegen ist nur ein Viertel der für das erste Beispiel angenommenen.

Es ist also der Druck auf die Kolbenfläche:

$$6 \pi r^2 = 6 \cdot 3{,}14 \cdot 10^2 = 1884 \text{ kg}.$$

Dieser Druck bleibt für einen Kolbenweg von 12,5 cm bestehen. Die später bis zum Schluß des Hubweges geleistete Arbeit ist 1,386 mal die Volldruckarbeit, die Gesamtarbeit also bei einem Hube:

$$1884 \cdot 0{,}125 \cdot 2{,}386 = 561{,}9 \text{ kg/m}.$$

Die Geschwindigkeit des Kolbens und damit die Zahl der Hube ist bei einer Viertelfüllung natürlich dem geringeren Durchschnittsdruck ent-

*) D. h. der Dampfeintritt hört auf, nachdem der Kolben $^1/_1$, $^1/_2$ usw. seines Weges zurückgelegt hat.

sprechend geringer als bei Volldruck. Der einer Viertelfüllung entsprechende Durchschnittsdruck, der Expansionskoeffizient unseres Beispiels ist $\frac{2,386}{4} = \sim 0,6$. Da der Dampf aber anstatt mit 5 mit 6 Atm. Überdruck arbeitet, erhöht sich dieser Koeffizient auf $\sim 0,7$. Demnach ist die Zahl der Hube $4 \,.\, 0,7 = 2,8$, und die Maschine leistet in der Sekunde:

$$2,8 \,.\, 561,9 = 1573,3 \text{ kg/m} = \text{rund } 21 \text{ PS.}$$

Für diese 21 indizierten Pferdekräfte braucht sie aber nur den vierten Teil des Dampfes wie die oben beschriebene Volldruckmaschine für ihre 42 indizierten Pferdekräfte. Der durch die Expansion erzielte Wirkungsgrad ist daher $21,4 : 42 = 2$ mal so groß.

Bei 21 indizierten Pferdestärken ist die Nutzleistung etwa 16 PS. und der Dampfverbrauch pro Hub $\frac{0,0512}{4} = 0,0128$ kg. In analoger Weise wie in obigem Beispiel läßt sich daraus berechnen, daß für die 0,0128 kg Dampf pro Hub 8,4 Wärmeeinheiten verbraucht werden. Die geleistete Arbeit ist 561,9 kg/m, also von einer Wärmeeinheit 66,9 kg/m = 15,8 % der Theorie, wovon der oben erwähnte unvermeidliche Dampfverlust in Abrechnung zu bringen ist.

Der für die PS.-Stunde verbrauchte Dampf ergibt sich aus der Anzahl der Hube und ist gleich $\frac{0,7 \,.\, 0,0128 \,.\, 14400}{16} = 8,06$ kg.

Da nun die Kondensation aber niemals eine vollständige ist und der für die Pumpe erforderliche Dampf sich noch zu dem anderen Dampfverlust addiert, von dem schon in dem obigen Beispiel die Rede war, so stellt sich der Bruttodampfverbrauch bei einer 16pferdigen Maschine mit 4facher Expansion pro Stunde auf etwa 20 kg.

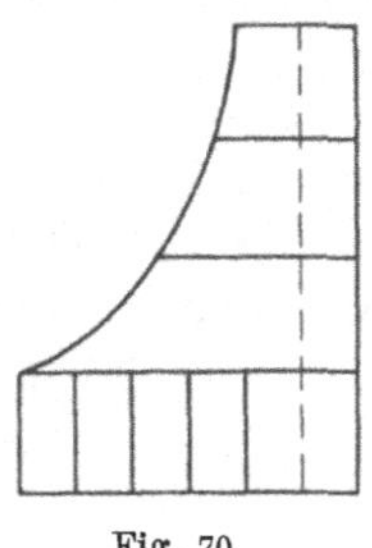

Fig. 70.

Wenn die Expansion ohne Kondensation vor sich geht, so leistet sie wesentlich Geringeres, wie aus Fig. 70 ersichtlich ist, in welcher durch die rechts von der punktierten Linie gelegene Fläche die durch Überwindung des atmosphärischen Gegendruckes verlorene Arbeit ausgedrückt wird, und zwar gestaltet sich das Verhältnis ungünstiger mit zunehmender Expansion.

Der Dampfverbrauch der Maschine selbst stellt sich mit der Zunahme der Pferdestärken günstiger. Für eine 10pferdige Expansionsmaschine ohne Kondensation kann man 20—25 kg Dampf pro gebremste Pferdestärke rechnen, für 2—5pferdige Maschinen dagegen etwa 30 kg.

Für Kondensationsmaschinen rechnet man das 25—30fache des Dampfgewichtes an Kühlwasser, wodurch eine Dampfersparnis von 20 bis 35 % erreicht wird.

Einzylindrische Kondensationsmaschinen von über 50 PS. gebrauchen 10 kg und stark expandierende Auspuffmaschinen 12—16 kg Dampf pro PS.

Ist das Material und die sonstige Bauart der Maschinenzylinder derart, daß überhitzter Dampf verwendet werden kann, so erreicht man damit eine beträchtliche Dampfersparnis. Liefert z. B. der meist in den Feuerzügen eingebaute Überhitzer einen auf 300° überhitzten Dampf, so ermöglicht er eine Dampfersparnis bis zu 20 % gegenüber derselben mit gesättigtem Dampf betriebenen Maschine.

Bestimmung des Maschinendampfes in der Praxis. Für kleinere Auspuffmaschinen kann der Dampfverbrauch ohne theoretische Berechnungen, welche überdies niemals genaue Resultate liefern, ermittelt werden, indem der abgehende Maschinendampf während einer gewissen Arbeitszeit entweder durch einen entsprechend großen Kühler oder durch Einleiten in eine bestimmte Menge Wasser kondensiert und gewogen wird. Bei größeren Dampfmaschinen muß die während der Versuchszeit im Kessel verdampfte Wassermenge bestimmt werden, indem die Menge Speisewasser ermittelt wird, welche zur Wiederherstellung des vor dem Versuch vorhandenen Wasserstandes nötig ist. Bei diesen Versuchen wird natürlich das vor dem Eintritt in die Maschine schon kondensierte Wasser der Dampfleitung mitgerechnet, welches, wenn es auch nicht dem Maschinenverbrauch angerechnet werden darf, doch zur Kostenberechnung der Arbeitsleistung gehört, da es doch auch einmal unter Aufwand einer bestimmten Kohlenmenge hat verdampft werden müssen, wohingegen der event. für die Speisepumpe benötigte Dampf, wenn er aus demselben Kessel kommt, in Abzug zu bringen ist. Während des Versuchsstadiums müssen sich Maschine und Kessel bei möglichst gleichmäßiger Beanspruchung dauernd im Beharrungszustande befinden.

Zudem spielt das aus dem Kessel von dem Dampfe mitgerissene Wasser eine störende Rolle. Zu dessen Bestimmung gibt es verschiedene Methoden und Apparate, von denen nur das sehr sichere Resultate gebende chemische Verfahren genannt sein soll. In den Kessel bringt man eine gewisse Menge Natriumsulfat, und während der Verdampfung nimmt man aus einer in Frage kommenden Stelle der Dampfleitung und aus dem Kesselinnern, am einfachsten durch den Wasserstandshahn den genügend kondensierten Dampf ab und bestimmt in beiden Fällen den Schwefelsäuregehalt, welcher einen direkten Schluß auf den Prozentgehalt an mitgerissenem Wasser gestattet.

Der Indikator. — Die bisherigen Berechnungen von Leistung und Dampfverbrauch setzten voraus, daß die Anlage und Bauart der einzelnen Maschinenteile richtig waren, daß die Maschine also richtig arbeitete. Ob dem nun auch wirklich so ist, ob die Wirkung des Dampfes voll zur Geltung kommt und der Verlauf der Dampfspannung in dem Zylinder den Annahmen entspricht, kann mit Hilfe des Indikatordiagrammes ermittelt werden.

Der Indikator ist im Prinzip ein mit dem Dampfzylinder in Verbindung zu setzendes Manometer, das den jeweiligen Zustand der einseitigen Dampfspannung im Zylinder während einer Kolbenbewegung graphisch auf einer Fläche aufzeichnet, indem diese Papierfläche selbst im Sinne der Kolbenbewegung horizontal verschoben wird, während der Manometerstift die vertikalen Bewegungen ausführt. Unter dem Einfluß dieser zwei Bewegungsrichtungen wird dann, wenn die wirklichen Spannungsverhältnisse den theoretischen entsprechen, eine der Fig. 69 ziemlich ähnliche in der Richtung $DEGHKD$ entstehen, welche das Indikatordiagramm genannt wird. Die auf den beiden Zylinderseiten genommenen Diagramme verhalten sich demnach wie Spiegelbilder zueinander.

Die Abszissen der Diagramme entsprechen den verschiedenen Kolbenstellungen, die Ordinaten den jeweiligen herrschenden Drucken. Sehr empfehlenswert sind diejenigen Indikatoren, bei denen als Ordinaten gleich die Differenzen der auf beiden Seiten des Kolbens herrschenden Drucke, d. h. die tatsächlich wirksamen Überdrucke verzeichnet werden.

Aus dem Vergleich der während einer normalen Belastung der Maschine von dem Stifte gezeichneten Linienform mit der theoretisch konstruierten lassen sich dann mit großer Sicherheit die inneren Vorgänge im Zylinder und in der Steuerung ermitteln und die event. nötigen Abänderungen bestimmen.

Einige fehlerhafte Diagramme (Fig. 71) mögen dies näher veranschaulichen; die schraffierten Flächen lassen den Arbeitsverlust erkennen.

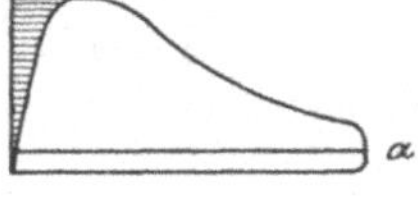

a) Der Dampfeintritt erfolgt zu langsam.

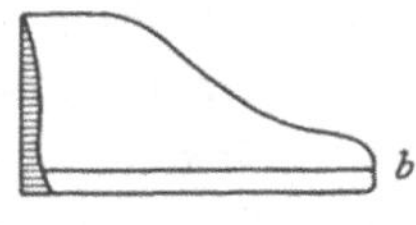

b) Die Dampfeinströmung erfolgt zu zeitig.

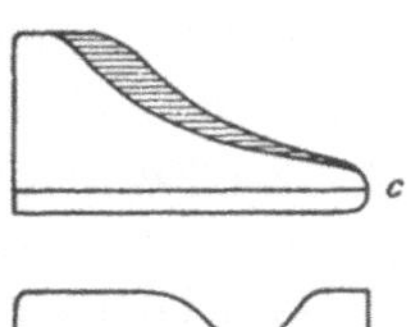

c) Infolge des undichten Schiebers strömt Dampf während der Expansion nach.

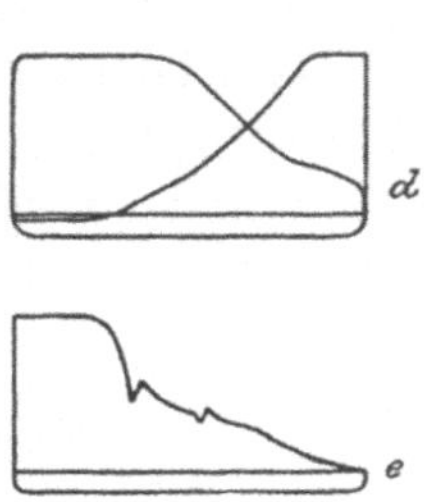

d) Die beiden Zylinderseiten werden verschieden stark gefüllt, was einen unregelmäßigen Gang und überflüssigen Dampfverbrauch zur Folge hat.

e) Der Registrierapparat funktioniert nicht ordentlich; der mit dem Stift verbundene Indikatorkolben klemmt sich fest.

Fig. 71.

Mit Hilfe solcher Indikatoren läßt sich also die indizierte Leistung einer Maschine genau bestimmen.

Das Bremsdynamometer. — Zur sicheren Ermittelung der effektiven oder nutzbaren Leistung und demnach auch des Verhältnisses zwischen effektiver und indizierter Leistung der Maschine an irgend einem Teile der Welle dient das Bremsdynamometer, mit dem kurzweg die „gebremste Pferdestärke“ einer Maschine festgestellt werden kann.

Das häufig gebrauchte Pronysche Bremsdynamometer, auch Pronyscher Zaun genannt (Fig. 72), besteht aus 2 Bremsbacken a, welche die Scheibe s einer Welle umfassen. Die obere Bremsbacke hat als Verlängerung einen Hebel h, an dessen Ende eine Wagschale zur Aufnahme der Last P hängt. Werden nun die Bremsbacken mit Hilfe der Flügelschrauben mäßig gegen die Scheibe gepreßt, daß der Hebel nicht mit herumgeschleudert wird, sondern bei entsprechender Belastung der Wagschale horizontal schwebt, so wird die Reibung der Bremse gleich der Arbeit der Maschine an dieser Stelle sein, und die von der Reibung absorbierte Arbeit A, in Pferdekräften und Sekunden ausgedrückt, ist:

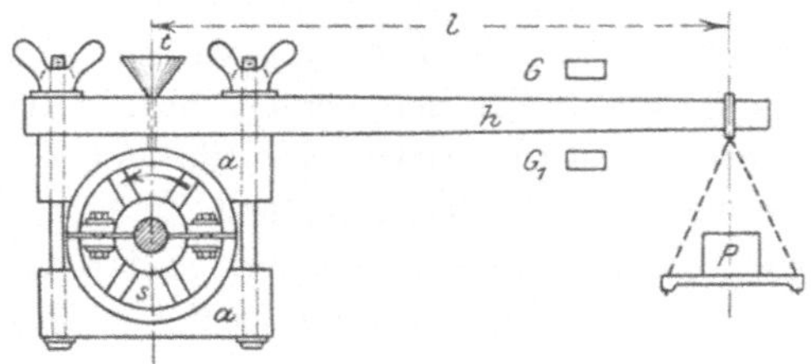

Fig. 72.

$$A = \frac{\pi . l}{75 . 30} P . n,$$

worin l den Abstand der Wagschale von dem Mittelpunkt der Welle und n die Anzahl der Umdrehungen derselben in der Minute ausdrücken. Da nun der Wert $\frac{\pi . l}{75 . 30}$ für jeden Apparat konstant ist, so hat man diesen für die Versuche nur mit P und n zu multiplizieren.

Bei der Ausführung des Versuches ist darauf zu achten, daß die Reibung der Bremsbacken auf der Scheibe nicht zu groß wird. Zu dem Zwecke wähle man letztere nicht zu klein und zur Mäßigung der durch die Reibung entwickelten Hitze läßt man durch den Trichter t auf der oberen Bremsbacke Seifenwasser auf die Scheibe fließen. Zur Begrenzung der durch das Einstellen der Flügelschrauben bedingten Schwankungen des Hebels ist eine Arretierungsvorrichtung $G\,G_1$ anzubringen. Sobald das Gleichgewicht durch wechselndes Anziehen und Lockern der Schrauben und richtiges Belasten der Wagschale erreicht ist, stelle man die Umdrehungen in der Minute fest und der Versuch ist beendet.

Um die von einer Arbeitsmaschine gebrauchte Pferdekraft zu bestimmen, bremst man zuerst die leere Transmission und ermittelt dann, wieviel von der Bremsbelastung nach Einschaltung der Arbeitsmaschine wegzunehmen ist. Die der Gewichtsverringerung entsprechende Arbeit ist dann die von der Arbeitsmaschine verbrauchte.

Anschaffung einer neuen Maschine. Dafür sind eine Reihe von Fragen zu berücksichtigen, die man am besten mit einem Ingenieur durchspricht, damit die Anlage nachher nicht als verfehlt bezeichnet zu werden braucht.

Der Preis des Brennmaterials, also des Dampfes, das zur Verfügung stehende Kühlwasser, die Betriebsdauer und der gewünschte Gleichförmigkeitsgrad und die Geschwindigkeit sind zu erwägen. Billiges, reines Kühlwasser empfehlen Kondensation und teure Kohlen Expansion, welch letztere für nicht ganz kleine Betriebe wohl immer zu wählen ist.

Dann ist die Maschinenstärke festzustellen, was bei einer Neuanlage durchaus nicht so einfach ist, da man hier sehr auf Schätzungen angewiesen bleibt. Um den veränderlichen Anforderungen an die Maschine am besten nachzukommen, ist eine Ausführung am geeignetsten, deren Leistungsfähigkeit durch späteres Zufügen eines zweiten Zylinders, eines weiteren Expansionszylinders oder einer Kondensationsanlage erhöht werden kann. Im allgemeinen wählt man die Maschine eher reichlich groß als zu klein.

Der Raum, in dem die Maschine aufgestellt werden soll, richtet sich teils nach der Lage dieser zu dem Dampfkessel, teils nach der Transmission, welche die Kraft auf die einzelnen Arbeitsmaschinen überträgt. Einerseits sollen die Rohrverbindungen vom Kessel zur Maschine nicht unnötig lang sein, andrerseits soll die Maschine auch in möglichster Nähe der am meisten Kraft verbrauchenden Arbeitsmaschinen liegen, wie es zum allgemeinen Grundsatz gemacht werden soll, jeden unnötigen Kraftverbrauch durch umständliche Übertragung als dauernde Verlustquelle zu vermeiden.

Bei dem Kauf sind in dem Lieferungsvertrag nach „Scholl, Führer des Maschinisten“ namentlich folgende Vereinbarungen vorzusehen:

1. System der Maschine und Steuerung, Dampfdruck im Kessel.
2. Größe der mittleren und maximalen Arbeit (Bremsleistung).
3. Kolbendurchmesser, Hub und Tourenzahl in der Minute.
4. Material der verschiedenen Hauptteile.
5. Dampfverbrauch für effektive Pferdestärke, bestimmte Garantien für Innehaltung dieser Zahlen und Angabe, wie der Dampf gemessen werden soll.
6. Ungleichförmigkeitsgrad.
7. Lieferungstermin (event., wenn nötig, Konventionalstrafe).
8. Preis. Hierbei ist genau festzustellen, ob die Rohrleitungen, das Schwungrad, Garnituren, Werkzeuge und ähnliche zweifelhafte Teile im Preise eingeschlossen sind und ob die Aufstellung und der Transport der Maschine darin mit inbegriffen ist. Das Schwungrad richtet sich hinsichtlich seiner Größe nach der Art des Betriebes und wird deshalb häufig besonders berechnet.

9. Garantiezeit. Diese dauert in der Regel 6 Monate. Während dieser Zeit hat der Lieferant alle durch ihn verschuldeten Fehler und Schäden, welche sich etwa herausstellen sollten, auf seine Kosten zu beseitigen. Für Zeitverluste und Betriebsstörungen muß aber seinerseits die Verantwortlichkeit kontraktlich abgelehnt werden. Für den Garantiewärter sind Pflichten und Lohn zu präzisieren.
10. Verfahren bei Differenzen zwischen Besteller und Lieferant. Meist werden als Schiedsrichter zwei Sachverständige und ein Obmann gewählt.
11. Eine Fundamentzeichnung muß zu bestimmter Zeit geliefert werden; eine Zeichnung der Maschine selbst wird nicht immer verlangt.

Um eine Vorstellung über den Wert einer Maschinenanlage und die Kosten eines Maschinenbetriebes zu erhalten, seien folgende Zahlen gegeben:

Eine liegende 1-Zylinderdampfmaschine mit Kondensation von 20 bis 60 PS. kostet jährlich an 300—200 M. pro 1 PS.

Die jährlichen Betriebskosten einer 25pferdigen Auspuffmaschine setzen sich z. B. aus folgenden Einzelsummen zusammen bei 300 Arbeitstagen zu 10 Betriebsstunden:

1.	Kohlenverbrauch, stündlich für jede effektive Pferdestärke 2 kg, beträgt jährlich 2 . 25 . 10 . 300 = 150000 kg; pro 100 kg M. 1,80	2700 M.
2.	Verbrauch an Speisewasser das 6—7fache an Kohlen, rund 1000 cbm; 1 cbm M. 0,10.	100 „
3.	Schmieröl, Putzwolle, Verpackungsmaterial u. a.	330 „
4.	Feuerversicherung	200 „
5.	Amortisierung der Dampfmaschinenanlage mit rund 6 % von 12000 M.	720 „
6.	Amortisierung des auf 5000 M. veranschlagten Maschinen- und Kesselhauses mit 2 %	100 „
7.	Verzinsung des ganzen Anlagekapitals von 17000 M. mit 5 %	850 „
8.	Lohn für Maschinisten und Heizer	2500 „
		7500 M.

Demnach kostet eine gebremste Pferdestärke jährlich $\frac{7500}{25} = 300$ M. und stündlich 10 Pf.

Bei kleinen Maschinen steigen die Jahreskosten bis über 350 M. und bei größeren mit Kondensation und überhitztem Dampf arbeitenden fallen sie auf unter 200 M. jährlich.

In der **Wartung der Dampfmaschine**, welche mit der des Dampfkessels Hand in Hand geht, spielt die Persönlichkeit des Maschinisten eine sehr große Rolle. Einer guten Gesundheit sollen sich Behendigkeit und vor allem Ausdauer und Zähigkeit zugesellen. Mit solchen Eigenschaften ausgerüstete Leute werden in ihrem Dienste auch das notwendige Maß von Umsicht, Kaltblütigkeit und Gewandtheit bekunden, was sie mit einem Worte fähig macht zur verständnisvollen Überwachung eines Apparates, an dem alles in Bewegung ist und dessen ordentliches Funktionieren von einem harmonischen Zusammenarbeiten vieler Einzelheiten abhängt.

Zur Besorgung kleiner, oft eintretender Reparaturen ist es vorteilhaft, wenn der Maschinenwärter gelernter Schlosser oder Schmied ist. Ferner ist es von gutem Nutzen, wenn der Maschinist bei der Aufstellung der Maschine mitgeholfen hat. Dadurch hatte er die beste Gelegenheit, sich mit den vielen Einzelheiten und Kleinigkeiten vertraut zu machen, die nachher das Ganze ausmachen. Seine Aufmerksamkeit muß beständig auf den ordnungsmäßigen Zustand aller Einzelheiten gerichtet sein, so daß ihm die geringsten Unregelmäßigkeiten und Fehler sofort auffallen.

Reinlichkeit und Ordnungsliebe erhalten wach und tätig und sind die besten Garantien für die gute Erhaltung des Maschinenwerkes. Ein einziger Blick auf die Maschine muß für ihn genügen, um überzeugt zu sein, daß sich alles in vollkommener Ordnung befindet.

Ein Wärter, der die Führung des Maschinenbetriebes in dieser verlangten Weise unterhält, muß auch in seiner Stellung unterstützt werden. Daß er einen seinen Leistungen entsprechenden Lohn erhält, kann billigerweise vorausgesetzt werden. Im anderen Falle werden die willigsten Leute unlustig und können Schäden indirekter Art verursachen, ohne daß man ihnen gerade Pflichtvergessenheit vorhalten könnte.

Sein Verhältnis zu den übrigen Arbeitern soll sich zu einem verträglichen Zusammenarbeiten gestalten, denn wenn dies nicht der Fall ist, dürften die unliebsamsten Situationen entstehen. Außer seinen bestimmt bezeichneten Vorgesetzten — deren er so wenig wie möglich haben sollte — ist der Maschinist niemandem Rechenschaft schuldig. Es ist undenkbar, daß er Jedermanns Wünsche befriedigen kann.

Dem Betriebsleiter ist aber zu empfehlen, selbst wenn er von der Zuverlässigkeit des Personals überzeugt ist, Maschinen- und Kesselhaus täglich zu besuchen und sich persönlich von dem guten Zustande aller Teile und der vorhandenen Ordnung zu überzeugen. Auch halte er darauf, daß die von dem Personal zu führenden Bücher stets in Ordnung sind.

Dampfturbinen.

Die Dampfturbinen ähneln im Prinzip den Wasserturbinen (s. S. 166), denen sie konstruktiv nachgebildet sind unter der Berücksichtigung des Umstandes, daß der treibende Dampf im Gegensatz zum Wasser elastisch ist. Vor den Kolbendampfmaschinen haben die Dampfturbinen folgende Vorzüge: billiger Preis, geringes Gewicht, geringer Raumbedarf, einfache Bedienung und absolute Betriebssicherheit. Wirtschaftlich können sie von 300 PS. an aufwärts mit den Dampfmaschinen konkurrieren. Die ihnen eigene sehr hohe Umlaufszahl setzt ihrer Verwendbarkeit bestimmte Schranken und macht sie besonders geeignet zum Betrieb von Dynamomaschinen. Die Fabrikbetriebsmaschine für die mannigfaltigen Verwendungszwecke kann sie aus letzterem Grunde noch nicht ersetzen und auf keinen Fall, wenn der Maschinenabdampf zu Heizzwecken Verwendung findet, da Kondensation bei der Turbine unbedingt erforderlich ist.

Auf die verschiedenen Arten der Dampfturbinen kann nicht näher eingegangen werden. Die Lavalturbine ist eine axiale Druckturbine mit wagerechter Achse und teilweiser Beaufschlagung durch vier gleichmäßig verteilte Dampftouren. Sie macht 20000 und mehr Umdrehungen und wird in Größen von 5—300 PS. gebaut.

Die Parsonsturbine ist eine axiale Überdruckturbine mit liegender Welle und hat 20—60 Turbinenräder, die der Dampf wie bei den Expansionsmaschinen nacheinander in mehreren Laufrädergruppen und in fortschreitender Expansion durchströmt. Ihre Tourenzahl beträgt 3500—700 und macht sie zum direkten Antrieb von Dynamomaschinen besonders geeignet.

Neuere Typen sind die Turbinen von Rateau, Riedler, Stumpf und Zölly.

Der Dampfverbrauch der Turbinen ist um so geringer, je trockner der Dampf und je höher sein Druck ist. Daher ist die Verwendung überhitzten Dampfes geboten und dies um so mehr, als damit keinerlei Übelstände konstruktiver Art hinsichtlich des Materials und der Schmierung noch solche für den Betrieb verbunden sind.

Explosionsmotoren.

Andere Kraftmotoren als die Dampfmaschinen werden in den chemischen Betrieben wohl nur in Ausnahmefällen, zur Bedienung eines Kranes oder Dynamos oder einer Arbeitsmaschine gebraucht, deren Betrieb auch dann möglich gemacht werden muß, wenn Kessel oder Maschine außer Funktion sind.

Zum Antrieb solcher meist als Explosionsmotore gebauten Kraftmotore dient hauptsächlich Leuchtgas, Kraftgas, Petroleum und Benzin. Jeder Explosionsmotor muß oder sollte mit einer Vorrichtung zur gefahrlosen Ingangsetzung versehen sein.

Von den Gasmotoren sei der neue Motor von Otto als der bei weitem verbreitetste Typus beschrieben, der in den Größen von $^1/_3$ bis 100 PS. und noch größer gebaut wird, und von dem die anderen Arten nur in den Konstruktionseinzelheiten abweichen. Aus Betriebssicherheitsgründen ist eine leicht zugängliche Abstellung der Gasleitung außerhalb des Motorraumes vorzusehen.

Der Ottosche Motor ist eine einseitig wirkende Kolbenmaschine, in der ein Gemisch von Gas und Luft im Viertakt zur Explosion gebracht wird. Bei dem ersten Hingang des Kolbens wird der Zylinder zur Hälfte mit Luft und dann mit einem Gemisch von Gas und Luft

11*

gefüllt. Bei dem darauffolgenden Rückgang wird dieses Gemisch komprimiert. Der zweite Hingang des Kolbens wird durch die im Totpunkte einsetzende Explosion — mittelst einer Flamme — bewirkt und im zweiten Rückgang werden die Verbrennungsgase bis auf einen verbleibenden Rest aus dem Zylinder hinausbefördert. Daraus geht hervor, daß der Steuerungsapparat nur halb soviel Umdrehungen macht als das Schwungrad, und daß die Explosions- oder Arbeitsperiode zwei Umdrehungen des Schwungrades zustande bringen muß. Die Regulierung des Ganges ist bei den Gasmotoren ebenso genau, wie bei den Dampfmaschinen.

Augenblickliche Ingangsetzung, vollkommen gefahrloser Betrieb ohne besondere Wartung seitens eines geschulten Personals und keine Konzessionserfordernis für die Aufstellung infolge des Wegfalles des genehmigungspflichtigen Dampfkessels sind die Hauptvorteile des Gasmotors sowie der nachfolgenden Motoren.

Bei voller Belastung verbraucht eine Pferdekraftstunde eines 8 bis 10 pferdigen Motors an 0,8 cbm Gas, bei geringerer Belastung jedoch mehr. Der ralative Gasverbrauch nimmt mit steigender Leistung ab, so daß ein 2 pferdiger Motor etwa 1,8 und ein 30—50 pferdiger gegen 0,5 cbm für die Pferdekraftstunde nötig hat.

Die Petroleum- und Benzinmotoren unterscheiden sich konstruktiv nicht von den Gasmotoren. Sie besitzen nur noch einen Vergaser, in dem das Heizmaterial vergast wird. Vor den Gasmotoren besitzen sie den Vorteil, daß sie nicht an eine Gasleitung gebunden sind und sich daher mit großer Bequemlichkeit überall aufstellen lassen.

Außer diesen Heizmitteln werden noch Spiritus, Ölgas, Kraft- und Generatorgas verwendet.

Bei den Sauggasmotoren, deren sparsamer Betrieb eine Hauptursache ihrer Verbreitung ist, ist eine Verschmutzung der Generatorventile durch die von den Brennmaterialien stammenden unreinen Gase möglich. Dieser Umstand ist bei der Anschaffung zu berücksichtigen.

Bei dem Heißluftmotor dient als Betriebsmittel die atmosphärische Luft. Sie wird in einem geschlossenen Raume erhitzt und treibt durch die damit verbundene Drucksteigerung den Kolben im Zylinder vorwärts. Hierbei expandiert die heiße Luft, kühlt sich ab und verläßt am Ende des Kolbenhubes den Zylinder. Als Kleinmotor kann er mit dem Dampfmotor vorteilhaft konkurrieren, als Ersatz der größeren Dampfmaschinen jedoch nicht aufkommen.

Die Pferdekraftstunde verlangt 8—3 kg Kohle, mit steigender Leistung wird der Verbrauch noch geringer.

Wasserkraftmotoren.

Die Kraftausnützung des fließenden und fallenden Wassers findet immer mehr Verbreitung, besonders in Verbindung mit elektrischer Kraftübertragung. Die dazu verwandten Motoren sind die stets vertikal stehenden Wasserräder und die Turbinen mit meist horizontalem Rade.

Die Größe der absoluten Wasserkraft, welche für die Abmessungen der in Frage kommenden Motoren maßgebend ist, wird gefunden, wenn die Wassermenge pro Sekunde mit dem Gefälle multipliziert wird (75 kg pro Sekunde und Meter sind 1 PS.). Unter Gefälle ist dabei der vertikale Abstand der Wasserspiegel vor und hinter dem Motor in dem Kanal, d. h. des Obergrabens und des Untergrabens zu verstehen.

Von dem absoluten Effekt ist zu unterscheiden der in PS. ausgedrückte Nutzeffekt. Das ist derjenige Teil des absoluten Effektes, welcher von dem Rade aufgenommen, von der Welle fortgeleitet und mit dem Bremsdynamometer gemessen wird.

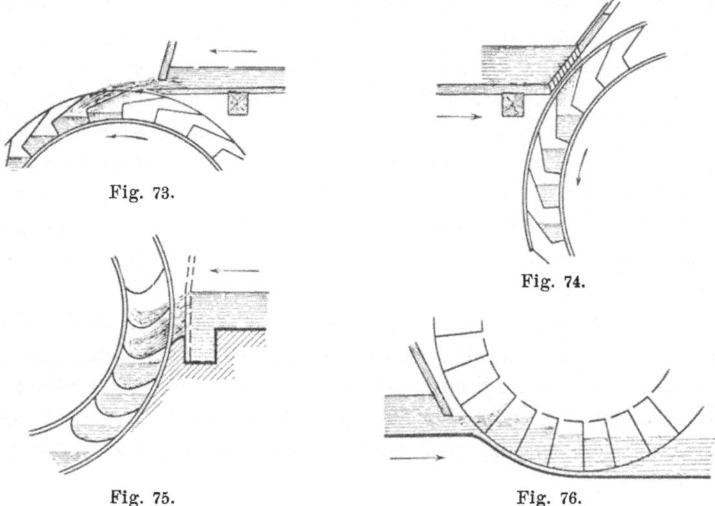

Fig. 73. Fig. 74. Fig. 75. Fig. 76.

Das Verhältnis der nützlichen zu der absoluten Arbeit stellt den Wirkungsgrad des Motors dar, welcher je nach der Konstruktionsvollkommenheit 30—80 %, bei gutem Bau meist 70—80 % beträgt.

Die **Wasserräder** heißen oberschlächtig (Fig. 73), rückschlächtig (Fig. 74), mittelschlächtig (Fig. 75) und unterschlächtig (Fig. 76), je nachdem das Wasser auf der oberen oder auf der unteren Hälfte oder in der Mitte das Rad „beaufschlagt". Becher- oder Schaufelräder werden gebaut, je nachdem das Wasser dem Rade in einem schmalen oder breiten Gerinne zugeführt wird. Endlich können die Schaufeln gekrümmt oder gerade sein. Wie sich aus den Figuren ergibt, ist bei den oberschlächtigen Rädern die Umdrehungsrichtung eine entgegengesetzte, wie bei den mittel-, rück- und unterschlächtigen.

Bei den oberschlächtigen Rädern wirkt das Wasser durch das Gewicht, bei den unterschlächtigen hauptsächlich durch die lebendige Kraft. Der Wirkungsgrad ist bei den oberschlächtigen Rädern im allgemeinen bedeutend günstiger, aber ihre Anlage ist teurer. Bei den mittelschlächtigen wirken beide Faktoren, Gewicht und Kraft. Je nach der Konstruktion tritt der eine oder der andere mehr in den Vordergrund. Zu den besten Wasserrädern gehören die von Sagebien mit einem Nutzeffekt von 80—90 % und von Poncelet, die aber beide unterschlächtig sind.

Bei den Druckwasserrädern strömt das Wasser aus Rohren mit Druck gegen Räder mit eigentümlich geformten Schaufeln.

Wasserturbinen unterscheiden sich von den Wasserrädern in der Wirkungsweise dadurch, daß bei ihnen in erster Linie die lebendige Kraft des Wassers, sein Gefälle ausgenützt wird, während bei den Wasserrädern hauptsächlich das Gewicht des Wassers die Kraft hervorbringt. In den Turbinen durchfließt — im Gegensatz zu den Wasserrädern — das Wasser stets das Rad, dessen Schaufelkonstruktionen genaue Berechnungen zugrunde liegen, um den Druck des Wassers möglichst stoßfrei aufzunehmen.

Alle neueren Wasserturbinen besitzen ein Leitrad, ein mit bestimmt geformten und abstellbaren Kanälen versehenes festes Rad, welches entweder seitlich um den Laufradkranz oder innerhalb oder außerhalb desselben angeordnet ist und bezweckt, das Wasser in der richtigsten Weise auf die Schaufeln des Laufrades wirken zu lassen. Wird das Druckwasser den Turbinen in geschlossenen Röhren zugeführt, so wird das wirksame Gefälle durch ein Manometer angezeigt, welches mit dem die Turbine einschließenden Gehäuse verbunden ist.

Nach der Durchgangsrichtung des Wassers durch das Turbinenrad unterscheidet man Axialturbinen und Radialturbinen, je nachdem das Wasser in der Richtung der Achse oder in der des Radhalbmessers hindurchströmt. Je nachdem das Leitrad innerhalb oder außerhalb des Laufrades liegt, spricht man von innerer oder äußerer Beaufschlagung der Turbine.

Eine andere Unterscheidung liegt in der Wasserpressung, mit welcher das Wasser in das Laufrad einströmt. Tritt es mit einer seinem ganzen Gefälle entsprechenden Geschwindigkeit ein, so entstehen die Aktions-, Druck- oder Freistrahlturbinen. Bei den Reaktions- oder Überdruckturbinen entspricht die Eintrittsgeschwindigkeit nur einem Teil des Wassergefälles, während der andere Teil desselben zur Vermehrung des Druckes gegen die Schaufeln verwendet wird. Bei den Aktionsturbinen muß das Laufrad stets über dem Unterwasserspiegel liegen wegen der erforderlichen Gegenwart der Luft, bei den Reaktionsturbinen kann es auch im Unterwasserspiegel liegen.

Bei den Vollturbinen wird das Wasser immer durch alle Kanäle der Turbine geleitet, während in den Partialturbinen das Wasser einen verstellbaren Teil des Turbinenkranzes trifft. Man spricht daher hier auch von vollbeaufschlagten und teilweise beaufschlagten Turbinen.

Die älteren Reaktionsturbinen arbeiten nur bei annähernd gleichbleibendem Wasserzufluß gut und sind deshalb von den neueren Aktionsturbinen stark verdrängt worden, weil diese infolge ihrer besonderen Schaufel- und Kranzform auch bei wechselndem Wasserzufluß einen guten Nutzeffekt und somit den Turbinenbetrieb erst allgemein anwendungsfähig gemacht haben.

Eine axiale Überdruckturbine ist die von Jonval (Fig. 77), während die von Girard eine axiale Druckturbine (Fig. 78) und die von Poncelet eine radiale Druckturbine (Fig. 79) darstellt.

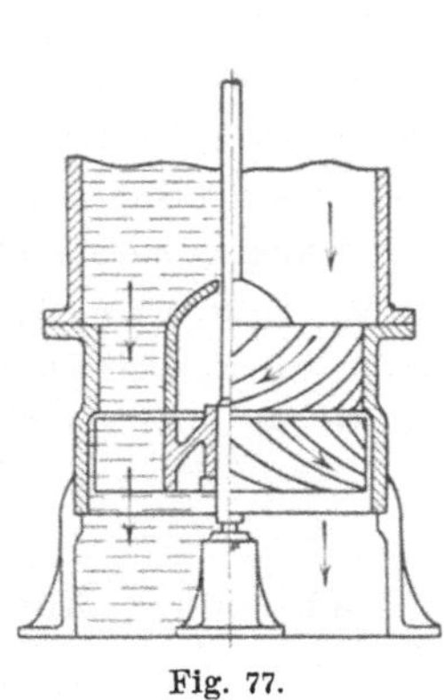

Fig. 77.

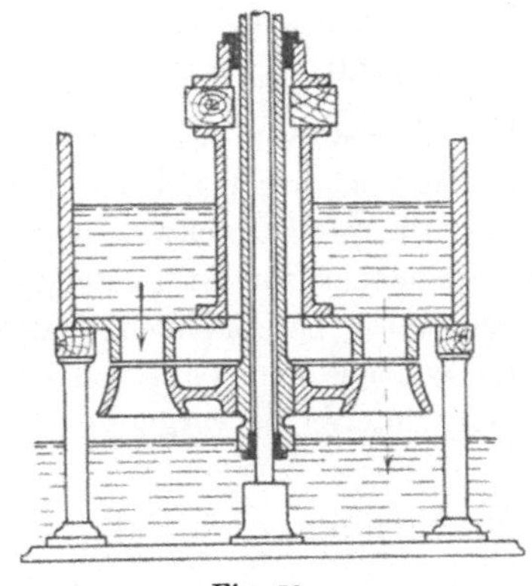

Fig. 78.

Ein **Vergleich** der **Wasserräder** mit den **Turbinen** ergibt:

Die Wasserräder drehen sich langsam und verlangen daher ein schwer gebautes Getriebe. Für große Wassermenge und hohes Gefälle verlangen sie große Abmessungen und nehmen einen großen Raum ein. Ihr Wirkungsgrad ist bei einem großen Gefälle relativ günstiger als bei einem niedrigeren und nimmt ferner bei kleiner werdendem Wasserzufluß nur wenig ab.

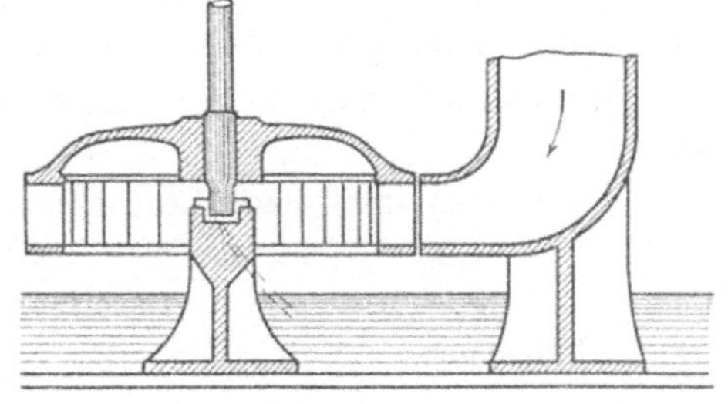

Fig. 79.

Die Wasserturbinen haben einen schnellen Gang, bedürfen daher auch nur einer leichteren Transmission und nehmen einen nur geringen Raum ein. Sie haben für alle Gefälle eine nahezu gleichbleibende Nutzleistung, die aber nicht höher ist als die von Wasserrädern mit einem Gefälle von über 5 m. Ihr Wirkungsgrad nimmt jedoch mit der Wassermenge ab.

Somit sind bei einem großen Gefälle (5—10 m) und bei stark wechselndem Wasserzufluß Wasserräder den Turbinen vorzuziehen.

Bei sehr großem Gefälle von über 10 m dagegen sind wieder die vertikalen Wasserräder nicht zu gebrauchen, während Turbinen für unbegrenzte Gefälle mit gutem Nutzeffekt konstruiert sind. Dann ist auch zu berücksichtigen, daß Reparaturen an Turbinen häufiger und gewöhnlich auch schwieriger sind als bei Wasserrädern.

Die Auswahl der geeignetsten Wasserkraftmaschinen bleibt in jedem Falle den fachkundigen Technikern überlassen, welche auch die zuweilen recht umfangreichen Flußregulierungen und Wasserbauten zur Sicherung des Wasserzuflusses auszuführen haben. Die damit verbundenen Arbeiten letzterer Art machen es auch unmöglich, allgemeine Zahlen für die Kosten einer Wasserkraft aufzustellen.

Die **Wassersäulenmaschinen** sind den Dampfmaschinen ähnlich gebaute Wassermotore für den Kleinbetrieb (meist bis 2 PS.), in denen an Stelle des Dampfes Druckwasser die Kolbenbewegungen hervorruft. Sie eignen sich daher zur Ausnützung der städtischen Druckwasserleitungen, sind aber selbst bei mäßigen Wasserpreisen von allen Kleinmotoren die teuersten, wie aus dem Vergleich der Betriebskosten (S. 172) verschiedener 2 pferdiger Motoren hervorgeht.

Kraftverbrauch und Betriebskosten verschiedener Motoren.

In den Dampfmaschinen werden höchstens 13 % der Arbeit, welche der in der Kohle aufgespeicherten Wärme entspricht, nutzbar gemacht, die übrigen 87 % gehen als Rauch, Wärme und Reibung verloren. Die Großgasmaschinen (50 PS.) sind theoretisch wirkungsvoller, da sie etwa 25 % der im Leuchtgas enthaltenen Kalorien in mechanische Arbeit verwandeln. Die Petroleum-, Spiritus- und Benzinmotoren setzen aber nur an 12 % der in ihnen enthaltenen Wärme in Arbeit um.

Eine Pferdekraftstunde der verschiedenen Kraftmotoren verbraucht etwa an

mittlerem städtischen Leuchtgas:
1,0—0,5 cbm für bis 12 pferdige Maschinen
0,5—0,4 „ „ 16—1000 „ „

Petroleum:
0,5 kg für Motoren bis 4 PS.
0,4 „ „ „ „ 10 „
0,35 „ „ „ „ 25 „
0,25 „ „ Dieselmotoren über 20 PS.

Benzin:
0,4—0,3 kg für Motoren von 0,5—30 PS.

Spiritus, 90 Vol.-Proz.:
0,6—0,4 kg für Motoren von 0,5—30 PS.

Gaskohle für die Heißluftmotoren:
8—3 kg für Motoren von 0,25—2 PS.

Wasser für Wassermotoren:
5 cbm für Motoren von 2 PS.

Die Betriebskosten der Kleinmotoren, welche den Preis des Kraftmittels, Reparaturkosten, Zinsen, Abschreibung, Bedienungskosten, Schmier- und Putzmaterial usw. umfassen, betragen bei 10stündiger Betriebszeit für die Pferdekraftstunde in Pfennigen:

	Pferdekräfte:				
	1/2 Pf.	1 Pf.	2 Pf.	4 Pf.	6 Pf.
Dampfmotoren	—	30	22,4	17,2	15
Gasmotoren	37	24,5	20	17	15
Heißluftmotoren	34	23	18	—	—
Wassermotoren	82	76	72	—	—
Druckluftmotoren . . .	30	28	20	18	17,5
Elektromotoren	55—90	46—83	40—75	35—70	30—60

Die Heizmaterialpreise der verschiedenen Motoren für die Pferdekraftstunde sind im Durchschnitt

bei Kleingasmaschinen (10 PS.)	8	Pf.
„ Großgasmaschinen	5—4	„
„ Großkraftgasmaschinen	0,8	„
„ Petroleummotoren (10 PS.)	11	„
„ Benzinmotoren	9	„
„ Spiritusmotoren	15—12	„
„ kleinen Dampfmaschinen	9—6	„
„ mittleren „	4—2	„
„ großen „	1,4—0,9	„
„ Dampfturbinen	1,4—0,8	„
„ Elektromotoren	18	„

Hiernach sind für den Kleinbetrieb die Gasmotoren bis etwa 10 PS. die vorteilhaftesten. In dem Großbetrieb können die verschiedenen Arten von Gaskraftmaschinen gut mit den Dampfmaschinen konkurrieren, sobald die Umstände den Dampf für andere Zwecke nicht auch gleichzeitig erfordern.

Für kurze Arbeitszeiten arbeiten die Explosionsmaschinen deshalb ökonomischer als die Dampfmaschinen, weil das zum Anheizen des Kessels nötige Brennmaterial als einschneidender Faktor in diesen Fällen wegfällt.

Zum Vergleich der ungefähren Preise der kleineren Kraftmotoren diene folgende Tabelle:

	Pferdekräfte:				
	2 M.	5 M.	10 M.	25 M.	75 M·
Gasmotoren	1000	2200	3300	6200	—
Petroleum- und Benzinmotoren	1700	2500	4200	7200	—
Heißluftmotoren	1800	—	—	—	—
Spiritusmotoren	1500	2500	3700	7000	—
Dampfmaschinen ohne Kondensation	—	—	2500	3500	11 000

Elektrische Kraftquellen.

Wenngleich die Dynamomaschinen als Arbeitsmaschinen, die Elektromotoren als Kraftmaschinen und das Leitungsnetz als Kraftübertragung in verschiedenen Kapiteln zu besprechen wären, so ist es dennoch praktischer, sie in ihrer Gesamtheit als elektrotechnische Betriebsanlagen gemeinsam mit einigen Worten zu besprechen.

Der Zweck der **Dynamomaschine** ist die Verwandlung von kinetischer Energie in Elektrizität. Der Grundgedanke ihrer Konstruktion liegt in der altbekannten Erscheinung, daß in einem elektrischen Leiter Ströme entstehen, wenn er sich gegen einen Magneten in irgend einer Weise bewegt. Diese Bewegung: das Nähern und Wiederentfernen des Anker genannten Leiters geschieht bei allen Strom erzeugenden Maschinen durch Rotation, sei es des Ankers, sei es des Magneten. Der Magnet der alten magnetelektrischen Maschinen wurde später durch einen Elektromagneten ersetzt, der endlich nach dem Siemensschen Dynamoprinzip mit Hilfe des stets im Eisen zurückbleibenden — remanenten — Magnetismus seinen Strom selbst wieder zu erzeugen imstande ist. Dieser schwache remanente Magnetismus des Elektromagneten genügt nämlich, um in der Wickelung des Ankers einen Strom zu erzeugen, der seinerseits durch die Rotation wiederum in der Umwickelung des Magneten neuen Strom erzeugt, den Elektromagneten also verstärkt. Dieses Spiel setzt sich unter beständiger Steigerung der elektrischen Kraft fort, bis der Ankerstrom sein durch die Dimension der Maschine, Geschwindigkeit der Ankerdrehung usw. gegebenes Maximum erreicht hat. Von dem Anker wird der Strom zu dem mitrotierenden Kollektor geleitet und von diesem mittelst Schleifkontakte (Bürsten) entnommen.

Fig. 80 gibt eine schematische Darstellung einer zweipoligen **Gleichstrom**-Dynamomaschine. Bei mehrpoligen Gleichstrommaschinen ist die Anzahl der Abnahmestellen des Stromes gleich der Anzahl der Pole. A ist der Anker, El der induzierende Elektromagnet, K die beiden Klemmen, an die der äußere Stromkreis S angeschlossen ist, C der Kollektor, von dem vermittelst der Bürsten B der Strom entnommen wird.

Bei der skizzierten Schaltung geht der Strom von der einen Bürste durch die Windungen des Elektromagneten zur Klemme K_1, von dort durch den äußeren Stromkreis zur Klemme K_2 und von dieser durch die zweite Bürste zum Kollektor zurück. Die Skizze stellt einen Hauptschluß-Dynamo dar. Fig. 81 zeigt einen Nebenschluß-Dynamo, welcher dadurch charakterisiert ist, daß der Ankerstrom sich an den Klemmen teilt. Der Hauptstrom geht durch den äußeren Stromkreis, während ein abgezweigter Teil die Wickelungen des Magneten durchläuft. Fig. 82 stellt eine Compound-Dynamomaschine dar, bei der sowohl der Hauptstrom wie auch der Nebenstrom die Wickelungen des Magneten durchfließen. RW ist der stets in die Nebenschlußwickelung einzuschaltende Widerstand zur Regulierung der Klemmenspannung der Maschine.

Welche von diesen verschiedenen Gleichstrommaschinen im gegebenen Falle am geeignetsten ist, oder ob man andererseits besser Wechsel- oder

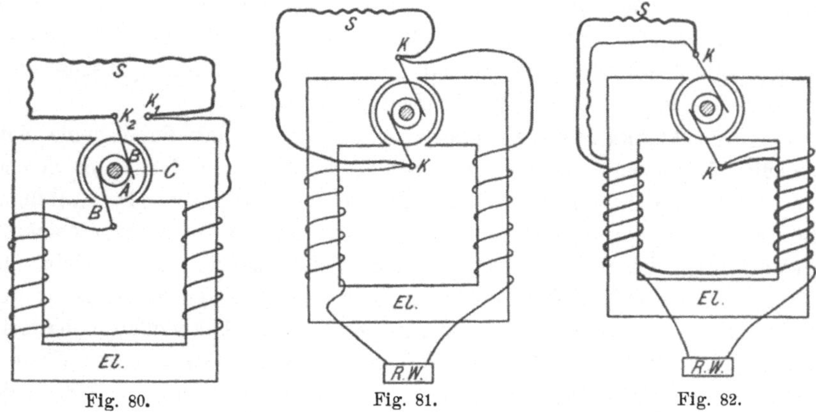

Fig. 80. Fig. 81. Fig. 82.

Drehstrommaschinen verwendet, überläßt man am besten der Firma, welche man mit der Ausführung der elektrischen Anlage betrauen will.

Wechselstrom- und **Drehstrommaschinen** wird man in chemischen Fabriken seltener finden. Abgesehen von den elektrolytischen Arbeiten, für die sie natürlich ausgeschlossen sind, können sie jedoch zu allen Zwecken ebenso gut Verwendung finden und sind für die Erzeugung des heißen elektrischen Lichtbogens für chemische Zwecke vorzuziehen (Karbid-, Aluminiumdarstellung). Wechselströme sind ebenfalls da am Platze, wo es sich darum handelt, von einer Maschine Ströme verschiedener Spannung entnehmen zu können, da nur sie mit Leichtigkeit und ohne große Verluste transformiert werden können.

Auf Einzelheiten der Wechsel- und Drehstrommaschinen einzugehen, würde zu weit führen. Es genüge, darauf hinzuweisen, daß **Wechselströme** Ströme sind, die, von 0 ansteigend, eine bestimmte Stärke erreichen, dann wieder bis 0 abnehmen, ihre Richtung ändern und dieselbe Stärke in negativer Richtung erreichen, um darauf wieder bis 0 abzunehmen und dieselbe „Periode" von neuem zu durchlaufen. Die Anzahl dieser Perioden ist eine sehr große, sie hängt ebenso wie das Maximum der Spannung ab von den Dimensionen (Anzahl der Pole) der Maschine und der Anzahl der Umdrehungen und beträgt bei einer Maschine mittlerer Dimension etwa 50—100 in der Sekunde.

Bei den Wechselstrommaschinen ist es gewöhnlich der Anker, welcher feststeht, während die Elektromagnete gegen denselben bewegt werden. Da von einem remanenten Magnetismus hier natürlich nicht die Rede sein kann, muß dem Magneten der Strom von einer Hilfsmaschine — der Erregermaschine — zugeführt werden. Diese ist meist auf derselben Achse montiert, wie die Hauptmaschine selbst.

Drehströme sind Wechselstromkombinationen, bei denen die einzelnen Phasen — Nullpunkte, Maxima, Minima — infolge der eigenartigen Wickelung des Ankers räumlich und zeitlich zueinander verschoben sind. Wenn z. B. innerhalb einer Periode des einen Wechselstroms noch zwei andere in gleichen Intervallen den Nullpunkt passieren, der vierte endlich wieder mit dem ersten zusammenfällt, so hat man sogen. Dreiphasenströme, zu deren Ableitung eine dreifache Leitung nötig ist.

Eine **Akkumulatorenanlage** wird in allen den Fällen eine notwendige Ergänzung der Dynamomaschine werden, in welchen der Stromverbrauch hinsichtlich der Zeit und Menge stark wechselt. Die Akkumulatoren sind Apparate, welche imstande sind, einen in sie hineingeschickten Strom durch chemische Vorgänge in potentielle Energie umzuwandeln und diese nach beliebiger Zeit wieder in Form eines — entgegengesetzt gerichteten — elektrischen Stromes abzugeben. Die Akkumulatorenbatterie besteht aus Elementen, Zellen in Form von Glas- oder anderen Kästen, in denen Bleiplatten in verdünnte Schwefelsäure tauchen. In einer Zelle befindet sich gewöhnlich eine ungerade Zahl von Platten. Die Platten 1, 3, 5 . . . sind die negativen, 2, 4, 6 . . . die positiven Platten. Die negativen und die positiven sind gegeneinander isoliert, unter sich aber verbunden. Beide sind mit Bleioxyden bedeckt.

Beim Laden schickt man den Strom der Dynamomaschine durch die positiven Platten, von denen er durch die Säure in die negativen geht, um dann die Batterie zu verlassen. Hierbei verändert sich die Masse der Platten chemisch, indem das Bleioxyd der positiven Platten zu Bleisuperoxyd oxydiert und das der negativen Platten zu schwammigem Blei reduziert wird. Nach einem gewissen Zeitraum sind die Zellen „geladen", was man daran erkennt, daß sie zu „kochen" anfangen, richtiger, daß die Bildung von Gasblasen erfolgt. Die Spannung der Zelle hat jetzt ungefähr 2,35 Volt erreicht. Wenn nun der Strom unterbrochen wird, so können durch Einschaltung der Batterie in einen äußeren Stromkreis die Zellen jederzeit unter Umkehrung des chemischen Prozesses Energie in Form eines dem Ladestrom entgegengesetzt gerichteten Entladestromes abgeben, so daß der Strom von den + Platten durch den äußeren Stromkreis in die — Platten geht und durch die Säure zu den + Platten zurückkehrt. Hierbei reduziert sich das Bleisuperoxyd zu Oxyd und das Blei oxydiert sich. Die Batterie ist praktisch erschöpft, wenn ihre Spannung pro Element auf 1,8 Volt gesunken ist. Bei der Ladung, Entladung usw. sowie betreffs der Stärke und Reinheit der Schwefelsäure ist eine Reihe von Vorsichtsmaßregeln zu beobachten, über welche die die Akkumulatoren liefernde Firma meist gedruckte Anweisungen gibt.

Soll der von der Dynamomaschine oder den Akkumulatoren gelieferte Strom für Kraftzwecke benutzt werden, so muß er von der positiven Klemme an die Verbrauchsstelle geleitet, dort vermittelst eines Elektromotors in kinetische Energie verwandelt und dann zur negativen Klemme der Maschine oder Batterie zurückgeleitet werden.

Der **Elektromotor** ist im allgemeinen nichts weiter als eine Dynamomaschine. Jede Dynamomaschine kann als Motor betrachtet werden. Wenn die Dynamomaschine A_1 in Fig. 83, durch eine äußere Kraft in der Richtung des Pfeiles gedreht, einen Strom von K_1 über L_1 durch den Motor A_2, diesem eine Rotation in der Richtung des Pfeiles erteilend, über L_2 nach

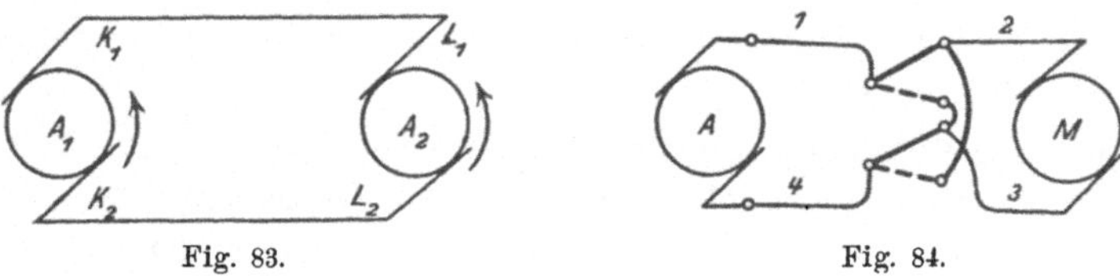

Fig. 83. Fig. 84.

K_2 sendet, so würde umgekehrt, wenn man A_2 als Dynamo und A_1 als Motor betrachtet und A_2 durch eine äußere Kraft in der Pfeilrichtung herumdreht, dadurch ein Strom entstehen, der, dem anderen entgegengesetzt fließend, A_1 eine Rotation in der dem Pfeile entgegengesetzten Richtung verleiht. Durch einfache, aus Fig. 84 ersichtliche Umschaltung kann man die Umdrehungsrichtung des Motors ändern. Wenn bei der voll liniierten Schaltung der Strom $A\,1\,2\,M\,3\,4$ den Motor M in der Richtung des Pfeiles der Fig. 83 herumtreibt, so genügt die Umschaltung in die punktierte Stellung und der Strom $A\,1\,3\,M\,2\,4$ erteilt dem Motor die entgegengesetzte Richtung. Der bei allen Elektromotoren zur langsamen Einführung des Stromes stets vorhandene Anlaßwiderstand ist in den Skizzen weggelassen.

Durch zu schnelles Anlassen entstehende Stromstöße sind den Elektromotoren sehr schädlich, weshalb auf ein langsames Einschalten besonderes Gewicht gelegt werden muß und event. auch Umkehranlaßwiderstände nötig sind.

Entsprechend dem vorhandenen Strome, ob Gleich-, Wechsel- oder Drehstrom, gibt es auch verschiedene Motorkonstruktionen. Drehstrommotoren haben den Vorteil, keine schleifenden Kontakte zu besitzen und daher auch in dieser Hinsicht keiner Reparaturen zu bedürfen; auch ist die Anlage die billigste für elektrische Kraft.

Um einen Anhalt über die Größe einer für die Beleuchtung nötigen Maschine und Akkumulatorenbatterie zu bekommen, vergegenwärtige man sich, daß eine 16kerzige Glühlampe einen Energieverbrauch von 50 Watt, eine Bogenlampe von 300—500 Kerzen einen solchen von etwa 250—400 Watt hat. Die Glühlampen sind gewöhnlich für 110 Volt und die Bogenlampen für 50 Volt Spannung konstruiert. Daher werden letztere, wenn die Spannung des Stromes in dem Leitungsnetze 110 Volt beträgt, paarweise geschaltet.

Zur Abschätzung des Kraftverbrauches der Dynamomaschine sei daran erinnert, daß 1 Kilowatt = 1,36 PS. ist, und daß eine gute Dynamomaschine mit einem Nutzeffekt von etwa 80 % arbeitet, einschließlich der Verluste durch Riemengleitung usw.

Bei Bogenlampen für Fabrikhöfe rechnet man etwa 0,5 Kerzen pro 1 qm Bodenfläche, für Fabriksäle 3—5 Kerzen. Bei Glühlampen rechnet man für 10 qm Bodenfläche etwa eine 16kerzige Lampe.

Die Umwandlung der elektrischen Energie im Elektromotor hat auch noch einen Verlust von etwa 20 % zur Folge.

Diese Angaben sind natürlich nur ganz allgemein gültig und können je nach der verlangten Abweichung in der Helligkeit erheblichen Schwankungen unterworfen sein.

Die **Stromleitung** geschieht im Freien durch blanke Leitungen aus reinstem Kupfer oder Aluminium. Auf die Einzelheiten des Leitungsbaues einzugehen, ist hier nicht der Ort. Im Innern der Fabrikräume werden meist isolierte Leitungen zu verwenden sein. In Räumen, in denen die Leitungen dem Einflusse von Säuredämpfen ausgesetzt sind, sind Bleikabel am Platze und da, wo durch etwa überspringende Funken Feuersgefahr entstehen kann, sind die Leitungsstellen gut zu verlöten und alle Einschaltkontakte u. dergl. zu vermeiden. Der Strom wird dann außerhalb der Räume eingeschaltet und unterbrochen. Die Verteilungsdosen der elektrischen Leitungen sind immer an solchen Stellen anzubringen, die stets, auch bei veränderter Ausnutzung der Räume, zugänglich bleiben.

Von dem Verbande deutscher Elektrotechniker sind Sicherheitsvorschriften herausgegeben, welche für den Bau und die Wartung elektrischer Anlagen schon den Versicherungsgesellschaften gegenüber zur Richtschnur zu nehmen sind.

Sollten, wie es in einer Fabrik bisweilen vorkommen kann, ohne Hilfe des Elektrotechnikers Abzweigungen oder Verlegungen am vorhandenen Leitungsnetze ausgeführt werden, so ist darauf zu achten, daß die Verbindung der Leitungsdrähte sehr sorgfältig geschieht. Die betreffenden zu verbindenden Drähte werden auf eine gewisse Länge ganz blank geputzt und fest gegeneinander gepreßt oder noch besser gelötet und dann gemeinschaftlich wieder mit Isoliermasse bewickelt. Oder man bedient sich sogen. Verbindungs- oder Abzweigungsmuffen, die nach der

Verbindung mit Isoliermasse ausgegossen werden. Bei fehlerhafter Ausführung können Funken und dadurch Brände entstehen, deshalb übertrage man solche Arbeiten, wenn irgend eine besondere Feuersgefahr besteht, immer gelernten Elektrotechnikern.

Der Stromverlust im Leitungsnetz bei der für die Lampen üblichen Spannung von 110 Volt und nicht zu großer Ausdehnung wird sich bei einigermaßen sachgemäßer Anlage in mäßigen Grenzen halten und 10 bis 20 % nicht übersteigen.

Elektrotechnische Maßeinheiten.

Volt: Die Einheit der Spannung, d. h. des Druckes, unter welchem der elektrische Strom den Leiter durchfließt, heißt das Volt (V.). 1 Volt ist ungefähr gleich der elektromotorischen Kraft eines Daniell-Elementes.

Ampère: Das Maß für die Stromstärke ist das Ampère (Amp.). 1 Amp. ist die Stärke desjenigen Stromes, welcher mit der Spannung 1 Volt einen Leiter vom Widerstande 1 Ohm durchfließt.

Ohm: Die Einheit des Widerstandes, welchen ein Leiter dem Durchgange des Stromes entgegensetzt, heißt das Ohm (Ω). 1 Ω ist gleich dem Widerstande einer Quecksilbersäule von 1,063 m Länge und 1 qmm Querschnitt bei 0° C.

Watt: Die Leistung (Energie) eines elektrischen Stromes von 1 Amp. bei 1 Volt Spannung (= 1 Amp. × 1 Volt) heißt das Volt-Ampère oder Watt. 1 Kilowatt = 1000 Watt. 736 Watt = 1 PS.

Wattstunde ist diejenige Arbeit, welche von dem Strom 1 Amp. bei 1 Volt Spannung in einer Stunde geleistet wird.

Coulomb: Die Elektrizitätsmenge, welche von der Stromstärke 1 Amp. in einer Sekunde befördert wird, heißt 1 Coulomb.

Kapazität einer **Akkumulatorenbatterie** ist diejenige Elektrizitätsmenge, welche die geladene Batterie bei der Entladung abgibt. Die Kapazität wird gemessen nach Amp.-Stunden. 1 Amp.-Stunde = 3600 Coulomb.

Kraftübertragungen.

Die Übertragung der Kraft von dem Orte ihrer Erzeugung nach dem des Verbrauches geschieht außer durch Dampf durch Transmissionen, durch Druckleitungen, durch Gas und den elektrischen Strom.

Transmissionen.

Transmissionen sind die verbreitetste Art der Kraftübertragung in chemischen Betrieben. Diese Triebwerke, welche die Kraft von den Motoren auf die Arbeitsmaschinen übertragen, heißen auch Zwischenmaschinen.

Zu einer Transmissionsanlage gehören die Wellen und deren Lagerungen, sowie die Räder und Scheiben. Nach der Kraftübertragungsart unterscheidet man Zahnräder- und Friktionsrädertriebe, Ketten- und Riementriebe und Hanf- und Seiltriebe.

Die **Wellen** sollen ebenso wie die Scheiben nicht schwerer sein, als es die Festigkeit verlangt, denn jedes Zuviel bedingt einen nutzlosen dauernden Kostenverbrauch. Als Material dient gewöhnlich Schmiedeeisen, für auf Verdrehung beanspruchte Wellen eignet sich besonders Walzeisen oder Stahl und für solche auf Biegung beanspruchte — durch Scheiben, Riemen- und Seiltriebe — geschmiedeter Gußstahl. Die Festigkeit der Welle kommt in der Dicke zum Ausdruck und richtet sich nach den Pferdestärken, die von ihr in der Minute übertragen werden sollen. Der Wellendurchmesser d für N Pferdestärken und n Umdrehungen in der Minute kann nach der modifizierten Reuleauxschen Formel:

$$d = 120 \sqrt[4]{\frac{N}{n}}$$

berechnet werden.

Die in der nachfolgenden Tabelle angegebenen Wellendurchmesser gelten für schwere, unruhig arbeitende Wellen aus Schmiedeeisen. Für solche mit gleichmäßigem Widerstande genügt 0,75 der Werte. Gußeiserne Wellen erhalten die doppelte Stärke, aus Stahl hergestellte können um 20—30 % schwächer sein, so daß z. B. eine Stahlwelle für gleichmäßigen ruhigen Gang bei 100 Umdrehungen in der Minute für 5 PS. nicht 60, sondern nur:

$$60 \cdot \frac{3}{4} \cdot \frac{3}{4} = 34 \text{ mm}$$

stark zu sein braucht.

Schneller laufende Wellen können bei gleicher Beanspruchung leichter gebaut sein, als langsamer laufende. Sie werden also billiger sein, müssen dafür aber sorgfältiger montiert und ihre Scheiben ausbalanciert werden, denn alle Ungleichheiten erhöhen mit der Steigerung der Geschwindigkeit die Erschütterungen. 150 Umdrehungen in der Minute sind ein sehr häufig anzutreffendes Tempo.

Bei langen Wellensträngen sind die Stärken der einzelnen Wellenstücke zu verringern in dem Maße, wie die Kraftabgabe bereits stattgefunden hat.

Der Abstand der Lagerungen richtet sich nach der Beanspruchung und der Dicke der Wellen. Er beträgt für solche unter 50 mm Durchmesser rund 2 m, für 50—70 mm starke Wellen ca. 2,5 m und für stärkere 3 m.

Der in dem Lager sich drehende Wellenteil heißt der Wellenhals oder die Laufstelle, die niemals schwächer sein soll, als die Welle selbst. Die einzelnen 4—6, bei über 50 mm Durchmesser bis 8 m langen Wellenstücke laufen immer mindestens in zwei Lagern und werden miteinander durch in der Nähe der Lager befindliche Kupplungen verbunden, welche

Durchmesser der Wellen in Millimeter.

PS.	Umdrehungen in der Minute:																	
	20	40	60	80	100	120	140	160	180	200	220	240	260	280	300	320	340	400
1	60	50	45	40	40	40	40	35	35	35	35	35	30	30	30	30	30	30
2	70	60	55	50	45	45	45	40	40	40	40	40	40	35	35	35	35	35
3	75	65	60	55	50	50	50	45	45	45	45	40	40	40	40	40	40	40
4	85	70	65	60	55	55	50	50	50	45	45	45	45	45	45	45	45	40
5	85	75	65	60	60	55	55	55	50	50	50	45	45	45	45	45	45	45
6	90	75	70	65	60	60	55	55	55	50	50	50	50	50	45	45	45	45
7	95	80	70	70	65	65	60	55	55	55	55	55	50	50	50	50	50	45
8	100	85	75	70	65	65	60	60	60	55	55	55	50	50	50	50	50	45
9	100	85	75	70	70	65	60	60	60	60	55	55	55	55	50	50	50	50
10	105	90	80	75	70	65	65	65	60	60	60	55	55	55	55	55	55	50
11	105	90	80	75	70	70	65	65	60	60	60	60	55	55	55	55	55	50
12	110	90	85	75	75	70	70	65	65	60	60	60	60	55	55	55	55	50
13	110	95	85	80	75	75	70	70	65	65	65	60	60	60	60	60	60	55
14	110	95	85	80	75	75	70	70	65	65	65	60	60	60	60	60	60	55
15	115	95	85	80	75	75	70	70	65	65	65	60	60	60	60	60	60	55
20	125	105	95	85	85	80	75	75	70	70	70	65	65	65	65	65	65	60
25	130	110	100	90	85	85	80	80	75	75	70	70	70	70	65	65	65	60
30	135	115	105	95	90	85	85	80	80	75	75	75	70	70	70	70	65	60
35	140	120	105	100	95	90	85	85	80	80	80	75	75	75	75	75	70	70
40	145	120	110	105	100	95	90	85	85	85	80	80	80	75	75	75	70	70
45	150	125	115	105	100	95	95	90	85	85	85	80	80	80	75	75	75	70
50	155	130	115	110	105	100	95	90	90	85	85	85	80	80	80	80	75	75
60	160	135	125	115	110	105	100	95	95	90	90	85	85	85	85	85	80	75
70	165	140	125	120	110	105	105	100	95	95	95	90	90	85	85	85	80	80
80	170	145	130	125	115	110	105	100	100	100	95	95	90	90	90	90	85	85
90	175	150	135	125	120	115	110	105	105	100	100	95	95	95	90	90	85	85
100	180	155	140	130	125	115	115	110	105	105	100	100	95	95	95	95	90	85
125	190	160	145	135	130	125	120	115	110	110	105	105	105	100	100	95	90	90
150	200	170	155	145	135	130	125	120	115	115	110	110	105	105	105	100	95	90
175	210	175	160	150	140	135	130	125	120	120	115	115	110	110	105	105	105	105
200	220	180	165	155	145	140	135	130	125	125	120	115	115	115	110	105	105	105

fest, etwas beweglich oder durch Ausrückvorrichtungen lösbar sind. Feste Kupplungen haben meist die Form von Hülsen oder Scheiben (Fig. 85 und 86). Die beweglichen Kupplungen lassen eine kleine Bewegung der Wellenenden zueinander zu und werden als Ausdehnungs- und Gelenkkupplungen gebaut. Die Ausrückkupplungen bestehen aus zweiteiligen Hülsen, von denen die eine in der Wellenrichtung verschiebbar ist. Die Verbindung beider Teile geschieht durch Zähne (Klauenkupplung) oder durch Reibung (Friktionskupplung).

Je nach der vertikalen oder horizontalen Lagerung der Welle spricht man von *Stützlagern* oder *Traglagern*. Zu den ersteren gehört das Fußlager (Fig. 87), wenn es den Fuß einer stehenden Welle unterstützt. Es besteht im wesentlichen aus der Spurpfanne a, die ihrerseits die Spurbüchse b und die nicht drehbare, aus sehr festem Material hergestellte Spurplatte c enthält, von denen das Wellenende, der Spurzapfen d, getragen wird. Die Schmierung des Zapfens ist den Anforderungen entsprechend verschieden.

Die *Traglager* der horizontalen Wellen sind für die verlangten Befestigungsarten als Steh-, Hänge- und Wand- oder Konsollager ausgebildet und dementsprechend der Lagerkörper auf der Sohlplatte oder dem Hängebock oder der Konsole be-

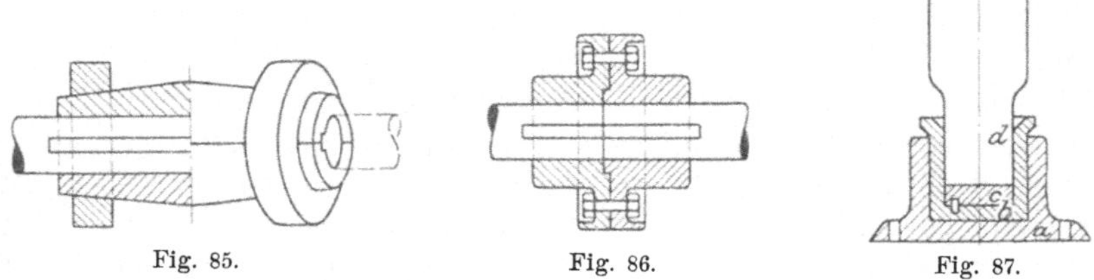

Fig. 85. Fig. 86. Fig. 87.

festigt. In dem Lagerkörper befinden sich die zwei halbzylindrischen Lagerschalen, welche die Lager tragen (Fig. 88).

Die Lager sollen der Welle eine möglichst große Auflagefläche bieten, um die Abnutzung und den Schmiermaterialverbrauch auf das

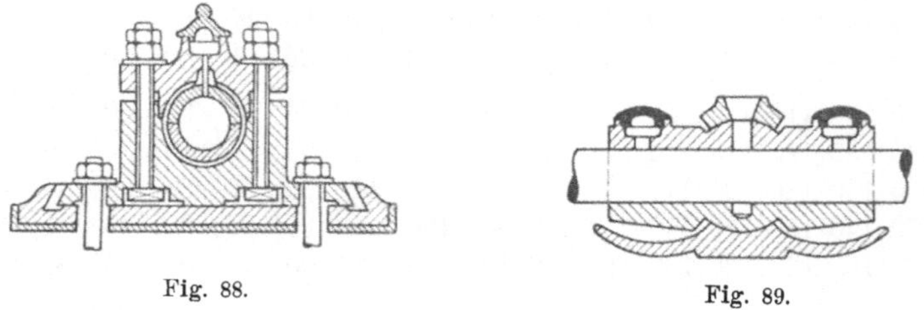

Fig. 88. Fig. 89.

Minimum zu beschränken. Das Schmiermaterial soll der *ganzen* Lauffläche zugeführt und nach der Schmierung in geeigneten Behältern aufgefangen werden. Sein Eintritt in die Fundamente ist zu verhüten.

Endlich soll das Lager leicht zugänglich sein, sich leicht montieren und auswechseln lassen. Seine günstigste Länge ist, wie die Praxis in Erfahrung gebracht hat, gleich der vier- bis fünffachen des Wellendurchmessers.

Die Wellenlager weisen manche Spezialkonstruktionen auf. So hat das sehr verbreitete amerikanische oder *Sellerslager* (Fig. 89) bewegliche Schalen infolge kugeliger Ansätze und entsprechender Höhlungen in dem Lagerkörper, wodurch bei eventueller Durchbiegung eine Schrägstellung mit der Welle ermöglicht und eine einseitige Abnutzung vermieden wird.

Das Zieglersche elastische Lager besitzt im Lagerkörper und in den Lagerschalen Rillen für die Aufnahme von Gummipuffern zur Abschwächung von Stößen und zur Beweglichmachung des Lagers, was für den Antrieb von Zerkleinerungsmaschinen z. B. und sonstigen mit Unregelmäßigkeit in der Bewegung verbundenen Getrieben recht zweckmäßig ist.

Die Ringschmierlager, auch Ölkammer- oder Sparlager genannt, sind für Dauerbetriebe unentbehrlich geworden. Die Schmierung dieser Lager erfolgt durch einmalige Auffüllung der an denselben befindlichen Ölkammern, aus welchen das Öl durch die um die Welle laufenden Ringe oder Kettenringe immer wieder auf die reibenden Flächen gebracht wird. Bei Verwendung von nicht harzendem Mineralöl können die eingelaufenen Lager ein halbes Jahr lang, ohne heiß zu werden, laufen. Auch tropfen diese Lager nicht.

Über die verschiedenartigen Schmiervorrichtungen zur Verminderung der Reibung zwischen Welle und Lager ist in dem Kapitel über die „Instandhaltung der Apparatur“ das Wichtigste gesagt. Zur Schmierung der Transmissionen dient zweckmäßig das gereinigte Abfallöl der Dampfmaschinen.

Zur Vermeidung der Verschiebung der Welle und der Scheiben in der Längsrichtung dienen die Stellringe. Das sind genau auf die Welle passende Ringe aus Guß- oder Schmiedeeisen, welche auf diesen meist mit versenkten Schrauben befestigt sind und sich gegen die Lager und Scheiben stützen und sie so in einer bestimmten Lage festhalten. Die meist aus einem geschlossenen Stück bestehenden Stellringe sind gleich bei der Anlage der Welle in der vorauszusehenden Anzahl auf dieselbe zu stecken. Nach Montierung der Welle verwendet man vorteilhaft die geteilten Stellringe, die aber 2—3 mal teurer sind als die ungeteilten.

Fehler der Wellenleitung sind mit der Wasserwage und dem Lote zu erkennen; sie machen sich bemerkbar an dem Warmlaufen trotz genügender Schmierung, in dem Rücken der Kupplungen und in dem Abspringen der Riemen, auch sieht man bei nicht zentralem Laufe der Welle dieselbe schon mit bloßem Auge „atmen“. Sie können begründet sein durch eine sorglose Aufstellung, durch Verbiegung, durch schlechte Befestigung der Lager, durch Sinken der Fundamente und durch Verschleiß der Zapfenlager und Lagerschalen, die ihrerseits durch das Gewicht der Welle, die Art der Schmierung u. a. abgenutzt werden können.

Der laufende Meter von Wellen mit Transmissionsteilen kostet etwa bei einer Wellenstärke von

50	70	80	100 mm
10	20	25	35 M.

und ist mit 6—8 % zu amortisieren. 100 kg Welle kosten rund 32 M.

Traglager kosten mit Bohrungen von	50	70	80	100 mm
Sellerslager mit Ringschmierung . .	32	48	58	80 M.
Elastisches Lager	15	25	32	35 „

Der **Zahnradtrieb** besorgt die direkte Kraftübertragung durch Räder, die mit den an ihnen befindlichen Zähnen ineinander greifen, so daß sich die angetriebene Welle in entgegengesetzter Richtung zu der treibenden dreht. Die Geschwindigkeitsübersetzung ist umgekehrt proportional dem Größenverhältnis der Räder und die Anzahl der Zähne beider Räder verhalten sich wie die Durchmesser.

Parallel laufende Wellen werden mit Stirnrädern verbunden, dagegen geschieht die Übertragung durch Kegelräder (Fig. 90), wenn die Wellen einen Winkel miteinander bilden, und schließlich mit Hyperbelrädern, wenn sie sich kreuzen. Die Zähne der Kreisräder sind, um das Übersetzungsverhältnis konstant zu erhalten, nach bestimmten Kurven geformt, aus denen sich die Zykloidenverzahnung und die Evolventenver-

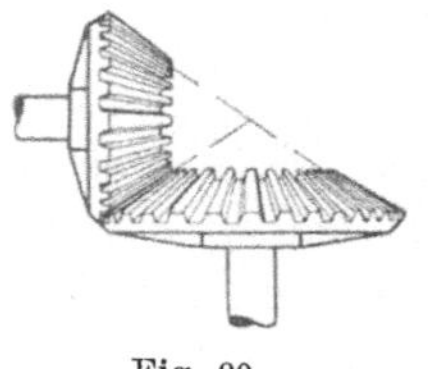

Fig. 90.

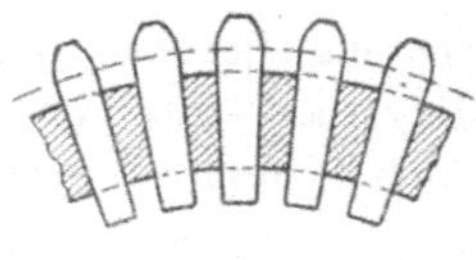

Fig. 91.

zahnung ergeben. Die Zahnräder ersterer Art sind die verbreitetsten, z. B. beim Kranbau. Ihre Achsenentfernung ist unveränderlich und die Reibung in ihnen ist geringer als in denen der letzteren Art, deren Achsenentfernung in kleinen Grenzen veränderbar ist.

Die exakte Ausführung der Zahnräder, welche häufig ungleichmäßig und stoßweise beansprucht werden, ist für ihren ruhigen Gang von großer Wichtigkeit. Um das Geräusch bei schneller Umdrehung zu mäßigen, läßt man oft eiserne Zahnräder mit hölzernen zusammen arbeiten. Compoundräder haben eiserne Zähne, deren arbeitende Flächen mit Holzbacken versehen sind. Die hölzernen, Kämme oder Kammen genannten Zähne der Kammräder (Fig. 91) können nach der Abnutzung leicht erneuert werden, zu welchem Zwecke für die in Frage kommenden Räder Reservezahnsätze gehalten werden können. Für einen ruhigen, sanften Gang ist es absolut notwendig, sie ordentlich zu schmieren, was während des Ganges geschieht, und zwar auf der auseinandergehenden Seite. Die andere Seite, wenn nicht das ganze Rad, soll aus Sicherheitsgründen eingekapselt sein. Die Notwendigkeit einer übermäßigen Schmierung ist ein sicheres Zeichen dafür, daß etwas an der Welle oder an der Aufstellung der Räder selbst nicht in Ordnung ist.

Wo es nur immer angängig ist, sollte der Zahnradtrieb durch Riementrieb ersetzt werden, denn er hat vor dem letzteren den Nachteil eines bedeutenden Kraftverlustes, schwerer, teurer für die Räder notwendigen Lagerkonstruktionen und eines beständigen, selbst durch bestausgeführte Räder verursachten Geräusches, welches andere übertönt, an denen sonst unter Umständen Undichtigkeiten der Apparatur und sonstige Betriebsunregelmäßigkeiten erkannt werden können.

Bei dem Zahnstangentrieb greift ein Zahnrad in die mit Zähnen versehene, geradlinig geführte Stange, was beispielsweise bei manchen Arbeitsmaschinen für die Bewegung von Stampfern und Krüken die geeignetste Form ist.

Die Friktions- und Reibungsräder reihen sich den Zahnrädern an. Sie sind hauptsächlich da im Gebrauch, wo außer einem sanften, geräuschlosen Gange eine gewisse Nachgiebigkeit und ein schnelles Ausrücken verlangt wird, wie bei Zentrifugen, Aufzügen, Wickelmaschinen,

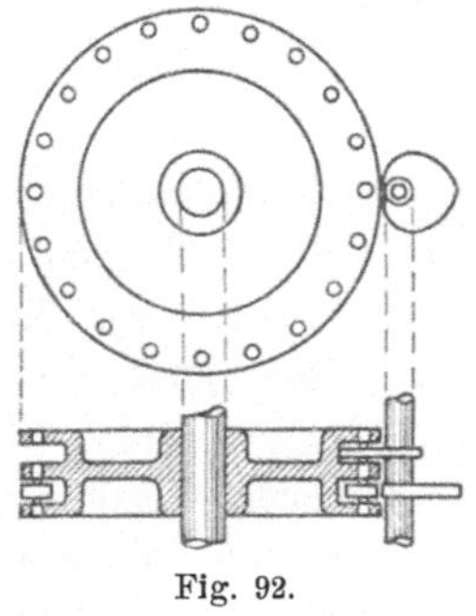

Fig. 92.

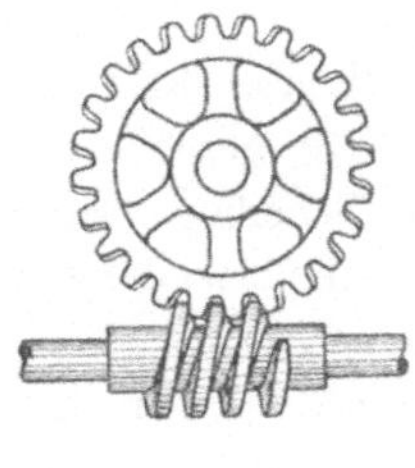

Fig. 93.

Bohrmaschinen, Stanzen usw. Besonders eigentümlich ist ihnen die Möglichkeit einer allmählichen Geschwindigkeitsänderung und Umkehrung der getriebenen Welle bei gleichbleibender Antriebswelle. Die Wellen dieser Friktionsräder stehen rechtwinklig zueinander und die getriebene Rolle ist auf der Welle verschiebbar.

Das Grissongetriebe ist für große Übersetzungen (1 : 5 bis 1 : 100) bestimmt und ersetzt doppelte bis dreifache Vorgelege. Es ist charakterisiert durch seine gedrungene Konstruktion, die aus der Fig. 92 verständlich wird. Zwei gleiche, um 180^0 versetzte unrunde Scheiben der schnell laufenden Welle greifen abwechselnd in die peripherisch gestellten Bolzen einer Scheibe der zweiten Welle. Das Verhältnis beider Wellengeschwindigkeiten ist 1 zu der halben Anzahl der Bolzen.

Das Schneckenrad (Fig. 93) besteht aus einem Zahnrad, dessen Zähne in einer Schraubenlinie stehen, in welche eine dazu rechtwinklig liegende, gegen seitliche Verschiebung gesicherte Schraube eingreift. Abgesehen von dem Übelstande einer sehr großen Zahnreibung, ermöglicht dieses Getriebe eine sehr große Übersetzung vom schnellen zum langsamen Gang.

Der **Riementrieb** ist unter den gewöhnlichsten Betriebsverhältnissen der einfachste und daher auch am verbreitetsten. Er dient sowohl zur Kraftübertragung vom Schwungrad des Motors auf die Hauptwelle, als auch von dieser auf andere, und auf die Arbeitsmaschinen und mit Hilfe von Leitrollen und Riemenkreuzungen können Kräfte in jeder beliebigen Lage der Welle übertragen werden.

Bei der Anlegung der Riementriebe gilt als Hauptbedingung für den richtigen Lauf der Riemen, daß die Mittellinie des auflaufenden Riemens stets in die Mittelebene der Scheibe fällt. welcher er zuläuft, sei nun der Riemen offen, geschränkt oder über Rollen geführt.

Der Anwendung des Riementriebes sind nur Grenzen gezogen durch die Entfernung der Kraftübertragung von über 10 m, da dann Seiltrieb vorteilhafter wird. Als geringste Entfernung gilt bei horizontalem Trieb die Summe der beiden Scheibendurchmesser + 2 m, bei vertikalem Trieb etwa 2 m mehr. Zu kurz gespannte Riemen sind möglichst zu vermeiden, da das Riemengewicht nicht mehr zur Erzeugung der erforderlichen Spannung ausreicht und ein öfteres Nachspannen nötig würde, wenn nicht eine Druck- oder Spannrolle angeordnet ist.

Die Montierung der Riemenscheiben muß natürlich ebenfalls sehr sorgfältig geschehen. Der Riemen darf nicht schlagen, und schief aufgesetzte Scheiben lassen den Riemen abspringen. Als Material für die Riemenscheiben dient Guß- und Schmiedeeisen, auch Holz hat sich gut bewährt.

Den hölzernen Scheiben werden folgende Vorteile gegenüber den eisernen nachgerühmt: große Leichtigkeit und dadurch bedingte größere Ökonomie, 15—20 % größere Kraftübertragung infolge besserer Haftung der Riemen, eine bequeme Befestigung, da sie ein geringes Gewicht haben, zweiteilig sind und nur festgeklemmt zu werden brauchen, Vermeidung des Zerspringens, wie es bei gußeisernen Scheiben und ruckweisem Antriebe vorkommen kann, und schließlich ein um die Hälfte billigerer Preis. Genügende Festigkeit, verbunden mit großer Leichtigkeit, ist auch hier anzustreben. Riemenscheiben aus Holzstoff besitzen ebenfalls eine außerordentliche Festigkeit.

Die Riemenscheiben werden meist, ob sie aus Holz oder Eisen bestehen, der bequemen Montage halber in zwei durch Schrauben zu vereinigenden Hälften auf die Welle geklemmt. Größere Scheiben sind aber besser mit Keilen auf der Welle festzuhalten.

Die günstigste Übersetzung haben Scheiben in dem Größenverhältnis von 1 : 1 bis 1 : 2 und innerhalb eines Winkels von 45°, der aus der Verbindungslinie ihrer höchsten Punkte und der Horizontalen gebildet wird. Bei dem geringsten Achsenabstand der Scheiben sollte das Verhältnis der Scheiben von 1 : 5 nicht überschritten werden. Muß dies aber dennoch geschehen, dann empfiehlt sich die Anbringung einer Leitrolle zur Vergrößerung des Reibungsweges auf der kleineren Scheibe (Fig. 94). Wenn man sich auch nicht immer nach diesen günstigsten Abmessungen der Scheiben wird richten können, um in den einzelnen Fällen die notwendige Geschwindigkeitsänderung oder Antriebsrichtung zu erreichen, so können sie immerhin zur Orientierung für die Gesamtaufstellung und die Wahl der Größe der zu beschaffenden Scheiben dienen.

Ein Verlust an Geschwindigkeit tritt durch Rutschen der Riemen auf der Scheibe ein und beträgt meist 2—5 %. Um ihn möglichst zu verringern, muß die Scheibe glatt gedreht und poliert sein. Zuweilen tut ein Belegen der Scheibe mit Leder gute Dienste. Das Bestreuen der Riemen mit Kolophonium ist zwar vorübergehend sehr wirkungsvoll, der Haltbarkeit derselben auf die Dauer aber nachteilig. Die Breite der Scheiben ist immer um etwa $^1/_5$ größer als die des Riemens und der Durchmesser derselben sollte niemals weniger als das Hundertfache der Riemendicke betragen.

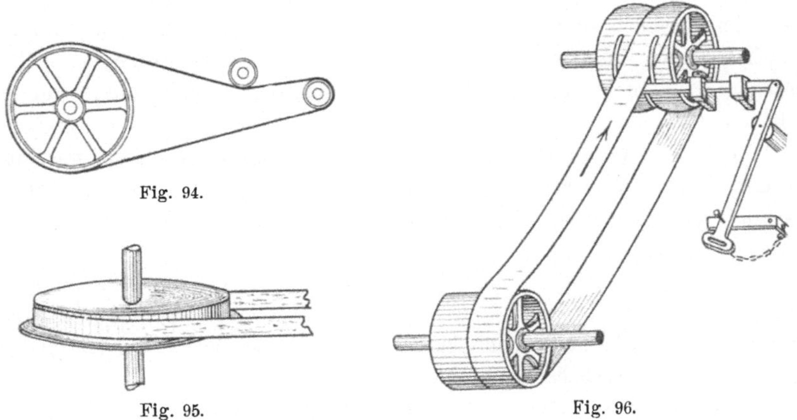

Fig. 94.

Fig. 95.

Fig. 96.

Die Riemenscheiben pflegen nach der Kranzmitte zu gewölbt, ballig zu sein, weil diese Form den Riemen fester hält. Dies trifft natürlich nicht bei den Doppelscheiben zu, welche ja den Riemen bald auf der einen, bald auf der andern Hälfte laufen lassen. Spurkränze werden nur im allernotwendigsten Falle an wagerechten Scheiben angebracht (Fig. 95), da sie nicht mehr nützen als schaden können, wenn der Riemen auf den Kranz läuft und dann zerreißt und abfällt.

Zur willkürlichen Mitbewegung der angetriebenen Welle mit der Antriebswelle erhält die letztere eine Scheibe von der doppelten Breite des Riemens, während die erstere zwei nebeneinandergestellte Scheiben einfacher Breite trägt (Fig. 96), von denen die eine fest, die andere lose auf der Welle sitzt und die sogen. Losscheibe bildet.

Mit Hilfe eines Riemenausrückers kann nun der Riemen während des Ganges von der einen auf die andere Welle gedrückt und die Hinterwelle ein- und ausgeschaltet werden. Die Gabel führt den Riemen immer in dem auflaufenden Trum (Fig. 96), und der Ausrücker selbst soll für den Betrieb wie für den Leerlauf ebenso leicht wie sicher feststellbar und bequem bedienbar angebracht sein. Infolge schwer oder schlecht zugänglicher Riemenausrücker sind schon so manche verhängnisvolle Unglücksfälle vorgekommen.

Für die Treibriemen ist Leder, wenn auch das teuerste, so doch immer noch gebräuchlichste Material, obgleich es in den aus Baumwolle, Kamelhaaren, Gummi hergestellten nach und nach starke Konkurrenten erhalten hat. Feuchtigkeit und hohe Temperatur sind den Lederriemen schädlich. Jene macht sie feucht und auf den Scheiben rutschend, und durch letztere werden sie trocken und brüchig. Für feuchte und feuchtwarme Räume geeigneter sind die Gummiriemen — Balatariemen — mit Leinwandeinlage, sowie die Baumwoll- und auch die Kamelhaarriemen wegen ihrer großen Festigkeit. Diese gewebten Riemen müssen aber zur Abschwächung des verkürzenden Einflusses der Feuchtigkeit gut mit Fett imprägniert sein, auch lasse man nicht außer acht, daß die aus einem Gewebe angefertigten Riemen von den Führungsgabeln leichter beschädigt werden und ihr Ein- und Ausrücken deshalb langsamer geschehen muß.

Die Feststellung der Länge eines Transmissionsriemens geschieht in der Praxis am einfachsten durch Umlegen einer Schnur um die zu verbindenden Riemenscheiben oder sonst nach der Formel

$$\frac{(D_1 + D_2)}{2} \pi + 2E,$$

worin D_1 und D_2 die beiden Scheibendurchmesser und E die Entfernung der beiden Wellen bedeuten.

Es ist vorteilhafter, sobald es die Umdrehungsrichtung nicht verbietet, den unteren Teil des Riemens, den unteren Trum, den Zug aufnehmen zu lassen, denn erstens hängt dieser dann nicht so sehr durch und gefährdet auch weniger den unter der Transmission liegenden Raum, und zweitens erhöht der dabei durchhängende obere Teil die Reibung auf den Scheiben, wie aus Fig. 96 ersichtlich ist.

Mit den Transmissionsriemen soll immer eine bestimmte Kraft übertragen werden. Von dieser Kraft hängt nun die Breite des Riemens und seine Dicke, sowie die Größe der Riemenscheiben und die Tourenzahl der Welle ab. In den weitaus meisten Fällen der Praxis wird bei gegebener Tourenzahl der Hauptwelle und ungefährer Geschwindigkeit und Kraftverbrauch der Arbeitsmaschine die Frage demnach auf die Stärke resp. Breite des Riemens hinauslaufen.

Nach einer, wenn auch nicht ganz genauen, so doch für die Praxis genügenden Faustregel ist die Riemenbreite B in Zentimetern gleich der Zahl der zu übertragenden Pferdekräfte mal 30000, dividiert durch den Scheibendurchmesser D in Zentimetern mal den Umdrehungen U in einer

Minute. So wird z. B. zur Übertragung von 5 PS. für eine Scheibe von 80 cm Durchmesser und 150 Umdrehungen ein Riemen von $\frac{5 \cdot 30000}{80 \cdot 150}$ $= 12{,}5$ cm Breite nötig sein. Aus dieser Gleichung folgt, daß die Riemenbreite umgekehrt proportional ist der Scheibengröße zur Übertragung gleicher Kräfte. Bei derselben Breite vermögen schneller laufende Riemen eine wesentlich größere Kraft zu übertragen als langsam laufende oder, was dasselbe sagt: sie können bei schnellerem Lauf für die gleiche Leistung schmäler werden, wie folgende Tabelle zeigt:

Geschwindigkeit	2	4	8	15 PS.	
	werden übertragen von				
1	160	275	500	700	mm Riemenbreite
4	50	90	160	250	
10	25	45	80	125	

Die Riemenstärke steht zu der Breite in einem ungefähren Verhältnis, so daß bei einer Breite

	von 25—60	60—100	100—200	200—400	über 400 mm
eine Stärke von	4	4—5	5	5—6	7 „

gebräuchlich ist, wovon natürlich Abweichungen vorkommen. Naß gereckte Lederriemen strecken sich im Gebrauch nicht so stark, wie trocken gereckte, daher ist es vorteilhafter, solche zu kaufen, weil sie gleich etwas dünner genommen werden können und deshalb billiger sind.

Das Verstärken der Lederriemen durch Zusammenkitten oder -nähen mehrerer Lagen wird wohl bisweilen vorgenommen, ist aber nicht empfehlenswert. Ein einfacher Riemen ist relativ immer haltbarer und die Leistung wird z. B. durch eine Verdoppelung nur um ein Drittel erhöht. Wenn die Umstände es verbieten, den Riemen auf das notwendige Maß zu verbreitern, was immer das beste ist, dann ist es schließlich vorteilhafter, künstliche, gewebte Riemen zu nehmen, die in jeder Dicke leicht zu beschaffen oder herstellbar sind.

Der Umstand, daß jeder neue Riemen sich meist in der ersten Zeit des Gebrauches reckt und nach einiger Zeit kürzer gemacht werden muß, hat zur Folge, daß die erste Riemenverbindung keine definitive ist und in einfachster Weise durch Krallen oder Schlösser herzustellen ist. Die richtigste Verbindung ist nachher, den Riemen endlos zu machen, d. h. die Enden des geleimten Riemens zusammenzuleimen und die des genähten zusammenzunähen. Dieses ist für einen schnellen Lauf, sowie für halbgekreuzten und Winkel- und Kegelscheibenbetrieb notwendig und für den gewöhnlichen offenen und gekreuzten Lauf wünschenswert.

Für jede gute Riemenverbindung ist es Bedingung, daß sie nicht dicker als der Riemen wird, weshalb die Riemenenden für eine Überschlagverbindung gut abzuschärfen sind. Die Verdickungen bedeuten immer eine Verkürzung des Riemens, die ihrerseits zu Stößen und auch zum Bruche des Riemens führen kann.

Die Harrissche Kralle (Fig. 97) ist für nicht zu schnell laufende und nicht zu breite Riemen ein sehr bequemer Riemenverbinder, da sie mit großer Leichtigkeit eingeschlagen werden kann. Bei einer Verbindung mit Riemenschrauben (Fig. 98) müssen die Riemen so übereinandergelegt sein, daß das untere abgeschrägte Riemenende zur Vermeidung der Stöße nicht auf die Scheibe auf-, sondern von ihr abläuft. Das Nähen der Riemen geschieht entweder nach amerikanischer Art, indem beide Enden mit sehr festem Binderiemen und geraden Stichen stumpf aneinandergenäht und auf der Außenseite gebunden werden, oder man näht sie nach Abschärfung der Enden mit schrägen Stichen und ohne zu binden übereinander.

Der Riemenspanner dient zum Aufspannen stärkerer Riemen auf die Scheiben. Riemen gewöhnlicher Breite werden meist in der Weise

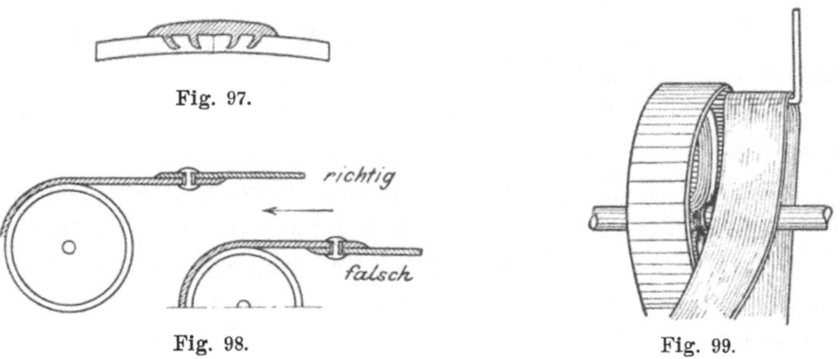

Fig. 97.

Fig. 98.

Fig. 99.

aufgelegt, daß sie in der richtig abgepaßten Länge um die beiden Wellen gelegt und verbunden, dann zunächst auf die angetriebene Scheibe und darauf auf die langsam drehende Antriebscheibe gedrückt werden. Das Auflegen der Riemen während des Ganges zu verbieten, läßt sich in der Praxis nicht durchführen, denn es ist meistens ein Ding der Unmöglichkeit, einen richtig gespannten Riemen auf zwei tote Scheiben zu drücken. Wohl aber kann man verlangen, daß diese Arbeit von darin erfahrenen Leuten und mit der nötigen Vorsicht besorgt wird, indem unter allen Umständen der Gang verlangsamt und eine sofortige und zuverlässige Verständigung mit dem Maschinisten ermöglicht wird. Das Aufdrücken auf die langsam drehende Antriebscheibe geschieht natürlich am richtigsten mit einem Riemenaufleger, wie es deren verschiedene im Handel gibt. Man findet aber trotzdem eine Reihe von Betrieben, welche ein solches von dem Standpunkt der Verantwortung eigentlich unentbehrliches Instrument nicht besitzen und in denen das Auflegen immer mit einer festen Stange oder auch mit der Hand besorgt wird. Wenn schon das letztere im Prinzip nicht zu billigen ist, so rate man wenigstens denjenigen, die davon nicht lassen können, daß der Riemen nur mit der flachen geschlossenen Hand und nicht etwa auch mit den gespreizten Fingern gehalten und auf die Scheibe gedrückt wird. Wenn man diese Vorsicht außer acht läßt, kann man nur zu leicht mit dem Daumen zwischen Riemen und Scheibe geraten.

Um zu verhindern, daß ein von der treibenden Scheibe abgerutschter Riemen auf der Welle scheuert oder sich gar um diese wickelt, bringt man neben der Scheibe einen Aufhänger in Form eines Winkelhakens (Fig. 99) an, in welchem sich der Riemen aufhängt. Dann ist es geboten, unter allen schweren Riemen und überall da, wo durch ein Reißen des Riemens Unfälle oder Beschädigungen an der Apparatur eintreten können, Fangnetze oder ähnlich wirkende Sicherheitsvorrichtungen anzubringen.

Je länger die Riemen sind, um so weniger brauchen sie straff gespannt zu sein, da ihr eignes Gewicht sie auf der Scheibe festhält. Die Grenze der Wellenentfernung für schmale Riemen — bis 100 mm — ist gegen 3 m und für breitere gegen 10 m. Bei größeren Entfernungen sind zur Vermeidung des bei mäßig schnellem Gange auftretenden Schwingens und der daraus entstehenden Stöße Tragrollen nötig.

Die Anbringung von Leitrollen wird bei winkliger oder sonstwie komplizierter Übertragung notwendig.

Zur Erhaltung der Lederriemen und zur Verhinderung des Gleitens auf den Scheiben sollen sie von Zeit zu Zeit eingefettet werden, nachdem sie zu dem Zwecke event. vorher, wenn es genähte Riemen sind, mit warmem Wasser gut gereinigt und etwas getrocknet sind. Weiteres über die Behandlung der Riemen findet sich in dem Abschnitt über die Instandhaltung der Betriebseinrichtungen.

Die Preise der Lederriemen hängen ab von dem Geschlecht und der Rasse des Tieres, von der Gerbung, dem verwendeten Teile der Haut und von der Qualität. Folgende Preistafel kann zur Orientierung über den ungefähren Wert verschiedener Riemenarten dienen.

Preise in Mark für den laufenden Meter.

Riemenbreite mm	Lederriemen aus Kernleder				Hanfriemen imprägniert		Baumwollriemen imprägniert				Gummiriemen mit		
	4	5	6	7—8	doppelt	4fach	4-	6-	8-	10-	3	5	7
	mm dick						fach				Einlagen		
30	—	—	—	—	—	—	0,80	1,00	1,50	2,00	—	—	—
50	1,10	1,60	2,00	2,50	—	—	1,00	1,50	2,00	2,50	1,00	—	—
70	1,60	2,50	3,00	3,50	1,00	—	1,50	2,50	3,00	3,50	1,50	2,50	—
100	2,00	3,00	4,00	5,00	1,50	2,00	2,00	3,00	4,00	4,50	2,50	3,50	5,00
120	2,50	3,50	4,50	5,50	1,70	2,50	2,50	3,50	4,50	5,50	3,00	4,00	5,50
140	3,00	4,00	5,00	6,00	2,50	3,00	—	4,00	5,00	6,00	3,50	4,50	6,50
160	3,50	5,00	6,00	8,00	2,80	3,50	—	4,50	5,50	6,50	4,00	5,50	7,50
200	4,50	6,00	7,00	10,00	3,50	4,50	—	5,50	6,50	7,50	5,00	6,50	8,50

Der **Hanfseiltrieb** ist geeignet, in vielen Fällen den Riementrieb zu ersetzen, besonders in geschlossenen Räumen und zur Übertragung auf große Entfernungen bis 30 m. Er ist besonders charakterisiert durch den Vorteil, daß die gleichzeitig das Schwungrad bildende Seilscheibe mit einer Anzahl Rillen versehen ist, die bei zunehmendem Kraftbedarf nach und nach mit weiteren Seilen belegt werden können, und daß ferner von einem solchen Schwungrade aus nach mehreren Transmissionen Kraft übertragen werden kann. Sind der Zahl der Rillen entsprechend viele unabhängige Seile vorhanden, so ist das ein englischer Trieb, ein Trieb mit Dehnungsspannung. Amerikanisch aber heißt ein Seiltrieb mit Belastungsspannung, wenn ein einziges endloses Seil alle Rillen beider Scheiben umschlingt. Bei einer großen Anzahl von Seilen hat der englische Trieb den Nachteil, daß infolge der ungleichmäßigen Spannung in den einzelnen Seilen große Kraftverluste entstehen können, dagegen ist das Reißen eines Seiles nicht von besonderer Bedeutung. Im amerikanischen Trieb ist die Kraftverteilung sehr ausgeglichen, aber dafür bringt der Bruch des Seiles das ganze Werk zum Stillstand.

Der Abstand der Seilscheiben betrage mindestens 10—12 m und ihr Durchmesser wenigstens das 30fache der Seildicke (25—50 mm). Die beste Übertragung wird bei einer Geschwindigkeit von 10—20 m in der Sekunde erreicht; als äußerste Grenze sind 30 m zu bezeichnen, darüber hinaus wirkt die Zentrifugalkraft nachteilig auf die Leistung.

Bei der Anlegung von Seiltrieben achte man darauf, daß unter den Seilen genügend Raum für die Durchhängung vorhanden ist, um ein Aufschleifen und eine Beschädigung der Seile zu vermeiden.

Im Freien laufende Seile sind mit einer geeigneten Schmiere zu sättigen, um den verkürzenden und folglich nachteiligen Einfluß der Feuchtigkeit abzuhalten.

Als Material für die Hanfseile eignet sich badischer Schleißhanf besser als Manilahanf, der zwar etwas billiger ist und größere Tragkraft besitzt, aber zu spröde ist, leicht bricht und stark längt und daher auch größere Seilscheiben verlangt. Baumwollseile haben den Vorzug großer Geschmeidigkeit, Elastizität und Biegsamkeit, sind aber teurer als die anderen. Sie eignen sich besonders für kleine Scheibendurchmesser, geringen Achsenabstand, für gekreuzten, sehr steilen und mit starken Stößen verbundenen Seiltrieb. 1 kg badisches Hanfseil kostet 1,40 M., Manilahanfseil 1,20 M., Baumwollseil 2 M. 1 m Seillänge dieser drei Sorten kostet 0,11 d^2 resp. 0,085 d^2 und 0,15 d^2 M., wobei d der Durchmesser des Seiles in Zentimetern ist.

Drahtseiltriebe sind für Übertragungen im Freien und auf sehr große Entfernungen — von mindestens 25 bis zu 2000 m — unter Anwendung von Zwischenscheiben zu empfehlen, vorausgesetzt, daß die Scheiben genau in derselben vertikalen und ihre Achsen möglichst in derselben horizontalen Ebene liegen, daß ferner das untere Seil zieht und die Geschwindigkeit groß genug ist, um das Seil möglichst dünn zu machen. Der Seilscheibendurchmesser soll in der Regel das 150fache der Drahtseildicke betragen. Zur Verringerung der Abnutzung sind die Rillen oder Seilscheiben meist mit Hirnleder gefüttert.

Die Verbindung der Draht- wie der Hanfseile sollte nicht durch Seilschlösser geschehen, vielmehr durch sorgfältiges Zusammenspleißen, zur Vermeidung der Stöße und dadurch hervorgerufener Schwankungen in der Kraftübertragung.

Für die Seilbetriebe nimmt man im allgemeinen eine 6—8fache Sicherheit.

Druckluft und Druckwasser.

In chemischen Betrieben wird die Druckluft hauptsächlich zur Fortleitung von Flüssigkeiten, dann zur Bewegung, zum Durchrühren und auch als Durchlüftungsmittel, mitunter auch als in den chemischen Prozeß eingreifendes Agens verwendet. Sie wird in Kompressionsdampfmaschinen verdichtet und in Akkumulatoren — auf einen bestimmten Druck geprüfte eiserne Kessel — aufgespeichert und in eisernen Leitungen nach den Orten ihres Verbrauchs geführt. An diesen letzteren befinden sich zur Anzeige der Druckhöhe Manometer und mitunter auch vorgeschaltete Zwischengefäße, um die Möglichkeit einer Verunreinigung der Flüssigkeiten durch mitgerissenen Eisenrost, Verpackungsreste u. dergl. auszuschließen. Die die Druckluft aufnehmenden Montejus usw. müssen auf die Spannung der Druckluftleitung geprüft oder mit einem entsprechenden Abblasventil versehen sein.

Über die Kompressionsmaschinen ist zu bemerken, daß es stets vorteilhaft ist, den Druckzylinder mit einem Kühlmantel für fließendes Wasser zu umgeben, da die Luft durch den Druck stark erhitzt wird, wodurch die Leistungsfähigkeit der Kompressoren aus verschiedenen Gründen leidet.

Eine weitere Verwertung der Druckluft findet in den Druckluftmaschinen statt, welche im Prinzip den Dampfmaschinen gleich gebaut sind, und welche daher auch damit getrieben werden können und getrieben werden. Da bei der Ausdehnung komprimierter Luft Kälte erzeugt wird, kann die Luft zur Erhöhung des Effektes vorher angewärmt oder andererseits die Kälte nebenbei zu Kühlzwecken verwendet werden.

Die Ausnützung von Druckluft zum Betriebe von Kleinmotoren ist, sofern die Verluste in den notwendigen Grenzen bleiben, deshalb rentabel, weil es eine Tatsache ist, daß die kleinen Dampfmaschinen selbst bei bester Ausführung für die Pferdestärke das 2—3fache an Dampf gebrauchen, wie die großen; zudem zeichnet sich der Luftmotor dadurch aus, daß er an jedem Platze aufgestellt und auch von nicht sachkundiger Hand bedient werden kann. Die Pferdekraftstunde kann mit 20—10 Pf. angesetzt werden.

Das Druckwasser wird mit Hilfe von Dampfpumpen auf den geforderten Druck gebracht und von dem Akkumulator aus in die Druckleitungen verteilt. Es wird hauptsächlich für die Bewegung von Kränen und Aufzügen in Lagerräumen und dann für den Betrieb von Wassersäulenmaschinen, hydraulischen Pressen, Rührwerken und zu anderen Spezialzwecken verwendet, wo die örtlichen und fabrikatorischen Verhältnisse seine Benutzung angezeigt machen.

Transportvorrichtungen.

Die Transportfrage kann, wie eingangs erwähnt, für die Rentabilität, ja für die ganze Existenz einer Fabrikanlage von ausschlaggebender Bedeutung werden. Das natürliche Vorkommen der Rohprodukte zwingt eine Reihe von Fabrikbetrieben geradezu, sich in deren nächster Nähe zu etablieren. Treten dann noch andere Faktoren hinzu, wie die Zufuhr von Kohle und anderer wichtiger Hilfsmaterialien, sowie die Abfuhr der Fabrikate, welche die Wirtschaftlichkeit des Unternehmens wesentlich beeinflussen, so sind alle Momente mit genauer Berechnung der Gestehungskosten heranzuziehen, denn ein Fehler hierin könnte möglicherweise das Gelingen des Ganzen von Hause aus in Frage stellen.

Die hierfür zunächst in Betracht kommenden Transportmittel sind die Eisenbahnen und Schiffahrtswege, dann die Chausseen und Landstraßen. Zu den Transportvorrichtungen von lokaler Wichtigkeit gehören die Schmalspur-, Feld-, Seil- und Hängebahnen. Dann spielt das Fuhrwerk in sehr vielen Fabriken eine wichtige Rolle. Zur Materialbeförderung nach den verschiedenen Arbeitsplätzen innerhalb der Fabrikanlage dienen die Transportvorrichtungen im engeren Sinne des Wortes, wie Transportbänder, -riemen, -schnecken, Förderrinnen und Becherwerke, sodann die Aufzüge, Flaschenzüge, Winden, Kräne und endlich die vielen Pumpengattungen, Gebläse, Ventilatoren, Injektoren u. dergl.

Schon an anderer Stelle wurde darauf hingewiesen, daß es für die Einschränkung der Gestehungskosten und die glatte Abwickelung der Fabrikation von großer Wichtigkeit ist, die Betriebsapparatur, soweit es sich mit den sonstigen örtlichen und baulichen Umständen vereinbaren läßt, so aufzustellen, daß sich der Materialtransport möglichst auf ein Mindestmaß beschränkt und nicht in einer störenden Zickzacklinie abwickelt. Auch dürfen sich die verschiedenen Transportvorrichtungen nicht gegenseitig behindern.

Transportmittel für feste und flüssige Stoffe.

Bezüglich der **Eisenbahnen** ist die Zweckmäßigkeit eines Anschlusses in oder an das Fabrikterrain in Erwägung zu ziehen, der im gegebenen Falle am besten von der Bahn selbst ausgeführt wird, weil dabei darüber erlassene Verordnungen berücksichtigt und nachherige Änderungen vermieden werden.

Zur weiteren Orientierung schlage man in dem Gesetz über die Kleinbahnen und Privatbahnanschlüsse in Preußen vom 28. Juli 1892 nach. Wird das Bahngleis in den Fabrikhof hineingebaut, was den Vorzug hat, das Umladen zu vermeiden, so berücksichtige man, daß das Aufstellen und Stehenlassen der Wagen den Verkehr auf dem Fabrikhofe nicht beeinträchtige, und daß die genügend langen und festen Drehscheiben an die richtigen Plätze gebaut werden.

Die Gesamtkosten für 100 m eingleisiger Nebenbahn können im großen Durchschnitt mit 2500 M. in Anschlag gesetzt werden.

Die **transportablen Eisenbahnen** von ausschließlich lokaler Bedeutung gehören zu den Kleinbahnen, die durch das obengenannte Gesetz geregelt werden, sobald sie das private Fabrikterrain verlassen und auf öffentlichen Grund und Boden übergehen.

Den wechselnden Anforderungen entsprechend sind diese Eisenbahnen in den Gleisen und Wagen verschiedenartig gebaut. Die Industrie- und Feldbahnen haben transportable Gleisjoche von ca. 3 m Länge, die auf die dazu leicht herzurichtende Erdoberfläche gelegt und durch verschraubbare Laschen miteinander verbunden werden. Sie besitzen den Anforderungen gemäß Kurven, Weichen, Kreuzungen, Wendeplatten, Drehscheiben u. dergl. Das Transportgut wird in vielen Fällen in den Kippwagen befördert, welche ein schnelles Entleeren durch Umkippen des Wagenoberteiles gestatten, ohne daß das Rädergestell sich aus den Schienen hebt. Bei doppelgleisigen Anlagen ist es zweckmäßig, den Gleisen ein, wenn auch nur ganz mäßiges Gefälle in der Fahrtrichtung zu geben, wodurch z. B. die durch Hand zu bewegende Transportierung recht erleichtert wird.

Die Fortbewegung der Wagen geschieht durch Hand, Zugtiere, Dampf, elektrische Lokomotiven oder durch Seilbetrieb.

Der Seilbetrieb ist bei größeren Entfernungen und regelmäßigem Verkehr seines sparsamen Betriebes wegen recht verbreitet. Die Wagen werden an das über oder unter denselben hergehende, in beständiger Bewegung befindliche Zugseil gekuppelt und an dem Orte der Entladung — auch automatisch — abgelöst. Läßt sich schon dieser Seilbetrieb für starkes Gefälle mit Vorteil ausnützen, so sind die schwebenden Drahtseilbahnen von dem zu überschreitenden Terrain, wie auch von den Witterungsverhältnissen — Schnee, Glatteis — ganz unabhängig. Andere als geradlinige Trassen sind bei ihnen aber wegen der sonst notwendig werdenden teuren Anlagen der Brechpunkte, Winkel- und Kurvenstationen nicht zu empfehlen.

Die ein- oder zweigleisigen Drahtseilbahnen sind als Einseilsystem oder Zweiseilsystem nach der Betriebsart verschieden. Bei dem ersteren befindet sich das Tragseil zugleich als Zugseil in beständiger Bewegung. Bei dem zweiten besteht das Tragseil bisweilen aus zusammengeschweißten Rundeisenstäben, meist aber und auch wegen der größeren

Betriebssicherheit und zu erreichenden Spannweite aus Stahlseilen. Diese werden an der einen Endstation befestigt und an der anderen durch eine selbsttätig wirkende Spannvorrichtung gespannt gehalten. Bei zweigleisigen Bahnen ist die Seilstärke für beladene Wagen 25—40 mm und für die Leerwagen 18—28 mm bei einer Unterstützung in Abständen von 50 bis 100 m. Das 10—25 mm starke Zugseil bewegt sich mit einer Geschwindigkeit von 1—3 m in der Sekunde unterhalb des Tragseils.

Die Seilbahnwagen sind durch das Gehänge mit dem Laufwerk verbunden, während der Kuppelungsapparat die in jedem Augenblick lösbare Verbindung mit dem Zugseile herstellt. An den Endstationen gehen die Drahtseilbahnen häufig in Hängebahnen über, auf welchen das Material in die Betriebsräume bis zu dem Orte des Verbrauchs befördert wird. Solche Hängebahnen mit einer durchschnittlich 2 m über dem Fußboden liegenden Tragschiene sind überall da am Platze, wo ebenerdige Gleise stören würden und der Raum frei bleiben soll.

Zur ökonomischen Beurteilung dieser Transportmittel kann eine 10—15jährige Brauchbarkeit in Anrechnung gebracht werden. Außer einer Abschreibung von 10 % betragen die jährlichen Unterhaltungskosten erfahrungsgemäß 1 %, und nach vollkommener Amortisierung beträgt der Wert des Materials immer noch gegen 20 % des Anlagekapitals.

Wenn eine regelmäßige **Beförderung durch Fuhrwerk** notwendig ist, so akkordieren viele Fabriken mit einem Fuhrherrn, der das Pferdematerial stellt, während der Wagenpark von ihnen selbst unterhalten wird. Dieser Modus hat den Vorteil, daß man des Risikos in der Unterhaltung des Pferdebestandes enthoben ist. Wird aber die Anzahl der geleisteten Fuhren als Maßstab für die Abrechnung herangezogen, dann ist auch darauf zu achten, daß die Wagen auch immer das volle Ladegewicht aufnehmen.

Zur Abschätzung der Leistungen und Kosten dieser Transportart können folgende Angaben dienen. Bei einer 8stündigen Tagesleistung vermag ein Lastfuhrwerk in der Stunde rund 3 km zurückzulegen. Das Gewicht eines leeren Einspänners beträgt etwa 600 kg, eines Zweispänners an 1000 kg und eines Vierspänners etwa 1500 kg. Das Ladegewicht eines zweispännigen Fuhrwerks beträgt je nach der Güte der Bahn bei horizontalem Wege 10000—3000 kg und ist bei zunehmender Steigung von 1 : 100 auf die Hälfte herabzusetzen. Für das Aufladen von 1000 kg kann man etwa 40 Pf. in Anrechnung bringen, wenn es von Hand geschieht.

Die zur Materialbeförderung auf kürzere Entfernung dienenden Transportmittel können je nach der Förderrichtung in solche für Vertikal-, Horizontal- oder Schrägtransport (oder nach der Art des Materials in solche für feste Körper und Flüssigkeiten) gruppiert werden. Für den Vertikaltransport kommen die Aufzüge und Hebeapparate in Betracht.

Die Aufzüge bestehen im wesentlichen aus einer Plattform, dem Fahrstuhl, der in einer Führung, dem Schachte, auf und nieder geführt werden kann, und zwar durch Handbetrieb oder durch Dampf, durch elektrischen und hydraulischen Betrieb, denen sich die Einrichtungen zur Einleitung und Abstellung der Bewegung, sowie die Sicherungen gegen das Herabstürzen des Fahrstuhls zugesellen.

Bei der Anlage von **Fahrstühlen** sollte nie verabsäumt werden, dieselben nach unten bis zum Keller und nach oben bis zum Boden zu führen, da die dadurch erreichten Annehmlichkeiten die geringen Mehrkosten sehr bald aufwiegen.

Mit Handaufzügen können Lasten bis zu 500 kg gehoben werden, aber nicht gut über 200 kg, sobald es häufig oder gar regelmäßig geschehen soll, da sich dann eine mechanische Kraftquelle billiger stellt.

In Fabriken sind der vorhandenen Transmissionen wegen Transmissionsaufzüge mit beständig laufender Welle allgemein im Gebrauch. Um besondere Dampfmaschinen oder Kraftmotore zur Bedienung der Fahrstühle erforderlich zu machen, muß es sich schon um regelmäßige Beförderung größerer Lasten handeln.

Die elektrisch betriebenen Aufzüge besitzen alle die Vorzüge, welche den elektrischen Triebwerken eigen sind, und haben sich daher sehr schnell verbreitet.

Die hydraulischen Aufzüge können in verschiedener Weise bewegt werden. Hochstehende Reservoire, die Wasserleitung oder Akkumulatoren, die durch Pumpen auf die erforderliche Spannung gebracht sind, liefern das Druckwasser, dessen Wirkung eine direkte oder indirekte sein kann. Bei den direkt wirkenden Plungeraufzügen besitzt der unter dem Fahrstuhl in einem entsprechend tiefen Schacht befindliche Treibzylinder die gleiche Länge der Steighöhe des Fahrstuhls oder der Treibzylinder ist teleskopierbar, so daß die einzelnen Rohre des Zylinders ineinanderstecken und mit Stopfbüchsen gegenseitig abgedichtet sind. Infolgedessen hat bei letzterer Bauart der ganze Schaft nur die Länge eines Bruchteils des ganzen Hubes und auch der im anderen Falle tiefe Schacht verkürzt sich auf diese Länge. Bei den indirekt wirkenden hydraulischen Aufzügen wird die Kraft von der relativ kurzen Kolbenbewegung mittelst einer Zahnstange auf Seilscheiben übertragen, welche zur Führung der die Plattform tragenden Drahtseile dienen.

Die bei den Aufzugsbetrieben sehr notwendigen Sicherungen bestehen in selbsttätig wirkenden Vorrichtungen: Sperrklinken bei Aufzügen mit Handkurbelbetrieb, Fallbremsen und Fangvorrichtungen, welche den Fahrstuhl bei einem Seil- oder Kettenbruch vor dem Hinabstürzen in die Tiefe sichern, sowie in Einrichtungen, welche den Zugang zu dem Fahrstuhl von dem Stande des letzteren abhängig machen, derart, daß die Türen von dem Triebwerke so lange geschlossen gehalten bleiben, bis der Fahrstuhl vor der Türe steht, und daß andererseits eine Bewegung des Fahrstuhles bei geöffneter Türe unmöglich ist. Eine Bedachung des Fahrstuhles empfiehlt sich, wenn die Möglichkeit einer Beschädigung des Fördergutes durch Wasser aus Leckagen u. dergl. vorhanden ist. Alle rollenden Gegenstände sind auf dem Fahrstuhle festzulegen, am besten durch einen angeketteten Klotz.

Die Sicherungen des Fahrstuhlbetriebes sowie die maximale Belastung unterstehen der baupolizeilichen Kontrolle.

Die Geschwindigkeit der verschiedenen Fahrstuhlsysteme beträgt pro Sekunde:

bei Handbetrieb	5—11	cm.
„ Riemenbetrieb	20—30	„
„ direktem hydraul. Betrieb	70—80	„
„ indir. hydraul. und elektr. Betrieb .	50—150	„

Die Anlagekosten sind abhängig von der Hubhöhe und der zu befördernden Nutzlast. Sie stellen sich

bei einer Hubhöhe von	5	10	20 m
für Handbetrieb und 100 kg auf ca.	500	600	800 M.
„ „ „ 500 „ „ „	1200	1300	1600 „

Für Riemenbetrieb sind sie um etwa 10 % billiger.

Hydraulisch betriebene Aufzüge sind 3—4 mal so teuer.

Flaschenzüge. Die gewöhnlichsten und auch einfachsten Apparate zur Hebung und Bewegung von Lasten sind die Flaschenzüge. Sie bilden in der einfachsten Form ein System einer festen und beweglichen Rolle,

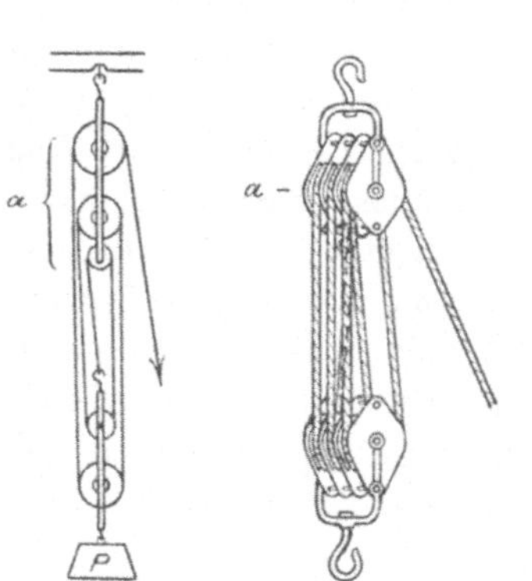

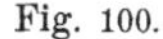
Fig. 100.

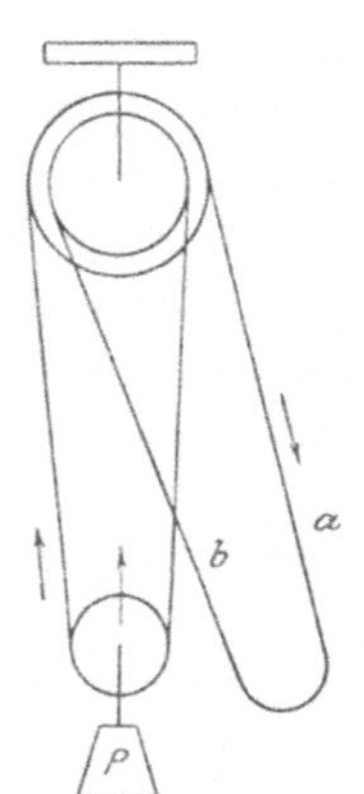

Fig. 101.

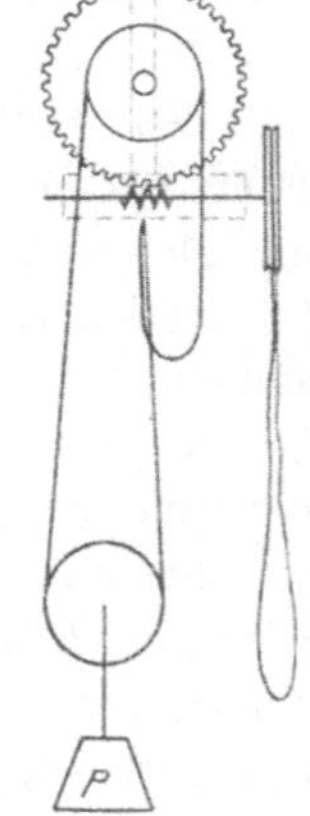

Fig. 102.

in welchem Falle die anzuwendende Kraft gleich der halben Last ist. Zur vorteilhafteren Gestaltung dieses Verhältnisses von Kraft und Last werden mehrere lose untereinander zu Kloben oder Flaschen verbundene Rollen *a* vereinigt (Fig. 100). Hier berechnet sich das Verhältnis von Kraft zu Last, welches natürlich umgekehrt proportional ist den zurückgelegten Wegen, direkt aus der Zahl der beteiligten Seile.

Der Differentialflaschenzug besteht aus einer unteren beweglichen, zum Aufhängen der Last geeignet gemachten Rolle und zwei oberen verschieden großen, aber aus einem Stück hergestellten, um eine Achse drehbaren Rollen. Eine endlose Kette läuft, ohne zu gleiten, in dem aus Fig. 101 ersichtlichen Sinne über diese Rollen, so daß ein Heben der Last durch Ziehen bei *a* und ein Senken durch Ziehen bei *b* stattfindet. Aus dem gewöhnlich $^1/_{10}$ betragenden Durchmesserunterschiede des oberen Rollenpaares ergibt sich das Kraft- und Lastverhältnis.

Der Schraubenflaschenzug hat den eben beschriebenen ziemlich verdrängt. Mit ihm kann eine Person bequem außergewöhnliche Lasten bis 10000 kg heben und ein Herabrollen der Last in der Ruhelage ist dabei ausgeschlossen. Er unterscheidet sich von dem vorigen dadurch, daß der Unterschied des oberen fest verbundenen Rollenpaares größer ist, daß die kleinere Rolle, Kettennuß genannt, allein die den Kettengliedern entsprechenden Vertiefungen trägt und die größere Rolle einen Schneckenantrieb besitzt, der durch ein Kurbelrad aus geeigneter Entfernung mittelst einer Kette bedient wird. Die Anordnung der Lastkette und die Wirkungsweise des Flaschenzuges geht aus Fig. 102 hervor.

Daß die Flaschenzüge nicht bis zu ihrer maximalen Tragfähigkeit beansprucht werden, ist im Interesse der Betriebssicherheit zu empfehlen.

Es kosten: a) Rollenflaschenzüge

bei einer Tragkraft pro Rolle von	100	300	500	1000	2000 kg
der 2 roll. Kloben	6,50	7,50	11	22,50	90 M.
„ 4 „ „	7	13	20	45	140 „

b) Differentialflaschenzüge

bei einer Tragkraft von kg	500	1000	3000	5000
für den Zug ohne Kette M.	18 + 2 m[1])	25 + 2,5 m	60 + 4,5 m	220 + 5,50 m

c) Schraubenflaschenzüge

für eine Tragkraft

von kg	500	1000	5000	10000
M.	85 + 10 h[1])	105 + 12 h	270 + 19 h	600 + 30 h.

Die **Winden** werden als direkt und indirekt wirkende gebaut. Erstere, als Zahnstangen-, Schrauben- und hydraulische Winden, leisten nur einen kleinen Hub von 0,5—1 m, können aber durch eine Manneskraft bis 20000 kg heben und sind sehr massiv gebaut. Die bekannten Wagen- oder Bockwinden, auch Daumenkraft genannt, gehören zu diesen.

Eine Bockwinde kostet etwa

für eine Tragfähigkeit von. . . .	2000	6000	10000	20000 kg
als Schraubenwinde gebaut. . . .	100	120	160	300 M.
als Zahnstangenwinde gebaut . . .	50	70	100	150 „

[1]) m bedeutet den laufenden Meter Kette und h den laufenden Meter Hub über dem Grundhub von 3 Meter.

Die indirekt wirkenden Winden gestatten das Heben auf größere Höhen vermittelst Seile, Gurte und Ketten. Das Gestell derselben dient als Lager einer Welle, die ihrerseits zur Aufnahme des Seiles zu einer Trommel verdickt ist. Die Trommel selbst wird entweder direkt oder indirekt durch Zahnrädertrieb mittelst einer Kurbel oder Transmission in Bewegung gesetzt. Verschiedenartige Brems- und Umschaltvorrichtungen für das Auf- und Abwickeln des Seiles vervollständigen den Apparat.

Steht eine solche Trommelwinde auf einer Schiebebühne, so bildet sie mit dieser zusammen einen Laufkran, der demnach horizontale und vertikale Bewegungen vereinigen kann.

Von diesen Laufkränen konstruktiv unterschieden sind die Drehkräne, welche im wesentlichen um eine vertikale Säule drehbare Richtebäume sind. Die durch eine Winde regulierbare Lastkette läuft über Rollen nach dem äußersten Teile des Auslegers, um von dort aus die Last zu heben.

Die Schiebebühnen sind mit Rädern versehene Plattformen, welche auf Gleisen laufen und als bewegliche Basis für die verschiedenartigsten Gegenstände dienen. Auch können auf ihnen ganze Apparaturen Ortsänderungen erfahren, ohne an sich die geringste Änderung zu erleiden.

Für den horizontalen und schrägen Transport dienen die Transportschnecken, die im Prinzip so arbeiten, daß in einer halb offenen oder geschlossenen Rinne das Fördergut durch die Drehung einer zentral liegenden Schnecke schraubenförmig vorwärts getrieben wird.

Die Förderrinne wippt in ihrer ganzen Länge, so daß das darin befindliche Material, gleichgültig von welcher Beschaffenheit es sei, ruckweise und auch in mäßiger Steigung fortgeschnellt wird.

Auf den Transportbändern, die als endlose Riemen auf Rollen laufen, wird mit großer Einfachheit das zerkleinerte Gut auf große Entfernungen befördert.

Für aufsteigende und vertikale Transporte werden die Becherwerke und Elevatoren benutzt, die auch Paternosterwerke heißen. Eine Reihe von Bechern ist an einer endlosen Kette oder solchem Riemen befestigt, die über zwei Führungsrollen laufen, von denen die eine den Antrieb liefert. Die Becher bewegen sich entweder im Freien oder in einer Röhre, dem sogenannten Elevatorschlauch.

Transportmaschinen für Flüssigkeiten.

Diese Vorrichtungen werden entweder selbst durch motorische Kräfte betätigt und sind in ihrer Gesamtheit mit dem Gattungsnamen „Pumpen" zu bezeichnen, oder sie wirken direkt ohne Anwendung eines Kraftmotors mittelst Dampf, Luft oder Wasser und sind in diesen Formen als Montejus, Pulsometer, Injektoren u. a. bekannt.

Das Material, aus dem diese verschiedenen Transportvorrichtungen hergestellt sind, wird in den chemischen Betrieben ja eine Hauptrolle spielen und zum Teil für die Wahl des Systems bestimmend sein; da nun für diese Apparate wohl jedes auch sonst für die übrige Apparatur benutzbare Material verwendet werden kann und verwendet wird, so wird man niemals in Verlegenheit kommen, solange man die Art und Form der Transportvorrichtung selbst von dem Material abhängig sein lassen oder, mit anderen Worten, sich mit jeder Ausführungsform behelfen kann.

Pumpen. Die Förderhöhe einer jeden Pumpe besteht aus der Saughöhe und der Druckhöhe, d. h. derjenigen von der Oberfläche der zu fördernden Flüssigkeit bis zur Pumpe und von dieser bis zum höchsten geförderten Punkt. Ihre Wirkungsweise ist ebenso verschiedenartig, wie die Art ihres Antriebes. Von dem ersten Gesichtspunkte aus erhalten wir die Kolben-, Membran-, Rotations- und Zentrifugalpumpen, von dem zweiten die Motor-, Transmissions- und Handpumpen.

Über die Aufstellung der Pumpen ist zu bemerken, daß die liegende Form die stabilste und normale Anordnung bildet, während die freistehende am wenigsten stabil ist, wenig Platz verlangt, aber sehr gut verankert sein muß. Die Wandpumpen sind wegen der Aufstellungsart nicht sehr groß und nehmen nur wenig Raum ein.

Was von den Reserveteilen der Apparaturen gesagt ist, trifft speziell für die Pumpen zu. Es ist sehr ratsam, von den Ventildeckeln, -sitzen und sonstigen leichter zerstörbaren Armaturteilen der Pumpen Ersatzteile in Reserve zu halten, sowie die häufig dafür gebauten Spezialschlüssel bei der Lieferung zu fordern. Denn das Ersetzen wird infolge eines meist während des Betriebes eintretenden Bruches nötig sein, und da sich in den seltensten Fällen gerade der Lieferant an dem Orte befinden wird, so kann ein an sich unbedeutender Gegenstand den ganzen Betrieb für ein oder mehrere Tage aufhalten. Angesichts solcher Störungen könnte eine Unterlassung dieser Vorsicht kaum mit Sparsamkeitsgründen entschuldigt werden.

Von den Saug- und Druckleitungen gilt zunächst dasselbe, was von den Leitungen im allgemeinen gesagt wurde. Ihre Weite steht zu den Abmessungen der Pumpen in einem bestimmten, berechneten Verhältnis und ist aus den an dem Pumpengehäuse befindlichen Stutzenweiten für die Rohranschlüsse zu ersehen. Scharfe Krümmungen und Querschnittsverengungen sind zu vermeiden, da sie einen Mehrverbrauch von Kraft bedingen oder, mit anderen Worten, die Pumpenleistung beeinträchtigen. Längere Leitungen werden mit Rücksicht auf die erhöhte Reibung etwas weiter gewählt. Heiße Flüssigkeiten fließen der Pumpe am vorteilhaftesten zu. Die Saughöhe soll, wenn irgend angängig, 7 m nicht übersteigen und die Leitung selbst eine sanfte Steigung nach der Pumpe erhalten, damit die Luft nach dieser entweichen kann. Bei längeren Saugleitungen bringt man außer dem Saugventil am Ende der Leitung auch ein Fußventil an, welches in dem Fußkorb sitzt und die Wirkung geringer Undichtigkeiten abschwächt. Dieser Fußkorb bildet das bauchig erweiterte, siebartig durchlöcherte Ende der Saugleitung und bezweckt die Zurückhaltung gröberer Fremdkörper.

Die Wassergeschwindigkeit soll in der Saugleitung etwa 1 m und in der Druckleitung nicht über 2 m betragen.

Zur Vermeidung der stoßweisen Bewegung der Flüssigkeiten in den Saug- und Druckrohren und der dadurch verursachten Wasserstöße auf die Ventilklappen werden in die Saug- und Druckleitungen nahe an dem Pumpenkörper Windkessel eingeschaltet. Ihre Größe muß den Rohrlängen und -weiten angepaßt sein, damit sie ihren Zweck auch erfüllen. Saugwindkessel fassen gewöhnlich das 5—7fache und bei längeren Leitungen das 15fache des Pumpenvolumens, während die Druckwindkessel das 2—3fache resp. das 3—6fache desselben fassen.

Bei Bestellungen von Pumpenanlagen sind zur richtigen Auswahl der geeignetsten Modelle folgende Angaben zu machen: Art des Antriebes, ob durch Hand, Transmission mit der Tourenzahl, Dampf oder Motor und die Art der Aufstellung, ob stehend oder liegend; ferner die Leistung in der Minute und das zu pumpende Material, die Saug- und Druckhöhen und -längen und auch die event. Verwendung zu Feuerlöschzwecken.

Bei den Kolbenpumpen bewegt sich in einem Zylinder ein Kolben hin und her, welcher die Flüssigkeit ansaugt und fortdrückt. Wenn der Kolben beim Hingang nur saugt und beim Hergang nur drückt, also abwechselnd arbeitet, nennt man die Pumpe eine einfach wirkende. Wird aber bei jedem Gange des Kolbens gleichzeitig auf der einen Seite gesaugt und auf der anderen gedrückt, so ist sie doppeltwirkend. Demnach haben die einfach wirkenden Pumpen stets zwei Ventile: das Saugventil für den Eintritt der angesaugten und das Druckventil für den Auslaß der fortgedrückten Flüssigkeit, und die doppeltwirkenden Pumpen haben zwei Saug- und zwei Druckventile.

Der Wirkungsweise nach sind die Kolbenpumpen einzuteilen in Saugpumpen und Druckpumpen und kombinierte Saug- und Druckpumpen. Die Saugpumpen haben eine größere Saughöhe als Hubpumpen, können aber mit Rücksicht auf die nicht vollkommen zu erreichende Luftleere das Wasser nur bis zu einer Höhe von 7—8 m saugen. Das Druckventil befindet sich in dem Kolben dieser Pumpen, während das Saugventil an der Stelle liegt, wo das Saugrohr in den Zylinder übergeht.

Die Membranpumpen sind den vorigen in der Bewegungsart gleich, schützen aber den Kolben und Zylinder vor der zu fördernden Flüssigkeit durch eine zwischengeschaltete elastische Membran, welche den Zylinder von dem Ventilgehäuse zwar trennt, aber durch ihre den Kolbenstößen folgenden Ausbauchungen die pulsierende Bewegung der Flüssigkeit hervorruft, sie abwechselnd ansaugt und fortdrückt (Fig. 103). Diese Membranpumpen, welche aus sehr verschiedenem Material hergestellt werden, eignen sich ganz besonders zur Förderung von Säuren und sandigen, körnigen und allen nicht homogenen Massen.

Bei den kolbenlosen Membranpumpen wird die Membran durch Dampf bewegt, welcher sie abwechselnd gegen die Flüssigkeit drückt und wieder zurückzieht, indem er durch einspritzendes Kühlwasser kondensiert wird.

Die Rotationspumpen fördern die Flüssigkeit in der Weise, daß der Kolben anstatt der geradlinigen eine rotierende Bewegung macht. Ihrer Konstruktion nach sind sie einachsig in der Art, daß in einem Zylinder eine Walze exzentrisch gelagert ist und mehrere in Ausschnitten bewegliche Scheidewände trägt, die durch Federn beständig gegen die Zylinderwand gedrückt werden. Die Wirkungsweise dieser Pumpen ergibt sich aus Fig. 104. Zu den Rotationspumpen mit mehreren Achsen gehören die Kapselräder (Fig. 105). In luftdicht schließenden Kapseln kreisen durch äußeren Stirnradantrieb paarweise Zahnräder oder vielmehr gezahnte Walzen, welche genau nach den Regeln des Zahnradeingriffs konstruiert sind. Durch das Ineinandergreifen der Zähne wird in dem

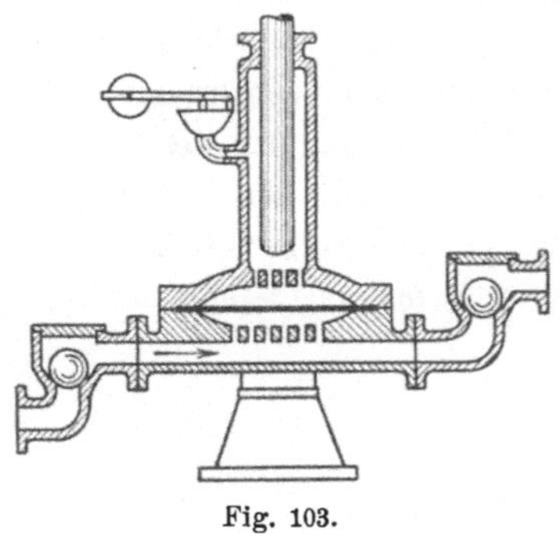
Fig. 103.

Fig. 104.

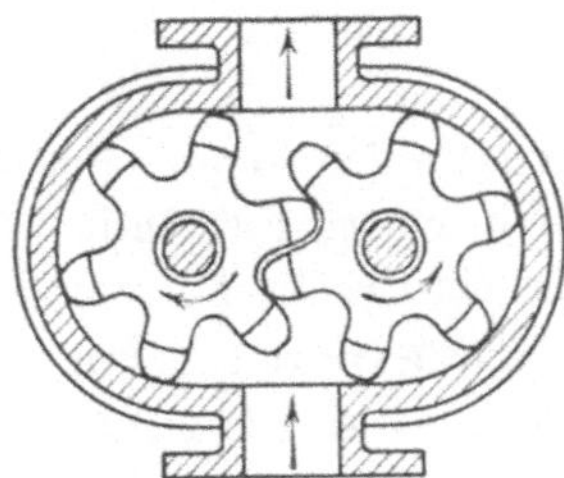
Fig. 105.

einen Teile der Kapsel ein Vakuum erzeugt, das eingesaugte Wasser von den mit der Gehäusewand in beständiger Berührung bleibenden Zähnen mitgenommen und auf der anderen Seite herausgedrückt. Alle Rotationspumpen bedürfen einer sehr hohen Tourenzahl.

Eine andere Form stellt die Flügelpumpe (Fig. 106) dar, welche bequem transportabel und bei Handbetrieb für viele gelegentliche Zwecke recht verwendbar ist. Die Flügel sind mit den zwei Druckventilen versehen und der Boden des scheibenförmigen Gehäuses trägt die beiden entsprechenden Saugventile, so daß durch die schwingenden Bewegungen des Druckventilpaares die Flüssigkeit einseitig gesaugt resp. gedrückt wird.

Bei den Zentrifugalpumpen wird die Flüssigkeit gefördert, indem sie in der Achsengegend eingesaugt und durch die Schaufeln des Flügelrades gegen die Gehäusewand und von da in das Ausflußrohr geschleudert wird (Fig. 107). Die Bewegungsart der Zentrifugalpumpen, welche natürlich weder Klappen noch Ventile haben, bewirkt es, daß die Flüssigkeiten mit einer viel größeren Geschwindigkeit vorwärts bewegt werden und daß plötzliche Druckunterschiede und Stöße in den Leitungen nicht eintreten können. Deshalb können auch die Windkessel in den Leitungen fehlen und letzterer selbst während des Betriebes ohne Gefahr durch Schieber oder Ventile abgestellt werden, ohne daß ein Rohrbruch zu befürchten wäre, wie er bei allen anderen Pumpen infolge der dann augenblicklichen Zunahme des hydraulischen Druckes unfehlbar eintreten würde. Diesem Vorteil der Zentrifugalpumpen steht der Nachteil gegenüber, daß sie, sobald eine Saughöhe zu überwinden ist, zur Inbetriebsetzung angefüllt werden müssen, wenn nicht mit Hilfe eines Injektors die Saugleitung

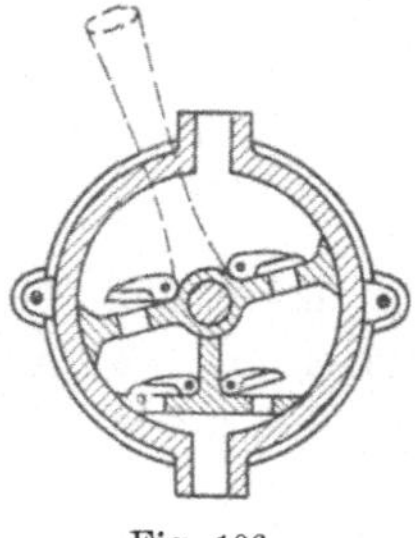
Fig. 106.

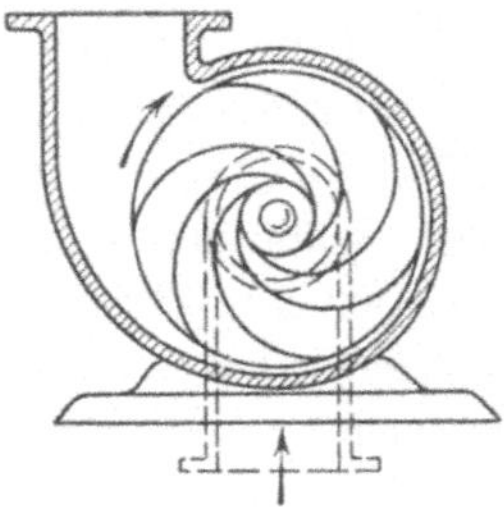
Fig. 107.

vollgesogen werden kann. Für das Angießen ist natürlich das Ende der Leitung mit einem Fußventil zu versehen, wie andererseits bei großer Druckhöhe ein Druckventil zur Entlastung von dem Drucke angebracht ist.

Es würde zu weit führen, all die verschiedenen Spezialkonstruktionen zu schildern, wie Plunger-, Worthington-, Mammut-, Riedler-Expreß u. a. Pumpen, welche alle ihre charakteristischen Eigenschaften besitzen.

Die Antriebsart dieser verschiedenen Pumpenformen ist zum Teil durch diese bedingt. So ist die Flügelpumpe speziell für den Handbetrieb gebaut, wie auch diejenigen Hub- und Saugpumpen, deren Kolben das Druckventil enthalten und infolge dieser Konstruktion auch nur einen diskontinuierlichen Kraftverbrauch haben, nämlich beim Heben des Kolbens oder beim Niederdrücken des Pumpenschwengels, während in der anderen Richtung keine Arbeit geleistet wird. Solche Pumpen sind die Baupumpe zur Entleerung von Baugruben und die Preß- und Probierpumpe zum Betriebe hydraulischer Pressen und für die Druckprobe von Kesseln und Leitungen.

Die Handpumpen sind natürlich nur für gelegentliche Zwecke geeignet, da für eine häufigere und anhaltende Pumpenarbeit die maschinelle

Kraft billiger ist. Als Tagesleistung einer durch einen Mann bedienten Handpumpe kann man rund 4 cbm Wasser auf 5 m Höhe gepumpt rechnen. Die Dampfpumpen erhalten den Dampf entweder aus der Leitung und sind, soweit die letztere ohne Schwierigkeit verlegt werden kann, ebenso unabhängig in dem Aufstellungsort, wie wenn sie direkt an einen Kraftmotor gekuppelt wären. Mit Hilfe dieser Betriebsart läßt sich das Arbeitstempo den veränderlichen Anforderungen entsprechend beliebig ändern, sowie die Pumpe selbst als Kraftmotor für sonstige Zwecke verwenden, sobald sie mit einem Schwungrad resp. rotierender Welle versehen ist. Die Worthington-Pumpe stellt einen besonderen Typus dieser Gattung dar. Bei ihr liegen Dampf- und Pumpenzylinder in einer Achse und die Kolben werden durch eine gemeinsame Kolbenstange bewegt. Von den beiden nebeneinander liegenden Dampfzylindern wird die Stellung der Schieber kreuzweise von den nicht zugehörigen Kolben bewirkt, so daß kein toter Punkt vorhanden ist und die Pumpe in jeder Stellung angeht und mit jeder beliebigen Geschwindigkeit arbeitet. Da jeder Pumpenkolben doppeltwirkend ist und mithin 4 Ventile arbeiten, stellt sie eine Duplexpumpe dar, die mit geringen Abweichungen auch in anderen Ausführungen gebaut wird und trotz ihres gedrungenen Baues eine sehr hohe Leistung aufweist.

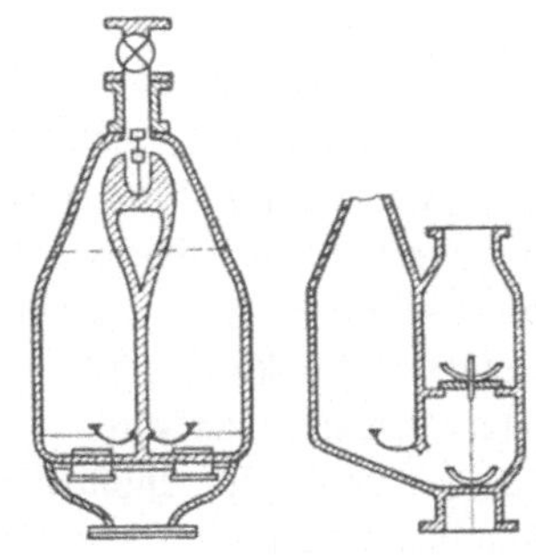

Fig. 108.

Die Transmissionspumpen sind in ihrer Anlage zwar billiger, aber auch in ihrer Aufstellung abhängig von einer Transmission und meist ohne Veränderlichkeit ihrer Leistung. Nichtsdestoweniger sind sie für sehr viele Betriebszwecke wie zur Bedienung von Filterpressen im Gebrauch.

Zu der zweiten Gruppe der Transportvorrichtungen, welche ohne motorische Kräfte arbeiten, gehört zunächst das Pulsometer, welches eine kolbenlose Zweikammerpumpe darstellt, in welcher durch die Kondensation des Betriebsdampfes in der einen Kammer das Wasser angesaugt und in der anderen durch den vollen Dampfdruck in die Druckleitung getrieben wird (Fig. 108). Zwei nebeneinander liegende flaschenartige Kammern verjüngen sich zu einem das gemeinsame Dampfeintrittsventil tragenden Rohrteil, so daß durch eine im Scheitelpunkte der sich vereinigenden Kammern gegenüber dem Dampfeintritt stehende Klappe dieselben abwechselnd für den Dampfeintritt freigegeben werden. Der untere Teil der Kammern kommuniziert mit den durch Saug- und Druckventile abgeschlossenen Saug- und Druckleitungen. Je nach der Lage der Klappe tritt der Dampf in eine der Kammern ein und drückt die Flüssigkeit durch das Druckventil in die Leitung bis zu einem tiefsten Stande in der Kammer, in welchem dann der Wasserrest in eine wirbelnde Bewegung versetzt wird und den Dampf kondensiert, wodurch ein Vakuum erzeugt und dadurch die Klappe angesaugt und folglich auch der Dampf in die andere Kammer geleitet wird. Das Vakuum der ersten Kammer saugt nun das Wasser aus der Saugleitung an und füllt diese damit; während dieser Zeit wiederholt sich dasselbe Spiel in der anderen Kammer und so fort. Zur Ingangsetzung werden zunächst die Kammern mit Wasser gefüllt und dann das Dampfventil geöffnet.

Die Pulsometer eignen sich zur intermittierenden Beförderung großer Mengen von kalten bis 80° warmen, dünnen und dickflüssigen, sandigen und schlammigen, sowie sauren und ätzenden Massen und werden aus dem verschiedenartigsten Material hergestellt. Sie brauchen sehr viel Dampf, haben aber den Vorteil, daß sie kein Fundament nötig haben, noch einer Wartung und Schmierung bedürfen.

Die Aquapulte oder kolbenlosen Einkammer-Dampfpumpen gleichen in ihrer Wirkungsweise den Pulsometern und unterscheiden sich von ihnen eben dadurch, daß sie nur eine Kammer besitzen.

Die Injektoren wirken in der Weise, daß der aus einer oder mehreren Düsen strömende Dampf über dem zu hebenden Wasser ein Vakuum erzeugt, infolgedessen das Wasser angesaugt und nach dem Orte des Verbrauchs hingedrückt wird. Ihrer Konstruktion nach werden sie unterschieden in saugende, nicht saugende und selbsttätig wieder ansaugende Injektoren und ferner in solche, welche mit frischem Kesseldampf oder Abdampf arbeiten. Zur Funktionierung der saugenden Injektoren ist es nötig, die Spindel abwechselnd und langsam heraus- und wieder hineinzudrehen, bis die Einstellung getroffen und das Arbeiten an dem eigentümlichen Geräusch wahrnehmbar ist.

Bei dem Körtingschen Universal- oder Doppelinjektor genügt die Bewegung eines Hebels, um ihn in Gang zu setzen. Bei der Vereinigung zweier Injektoren in demselben Gehäuse wird dadurch eine bessere Ausnützung des Dampfes erreicht, daß der eine Injektor das Wasser ansaugt und es dem anderen zuführt, welcher es weiterdrückt.

Die Leistung der Injektoren ist ihren Abmessungen und Spezialkonstruktionen entsprechend sehr verschieden. Ihre größte Saughöhe beträgt 6,5 m und die höchste Temperatur des zu fördernden Wassers 70°.

Die Injektoren haben die Eigenschaft, bei Eintritt von Luft in die Saugleitung oder Veränderung des Dampfdruckes abzuschlagen, d. h. aufzuhören zu arbeiten, und müssen dann wieder von neuem eingestellt werden. Der Restarting-Injektor behebt diesen Übelstand, indem er in solchen Fällen selbsttätig wieder ansaugt und weiter arbeitet.

Bezüglich der Abmessungen der an die Injektoren anzuschließenden Rohrleitungen gilt das, was von den Pumpenleitungen gesagt wurde, desgleichen sind scharfe Krümmungen der Leitungen zu vermeiden.

Es kosten

bei einer stündlichen Leistung	saugende Injektoren	nichtsaugende Injektoren	Universal-Injektoren
von 1,0 cbm . . .	80	50	100 M.
„ 2,0 „ . . .	100	60	110 „
„ 4,5 „ . . .	150	100	140 „
„ 9,0 „ . . .	250	140	220 „

Die Montejus, auch Druckfässer oder Druckbirnen genannt, sind zylindrische oder kugelförmige Gefäße aus dem verschiedenartigsten Material, welche außer dem bis auf den Gefäßboden reichenden Druckrohr Anschlußstutzen für die Zufluß-, Druck- und auch Saugleitung haben und überdies mit einem Manometer und auch Vakuummeter versehen sind. Größere Montejus besitzen außerdem häufig ein Mannloch.

Die Flüssigkeit — welcher Art sie auch sei — läuft dem Montejus zu oder wird mit Hilfe der Vakuumleitung angesaugt und nach Umstellung der Ventile und Hähne unter Berücksichtigung des für die Festigkeit des Druckgefäßes einzustellenden Druckes nach dem Orte des Verbrauchs gedrückt. Unter dem Mongieren einer Flüssigkeit versteht man das Heben vermittelst eines Montejus.

D. Instandhaltung der Apparatur und Betriebseinrichtung.

Jede konstruktive Einrichtung nutzt sich durch den Gebrauch ab. Soweit diese Abnutzung eine normale bleibt und nur eine Folge ihrer regelmäßigen Beanspruchung ist, läßt sich dagegen nichts machen, sie wird eben in der Amortisierung des Apparatenwertes zum Ausdruck gebracht. Außer dieser natürlichen Abnutzung können die Gebrauchsgegenstände aber auch eine weitere Entwertung infolge von Vernachlässigung in der Behandlung erfahren.

Die gute Instandhaltung der Apparatur ist somit ihre Erhaltung und bedeutet eine Verlängerung ihrer Lebensdauer, ihrer Leistungsfähigkeit. In diesem Sinne wirkt sie direkt wirtschaftliches Kapital sparend. Indirekt übt sie diese Wirkung aus, indem sie die Brauchbarkeit der Apparatur, somit den Grad ihrer Leistung möglichst vollkommen erhält, und drittens wirkt die Instandhaltung auf die damit Beauftragten erziehend, denn sie fördert den Sinn für Ordnung, Sparsamkeit und Aufmerksamkeit.

Deshalb ist die Pflege der Betriebseinrichtungen eine absolute Notwendigkeit und muß in jeder Fabrik verlangt werden. Bis zu welchem Grade dieselbe durchzuführen ist, läßt sich allgemein nicht sagen, mindestens muß aber durch sie die Apparatur ihre relativ beste Leistungsfähigkeit behalten; wieweit darüber hinausgegangen werden kann, hängt von persönlichen Auffassungen und nicht zum wenigsten von den dafür disponiblen Mitteln ab.

Die Instandhaltung besteht in der Reinigung, dem Putzen, dann in der Gangbarerhaltung der beweglichen Teile, also dem Schmieren, und in der Überwachung und eventuellen Wiederherstellung des ordnungsmäßigen Zustandes aller funktionierenden Teile.

Die **Reinigung** erstreckt sich, außer auf den Fabrikhof, auf die Betriebsräume und das ganze Inventar. Für die Besorgung dieser Arbeit müssen sich in den Betrieben ganz bestimmte Gewohnheiten herausbilden, welche von der Art der Betriebe und von der am besten dazu verwendbaren Zeit abhängen werden. Solche gewohnheitsmäßig besorgten Reinigungen pflegen die Fabrikation am wenigsten zu stören und aufzuhalten, während sie leicht unliebsame Pausen verursachen, wenn sie erst dann vorgenommen werden, nachdem die Unordnung und Unsauberkeit ihren Höhepunkt erreicht haben. Das dazu benutzte Gerät hat sich demgemäß in einem kompletten und ordentlichen, gebrauchsfähigen Zustande zu befinden. Ein knappes Zuteilen dieser Sachen ist eine falsch angebrachte Sparsamkeit. Um anderseits einem Verschwenden vorzubeugen, brauchen die Ersatzstücke ja immer nur gegen Rückgabe der aufgebrauchten verabfolgt zu werden.

Die Folge von vernachlässigter Reinigung ist eine allgemeine Einschmutzung, welche auch schließlich die Fabrikation in Mitleidenschaft zieht und schlechtere Fabrikate liefert. Dann verlieren sich dabei auch nur zu leicht die kleineren Gebrauchsgegenstände und Werkzeuge und statt ihrer werden andere, meist ungeeignetere genommen, mit denen die Arbeit nur ungründlich besorgt werden kann. Endlich gewöhnt sich der Arbeiter infolgedessen auch bald an ein verschwenderisches Umgehen mit den Betriebs- und Fabrikmaterialien. Das Herumliegenlassen von Eßgeschirr, Trinkflaschen, Schuhzeug, Kleidungsstücken, ferner von Arbeitsabfall wie gebrauchten Korken, Etiketten, Glasrohrstücken u. dergl. mehr ist unstatthaft. Ein in solcher Art garnierter Betrieb sieht immer unordentlich aus.

Nicht zum wenigsten wirkt endlich die Reinigung der Arbeitsräume und der Betriebseinrichtungen gesundheitsschonend auf die Arbeiter, weshalb sie in solchen Betrieben, die besonders schädliche Verunreinigungen mit sich bringen, mit doppelter Gründlichkeit und nach dem für ihre Beseitigung angeordneten speziellen Verfahren besorgt werden muß.

Sofern die Reinhaltung einem Erfordernis der Notwendigkeit Genüge leistet, wird durch das **Putzen,** welches an sich und sachlich vielleicht hier und da entbehrlich wäre, dem bei jedem ordnungsliebenden Menschen vorhandenen Verlangen nach möglichst hoher Reinlichkeit nachgekommen. Somit ist das Putzen als Steigerung der allgemeinen Reinhaltung eine Garantie für die letztere und hat daher auch in den Arbeitsstätten seine Berechtigung, abgesehen davon, daß etwaige schadhafte Stellen an einem reingeputzten Apparate, Apparatenteil oder Leitungsstück usw. leichter aufgefunden werden, als an einem verschmutzten.

Geputzte Kessel- und Maschinenarmaturen, blank gehaltene Bleche und Gefäße sind, ganz abgesehen von ihrem gebrauchsfähigeren Zustande, immer ein äußeres Zeichen von vorhandenem — wenn bisweilen auch erst mühsam beigebrachtem — Interesse an gut gepflegter Apparatur. Zur gründlichen Verrichtung dieser Arbeit ist erforderlich, daß die beweglichen und die die geputzten Stellen umgebenden Teile nicht durch das Putzmittel verschmiert werden, wie dies wohl z. B. bei Schildern zu finden ist, bei denen der abgeputzte Schmutz wie zur Erhöhung des Glanzes das blankgeputzte Schild umrahmt.

Die im Gebrauche meist mit Öl getränkte Putzwolle und -tücher sind vorschriftsmäßig in feuersicheren, nicht gelöteten (Blech-) Kästen aufzubewahren. Ein Herumliegenlassen derselben in den Ecken und Winkeln und auf den Fensterbrettern ist unzulässig. Ob die verbrauchten Putzmaterialien verbrannt oder zwecks Wiederverwendung entfettet und gereinigt werden, ist eine Frage des Kostenpunktes. Die Reinigung kommt wohl nur für Betriebe in Betracht, die einen sehr großen Verbrauch darin haben.

Ungefähre Preise der Putzmaterialien sind:

Putzwolle, bunt oder weiß, 40—70 M. für 100 kg.

Putztücher, 40 × 40 bis 58 × 58 cm, 12—15 M. für 100 Stück gesäumt.

Gebrauchte Packleinwand, große und kleine Stücke, 10—35 M. für 100 kg.

Putzpapier, als guter Ersatz für Putzwolle, ca. 100 Bogen 40 × 60 cm = 1 kg, 100 kg = 38 M.

Werg eignet sich mehr zur Aufnahme von wässerigen Flüssigkeiten, als von öligen, mit denen es rasch verschmiert.

Die aus Lumpen aller möglichen Herkunft bestehenden Putzlappen sollten vor ihrem Gebrauch stets einer gründlichen Desinfektion unterworfen werden, da sie außer Ungeziefer nicht selten ansteckende Stoffe enthalten und verschiedentlich Krankheiten übertragen haben.

Das ordentliche **Schmieren** aller beweglichen Teile ist von großer Wichtigkeit. Es bezweckt die Reibungsverminderung der gelagerten Teile und somit auch eine Verminderung des Kraftverbrauchs. Nach Gadolin beträgt der durch die Reibung entstehende Arbeitsverlust durchschnittlich 25 % der von dem Motor erzeugten Arbeit. Nicht geschmierte Lager verschlingen demnach ganz bedeutende Maschinenkraft und können infolge von Heißlaufen das Getriebe sogar vollkommen bremsen. In der Instandhaltung eines Maschinenbetriebes ist demnach das Schmieren eine Hauptaufgabe, in welcher die Schmiermitttel als solche und die Schmiervorrichtungen einer eingehenden Beachtung zu unterziehen sind.

Die als Schmiermittel verwendeten Öle, die ein spez. Gewicht von 0,890—0,925 besitzen, sollen frei sein von Wasser, Säure, Harz und mechanischen Verunreinigungen. Je geringer ihre innere Reibung, desto größer ist ihre „Schmierfähigkeit“, das heißt die die Reibung verhindernde Kraft. Vor den vegetabilischen und animalischen Schmierölen haben die mineralischen den Vorzug, daß sie weder verharzen, noch durch Ranzigwerden säurehaltig werden können. Außerdem sind sie ebenso wohlfeil wie jene. Aus diesen gewichtigen Gründen haben die Mineralschmieröle die anderen fast ganz verdrängt und sollten auch immer verwendet werden. Sie werden aus den schwer siedenden Fraktionen der Petroleumrektifizierung gewonnen und sind demnach Kohlenwasserstoffe verschiedener Konsistenz, die nicht verharzen und auch nicht sauer reagieren können.

Die Konsistenz, welche die Tragfähigkeit der Öle ausmacht, muß der Belastung der zu schmierenden Teile angepaßt sein. So würden leichtgehende Spindeln durch zu dickflüssiges, zu tragfähiges Öl eher gebremst als geschmiert werden, wohingegen belastete Lager bei der Ölung mit zu dünnem Schmieröl sicher warm laufen würden. Durch passende Zusammensetzung lassen sich alle verlangten Konsistenzarten herstellen.

Starre Öle sind für Lager und Zylinder nötig, die im Laufe der Arbeit einen bestimmten Wärmegrad erreichen. Die den eigentlichen Fetten, also vegetabilischen und animalischen Ölen eigene hohe Tragfähigkeit auch bei höheren Temperaturen veranlaßt ihre Verwendung vorteilhaft in Mischungen mit Mineralölen zur Schmierung heißlaufender Maschinenteile.

Der Einkauf der Schmieröle ist zum großen Teil eine Vertrauenssache, sofern man sie nicht jedesmal auf ihren Wert hin besonders untersuchen will. Deshalb begegne man den gelegentlichen billigen Offerten immer mit Mißtrauen, da sie meist Produkte betreffen, die in geschickter Weise minderwertige Materialien enthalten. Ein gutes, wenn auch teures Schmieröl ist im Gebrauch viel ausgiebiger und daher billiger als dergleichen Surrogate, die sich nicht nur sehr schnell aufbrauchen, sondern auch noch die Metallflächen stark angreifen können.

100 kg Mineral-Maschinenöl kosten je nach Güte, Viskosität und Farbe 30—60 M. Zylinderöle für die Zylinder der Dampfmaschinen und anderer warmlaufender Teile kosten 50—70—100 M.

Außer einem den wechselnden Anforderungen gehörig entsprechenden Schmiermaterial ist für den Effekt des Schmierens auch noch die Vorrichtung von Wichtigkeit, mit welcher dasselbe — zum Teil automatisch — besorgt wird. Diese Schmierapparate sollen das Öl in genau einstellbaren Mengen den reibenden Flächen zuführen, denn ein Zuviel bedeutet Materialverschwendung und ein Zuwenig unnötigen Kraftverbrauch.

Die Schmiergefäße sind als Teile entweder konstruktiv mit den zu schmierenden Flächen vereinigt, wie bei den Zapfen- und Ringschmierlagern, oder sie werden als besondere Apparate aufgeschraubt oder sonstwie mit den zu schmierenden Teilen verbunden.

Von den Selbstölern sind die Nadelschmierbüchsen recht verbreitet. Sie stellen ein umgestülpt stehendes Glasgefäß (Fig. 109) dar, in dessen engröhriger Ausflußöffnung ein dünner, nur wenig Spielraum lassender Drahtstift steckt, welcher auf der drehenden Welle steht. Die geringen erschütternden Bewegungen der letzteren übertragen sich auf den Drahtstift und fördern dabei ein geringes Ölquantum aus dem Gefäß heraus. Die Stärke des Ölausflusses richtet sich nach der Dicke des Drahtstiftes in dem Röhrchen.

Die Dochtschmiergefäße (Fig. 110) enthalten eine Röhre, die von dem obersten Teil des Ölbehälters bis dicht über die Welle reicht. In dem Öle hängt ein Docht, der in die Röhre hineinragt, das Öl aufsaugt und es vermöge der Kapillarität der Welle zuführt. Die Regulierung der schmierenden Ölmenge liegt in der Wahl der Dochtstärke.

Die Nadelschmierbüchsen ölen nur während des Ganges der Welle, während die Dochtöler den Nachteil haben, beständig zu schmieren, sofern sie nicht mit Abstellvorrichtung versehen sind.

Die Öltropfapparate, welche den Zufluß des Öles sichtbar machen, haben erstens den Vorteil, daß man den Ölverbrauch sehr gut

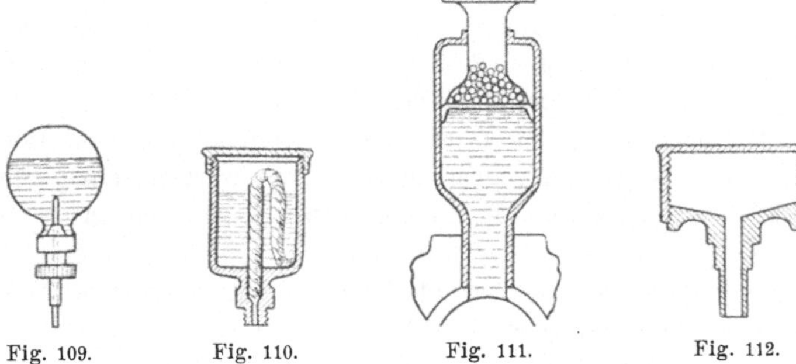

Fig. 109. Fig. 110. Fig. 111. Fig. 112.

kontrollieren kann, und zweitens, daß eine mögliche Verstopfung des dünnen Zuleitungsröhrchens sofort bemerkt wird.

Zum Schmieren mit starren Ölen sind Apparate im Gebrauch, die der Form nach einem Zylinder ähneln, der mit dem Fett gefüllt ist. Während des Ganges wird die in dem Zylinder befindliche, auf der Welle lastende Fettstange an der untersten Schicht durch die Reibung der drehenden Welle abgeschmolzen und durch einen verschieden beschwerbaren Kolben weiter in den Zylinder hinein und gegen die Welle gepreßt. Solche Tovoteschen Apparate (Fig. 111), System Tovote und Kötter, enthalten für mehrere Monate reichendes Schmieröl.

Die ebenfalls für steifes Öl bestimmte, sehr verbreitete Stauffer-Büchse (Fig. 112) besteht aus einer äußeren, mit dem Fett zu füllenden Kapsel mit Innengewinde, die auf die mit der Welle durch eine Röhre kommunizierende innere Kapsel niedergeschraubt werden kann, so daß dadurch das Fett unter starkem Druck der Reibungsfläche zugeführt wird.

Zur Schmierung der Maschinenzylinder dienen meist die mechanischen Dampfölungsvorrichtungen, welche teils als Pumpen, teils als Pressen gebaut sind. Sie sollen eine beständige Ölabgabe während des Betriebes ebenso sichern, wie sie die Möglichkeit verhindern sollen, daß bei einem Stillstande der Maschine infolge der in dem Dampfraume eintretenden Luftverdünnung der Inhalt des Ölbehälters eingesaugt wird.

Diese Apparate sind im Prinzip so konstruiert, daß ein von der Dampfmaschine betätigter schwingender Hebel, welcher mit einer Sperrklinke versehen ist, ein Zahnrädchen treibt, dessen Bewegung meist mittelst eines Schneckentriebes auf einen Kolben übertragen wird, der das Öl vorwärts drückt. Bei anderen Apparaten wird das Öl durch den Dampfdruck direkt zur Verbrauchsstelle gefördert.

Zur Schmierung von Heißdampfmaschinen und solchen, die mit überhitztem Dampfe getrieben werden, ist das gewöhnliche Zylinderöl nicht brauchbar, sondern muß durch ein für diesen Zweck besonders zubereitetes Öl ersetzt werden.

Das von den geschmierten Lagern abtropfende Öl ist nicht wertlos, sondern wird in den Ölfängern aufgefangen und durch Reinigung wieder brauchbar gemacht. Die Reinigung gestaltet sich je nach dem Zustande und der Art des gebrauchten Öles entweder zu einer einfachen Filtration, wenn das betreffende Öl mineralischen Ursprungs war, also aus Kohlenwasserstoffen bestand, bei welchen eine Verseifung ausgeschlossen war. Tierische und Pflanzenöle dagegen, die durch den Gebrauch ranzig geworden sind, müssen vor der Filtration mit Kalkwasser gewaschen und getrocknet werden.

Die für diese Arbeiten erforderlichen Apparate kommen gebrauchsfertig und mit allen erforderlichen Anweisungen versehen in den Handel, und somit erübrigt es sich, des näheren auf dieselben einzugehen.

Das auf solche Weise gereinigte und wieder brauchbar gemachte Öl wird mit gleichen Mengen frischen Öles gemischt, zum Schmieren von Transmissionswellen u. a. weniger belasteten Teilen benutzt, während für den Maschinenzylinder und empfindlichere Lager stets neues Öl zu verwenden ist.

Die Treibriemen bedürfen zu ihrer Erhaltung auch des Fettes, und zwar muß besonders die Außenseite wegen ihrer größeren Ausdehnung und folglich auch stärkeren Beanspruchung geschmeidig und biegsam erhalten werden. Eine gute Riemenschmiere ist Vaselin oder Fischtran; eine warm aufzutragende Schmiere besteht aus je einem Teil Talg, Kolophonium und Holzteer und 4 Teilen Fischtran.

In feuchten Räumen müssen die Riemen immer gut, jedoch auch nicht übermäßig gefettet sein. Das Einfetten, das alle 2—3 Monate besorgt werden sollte, geschieht gut in der Weise, daß der Riemen, sofern er nicht geleimt ist, am Abend gut abgebürstet und mit warmem Wasser abgewaschen und am anderen Morgen mit der Riemenschmiere, am besten reiner Rindstalg, kräftig eingerieben wird.

Das Einfetten der Innenseite der Riemen behufs besseren Anhaftens der Riemen auf den Scheiben sollte man tunlichst vermeiden, weil sich unter dem Einfluß des Staubes bald eine Kruste bildet, die häufig abgekratzt werden muß, damit sie nicht das Rutschen auf den Scheiben noch verstärkt. Läßt sich das Schmieren der Innenfläche nicht umgehen, so nehme man gutes Talg- oder ein Adhäsionsfett, unterlasse aber das Aufstreuen von Harz und Kolophonium, welches den Riemen auf die Dauer äußerst schädlich ist.

Drahtseile werden am besten mit gekochtem Leinöl geschmiert, eine Mischung von Teer und Pech ist nicht so gut.

Die sachgemäße Behandlung der Schläuche, speziell der Gummischläuche, welche in vielen Betrieben ansehnliche Ausgaben verursachen, ist ebenfalls zu empfehlen, um ihre an und für sich kurze Lebensdauer zu verlängern. Dazu gehört, daß sie nach ihrem Gebrauche nötigenfalls gut nachgespült und über halbkreisförmigen Bügeln von nicht zu kleinem Durchmesser hängend aufbewahrt werden. Alle Knicke in den Schläuchen sind zu vermeiden und ebenso das Entlangschleifen derselben auf dem Fußboden der Arbeitsräume.

Die Apparate und Gefäße sind, wenn sie nicht aus einem durch Putzen und Einfetten blank zu haltenden Metalle bestehen, mit einem Anstrich zu versehen, der zunächst den Betriebsverhältnissen am besten zusagt und erst in zweiter Linie dem Geschmacke.

Der schädliche Einfluß saurer Dämpfe und feuchter Dünste auf die Metallsachen ist durch einen passenden, schützenden Anstrich zu verhindern, ebenso sind die Holzteile der Betriebseinrichtungen mit einem Ölanstrich zu versehen. Die Farbe und die Zusammensetzung der Anstrichmittel soll mit Rücksicht auf die bei der Fabrikation unvermeidliche Einschmutzung so gewählt werden, daß letztere dadurch möglichst wenig auffallend erscheint und auch nicht lösend auf den Anstrich wirkt. Alle Holzkonstruktionen, welche unter dem Einflusse der Feuchtigkeit zu leiden haben, müssen so aufgestellt werden, daß die Luft möglichst unbehindert zu allen Teilen Zutritt behält und daß die Fußbodenfeuchtigkeit tunlichst abgehalten wird. Außerdem ist ein von Zeit zu Zeit zu wiederholendes gründliches Teeren angebracht, und die Teile, zu denen man nach der definitiven Aufstellung nicht mehr gelangen kann, sind vor der Montierung gründlich mit Teer oder einem anderen fäulnishemmenden Mittel zu präparieren.

Im Anschluß hieran sei auch darauf hingewiesen, daß die Pappdächer der Fabrikgebäude zur Erhaltung ihrer Geschmeidigkeit und Verhinderung des Brüchigwerdens vielleicht alle 2—3 Jahre geteert werden müssen. Man rechnet für das Teeren pro 1 qm 15—30 Pf.

Die allgemeine Erhaltung des ordnungsmäßigen Zustandes in dem Betriebe verlangt eine beständige Bewachung desselben, die allerdings nicht in dem Sinne zu verstehen ist, daß man sich in immerwährender Sorge um ihren Zustand befinde, vielmehr soll sie bei der

Verrichtung der anderen Arbeiten nebenher, aber dennoch gründlich geschehen, indem man für alles ein offenes Auge hat und einen geübten Blick bekommt. Schrauben an beweglichen Teilen können sich nach und nach lockern; Wellen in Lagern und Stopfbüchsen laufen dann und wann heiß. An versteckteren Stellen treten mitunter Leckagen ein, die erst nach größerer Ausdehnung wahrgenommen werden. Zur Verbindung von Rohren dienende Schlauchstücke reißen zuweilen ganz allmählich auf. Ein Gefäßinhalt kann durch undicht gewordene, in dem Gefäße befindliche Heizschlangen mit dem Kondenswasser abgeführt werden und verloren gehen. Und so gibt es eine Fülle von Kleinigkeiten, die, bei Zeiten entdeckt, mit den geringen Umständlichkeiten in Ordnung zu bringen sind, wohingegen sie bei unaufmerksamer Beobachtung empfindliche und meist mit Materialverlust verbundene Störungen verursachen können.

In größeren Betrieben sind mit der Instandhaltung der verschiedenen Betriebseinrichtungen bestimmte Arbeiter betraut. So liegt den Maschinisten meist die Kontrolle über die Maschinen und Transmissionen ob. Die Wartung der Riemen und Seiltriebe, dann die der verschiedenen Leitungen (Wasser, Dampf, Preßluft usw.), ferner der etwa vorhandenen Transportvorrichtungen sind anderen Leuten, meist Schlossern, übertragen. Diese Verteilung bietet eine Gewähr, daß alle diese Einrichtungen in bestimmten Zeiten untersucht werden, während es sonst vorkommen könnte, daß dieses oder jenes vernachlässigt wird.

Für den Betriebsleiter aber, zu dessen Obliegenheiten die Gesamtaufsicht über den ordnungsmäßigen Zustand der Betriebseinrichtungen gehört, ist es wichtig, alles zu sehen und von Zeit zu Zeit auch durch kleine Bemerkungen zu dokumentieren, daß er alles sieht. Um so eher kann er dann darauf rechnen, daß die Pflege der Ordnung von den Unterstellten gründlich besorgt wird und sich auch auf das erstreckt, was seiner Beachtung vorübergehend vielleicht entgeht.

Zweite Abteilung.

Bauliche Anlagen.

Allgemeines. Trotzdem die baulichen Anlagen den verschiedenen chemischen Industriezweigen entsprechend sehr mannigfach gestaltet sind und sein müssen, gibt es immerhin eine Anzahl von Einrichtungen, die als allgemein zweckentsprechend und praktisch bei allen Fabrikbauten mit dieser oder jener Veränderung zur Verwirklichung gelangen können und deshalb einer zusammenfassenden Besprechung wert sind.

Um sich über die Wahl des Ortes schlüssig zu werden, ist zunächst eine Reihe von Umständen in Erwägung zu ziehen, als da sind: Das Vorkommen wichtiger Roh- und Hilfsstoffe, Terrain- und Transportverhältnisse für die Zu- und Abfuhr der Materialien und Fabrikate (Landstraßen, Eisenbahnen, Wasserwege), die Wasserversorgung, die event. Ausnutzung von Wasserkraft und die Entwässerungsverhältnisse, der Platz für die Lagerung von Nebenprodukten und Abfallstoffen, die Arbeiterverhältnisse, ob genügend, billige und geschulte Arbeitskräfte vorhanden, günstige Lage für vielleicht notwendig werdende Genehmigungspflicht usw.

In zweiter Linie können in Frage kommen die Wohnungs-, Steuer- und Schulverhältnisse.

Haben diese Berücksichtigungen zu einer Ortswahl geführt, so sind für den Erwerb eines geeigneten Grundstückes noch einige Fragen zu beantworten, wie die Möglichkeit einer Erweiterung, die Beziehungen zur Nachbarschaft, die Transportwege (Zufahrtstraßen und Lage des Bahnhofs oder Hafens), der Baugrund und auch das Grundwasser.

Die für die Besitznahme in Betracht kommenden Eigentums- und Nutzungsübertragungen sind in den §§ 873 ff. des B. G.-B. geregelt. Bei einem Kauf wird außerdem die Abmessung durch einen vereidigten Geometer und die Eintragung in das Grundbuch nötig.

Überdies gehören chemische Fabriken aller Art nach § 16 der Gew.-Ord. zu denjenigen Anlagen, für deren Errichtung eine besondere Genehmigung erforderlich ist. Welche Anlagen unter den Begriff „chemische Fabriken aller Art“ fallen, ist für Preußen von dem Minister für Handel und Gewerbe durch Rekursbescheid vom 16. April 1883 festgelegt worden, nämlich:

daß unter chemische Fabriken im Sinne des § 16 der Gew.-Ord. nur solche Anlagen zu verstehen sind, welche auf chemischem Wege durch Zusatz von fremden Substanzen, z. B. von freien Säuren und Alkalien, aus Rohsalzen und aus anderen Stoffen neue Fabrikate (chemische Produkte) herstellen, d. h. solche Fabrikate, welche andere Eigenschaften und eine andere Zusammensetzung als die in dem Rohmaterial vorhandenen Stoffe haben, daß aber Anlagen, in welchen zwar chemische Prozesse vorgenommen werden, eine Umbildung des Rohstoffes durch Zuführung fremder Stoffe aber nicht erfolgt, unter den Begriff der chemischen Fabriken nicht fallen.

Die nach § 17 der Gew.-Ord. verlangte Erläuterung des Genehmigungsantrages durch Zeichnung und Beschreibung betrifft ebenso wie der § 16 die Fabrikanlage — Betriebs- und Kesselanlage —, während die Ausführung der Gebäude der baupolizeilichen Genehmigung allein bedarf.

Die für den Fabrikbau in Betracht kommenden gesetzlichen Vorschriften sind teils in den Unfallverhütungsvorschriften enthalten (s. d.), teils in der Gew.-Ord., teils in den Baupolizeiverordnungen. Nach dem Str.-G.-B. § 367 wird bestraft die Bauvornahme ohne polizeiliche Genehmigung. Nach § 330 des Str.-G.-B. wird bestraft, wer bei Leitung oder Ausführung eines Baues wider die Regeln der Baukunst derart handelt, daß daraus für andere Gefahr entsteht.

Die baupolizeilichen Ortsvorschriften betreffen die Bausicherheit, die Feuersicherheit, die Straßenflucht und die Bauabstände.

Der § 120 Abs. a, b und d der Gew.-Ord. erfordert eine Reihe von Rücksichten im Interesse der Arbeiterwohlfahrt. Die von der Kgl. Gewerbeinspektion in Berlin aufgestellten Vorschriften für die Einrichtungen gewerblicher Anlagen sind ebenfalls in Berücksichtigung zu ziehen resp. in Preußen zu respektieren.

Findet man vorhandene Räume vor, in die ein an und für sich durchgebildeter Betrieb verlegt, also hineingebaut werden soll, so wird man den Einbau natürlich den Räumen anpassen. Als Eigentümer besitzt man die Freiheit, erforderliche Veränderungen nach Maßgabe des zu Schaffenden unbehindert vorzunehmen, als Mieter dagegen wird man solche in dem für den besonderen Fall notwendig beschränkten Maße ausführen, indem man sich hütet, die durch den Mietskontrakt stipulierten Rechte zu überschreiten, sofern man Differenzen mit dem Besitzer vermeiden will.

Anders aber liegt der Fall, wenn die Räume dazu selbst hergerichtet oder gar das ganze Fabrikgebäude aufgebaut werden soll. Auch dies kann in verschiedener Absicht geschehen. Will man schon anderswo bestehende Betriebe in der Neuanlage unterbringen, so hat man unter Berücksichtigung aller bei der Funktion dieser Betriebe gemachten Erfahrungen die sich daraus ergebenden Einrichtungen auszuführen. In den meisten Fällen wird man jedoch bei solcher Gelegenheit auch gleich eine Betriebsvergrößerung oder deren Möglichkeit vorsehen, und dabei empfehlen sich eine Reihe von baulichen Anlagen, für die neben den aus der Art der Betriebe sich ergebenden besonderen Anordnungen auch solche getroffen werden können, welche vom allgemein praktischen und Zweckmäßigkeitsstandpunkte aus empfehlenswert sind, so daß die Gebäude und Räume später unter Umständen auch für andere nicht vorhergesehene Betriebe geeignet bleiben.

Der vorsichtige Anfänger wird jeden Luxus vermeiden; er halte sich aber gleich entfernt von übertriebener Sparsamkeit, denn nachheriges Ergänzen und Vergrößern ist relativ teurer und in den meisten Fällen störend für den Betrieb. Um also das Richtige zu treffen, kann nur der freilich leichter zu gebende als zu befolgende Rat erteilt werden, die künftigen Betriebe und alle begleitenden Umstände mit Hilfe orientierender Zeichnungen bis in die letzten Einzelheiten reiflich zu durchdenken.

Schließlich ist es auch wohl nicht überflüssig, auf die alte Tatsache hinzuweisen, daß die Gesamtkosten eines jeden Fabrikbaues in den weitaus meisten Fällen den Kostenanschlag noch immer ansehnlich überschritten haben und daß ferner die Höhe des erforderlichen Betriebskapitals häufig unterschätzt wird. Um das Schicksal mancher neuen Unternehmungen würde es besser bestellt sein, wenn in diesen Punkten nicht so optimistisch und mit größeren Reserven vorgegangen worden wäre.

Handelt es sich um die Errichtung neuer Gebäude eines schon bestehenden Unternehmens, so wird die für den Neubau ausgeworfene Summe den Grad seiner Vollkommenheit bestimmen.

Bei Neuanlagen findet sich hin und wieder unebenes Terrain, das teilweise oder gleich ganz bis zur Normalhöhe aufgefüllt zu werden pflegt. In solchen Fällen sollte jedoch mit größter Überlegung gehandelt werden; denn nur zu oft kommt es vor, daß die spätere Beseitigung von Abfällen auf unangenehme Schwierigkeiten stößt, während man jenen verfügbaren Platz, der seinerzeit mit Unkosten aufgehöht wurde, nunmehr sehr wohl dafür verwenden könnte. Es gibt chemische Fabriken, die von ihren Nebenprodukten wie mit einem Walle umgeben und auch schließlich dieserhalb gezwungen worden sind, ihren Betrieb einzustellen oder zu verlegen.

Für die Entscheidung der Frage, ob die Fabrikanlage aus einem Gebäude bestehen soll oder in mehrere Bauten zu zerlegen ist, ferner, ob das oder die Gebäude ein- oder mehrstöckig auszuführen sind, bestehen von Anfang an in den meisten Fällen so viele Gründe, daß man darüber wohl nicht im Zweifel sein wird. Sollte dies aber dennoch der Fall sein, so wäge man das Für und Wider beider Ausführungsformen ab und vergleiche auch die verschiedenen Kostenanschläge miteinander.

Die Zusammenfassung einer Anzahl von Arbeitsräumen zu einem Gebäude hat vor der anderen Bauart den Vorteil geringerer Kosten an sich und auch solcher für die allgemeinen Betriebsanlagen, wie Kraft-, Dampf-, Wasserleitungen usw.; sie erhöht ferner die gute Ausnützung des Baugrundes, erleichtert die Übersichtlichkeit und Überwachung der Betriebe und kann auch unter Umständen die Warenbewegung auf ein Minimum beschränken.

Die Trennung der Betriebe in verschiedene Gebäude verringert dagegen die Feuersgefahr und hält die Fabrikationszweige mit ihrem event. reichlichen Material und auch die Arbeiter mehr auseinander.

Für ein mehrstöckiges Gebäude sprechen teurer Grund und Boden, eine durch mehrere Stockwerke hindurchgehende Apparatur und die Einteilung in eine größere Anzahl kleinerer Arbeitsräume; wohingegen billiger Baugrund, die Transportierung großer Massen und schwerer Materialien und große, hohe Arbeitsräume Parterregebäude mit Seiten- oder Oberlicht empfehlen.

Soweit also in diesen Punkten nicht schon gesetzliche Vorschriften bestimmend wirken, lasse man sich in erster Linie nicht von dem Geschmacke, dem besseren Aussehen der Fabrikanlage oder gar von Prinzipien, sondern von sachlichen Zweckmäßigkeitsgründen leiten. Diejenige Bauart wird in jedem Falle die richtigste sein, welche bei den geringsten Kosten gleichzeitig die größte Betriebssicherheit gewährt, die Fabrikation mit den wenigsten Unkosten und Umständen von statten gehen läßt und möglichst auch für andere als die ursprünglich geplanten Fabrikationen geeignet bleibt. Darüber hinaus kann man nach Maßgabe der dazu zur Verfügung stehenden Mittel noch genug für das Aussehen tun.

Besonderes. Es sei daran erinnert, daß man nicht übersehe, außer den für die einzelnen Betriebe bestimmten Räumen auch einen solchen zu schaffen, der zunächst keinem bestimmten Zwecke dient; denn nur zu bald stellt sich bei den meisten Neuanlagen das Bedürfnis nach einem solchen Raume ein zur Vornahme von nicht vorhergesehenen Nebenarbeiten, welche sich in den eigentlichen Betriebsräumen nicht erledigen lassen.

Sodann soll der Anlage von hellen Kellerräumen das Wort geredet werden, vorausgesetzt, daß ihre Entwässerung keine Schwierigkeiten schafft, weil solche außer als kühle Lagerräume auch sehr geeignet sind zu Betriebsanlagen, welche, sei es eine möglichst gleichmäßige, sei es eine kühle Temperatur verlangen.

Die Größe der Betriebsräume richtet sich beim Neubau nach der Größe der Betriebe. Daß zu kleine Räume für die glatte Abwickelung des Betriebes ungeeignet sind, ist einleuchtend; nicht so augenfällig aber ist es, daß in zu großen Räumen die Apparatur leicht auch zu weitläufig und sperrig aufgestellt wird, wodurch die Bedienung erschwert und das Arbeiten verlangsamt wird.

Wenn die Ausdehnung des Baues es nicht schon von selbst verbietet, sollte man Holzbauten auch sonst vermeiden und den Stein- und Eisenkonstruktionen den Vorzug geben in Ansehung der im Laufe der Zeit meist eintretenden Betriebsveränderungen; denn, abgesehen von der größeren Feuergefährlichkeit ersterer, ist es meist schwierig, in ihnen größere Transmissionen und andere schwere Maschinen und Apparatenteile dauerhaft zu befestigen.

Die Wände selbst erhalten am besten keinen Putz, sondern einen für die Natur der Betriebe geeigneten Kalk-, Gips-, Öl- oder anderen Anstrich, und zwar, weil jener nicht nur überflüssig ist, wie auch deshalb, weil die sichtbar bleibenden Mörtelfugen ein viel bequemeres Befestigen der Gegenstände an der Wand gestatten. Findet man Wandputz vor, so erinnere man sich, um ein unnötiges Putzabschlagen zu vermeiden, daß auf 1 m Mauerwerk 13 Steinschichten kommen, daß also die Fugen in einem Abstande von 77 mm liegen.

Die Zwischenwände bestehen am zweckmäßigsten aus mindestens einen halben, besser einen ganzen Stein starken Mauern, ebenfalls ohne Putz. Gips- und Fachwände sollten besser vermieden werden; denn fast immer ist es der Fall, daß, nachdem solche Wände selbst mehrere Jahre lang nur als Trennungswände zu dienen hatten, an ihnen doch eines Tages infolge von Veränderungen — und in welchen Fabriken kommen keine Veränderungen vor! — Transmissionen oder dergl. befestigt werden sollen. Die dann notwendig werdenden Absteifungen und Verstärkungen kosten ebensoviel, wie die Mehrkosten einer Steinwand von Hause aus betragen haben würden, ganz abgesehen von den Betriebsstörungen und allen anderen Unzulänglichkeiten, mit denen man dann zu rechnen hat.

Die Aussparung einer oder mehrerer genügend großer Öffnungen in den Zwischenwänden zur sofortigen oder späteren Durchlegung der verschiedenen Leitungen bietet auch ihre Vorteile. Diese Öffnungen sollten nach erfolgter Leitungslegung nur so weit zugemauert werden, daß bei notwendig werdender Rohrauswechselung oder Ergänzung die Rohre mit Flansch hindurchgesteckt werden können, ohne daß das Mauerwerk wieder aufgeschlagen werden muß. Zur wirksamen Abdichtung dieser Öffnungen schmiert man den Zwischenraum mit Lehm aus oder verschließt sie mit einem, nötigenfalls in zwei sich deckende Hälften geteilten, starken Eisenbleche, in dem die Rohrprofile ausgeschnitten sind. In ähnlicher Weise sollten alle durch Mauerwerk hindurchgehenden Leitungen abgedichtet werden, damit jede durch eine feste Einmauerung verursachte Spannung aufgehoben wird, die bei einem Sacken der Mauern oder bei einem Verschieben der Leitung zu einem Bruch oder anderen Rohrdefekten führen kann.

Die Türen der einzelnen Räume lege man mit Beachtung der Größenverhältnisse der durch sie zu transportierenden Apparate in genügender Breite und am richtigen Platze an, indem man in bezug auf den Standort der Apparate den in den künftigen Betrieben sich entwickelnden Verkehr berücksichtigt. Im allgemeinen liegen die Türen nicht an der Fensterseite, damit dieser hellste Teil der Räume für die Fabrikationsarbeiten möglichst ausgenützt werden kann. Sie haben vielmehr vorteilhaft ihren Platz unter der Transmissionswelle, weil dieser Teil der Wände am ehesten frei bleiben wird, da des ungünstigen Durchzugs wegen vertikale Transmissionen kaum angelegt werden. Wenn häufig größere Lasten, wie Fässer, Kisten u. a., durch die Türen transportiert werden, schützt man die Mauerkanten der Türöffnungen mit Winkeleisen, z. B. nach Fig. 113. Sonst werden sie unvermeidlich abgestoßen werden und die Fassaden verunzieren.

Für ein schnelles und ungehindertes Verlassen der Räume schlagen die Türen entweder nach außen auf oder nach der Richtung des zunächst liegenden Treppenflures. Sie werden, wenn nicht etwa erhöhte Feuersicherheitsmaßregeln eine besondere Ausführungsform — z. B. Doppeltüren — verlangen, am besten ganz aus Eisen hergestellt. Wo aber Holztüren vorhanden sind, welche durch Beschlagung mit Eisenblech etwas feuersicherer gemacht werden können, sollten wenigstens kleinere Raumkomplexe mit selbstzufallenden eisernen Türen abgeschlossen werden können. Demnach ist es selbstverständlich, daß die Brandmauern immer feuersichere, selbstzufallende Türen haben.

Fig. 113.

In den Fällen, wo der oder die aufschlagenden Türflügel den Raum oder Durchgang behindern, sind Hänge- oder Schiebetüren am Platze. Außer diesen Verkehrstüren können unter Umständen auch später vielleicht erforderliche Türen bei dem Aufmauern der Zwischenwände schon so weit vorgesehen werden, daß sie zu gewünschter Zeit durch einfaches Herausschlagen der Füllziegel geschaffen werden können.

Ob die Fußbodenflächen der einzelnen Arbeitsräume durch Türschwellen unterbrochen werden sollen oder nicht, ergibt sich aus den Zwecken, für die die Räume bestimmt sind. Die Schwellen grundsätzlich wegzulassen wäre ebenso falsch, wie sie überall anzulegen. Deshalb tut man zunächst gut, die Türschwellen nicht als Teil der Zwischenwände zu bauen, sondern sie zuerst ganz fortzulassen, weil das für einen ungehinderten Verkehr und Materialtransport am besten ist. Und wenn sie aus irgend einem Grunde vorhanden sein sollen, z. B. um das etwaige Ergießen von Flüssigkeiten auf einen Raum zu beschränken, so mauert man sie einfach in die Tür hinein, wenn Zementschwellen nicht schon genügen sollten.

Die Schlüssel zu den Türen erhalten mit diesen korrespondierende Nummern oder sonstige Bezeichnungen und werden im allgemeinen mit einem Metallschild, mitunter auch mit einem Holzkloben versehen, damit sie nicht so leicht verlegt oder gar in der Tasche herumgetragen werden können. Jeder soll vielmehr wissen, an welchem Orte die betreffenden Schlüssel zu finden sind. Es wäre ganz ungehörig, dieselben bald hier, bald dort beiseite zu legen. An der Außenseite der Türen findet man in die Mauern versenkte kleine, mit Glasscheiben versehene Kästchen, in denen die mit der entsprechenden Türbezeichnung versehenen Reserveschlüssel für Feuers- und sonstige Gefahren liegen und durch einfaches Zerschlagen der Scheibe zum unverzüglichen Öffnen der Türen zur Hand sind.

Für dergleichen Gefahren sind auch die Notausgänge als solche mit deutlicher Schrift kenntlich gemacht, welche sich auch stets in einem solchen Zustande befinden müssen, daß sie zu jeder Zeit ihren Zweck erfüllen. Unglücksfälle, die aus dem Versagen solcher vorgeschriebenen Notausgänge entstehen, können für die haftbare Person sehr unangenehme Folgen haben.

Die Anlage der Fenster wird sich hinsichtlich der Form und Größe nach den gegebenen Räumen und Betrieben richten. Liegt die Transmissionswelle an der Fensterwand, so werden die Mauerpfeiler zwischen den Fenstern die Konsole für die Lager tragen, falls die Welle nicht aufgehängt ist. Damit nun die Lagerung nicht unrationell wird, müssen die Fensterabstände mit der von der Stärke und Belastung der Welle abhängenden Entfernung der Wellenlager korrespondieren. Ein kleines Scheibenformat ist mit Rücksicht auf den zu erneuernden Bruch natürlich ökonomischer als große Scheiben. Bei der Wahl des Fenstermaterials, ob Holz, Guß- oder Schmiedeisen, ziehe man in Berücksichtigung, daß gußeiserne Fensterrahmen im Falle eines Brandes z. B. zwecks Verlassen der Räume oder Hinausbeförderung von Gegenständen leicht zertrümmert werden können; andererseits haben diese aber auch häufig den Nachteil, daß die Flügel recht unvollkommen schließen und nur schlechten Schutz gegen Wind und Wetter bieten. Rettungsfenster, welche auf Galerien oder Rettungsleitern hinausführen, sind durch einige rote Scheiben kenntlich zu machen; sie öffnen sich in ihrer ganzen Größe. Ist es einerseits wünschenswert, die Fenster für eine schnelle und gründliche Durchlüftung der Räume ganz öffnen zu können, so berücksichtige man andererseits auch den Umstand, daß gerade die Fensterbretter und der Platz vor den Fenstern meist mit allerlei Dingen besetzt sind, die ein unbehindertes Öffnen derselben verhindern. Daher baut man die Fenster praktisch so, daß sie entweder nach außen aufschlagen oder daß die Fensterflügel nicht bis zur Fenstersohle herabreichen.

In allen Fällen, in denen es sich mit der Helligkeit der Räume vereinigen läßt, verwende man wenigstens für die unteren Scheiben undurchsichtiges Glas, welches den Arbeitern das Hinaussehen unmöglich macht und sie zwingt, die Aufmerksamkeit auf die Arbeit zu konzentrieren. Räume, in denen lichtempfindliche oder vom Licht beeinflußte Fabrikate hergestellt werden, erhalten Fenster mit entsprechend gefärbten oder angestrichenen Scheiben. Fabrikräume mit Oberlicht haben den Vorteil, daß große Wandflächen für die Aufstellung der Apparatur zur Verfügung bleiben. Bei Anlage solcher Oberlichträume sei die Aufmerksamkeit auch darauf gelenkt, daß die Dachfenster gegen Wind und Regen dicht genug sind, daß sie möglichst wenig vom Schnee zugeweht werden, und daß das direkte Sonnenlicht abgehalten wird. Demnach wären die Fenster nicht nach der herrschenden Windrichtung, noch nach Süden zu legen.

Daß in jeder Fabrik von Zeit zu Zeit Fensterscheiben zertrümmert werden, ist etwas ganz Unvermeidliches, und meistens werden in monatlichen oder sonstigen Zwischenzeiten alle zerbrochenen Scheiben mit einem Male ersetzt, sofern sie nicht aus diesen oder jenen Fabrikationsgründen sofort erneuert werden müssen. In Anbetracht des Umstandes aber, daß zerbrochene Fensterscheiben einen sehr häßlichen, vernachlässigten Eindruck machen, sollten sie immer sogleich entweder in der ganzen Scheibengröße sauber verklebt oder gänzlich herausgenommen werden.

Eine Verstärkung des Tageslichtes durch künstliches Licht ist den Augen sehr nachteilig und sollte deshalb immer unterbleiben. Man helfe sich in solchen Fällen auf andere Weise, wie z. B. durch Tageslichtreflektoren. In der Beleuchtungsanlage treffe man, wenn es das System zuläßt, die Einrichtung so, daß die Lampen von außen an- und abgestellt und daß die bisweilen außerhalb vor den Fenstern der feuergefährlichen Betriebe angebrachten Gaslampen ebenso betriebssicher angezündet wie ausgelöscht werden können. Solche Gaslampen sind schon leichtsinniger Weise von den Arbeitern von dem Innern der feuergefährlichen Räume aus durch die geöffneten Fenster hindurch angezündet worden.

Nach Prof. Wedding ist die Lichtstärke in Normalkerzen, der Preis der Brennstunde und der sich daraus ergebende der Normalkerzenstunde in Pfennigen für eine Reihe von Lichtarten wie folgt:

	Lichtstärke Nk.	Brennstunde Pf.	Normalkerzenstunde Pf.
Auerlicht	52,3	1,39	0,030
Bogenlampe	400	17,6	0,044
gew. elektr. Glühlampe	32—25—16—10	4,16—1,22	0,130—0,122
Hydropreßgaslicht . .	214	3,86	0,018
Lukaslicht	411	4,78	0,011
Milleniumlicht . . .	1060	14,8	0,014
Nernstlicht.	113	8,32	0,374
Osmiumlicht	31,4	1,95	0,062
Petroleumlicht . . .	13,2	1,09	0,083
Spiritusglühlicht . . .	42,9	3,78	0,088

Zur Vermeidung der Zerstörung der Glühstrümpfe durch Erschütterung empfiehlt es sich, die in Frage kommenden Gasleitungen elastisch, d. h. mit Filzringen umwickelt zu befestigen.

Als Grundmaß für die in den chemischen Fabriken nicht unwichtigen Ventilationsanlagen kann man ein Luftquantum von 25—35 cbm pro Kopf und Stunde und einen Mindest-Luftraum von 12 cbm für jeden Arbeiter annehmen — sofern man nicht in besonderen Fällen auf die dafür bestimmt formulierten Erlasse Rücksicht nehmen muß. Bei einer mäßigen Ventilation genügt das halbe Quantum Luft. Die zur Beförderung der Luft dienenden Kanäle bestehen meistens aus Ton-, seltener aus verzinkten Eisenröhren. Bei gemauerten Luftschächten müssen die Wände möglichst glatt sein, denn Kanäle mit rauhen Wänden und auch scharfen Biegungen verzögern die Luftströmung und schmälern die Wirkung.

Man findet bisweilen Ventilationsanlagen, bei denen sich die Luftschächte verschiedener Räume schon vor dem Austritt ins Freie vereinigen. Diese Einrichtung ist aber, wenn die Saugvorrichtung nicht sehr gut funktioniert, unzweckmäßig, da die abgehende Luft eines Raumes sich dann leicht, anstatt ins Freie zu gehen, in den anderen Raum verirren kann. Dies kann deshalb recht ärgerliche Folgen haben, weil diese Ursache der Luftverschlechterung selten gleich gefunden wird. Die jetzt sehr eingebürgerten kleinen, handlichen und doch recht wirksamen Elektroventilatoren lassen sich bei vorhandener elektrischer Kraft sehr leicht in jedes Fenster einsetzen und lösen die Ventilationsfrage für viele Fälle in ganz befriedigender Weise.

Berücksichtigt man bei dem Neubau, auch wenn zunächst keine Notwendigkeit dafür besteht, die Anlage von Essen in den Mauern, was mit ganz unwesentlichen Mehrkosten geschehen kann, so lassen sich im verlangten Falle in den Betriebsräumen ohne Umständlichkeiten Feuerherde schaffen, indem nur die Öfen zu setzen und die Anschlüsse an die Zugkanäle herzustellen sind. Sind letztere jedoch nicht vorhanden, so ist es sehr umständlich, bisweilen unmöglich, dergleichen Feuerungsanlagen nachträglich in mehrstöckigen Bauten einzurichten.

Das so häufige Bedürfnis, die Abzugskanäle aus den Betrieben in den Fabrikschornstein einmünden zu lassen, führt im Laufe der Jahre dazu, daß der Schornstein an recht vielen Stellen — in einer Fabrik waren es deren zehn — durchgestemmt werden muß. Das verursacht bei der oft beträchtlichen Stärke des Mauerwerks nicht geringe Arbeit und ist schließlich in dieser Weise der Haltbarkeit der Esse auch nicht besonders förderlich. Daher empfiehlt es sich, gleich beim Bau des Schornsteins, selbst wenn zunächst keine Notwendigkeit dafür besteht, unter Berücksichtigung der Lage der Fabrikräume zum Schornstein eine Reihe von Öffnungen in fachkundiger Weise vorzusehen. Dies kann unbeschadet der Haltbarkeit geschehen und erleichtert später den Anschluß der Abzugsleitung ganz bedeutend.

Die Treppen seien vor allen Dingen genügend breit, was für den Lastentransport besonders notwendig wird. Die bequeme Stufenhöhe liegt zwischen 15—18 cm. Eine Abweichung von dieser Höhe nach oben oder nach unten ist für den Treppenverkehr unzweckmäßig.

Auch vermeide man Winkelstufen und Drehungen sowie zu hohe Treppenläufe, welche ermüdend wirken. Außer dem Geländer an der Außenseite der Treppen ist es in den Fällen, wo bei Abwesenheit eines Fahrstuhls viele schwere Lasten über die Treppen zu tragen sind, recht vorteilhaft, auch an der Wandseite eine Handleiste anzubringen, damit auch der an dieser Seite tragende Mann einen Anhalt findet.

Daß die Treppen feuersicher anzulegen sind, wird ja laut Baupolizeivorschrift nötig, aber selbst unter den feuersicheren sind nicht alle gleich brauchbar. So sind ungeschützte eiserne und speziell gußeiserne Treppen wegen ihrer Sprödigkeit nicht zu empfehlen und ganz und gar nicht, wenn sie im Freien liegen. Ebensowenig sind Treppen aus Granit und Sandstein sicher, zumal wenn sie freitragend sind. Dieses Material kann bei einiger Hitze wohl springen und das ganze Treppenhaus mit einem Male zum Einsturz bringen, wie es auch gelegentlich eines Brandes in einer größeren chemischen Fabrik der Fall war.

Die für den ganzen Fabrikkomplex notwendigen Leitungen für Wasser, Dampf, Druckluft usw. müssen von Anfang an so planmäßig wie irgend möglich und auch in genügender, für die Zukunft berechneter Weite angelegt werden, damit sowohl die einzelnen Häuser und Abteilungen reichlich genug damit versehen sind, als auch die bei den nachherigen Betriebseinbauten erforderlichen Abzweigungen keine unnötigen Längen bekommen. Es gibt Fabriken, die infolge falscher Anlage der Hauptleitung sehr viel mehr Leitungsmaterial nötig haben, als sie bei wohl überlegter Anordnung gebraucht haben würden.

Die Wasserversorgung ist je nach der Art des Fabrikbetriebes von sehr großer Bedeutung, und da eine chemische Fabrik ohne Wasser kaum denkbar ist, so schenke man dieser Frage auch die größte Beachtung. Die technische Anlage der Wasserzuführung gestalte man so vollkommen und sicher wie nur möglich. Man denke an die Unsicherheiten, die lange Rohrleitungen von Flüssen und Seen her in sich schließen. Ebenso, wie zur betriebssicheren Speisung der Kessel zwei voneinander unabhängige Speisevorrichtungen verlangt werden, so sollten auch immer für die Betriebssicherheit einer Fabrik zwei selbständige Wasserversorgungsanlagen geschaffen werden.

Genügend tiefe Brunnen sind in den meisten Fällen die zuverlässigsten Wasserquellen. Sie haben überdies den großen Vorteil, Sommer und Winter Wasser gleicher Temperatur zu liefern, was schon für die vielen Kühlzwecke sehr günstig ist. Flußläufe und Seen mit gleichbleibendem Wasserstande sind zwar eine billige Wasserquelle, verlangen aber hinsichtlich der Versandung der Leitung eine sorgfältige Überwachung. Dies trifft aber noch viel mehr zu bei der Wasserentnahme aus Ebbe und Flut zeigenden Flußläufen, welche überhaupt die größten Schwierigkeiten bietet. Kann Sand und Schlamm in dem Betriebswasser mitgeführt werden, dann ist eine Klär- oder Filtrieranlage absolut notwendig. Solch verunreinigtes Wasser ist für andere als Kühlzwecke nicht verwendbar und selbst dazu ist es schlecht zu gebrauchen, weil die überall notwendigen Absperrorgane, wie Hähne, Ventile, Schieber, sowie die Pumpenkolben dadurch sehr schnell verschleißen oder verstopft und betriebsunsicher gemacht werden.

Das Einfrieren der Flußwasserleitung ist im Winter ebenso unangenehm, wie die warme Temperatur des Flußwassers in den heißen Sommermonaten, in welchen viel an einer guten Kühlung gelegen ist.

Obgleich der Gebrauch von Wasser aus der Ortswasserleitung — wenn eine solche existiert — zu teuer sein würde, ist es immerhin ratsam, die Fabrik an dieselbe anzuschließen, um eben im äußersten Falle gegen Kalamitäten gesichert zu sein.

Um dem selbstgehobenen Wasser den nötigen Betriebsdruck zu geben, ist es zweckmäßig, dasselbe erst in ein hochgelegenes Reservoir zu drücken, von welchem aus es durch eine zweite Falleitung in das Leitungsnetz verteilt wird. Die Vereinigung der Steige- und Falleitung zu einem einzigen Rohre hat seine großen Nachteile und sollte deshalb besser unterbleiben. Denn abgesehen davon, daß das Wasser bei dem Durchgang durch das Reservoir immer noch etwas absetzen und sich klären kann, fließt es in dem Leitungsnetz viel ruhiger, während es im andern Falle infolge der Pumpenarbeit leicht pulsiert und dabei den Bodensatz in den Leitungsröhren viel eher aufwühlt und trübe läuft. An die Möglichkeit des Einfrierens des Wassers im Reservoir und in den Falleitungen denke man auch und treffe gleich beim Bau die Vorkehrungen, welche das verhindern sollen, da eine nachherige Anbringung solcher Schutzeinrichtungen hohe Gerüste erfordern kann. Im Anschluß hieran sei auch darauf hingewiesen, daß die den kalten vorherrschenden Ostwinden ausgesetzten Leitungen am schnellsten einfrieren.

Bis zu welcher Ausdehnung die Sicherheitsvorkehrungen getroffen werden, um bei eintretendem Rohrbruche und sonstigen Defekten der Wasserleitung einen möglichst kleinen Teil der Fabrik vom Wasser abstellen zu müssen, kann sich nur aus der örtlichen Verteilung der Räumlichkeiten und der Betriebsart ergeben. Im allgemeinen kann aber empfohlen werden, bei der Fabrikanlage in der Verteilung der Wasserschieber nicht gar zu sparsam zu sein. Die dadurch erhöhten Garantien einer sicheren Wasserversorgung sind die dafür gemachten Mehrausgaben wert.

Die Entwässerungsanlage besteht aus den Einrichtungen über der Erde — Sammelbecken und Fallleitungen — und denjenigen unter der Erde — gemauerte Siele, Tonrohre, Zementrohre und Klärbassins.

In mehrstöckigen oder unterkellerten Fabrikgebäuden sind wasserdichte Zwischendecken absolut notwendig. Wenn der Fußboden einen Zementputz erhält, so müssen gleich bei der Anlage die beabsichtigten Rinnen und Kanäle zur Aufnahme der Rohrleitungen hergestellt werden. Bei einem späteren Ausstemmen einer alten erhärteten Zementschicht kann man auf ein wirklich wasserdichtes Abbinden mit dem neuen Zement nicht rechnen. Die Fußbodenfläche hat immer ein sanftes Gefälle nach dem versenkten Sammelbecken des Wasserausflusses zu, um den gelegentlichen Waschwässern den richtigen Abfluß zu geben. Der Wasserausfluß in die Falleitung hinein selbst soll zu jeder Zeit am einfachsten mit einem Stopfen oder Spund verschließbar sein, damit im Falle des Berstens oder Platzens eines Gefäßes nicht etwa wertvolle Laugen oder Flüssigkeiten in das unverstopfbare Abflußrohr fortlaufen können.

Ebenso, wie die Zuleitungsröhren für eine mögliche spätere Betriebsvergrößerung genügend weit anzulegen sind, soll auch die Entwässerungsanlage auf diese Ausdehnung hin schon von Hause aus berechnet werden. Die Falleitungen liegen frei und gut zugänglich und nicht etwa gar im Mauerwerk, da unter solchen Umständen immerhin mögliche Ausbesserungen sehr erschwert werden, ganz abgesehen davon, daß das Mauerwerk unter dem Einfluß einer undichten Gosse entschieden leiden würde.

Der durch den Fabrikhof gehende Abflußkanal, der in gewissen Abständen zum Zwecke der Reinigung mit Einsteigeschächten versehen ist, liege, wenn es nur irgend ausführbar ist, tiefer als die Sohle des Kellers, damit auch dieser noch durch natürliches Gefälle des Abflußwassers entwässert werden kann.

Bevor das Abwasser den Fabrikhof verläßt, sammelt es sich in einem Klärbassin, welches Schlamm und sonstige Unreinigkeiten zurückhält. Mit der Schaffung eines solchen Klärbassins hat man aber noch nicht immer seine Schuldigkeit getan, vielmehr muß stets dafür gesorgt werden, daß das den öffentlichen Wasserläufen zufließende Wasser auch unschädlich ist. Die chemischen Abwässer sind — häufig in übertriebener Weise — verrufen, und so mancher Betriebsleiter weiß davon ein Lied zu singen.

Ein genauer und vollständiger L i e g e p l a n aller n i c h t z u t a g e t r e t e n d e n L e i t u n g e n mit ihren Abzweigungen, Reservestutzen, Rohrlängen unter Angabe der Tiefenlage ist noch wichtiger als ein Grundriß der Gebäude. An der Hand eines solchen Orientierungsmittels lassen sich Reparaturen, Verlegungen, Verlängerungen, Ausschaltungen, kurz alle Arbeiten in wesentlich kürzerer Zeit ausführen, als wenn nach der in Angriff zu nehmenden Stelle erst gesucht werden muß. Daß zwei Leitungen obendrein miteinander verwechselt wurden, ist auch schon dagewesen.

Werden — z. B. bei Neuanlagen — Flanschen oder Muffenleitungen in ein sackendes Erdreich verlegt, so muß denselben die Steifheit durch Einschaltung elastischer Kupfer- oder noch besser Spiralrohrstücke genommen werden. Läßt man diese Vorsicht außer acht, so kann man auf gelegentliche Rohrbrüche besonders an den Verzweigungsstellen gefaßt sein. Schließlich ist auch darauf zu achten, daß die im Erdreich liegenden Leitungen unter Verkehrsstellen, über welche schwere Lasten, wie Eisenbahnwagen u. a., befördert werden, in geeigneter Weise zu sichern sind, damit sie nicht durch den Druck beschädigt werden können.

Dritte Abteilung.

Die speziellen Arbeiten des Betriebs-Chemikers.

A. Die Arbeiten im Laboratorium.

Die in den Laboratorien der chemischen Fabriken auszuführenden Arbeiten können analytischer, synthetischer, technischer und rein wissenschaftlicher Art sein. In größeren Betrieben bestehen dafür verschiedene, voneinander getrennte Arbeitsräume, welche den Sonderzwecken entsprechend eingerichtet und ausgestattet sind nach Maßgabe der dafür zur Verfügung gestellten Mittel.

In einer gründlichen und gewissenhaften Laboratoriumsarbeit ist die Sicherheit und Stetigkeit der Fabrikation begründet. Und daher ist es nur richtig, wenn diese Laboratorien in den Räumlichkeiten und der Ausstattung die Vollkommenheit besitzen, welche für ein solches Arbeiten nötig ist. Es existieren Fabriklaboratorien, welche diesen Namen eigentlich nicht verdienen und auch nicht den Anspruch auf eine wissenschaftliche Überwachungsstation der Fabriktätigkeit machen werden.

Was H. Benedikt in der Zeitschrift für angewandte Chemie 1902, S. 78 ff. sagt über die Einrichtung speziell des analytischen Laboratoriums, gilt mutatis mutandis auch von den anderen Laboratorien. Nicht von dem Standpunkt der höchsten Vollkommenheit seien sie in erster Linie einzurichten, wohl aber von dem der größten Zweckmäßigkeit.

Bezüglich des Mobiliars ist eine Nachbildung des Universitätslaboratoriums für die chemische Fabrik ohne weiteres nicht angebracht. Der für die Einrichtung des ersteren maßgebliche Gesichtspunkt: eine große Anzahl von Chemikern bei ihrer Arbeit und in dem Gebrauch von Geschirr, Geräten und Gefäßen aller Art möglichst unabhängig voneinander zu machen, führt zu Konstruktionen von Tischen, Schränken, Regalen und dergl., welche in diesen Formen für das Fabriklaboratorium geradezu unpraktisch wären. In diesem letzteren werden außerdem zur prompten Erledigung bestimmter, häufig wiederkehrender Arbeiten gewisse Plätze mit gebrauchsfertigem Gerät reserviert bleiben. Das gegebenenfalls zur allgemeinen Benutzung bestimmte Glas- und Porzellangeschirr wird mit einer gewissen Ordnung und Einteilung in den dazu bestimmten Schränken und Regalen derart unterzubringen sein, daß die Utensilien einer Art auch immer an einem Platze stehen und nicht an diesem und jenem Orte zerstreut sind. Sonst besteht ein Mangel an Übersichtlichkeit und die Arbeit wird durch das Suchen unnötig aufgehalten. Außer einem gut funktionierenden und bequem zugänglichen Abzuge gehören ein kleiner Trockenschrank für die verschiedensten Zwecke sowie ein an die Dampfleitung angeschlossenes Wasserbad zu dem unentbehrlichsten Inventarium. Mit anderen Worten, die Fabriklaboratorien sind nach Maßgabe der darin sich abwickelnden Arbeiten planmäßig anzulegen und nicht umgekehrt sollen die Arbeiten erledigt werden, wie es eben nur das nach Schema F gebaute Laboratorium gestattet. Was von dem Betriebsergebnis hinsichtlich der Apparatur gilt, trifft auch für die Arbeiten des Laboratoriums und dessen Einrichtung zu: mit unzureichenden Mitteln erwarte man keinen vollen Erfolg.

Von allgemein praktischem Nutzen ist es auch, die Reagenzien und andere häufiger gebrauchte Lösungen nach einem einheitlich durchgeführten molekularen Verhältnis einzustellen und die mit der Tara versehenen Handflaschen, deren Aufschrift auch das Molekulargewicht und die Lösungsstärke enthält, mit einem Schreiberdiamanten nach Art der Meßzylinder zu graduieren. Einerseits erreicht man hierdurch, daß man sich bei den Untersuchungen viel sicherer in ungefähr richtigen Reaktionsverhältnissen bewegt, und andererseits erinnert man sich für die Wiederholung einer einmal geglückten Operation viel leichter der dazu verwandten Mengen, von denen, wie jedem Praktiker bekannt sein wird, der richtige Verlauf sehr wohl abhängen kann.

Nicht jeder Raum in einer Fabrikanlage eignet sich zu einem Laboratorium. So ist die Nachbarschaft von mit großem Geräusch, beständiger Dampf- und Geruchsentwickelung verbundenen Betrieben störend und die der feuergefährlichen Betriebe überhaupt zu vermeiden. Daß aus den Betriebsräumen keine sauren oder alkalischen Gase in das Laboratorium gelangen dürfen, ist eigentlich selbstverständlich. Dann sind die Zugangs- und Verkehrsverhältnisse innerhalb des Fabrikhofes, wie auch die Lage der Wasser-, Dampf-, Gas- und Abflußleitungen auf dem Grundstück mitunter für die Wahl des oder der Laboratoriumsräume zu berücksichtigen.

In naher Nachbarschaft des möglichst wohnlich hergerichteten Laboratoriums — im Gegensatz zu noch so mancher existierenden „Hexenküche“ — befinde sich ein Raum für gröbere und größere Arbeiten, die dort gelegentlich von einem Arbeiter unter der näheren Aufsicht des Chemikers ausgeführt werden können. Wenn es sich nur irgend einrichten läßt, sollte dieser Raum von der Transmissionswelle oder einer sonstigen Kraft zur Einrichtung von mechanischen Rühr- und Schüttelvorrichtungen bedient werden können. Der mit dem Laboratorium in direkter Verbindung anzulegende Waschraum läßt noch recht häufig an zweckmäßiger Einrichtung zu wünschen übrig, und wieviel Geschirr, welches man oft ungerechterweise auf das persönliche Schuldkonto des Laboratoriumsjungen schreibt, fällt nicht dieser Unvollkommenheit zum Opfer! In einem ordentlichen Waschraum, der vor dem Einstauben und sonstigem Einschmutzen gesichert sein muß, befindet sich zunächst genügend Platz für das zu waschende Geschirr, sodann getrennte Wasch- und Spülgefäße mit Dampf- und Wasseranschluß und -abfluß und genügend große, zweckentsprechend gebaute Etageren zum Abtropfen — bei denen nicht z. B. nach Fortnahme eines Kolbens der ganze Rest des künstlichen Aufbaues einstürzt — sowie endlich ein Platz zur Aufnahme des reinen Geschirres. Die Bemerkung wird nicht überflüssig sein, daß es falsch ist, den mit der Reinigung des Laboratoriumsgeschirres beauftragten Arbeiter obendrein mit unzulänglichem Bürsten- und Waschmaterial sich von Anfang an, so gut er es eben fertig bringt, selbst zurechtfinden zu lassen. Eine Unterweisung seitens eines älteren, darin geübten Arbeiters oder auch des Chemikers spart diesem später so manchen Ärger und verlängert die Lebensdauer so mancher unentbehrlicher Gebrauchsstücke. Die Hantierung mit so zerbrechlichem Material muß, wie alles, erst gelernt werden. Man suche den in dieser fremdartigen Beschäftigung einmal angelernten Laboratoriumsgehilfen dauernd zu behalten, und beschäftige nicht den ersten besten, gerade freien Arbeiter in dem Waschraum.

Die Vorratsräume für das Geschirr und die Chemikalien sollten den Laboratorien immer möglichst nahe liegen und unter beständigem Verschluß gehalten werden, um nicht von Unberufenen bei jeder Gelegenheit geplündert werden zu können. Wenn solche Vorräte für den Bedarf mehrerer Laboratorien existieren, ergibt es sich von selbst, daß die gewünschten Sachen zur Verteilung auf die verschiedenen Konten nur gegen Quittung ausgehändigt werden.

Um nun von den in den Fabriklaboratorien auszuführenden Arbeiten selbst zu reden, sei zunächst betont, daß alle diese Arbeiten in der Absicht eines direkten oder indirekten praktischen Nutzens ausgeführt werden sollen. Solche Absicht liegt auch in den Fällen vor, wo zur Klarstellung chemischer Prozesse im Großbetriebe die verschiedenen Untersuchungen nach dieser und jener Richtung unternommen oder patentierte Konkurrenzverfahren auf ihren Wert oder Unwert hin geprüft werden sollen. So wie aus jenen Klarstellungen die vorteilhaftesten Bedingungen für die Fabrikation abgeleitet werden können, so verhilft die Wertbeurteilung eines Patentes zur Abschätzung der Konkurrenzgefahr und sagt, ob und in welcher Weise dazu Stellung zu nehmen ist.

Die Bearbeitung ausschließlich wissenschaftlicher oder theoretischer Fragen gehört nur insoweit in ein Fabriklaboratorium, als sie ohne besondere Unkosten und Zeitverlust geschehen kann. Selbst die wissenschaftlichen Laboratorien großer Fabriken beschäftigen ihr zuweilen sehr zahlreiches Personal in der ausschließlichen Absicht und Hoffnung, aus diesen natürlich sehr systematisch geleiteten und verteilten Arbeiten unter Umständen einen wirtschaftlichen Gewinn herauszuholen. Nach rein wissenschaftlichen Erfolgen trachten auch diese Fabriken nicht.

Läßt sich die in den letzten Jahren enorm gesteigerte Zahl nachgesuchter Patente seitens chemischer Fabriken zum Teil mit der Zunahme der wissenschaftlichen Arbeit im Dienste der Industrie erklären, sowie mit dem Umstande, daß ein ergiebiges Patent recht häufig von einer ansehnlichen Reihe von Schutzpatenten begleitet ist, so ist doch andererseits nicht zu leugnen, daß eine große Zahl recht inhaltloser Patente aus bloßer Eitelkeit oder zu dem Zwecke genommen wird, daß die Firma — vielleicht der Reklame halber — recht oft unter den Patentanmeldern erwähnt wird. Das Patentunkostenkonto mancher Fabriken ist ungeheuer groß und steht in keinem Verhältnis zu dem dadurch erzielten Gewinn. Alles Patentierbare ist noch lange nicht immer gewinnbringend, und deshalb sollten mit der Entscheidung über die Patentanmeldung nur sehr Erfahrene betraut werden und nicht solche, die ihre persönlichen Leistungen nach der Anzahl der mitunter auch von anderen ausgearbeiteten Patente bemessen.

Die in den Laboratorien zu lösenden Aufgaben können nun recht mannigfacher Art sein. Sie können sich erstrecken auf die Bearbeitung neuer Artikel, neuer Verfahren zur Darstellung bekannter Präparate und bekannter Verfahren zwecks Verbesserung der Fabrikationsmethoden. Ferner können sie analytischer Art sein und in der Untersuchung der gekauften Rohstoffe, der Zwischenprodukte, der fertigen Fabrikate, der Konkurrenzprodukte und nicht am wenigsten in der Kontrollierung der Fabrikation bestehen.

Auf eine genaue Notierung aller Versuche und Beobachtungen kann überhaupt nicht genug Gewicht gelegt werden. Wem ist es nicht schon passiert, daß er eines Tages überrascht vor einer schönen Kristallisation, einem prächtigen Farbstoff oder sonst welchem erfreulichen Resultate steht und sich nicht mehr erinnert, wie es entstanden ist! Oder man hat einen für die Fabrikation wichtigen Versuch gemacht und kann sich auf sein Ergebnis später nicht mehr besinnen.

Auch darauf sei hier hingewiesen, daß, wenn mehrere Arbeiten gleichzeitig im Gange sind, alle Gefäße deutlich gekennzeichnet sein müssen, um die verschiedenen Arbeiten nicht durcheinander zu bringen. Für analytische Serienarbeiten tut man gut, die dazu benötigten Gefäße und Utensilien mit einem Schreiberdiamanten zu bezeichnen, zu numerieren und dafür reserviert zu halten, um die Arbeiten mit möglichster Promptheit ausführen zu können, und um anderenfalls sehr leicht eintretende Verwechselungen zu vermeiden. Gerade in analytischen Laboratorien, deren Arbeiten sich in mehr oder minder großen Zwischenräumen recht häufig wiederholen, kann durch zweckmäßige, gebrauchsfertige Bereithaltung der Chemikalien sowie der Gefäße und Utensilien sehr viel Zeit gespart oder mit anderen Worten sehr viel mehr geleistet werden.

Zu den täglichen Eintragungen in das Laboratoriumsjournal und allen anderen noch so unwichtig erscheinenden Notizen füge man stets das Datum. Solche mit Zeitangabe versehenen Aufzeichnungen können später recht schätzenswerte Anhaltspunkte werden zur Ermittelung der verschiedensten, nicht vorauszusehenden Faktoren.

Für alle im Fabriklaboratorium auszuführende Arbeiten lassen sich nun trotz ihrer Verschiedenartigkeit doch einige allgemeingültige Normen aufstellen. So kann nicht lebhaft genug empfohlen werden, vor dem Beginn einer jeden kleinen oder großen Arbeit eine klare Disposition darüber zu treffen und auf die Beantwortung der jeweilig vorliegenden Fragen hinzuarbeiten, ohne sich von Nebensächlichkeiten ablenken und aufhalten zu lassen. Zeit und Geld dürfen nicht verschwendet werden in einem planlosen Experimentieren oder in einer Verfolgung der Arbeit nach Richtungen hin, die an und für sich recht interessant sein könnten, aber nicht im eigentlichen, Nutzen bringenden Interesse liegen. Nach den Eingebungen des Augenblicks und sprunghaft bald dies, bald jenes probieren, womit selten ein gründliches Zuendeführen verbunden ist, gleicht eben einem Glücksspiel, bei dem die Treffer sehr spärlich sind. Damit soll natürlich nicht gesagt sein, daß man eine brauchbar scheinende Idee auf ihren Wert hin nicht untersuche. Aber es ist doch ein Unterschied zwischen solchen Ideen, die meist die Folge eines intensiven Nachdenkens über eine Frage sind, und den plötzlichen Gedanken, welche sich bei näherer Untersuchung meist als schon dagewesen erweisen und die denjenigen häufiger zu kommen pflegen, welche größere Fähigkeiten in dem Beginnen als in dem Vollenden zeigen.

Ist der Einfluß und die Wirkung mehrerer neuer Faktoren zu erforschen, z. B. verschiedener Temperaturen, Konzentrations- oder Druckverhältnisse u. dergl., so gehe man immer nur schrittweise vor und ziehe in systematischer Folge immer nur einen neuen Faktor in die Reihe der Untersuchungen, dann wird man mit einwandfreier Sicherheit vorwärts kommen in der Ermittelung der verschiedenen Einflüsse auf den ganzen Prozeß und am Schlusse auch mit Sicherheit sagen können, welche Momente zu vermeiden sind und unter welchen Umständen und Bedingungen die Arbeit die besten Resultate liefert. Ein auf Vermutungen gegründetes sprunghaftes Erforschen unter Einschaltung mehrerer neuer Momente auf einmal wird in den seltensten Fällen glatt zum Ziele führen.

Daß ein geordnetes Auseinanderhalten mehrerer gleichzeitig unternommener Arbeiten, sowie das alsbaldige Protokollieren des Verlaufs der Arbeiten nötig ist, wurde schon gesagt, und es braucht wohl nicht besonders betont zu werden, daß es notwendig ist, vor Beginn einer jeden neuen Bearbeitung alle erreichbaren bezüglichen Literaturangaben einzusehen, um sich einerseits unnötige Arbeiten zu sparen und um andererseits die dort gefundenen Hinweise auszunützen. Im allgemeinen kann nicht empfohlen werden, mehrere wichtige Arbeiten gleichzeitig durchzuführen, da es im Interesse der Gründlichkeit liegt, sich nicht durch andere, ebenfalls die Aufmerksamkeit beanspruchende Arbeiten zerstreuen zu lassen. Wer bei dem Arbeiten zu sehr in die Breite geht, wird es an gründlicher Vertiefung mangeln lassen müssen.

Bei dieser Gelegenheit mag auch auf die Beurteilung hingewiesen werden, welche bisweilen die jüngeren in den wissenschaftlichen Laboratorien arbeitenden Chemiker ihren Arbeiten widerfahren lassen. Man hört sie ab und zu sich in recht geringschätzender Weise über die ihnen zugeteilten Arbeiten aussprechen im Vergleiche mit den ihnen früher auf der Hochschule gestellten Aufgaben. Und aus welchem Grunde sprechen sie so? Weil sie infolge des allgemein verbreiteten Geschäftsgrundsatzes: keinem Beamten mehr Einblick in das Ganze zu geben, als absolut notwendig ist, gar nicht oder nur ungenügend über Zweck und Ziel ihrer Arbeit aufgeklärt werden. Wie weit sich solche, die Arbeit entschieden nicht förderlich begleitende Kritik vermeiden und dabei doch der Grundsatz von der Wahrung des Fabrikgeheimnisses aufrecht erhalten läßt, hängt nun von der persönlichen Geschicklichkeit des Leiters ab.

Die Darstellung neuer, bisher unbekannter Präparate gehört zu den seltensten Arbeiten und wird kaum jemals auf gut Glück hin unternommen werden. Bestimmte Veranlassungen und Ziele werden wohl immer vorhanden sein, die teils an schon bestehende Verfahren anlehnen, teils aus Analogieschlüssen anderer Verfahren entstanden sind.

Häufiger sind die Ausarbeitungen neuer Verfahren resp. die Verbesserung schon bekannter Arbeitsmethoden. Veranlassung hierzu können verschiedene Umstände geben. Von anderer Seite kann ein gewinnbringender Artikel durch ein gesetzlich geschütztes Verfahren ausgebeutet werden, und da ist es im Interesse des Wettbewerbes zu rechtfertigen, daß, wenn derselbe Artikel aus vorhandenen Gründen gut in den Rahmen der eigenen Fabriktätigkeit hineinpaßt, man nach einem selbständigen und mit dem geschützten nicht kollidierenden Verfahren zu suchen bemüht ist. Oder: Infolge des Preisrückganges eines Fabrikates resp. der Preissteigerung des Rohmaterials oder Erhöhung der Arbeitsunkosten läßt ein bestehendes Verfahren keinen Gewinn mehr, so muß, wenn man das Fabrikat überhaupt noch weiter zu führen gedenkt — wozu man mitunter durch Abschlüsse verpflichtet sein kann — notwendigerweise, soweit es aussichtsvoll erscheint, nach Modifizierung des vorhandenen Verfahrens oder nach einem gänzlich neuen emsig gesucht werden.

Wie viele chemische Produkte sind nicht zuerst mit einem sehr hohen Preise auf dem Markt erschienen, um nach kürzerer oder längerer Zeit einen rapiden Preissturz zu erfahren, wofür zunächst wohl bloße kaufmännische Beweggründe Veranlassung waren, wodurch aber die Fabrikation in zweiter Linie doch derart betroffen wurde, daß sie gehörige Anstrengungen machen mußte, um der Konkurrenz folgen zu können.

Solche äußeren, zwingenden Umstände sind allerdings die fruchtbarsten Antriebe zur Vervollkommnung von Fabrikationsprozessen oder zu Neuerungen, und viele große technische und industrielle Fortschritte sind unter dem Druck der Notwendigkeit entstanden. Man denke nur an den Le Blancschen Sodaprozeß und an die Rübenzuckergewinnung, welche der Kontinentalsperre Napoleons I. zu danken sind. Aber auch ohne solche Zwangslagen sind die Fabrikationsmethoden und technischen Einrichtungen einer beständigen, nach Vervollkommnung strebenden Beobachtung und Überwachung zu unterstellen, um eben auf der Höhe zu bleiben; und man kann wohl sagen, daß ein Betrieb eigentlich nie fertig durchgebildet ist.

In vielen Fällen ist es durchaus nicht unwichtig, sich über den praktischen Wert von anderen geschützten Fabrikationsmethoden durch Nacharbeitung derselben zu unterrichten, denn bekanntlich werden nicht selten Patente genommen und Verfahren veröffentlicht, wozu alle anderen Gründe, nur nicht die der praktischen Brauchbarkeit Ursache geben. Da verlangt es das fabrikatorische Interesse, sich über die tatsächlichen Verhältnisse unterrichtet zu halten, um die Leistungen der eigenen Fabrik mit denen der Konkurrenz zu vergleichen, und die Stätte solcher Nachforschungen ist eben das Laboratorium.

Die Untersuchung der Rohmaterialien und anderer Gebrauchsprodukte für die Fabrikation ist aus zweierlei Gründen notwendig. Erstens bedingen Gehalt und Qualität den Preis, und somit hat man sich zu vergewissern, daß der wirkliche Wert dem bezahlten Preise entspricht, daß die Ware probehaltig ist. Nun ist bekannt, daß verschiedene Untersuchungsmethoden eines Objektes nicht immer dieselben Resultate liefern, und deshalb existieren für eine große Anzahl chemischer Produkte allgemein anerkannte handelsübliche Untersuchungsmethoden, welche dann zur Erzielung gleicher Resultate zu befolgen sind. Stellen sich in sonstigen Fällen Differenzen ein, so ist für die Verständigung zuerst immer die Methode zu nennen, nach welcher gearbeitet wurde. Zweitens ist die Untersuchung der Rohstoffe nötig, weil sich die für die Ansätze der Fabrikationen benötigten Mengen häufig nach dem Gehalt der Materialien richten. Drittens kann sie sich selbst auf die Feststellung der Abwesenheit gewisser Verunreinigungen erstrecken, die für die Verwendung nachteilig sind oder auch ganz ausgeschlossen bleiben müssen.

Um nun von dem Resultate der untersuchten Probe auf die ganze Ware zu schließen, muß vorausgesetzt werden, daß erstens die ganze Ware von einheitlicher Beschaffenheit ist, und daß zweitens das genommene Muster der ganzen Ware entspricht. Beides ist nicht immer selbstverständlich und daher kann die Art der Probenahme das Resultat beeinflussen. Mit dem Geschäft des Probenehmens werden bisweilen auch, wenn die davon abhängenden Resultate von größerer Tragweite sein können, gerichtlich beeidete Probezieher oder „Rojer“ beauftragt. In diesen Fällen ist darauf zu achten, daß die Verpackung des zu untersuchenden Materials vollkommen unversehrt bleibt und die Gefäße erst in Gegenwart des Probeziehers geöffnet werden.

Liegen Flüssigkeiten vor, so überzeuge man sich erst, daß nichts auskristallisiert oder ausgeschieden ist. Handelt es sich um die Untersuchung mehrerer Gefäße, so entnimmt man je nach den Umständen jedem Gefäße eine Probe, die man einzeln oder in der den Gefäßinhalten entsprechenden Mischung untersucht, oder man begnügt sich mit Stichproben, die man willkürlich diesem und jenem Gefäße entnimmt. Dabei ist es nie zu vergessen, die das Probemuster aufnehmende Flasche vor der Füllung mit der betreffenden Flüssigkeit selbst erst auszuspülen.

Von festen Körpern, wie Pulvern, Kristallen, Mineralien, einheitliche Proben zu nehmen, ist häufig nicht so einfach. Durch die Art der Verpackung können diese Stoffe oberflächlich verändert sein, sei es durch den Einfluß des Packmaterials, sei es durch den Zutritt von Luft, Licht und Feuchtigkeit. Diese Umstände sind bei der Probenahme zu berücksichtigen und zu beanstanden, wenn sie in zu starkem Maße auftreten. Sprechen sonstige Anzeichen für eine nicht einheitliche Mischung, so ist solche für die Probenahme zu besorgen. Über die regelrechte Zerkleinerung gröberer Materialien, sowie über die dazu verwendeten Siebe bestehen bestimmte Vereinbarungen, nach denen man in solchen Fällen zu verfahren hat.

Von den für die Betriebskontrolle notwendigen Analysen muß verlangt werden, daß sie einfach, sicher und ohne Umständlichkeiten ausführbar sind, damit sie womöglich von einem angelernten Arbeiter in zuverlässiger Weise ausgeführt werden können und damit der davon abhängige weitere Fortgang der Fabrikation dadurch nicht länger aufgehalten wird, als unbedingt nötig ist. Die Einrichtung der Betriebsanalysen ist praktisch so zu gestalten, daß die zu untersuchende Menge sowie diejenige der dazu benötigten Reagenzien zu den Betriebschargen in einem bestimmten Verhältnis stehen, um Umrechnungen zu vermeiden und um aus dem erhaltenen Resultat auch sogleich die Fabrikationslage zu erkennen. Verlangt z. B. die Mischung eines Oxydationsprozesses den beständigen Gehalt von 5 % freier Schwefelsäure, der stündlich zu kontrollieren ist, so wird man durch Festsetzung der jedesmal zu untersuchenden Menge und der Stärke der Natronlauge es in der Hand haben, die Anzahl der verbrauchten Kubikzentimeter Lauge den Betriebsprozenten Schwefelsäure anzupassen, wodurch jede Rechnung und auch jeder Irrtum ausgeschlossen bleibt. In dieser Weise können sehr viele Untersuchungen eingearbeitet werden, deren Resultat zugleich die direkte Beantwortung der in den einzelnen Fällen vorliegenden Fragen ist.

Die zur Ablieferung kommenden fertigen Fabrikate werden zuvor in den entnommenen Proben untersucht und sollten auch dann noch auf Gehalt und Reinheit untersucht werden, wenn sich diese schon aus der Art der Fabrikation gewöhnlich von selbst ergeben, da immerhin Ungehörigkeiten vorkommen können, die einem entgehen, und zu deren unangenehmen Folgen die geringe Mühe der Untersuchung in keinem Verhältnis steht. Für die Kontrollierung der Gleichmäßigkeit der verschiedenen Fabrikationen unter sich halte man im Betrieb und im Laboratorium Typenmuster, deren Beschaffenheit ein für allemal maßgebend ist, außerdem halte man von jeder zur Ablieferung gelangenden Fabrikation für alle Eventualitäten ein Gegenmuster zurück, auf dessen Etikette auch das Datum und das Quantum der Ablieferung zu schreiben ist.

Bestehen über die Beschaffenheit der Fabrikate nicht bestimmt formulierte Vorschriften, so muß man sich bemühen, von der entsprechenden Marke der Konkurrenz Proben zu erhalten, um diese zum Vergleich heranziehen zu können. Auf diese Weise wird man am sichersten zu einem fachmännischen Urteil über die Qualitätsansprüche gelangen und seine eigene Fabrikation konkurrenzfähig ausbilden.

B. Die Bearbeitung der Verfahren für den Großbetrieb.

Nachdem ein neues Verfahren in dem Rahmen des Laboratoriumsversuches ausgearbeitet ist mit dem Ergebnis, daß bei bestmöglicher Abschätzung aller Faktoren hinsichtlich der qualitativen und quantitativen Ausbeute eine fabrikatorische Herstellung rentabel zu werden verspricht, ist es noch nicht angebracht, daraufhin gleich mit der betriebsmäßigen Ausbauung eines solchen Verfahrens zu beginnen.

Es ist vielmehr dringend zu empfehlen — und in vielen Fabriken wird darauf nicht das wünschenswerte Gewicht gelegt — den Übergang zum Großbetrieb, die Fabrikation im Kleinen, so eingehend wie nur irgend erreichbar durchzuarbeiten.

Man multipliziere die im Laboratorium angewendeten Mengen nicht gleich mit 1000 oder 10000, sondern wiederhole das Verfahren zunächst mit einer 10- oder 100fachen Menge, um zu erkennen, nach welcher Richtung hin bei größeren Massen die Reaktionen anders verlaufen. Die Arbeitsprozesse vollziehen sich bei Vermehrung der Quantitäten und unter dem Einfluß der veränderten Apparatur meist ganz anders als in den Glaskolben der Laboratorien. Deshalb muß in diesem Zwischenstadium des Halbgroßen in den noch handlichen, aber doch schon dem Betriebe nachgebildeten Apparaten das Verfahren so durchstudiert und festgelegt werden, daß der letzte Schritt der betriebsmäßigen Durchbildung, die fabrikatorische Einrichtung, die ja auch mit den größten Kosten verbunden ist, mit der größtmöglichen Sicherheit des Gelingens ausgeführt werden kann.

Wenn es die Fabrikanlage erlaubt, sollten diese Versuche der betriebsmäßigen Ausarbeitung besser in einem technischen Versuchslaboratorium ausgeführt werden, als in einer ad hoc hergerichteten Ecke eines Betriebsraumes, die dafür zwar einigermaßen paßt, womit aber doch zu viele Unzulänglichkeiten verbunden bleiben. An einem solchen Platze wird sich kaum eine wirklich sorgfältige ungestörte Beobachtung vornehmen lassen, wie auch die Beaufsichtigung des dabei helfenden Personals unvollkommen bleiben wird; wohingegen in einem dafür eingerichteten Versuchslaboratorium der mit diesen Arbeiten beauftragte Chemiker und sein Hilfspersonal durch nichts abgelenkt wird, mit allem ausgerüstet ist, was für die Arbeiten und Untersuchungen erforderlich ist, und sich denselben ganz widmen kann, sie überschaut und beherrscht. In Hinblick auf den Geschäftserfolg, den man von diesem Teil der Tätigkeit des Fabrikchemikers erwünscht und erhofft, ja bisweilen sogar fordert, könnten in vielen Fabriken die dafür zur Verfügung gestellten Mittel zweckentsprechender sein.

Zu den hauptsächlichsten Einrichtungsgegenständen eines solchen Versuchslaboratoriums, dem natürlich alle der ganzen Fabrik zugute kommenden Einrichtungen, wie Kraft-, Dampf-, Wasser-, Druckluft-, Vakuum-, Kohlensäureleitungen usw., auch zur Verfügung stehen müssen, gehören etwa außer den allgemein gebräuchlichen Laboratoriumsutensilien: eine emaillierte und eine nicht emaillierte 50—100 l-Blase, die mit Rührwerk, Deckel und Helm zum Destillieren — auch im Vakuum — eingerichtet werden können, eine Schüttelvorrichtung, ein Autoklav, ein Saugfilter, eine kleine Filterpresse, einige Tonschalen und Tontöpfe, vielleicht auch ein Feuerherd, ein Abzug und ein passender Raum zur vorübergehenden Aufstellung von dem Betriebe entliehenen Apparaten. Darüber hinaus wird aber ein solches Laboratorium nach Maßgabe der in ihm auszuführenden Arbeiten noch sehr viel reichlicher ausgestattet sein können.

Die Bearbeitung in dem Übergangsstadium der Kleinfabrikation wird sich mit allen den Faktoren beschäftigen, welche für die betriebsmäßige Fabrikation nur irgend vorauszusehen sind, als da sind: Rohmaterial verschiedener Qualität; Art, Form, Material und Abmessungen der Apparatur; Reinigung des Fabrikates; Schicksal der Nebenprodukte u. a. m.

Das Rohmaterial ist für die Fabrikation von ganz bedeutender Wichtigkeit und seine Verwendung muß hier in dem Stadium dieser Kleinfabrikation deshalb ordentlich untersucht werden, weil der durch seine möglichen Verunreinigungen veranlaßte Einfluß auf den Verlauf der Verarbeitung in dem Laboratoriumsrahmen meist nicht so nachteilig zutage tritt, wie bei größeren Mengen und in metallener Apparatur. Seine Prozentigkeit ist maßgebend für die Höhe der Betriebschargen, und von seiner relativen Reinheit hängt unter Umständen die Leichtigkeit der weiteren Verarbeitung, teils auch die überhaupt erreichbare Reinheit der daraus hergestellten Produkte, sowie mitunter auch das Gelingen der Fabrikation an sich ab. Die die Verarbeitung solchermaßen beeinflussenden Verunreinigungen sind bei organischen Stoffen keineswegs immer augenfällig und leicht zu entdecken. Mitunter ereignet es sich, daß, nachdem einige Versuche zur vollen Zufriedenheit verlaufen sind, die nächsten Resultate trotz vollkommen gleicher Herstellungsweise recht zu wünschen übrig lassen, was schließlich auf die verschiedene Beschaffenheit der anfangs für gleichmäßig erachteten Rohmaterialien zurückzuführen ist. Dieser Umstand mahnt zu der Vorsicht, sich für eine Reihe von Versuchen ein genügendes Quantum der in Frage kommenden Materialien ein und derselben Herkunft zu reservieren, wie er auch empfiehlt, von diesen Stoffen nicht zu kleine Proben für die spätere Untersuchung zum Vergleiche mit den später bezogenen möglicherweise nicht befriedigenden Materialien bei Seite zu stellen.

Nun ist es andererseits aber auch nicht durchführbar, immer das reinste und gehaltreichste Rohmaterial zu verarbeiten. Sein höherer Preis sowie auch die Möglichkeit des Fehlens auf dem Markte sprechen da ein Wort mit. Es ist nicht angängig, oder wenigstens nicht immer rentabel, eine Fabrikation einzurichten, für welche die Rohmaterialien nur mit Unsicherheit zu erhalten sind. Daher werden für die Ausarbeitung eines Verfahrens diejenigen Qualitäten in Betracht zu ziehen sein, welche bei vorausgesetzter Brauchbarbeit mit Sicherheit oder wenigstens großer Wahrscheinlichkeit immer zu haben sind, sowie die, welche die Kalkulation des ganzen Verfahrens am vorteilhaftesten beeinflussen. In dieser Hinsicht empfiehlt sich manchmal selbst der Einkauf eines Materials in Form der Lösung an Stelle der festen Form, wenn die Frachtspesen des Lösungswassers es gestatten, denn selbstverständlich sind für die Einstandspreise der Rohmaterialien in der Kalkulation immer die gesamten Frachtunkosten hineinzuziehen.

Ferner können die Arten der entstehenden Nebenprodukte unter Umständen auch schon eine Rücksichtnahme auf die Rohmaterialien verlangen, insofern, als man durch eine bessere Verwertung jener veranlaßt werden kann, ein selbst etwas teurer einstehendes Rohmaterial zu beziehen. So wird für gewisse organische Synthesen zuweilen den bromierten Zwischenprodukten vor denen des Chlors der Vorzug zu geben sein, wenn die wertvollen Bromsalze als Nebenprodukt günstige Verwendung finden gegenüber den ganz wertlosen Chlorverbindungen.

Um über die Art der Apparatur in diesem Teile der Betriebsversuche die definitive Antwort zu erhalten, hat man ebenfalls verschiedene Punkte zu berücksichtigen. In den Fällen, welche über die Bauart oder das Material Zweifel entstehen lassen, sind die für und wider sprechenden Momente sorgfältig gegeneinander abzuwägen, um das geeignetste zu finden. Der Baumaterialpreis sollte niemals allein ausschlaggebend sein, denn eine an sich teurere Anlage kann auf die Dauer billiger werden, als eine von geringeren Herstellungskosten, welche fabrikatorische Unvollkommenheiten einschließt oder bald reparatur- und ersatzbedürftig wird. Dasjenige Material ist — soweit überhaupt für den Bau der Apparate zwischen mehreren zu wählen ist — das geeignetste, welches die besten fabrikatorischen Bedingungen schafft und dessen Apparate mit der günstigsten Amortisierung in der Kalkulation einstehen.

Der rein chemische Einfluß des Apparatenmaterials auf die Fabrikation war schon in dem Laboratoriumsstadium der Ausarbeitung zu ermitteln, indem ein Stück des betreffenden Metalles u. a. der Einwirkung der Reaktionsmasse unter den Fabrikationsbedingungen im Glasgefäße ausgesetzt wurde. Nunmehr gilt es, über dessen Brauchbarkeit in konstruktiver Hinsicht Klarheit zu erhalten, wobei auch schon die durch die spätere Fabrikation verursachte Abnutzung und mögliche Beschädigung ins Auge zu fassen ist. Dieser letzte Umstand kann das eine zu tun oder das andere zu vermeiden ganz besonders empfehlen. Die Wahl der Blechstärken von Gefäßen, die Beanspruchung der Rührer, Druckhöhe in den Autoklaven, auch wohl das Gewicht der Apparate u. ä. sind dergleichen Dinge.

Mitunter finden sich in Fabriken ausrangierte Apparate, welche aus Mangel an geeigneteren zur gelegentlichen Durchführung von Betriebsversuchen genommen werden. Dies ist vom Standpunkte der Sparsamkeit gerechtfertigt, solange sie hinsichtlich Material und Bauart vollkommen genug sind, um bündige und brauchbare Resultate zu versprechen. Entschieden abzuraten aber ist davon, sich mit einem halben Resultat bei Anwendung solcher Gelegenheitsapparate zu begnügen, in der bloßen Hoffnung, daß es in späterer endgültiger Apparatur schon besser gehen wird. Liegt hingegen die Gewißheit vor, daß das Ergebnis mit einer Änderung der Apparatur in einem ganz bestimmten Sinne modifiziert werden wird, so kann man sich damit zunächst zufrieden geben. Die Versuchsapparate sollen, wie improvisiert sie auch sonst sein mögen, doch derart beschaffen sein, daß man mit ihnen nicht nur die Wahrscheinlichkeit, sondern den Beweis einer betriebsmäßigen Fabrikation erbringen kann. Ein ängstliches Sparen in diesem Punkte kann sehr wohl zu Mißerfolgen bei der betriebsmäßigen Ausbauung führen und auch die ganze nachherige, darauf basierende Einrichtung unbrauchbar machen.

Da der Verlauf der Reaktion auch von den aufeinander wirkenden Quanten abhängig sein kann, so ist in solchen Fällen in erster Linie die geeignetste Größe der Apparate zu ermitteln und danach ihre Anzahl nach dem später festzulegenden Fabrikationsumfang zu bemessen.

Für eine Reihe von Arbeitsweisen des Laboratoriums sind die entsprechenden Apparateformen für die betriebsmäßige Darstellung ohne weiteres gegeben. So entspricht das Erhitzen auf dem Wasserbade oder mit dem Bunsenbrenner der Anwendung des Kesseldampfes oder des freien Herdfeuers. Die Hempelschen, Linnemannschen u. a. Kugelröhren für die fraktionierte Destillation finden wir in den Kolonnenapparaten wieder. Das Schütteln und Umrühren mit der Hand wird im Großen meist mit mechanisch bewegten Rührern ausgeführt usw. Aber während sich das Laboratorium z. B. meist mit dem gewöhnlichen Filter begnügt, bedient sich der Fabrikbetrieb zur Trennung fester Körper von Flüssigkeiten einer Reihe prinzipiell verschiedener Apparate: Saug-, Druckfilter, Filterpressen, Zentrifugen u. a. (s. Abt. 5), je nach der Beschaffenheit und der zu bewältigenden Quanten dieser Gemenge. Wenn man nun nicht aus Analogieschlüssen ähnlicher Fabrikationen für den vorliegenden Fall den geeignetsten Trennungsapparat bezeichnen kann, bleibt weiter nichts übrig, als ihn durch Versuche zu ermitteln, was sich für manche Fälle fabrikatorisch schwieriger gestaltet, als man anfangs erwartete. Und so gibt es eine ganze Anzahl von Arbeitsmethoden bei betriebsmäßiger Fabrikation, die sich von der Art der zu demselben Ziele führenden Laboratoriumsverfahren wesentlich unterscheiden und deren Kenntnis einen Teil des technischen Wissens ausmacht. Gerade in diesem Punkte der Konstruktion der geeignetsten Apparatur ist dem erfinderischen Geist des Betriebs-Chemikers ein weites Feld geöffnet. In der Vervollkommnung solcher neuer Ideen konstruktiver Art kann der technische Chemiker wohl vorteilhaft von dem Ingenieur unterstützt werden; die erste Anregung, die eine eingehende Kenntnis des Herstellungsverfahrens voraussetzt, wird aber meist von ihm ausgehen müssen.

Die für den Großbetrieb günstigsten und einfachsten Reaktionsbedingungen sind denen vorzuziehen, welche eine größere Intelligenz der Arbeiter verlangen und somit leichter zu Mißerfolgen führen können. Mit Hilfe einfach auszuführender und genügend zuverlässiger Probierungen muß es dem Arbeiter möglich gemacht werden, sich über den richtigen Verlauf der Prozesse Sicherheit zu verschaffen.

Die Rentabilitätsberechnung, welche alle diese Arbeiten wie ein scharfer Kritiker begleiten muß, wird nach den ersten orientierenden Versuchen der Kleinfabrikation auf Grund der Materialpreise, der ungefähren Kosten der gedachten Anlage, der Abnutzung und Arbeit schon besser urteilen lassen können, wohin die Arbeit führt. Wenn sie aber in diesem Stadium des Halbgroßen nur schwache Aussichten eröffnet, so ist der weitere Ausbau des Verfahrens zu vertagen, bis verbilligende Faktoren gefunden sind.

Sprechen hingegen die bis hierher erhaltenen Daten für eine weitere Bearbeitung, dann wird diese auf Grund einer planmäßigen Disposition und ohne Verzug fortgesetzt unter Berücksichtigung der von Versuch zu Versuch neu gewonnenen Ergebnisse. Die Hauptmomente werden durch bestätigende Ermittelungsversuche unumstößlich festgelegt und dann die Nebensächlichkeiten — die allerdings nachher auch sehr wichtig werden können — bearbeitet.

Die Gründe, welche gegen ein planloses Arbeiten im Laboratorium angeführt wurden, treffen im verstärkten Maße für diese Betriebsversuche zu, welche an sich zeitraubender und kostspieliger sind. Ohne Methode ausgeführte, unzusammenhängende Einzelversuche bieten eben eine zu geringe Garantie, zum Ziele zu gelangen. Ausdauer, Stetigkeit und Geduld, vor allem aber Methode sind bei diesen Arbeiten oft sehr nötig und eine gründliche Bearbeitung dieses Stadiums muß auch im Falle eines negativen Ausganges mit Gewißheit sagen lassen, welchen bestimmten Gründen dieser Mißerfolg zuzuschreiben ist. Im anderen Falle würde man bei einem Nichtgelingen ebenso nach persönlichen wie nach sachlichen Ursachen zu suchen berechtigt sein.

Außer dem Ansatz der Charge selbst sind Lösungsmittel, Konzentration, Reihenfolge der Zusammenbringung, Reaktionsdauer, Druck und Temperaturen, die Tourenzahl benötigter Rührwerke, Zeit und Art der Probenahme usw. wichtige Daten, welche immer und auch zu eventuellen Vergleichen notiert werden müssen. Eine sehr aufmerksame Verfolgung und Beobachtung dieser Arbeiten und der dabei auftretenden Erscheinungen ist entschieden nötig. Die Ausführung dieser Versuche so etwa nebenbei muß als ganz verfehlt bezeichnet werden, da man dann die wichtigsten Momente in der Regel versäumt.

Die Hinzuziehung der Arbeiter, welche man mit dem späteren Betriebe betrauen will, zu diesen Versuchen hat sehr viel für sich. Sie werden gründlich mit allen Einzelheiten vertraut, lernen die Schwierigkeiten kennen und wissen, worauf es besonders ankommt. Ferner kann man sich mit ihnen persönlich mehr beschäftigen und sie viel eingehender unterrichten, als es nachher im Betriebe selbst möglich wäre.

Hat die Kleinfabrikation ein befriedigendes Resultat ergeben, so muß man sich trotzdem, aber ohne sich dadurch in der weiteren Bearbeitung aufhalten zu lassen, die Frage vorlegen, nach welcher Richtung hin das Verfahren noch zu vereinfachen wäre, welche Sicherheitsmaßregeln noch eingeschaltet werden könnten und wie sich die Apparatur am einfachsten gestalten wird. Aus diesen Fragen ergeben sich dann meist noch einige Versuche, und sind auch diese abgeschlossen, dann hat man die nötigen Unterlagen, um an die betriebsmäßige Ausbauung herantreten zu können.

Zum Schluß mag noch einiges über das subjektive Empfinden und die Haltung des mit diesen Arbeiten betrauten Chemikers gesagt sein, was besonders die jüngeren Herren beherzigen möchten. Es ist nur natürlich, daß solche Arbeiten immer von der Hoffnung auf eine neue Gewinnstquelle begleitet sind und daher in dem Ausführenden auch die beste Stimmung erwecken. Trotzdem aber sollte er sich hüten, bei gutem Verlauf in überschwänglichem Optimismus dementsprechend gehaltene Berichte zu liefern, damit die Enttäuschung nicht zu groß werde, wenn die Sache nachher in ein zweifelhafteres Stadium gerät. Und bei welcher betriebsmäßigen Ausbildung stößt man nicht auch auf Schwierigkeiten! Ist es an und für sich schon nicht gut, solche wechselnden Gemütsstimmungen während dieser Arbeiten zu hegen, so können sie letztere sogar sehr unvorteilhaft beeinflussen, indem sie die ruhige, objektive Beurteilung und Behandlung beeinträchtigen, in zu großem Sicherheitsgefühl die Gründlichkeit der Arbeit vernachlässigen und in dem Stadium der Mutlosigkeit die Energie zu weiteren Versuchen schwächen. Mit einer möglichst nüchternen Behandlung der Sache schneidet man sicherlich am besten ab und deshalb beherrsche man sich in den aussichtsreichen, wie in den hoffnungsschwachen Stunden. Ein Erfolg ohne Siegesgeschrei beweist mehr Sicherheit und Vertrauen, als der, welcher mit breiter Ruhmredigkeit bekannt gegeben wird.

C. Die Einrichtung des Großbetriebes.

Entwerfen der Anlage. In den Vorarbeiten für die Ausbauung der Betriebseinrichtung ist das Verfahren selbst, die Arbeitsweise sowie die Gestaltung der Apparatur und ihr Material bekannt geworden, so daß nur noch die Abmessungen zu bestimmen übrig bleiben, in welchen die Einrichtung ausgeführt werden soll. Ist die Größe der vorgesehenen Räume dafür maßgebend, so entstehen keine Schwierigkeiten, da sich dann eins aus dem anderen ergibt, vorausgesetzt natürlich, daß auch die Betriebsleistung davon abhängig sein darf. Anders aber ist es, wenn für das zu fabrizierende Quantum keine anderen Gründe bestimmend sind, als die bloße mehr oder minder gerechtfertigte Annahme, davon so und soviel im Jahre verkaufen zu können. Wenn somit der Kaufmann diese Angaben zu machen und daher auch schließlich die Verantwortung dafür zu übernehmen hat, so ist der Chemiker in der gemeinsamen Besprechung dieser Angelegenheit doch auch verpflichtet, seine Ansichten zu äußern, besonders, wenn er vom Kaufmann zu einer möglichst großen Anlage angeregt werden sollte.

Es ist ein durch die Erfahrung so und so oft bestätigtes Gebot der Sicherheit, sich in solchen Fällen zunächst in bescheidenen Grenzen zu halten mit dem Vorbedacht, daß sich eine spätere, durch die Betriebserfahrung auch häufig sich praktischer gestaltende Vergrößerung ohne Schwierigkeiten und Störungen anschließen läßt.

Werden für den neuen Betrieb neue Räume, resp. neue Gebäude geschaffen, so sind neben den in erster Linie die speziellen Betriebserfordernisse berücksichtigenden Anordnungen auch die in dem Kapitel über „Bauliche Anlagen“ genannten allgemein nützlichen Einrichtungen zu treffen.

Wenn es nur irgend angängig ist, gestalte man die Betriebsräume immer so, daß sie auch für andere Zwecke brauchbar bleiben, falls etwa die zuerst dafür geplanten Betriebe eingestellt werden sollten.

Bis zu welcher praktischen Vollkommenheit schon bestehende Lokalitäten zur Aufnahme neuer Betriebe hergerichtet werden können, hängt von den jeweiligen Umständen ab. Wenn es in dem Bereiche der Möglichkeit liegt, sollten auch diese Räume immer so ausgebaut werden, wie es eben ein glattes Arbeiten nachher erfordert. Aus Scheu vor zu großen Änderungen bei der Ausführung nicht getroffene Einrichtungen werden später oft vermißt, zumal wenn ihre Unterlassung zu beständigen Unbequemlichkeiten Anlaß gibt und die Fabrikation unrentabler gestaltet.

Um sich ein ungefähres Bild von der Größe der notwendigen Räume zu machen, kann das aus einer großen Reihe von Betrieben ermittelte Verhältnis zwischen der von den Apparaten bedeckten Fläche und der des ganzen Betriebsraumes wie 1 : 2 angenommen werden. Von diesem im allgemeinen zutreffenden Verhältnis gibt es natürlich Ausnahmen, wie z. B. für Betriebe, in denen sich ein sehr umfangreicher Materialtransport vollzieht, oder andererseits solche, bei denen die Materialförderung ausschließlich in geschlossenen Leitungen vor sich geht. In jenen wird der zur Verfügung zu haltende freie Platz wesentlich größer, in den letzteren hingegen beträchtlich kleiner zu bemessen sein.

Der Modus, zunächst einen Teil des Betriebes zu bauen, um dann zu sehen, wie sich der Rest weiter gestalten wird, ist unter keinen Umständen richtig, weil sich auf diese Weise keine Bürgschaft leisten läßt, daß die ganze Anlage nach der Fertigstellung einheitlich wird und so funktioniert. Es ist vielmehr zu verlangen, daß der Betrieb vor dem Bau ganz fertig oder doch in seinen wesentlichen Teilen auf dem Papier entworfen wird. Wie der Ingenieur seine noch so komplizierte Maschine vor der Ausführung fertig gezeichnet und wie der Architekt seinen zu errichtenden Bau in allen Grundrissen und Schnitten auf dem Papiere stehen hat, so muß der Chemiker ein betriebsfertiges Verfahren von A bis Z so fertig durch Text und Zeichnung niederlegen können, daß ein jeder Fachmann imstande ist, danach diesen Betrieb zu bauen und in Funktion zu setzen.

Bei wiederholtem Durchlesen des Textes und eingehendem Vertrautmachen mit der gezeichneten Apparatur sowie der sich abwickelnden Arbeit in allen ihren einzelnen Phasen, kurz: beim Fabrizieren in Gedanken wird man schließlich zu der günstigsten Verteilung der Apparate und der für eine handliche Bedienung zweckmäßigsten Anbringung der Armaturen gelangen. Ein recht brauchbares Mittel zur Erreichung dieses Zweckes besteht darin, daß man den oder die Betriebsräume im Grund- und Aufriß mit ihren unveränderlichen Anlagen, wie Türen, Fenstern, Pfeilern, Transmissionswellen u. a., in einem bestimmten Maßstabe aufzeichnet und die von den einzelnen Apparaten, Gefäßen, Tischen usw. bedeckten Flächen in demselben Maßstabe aus dunklerem Papier ausschneidet und numeriert in der Reihenfolge, wie diese Mobilien während des Fabrikationsganges gebraucht werden. So kann man in der einfachsten und dabei sichersten Weise durch Verschieben der numerierten Papierscheibchen die beste Aufstellung der Apparatur ermitteln, bei welcher zugleich die

Lage der Nummern zueinander zeigt, wie sich die einzelnen Phasen der Fabrikation räumlich abwickeln werden.

Hat man auf diese Weise die vorteilhafteste Verteilung der Apparatur festgestellt, so zeichnet man sie im Grundriß und, wenn nötig, auch im Aufriß mit Kreide im natürlichen Maßstabe in dem Betriebsraume auf, um sich von dem wirklichen Bilde schon eine möglichst deutliche Vorstellung machen zu können und auch darüber, wie sich die Anschlüsse der Leitungen, die Anlage der Transmissionen, die Bedienung durch die Arbeiter usw. gestalten werden.

Um auch das sichere Gelingen der Arbeiten so viel wie möglich von der relativen Intelligenz der Arbeiter unabhängig zu machen, strebe man dahin, den Betrieb so zu bauen, daß der Arbeiter überhaupt keine Ungeschicklichkeiten begehen kann. Man wird dann zum wenigsten die Häufigkeiten derselben einschränken, da es eine Sicherung gegen alle Versehen ja doch nicht gibt.

Für die Verteilung der Apparatur ist sowohl der Gesichtspunkt maßgebend, daß die ganze Fabrikation glatt und ohne Störung und mit den geringsten Mitteln und Aufwand vor sich geht, als auch der, daß bei einer nötig werdenden Vergrößerung die später aufzustellenden Apparate ohne allzu große Umwälzungen organisch in den Betrieb eingeschaltet werden können, und ohne daß die Lage der mit vielen Ab- und Zuleitungen verbundenen alten Apparate verändert werden muß. Das läßt sich in manchen Fällen zwar nicht in dieser glatten Weise ausführen, nichtsdestoweniger aber kann bei der ursprünglichen Anlage unter Berücksichtigung einer solchen Eventualität immer so verfahren werden, daß sich eine spätere Vergrößerung sehr viel leichter und dabei doch besser angliedern läßt, als bei vollkommener Nichtachtung derselben.

Das Beschicken der Gefäße mit den Rohmaterialien und die Bewegung der Halbfabrikate und Zwischenprodukte dürfen nicht miteinander kollidieren. Ein ausschließlicher Transport der letzteren in Leitungen erleichtert in dieser Hinsicht die Art der Aufstellung, welche auch auf die handliche und möglichst wenig ermüdende Bedienung durch die Arbeiter Rücksicht nehmen muß. Die Förderung der Materialien durch Hand geschehe von dem Stand des Arbeiters aus möglichst nach links, wie es der Bewegung der rechten arbeitenden Hand am bequemsten liegt. Abgesehen davon, daß jeder durch Vereinfachung der Bedienung ersparte Arbeiter einen reinen Jahresgewinn von rund 1000 M. bedeutet, kann die mit Weitläufigkeiten und Unbequemlichkeiten verbundene Bedienung nur zu leicht Betriebsunregelmäßigkeiten, d. h. schließlich schlechte Ausbeuten zur Folge haben.

Die Möglichkeit der gegenseitigen Verunreinigung oder nachteiligen Beeinflussung der in der Herstellung befindlichen Stoffe in ihren verschiedenen Fabrikationsstadien hat ebenfalls die Aufmerksamkeit zu beansprucheu. Eine Verunreinigung kann z. B. verursacht werden durch zu nahes Nebeneinanderstehen offener und ungenügend gesicherter Gefäße, sowie ferner durch deren Benutzung zu verschiedenen Zwecken. Der Gebrauch einer und derselben Apparatur zur Herstellung sehr verschiedenartiger und empfindlicher Produkte, sowie gelegentlich solcher, die lästige Nebenprodukte liefern, sollte, wenn irgend angängig, immer vermieden werden. Abgesehen von der für die Benutzung zu anderen Zwecken nötigen, mit Zeitverlust und Arbeit verbundenen Herrichtung leidet die Reinheit, also auch die Güte der Fabrikate nur zu leicht darunter. Zur Abstellung dieses Übelstandes, d. h. zur Aufstellung einer selbständigen Apparatur entschließt man sich leider häufig erst dann, wenn der dadurch verursachte Ärger und Schaden schon bald den Wert eines weiteren Apparates ausmachen.

In den Fällen, in denen in derselben Apparatur ohne Bedenken verschiedene Arbeiten ausgeführt werden — und solche gibt es wohl in jeder Fabrik — kann man die Reinigung oder Instandsetzung bisweilen recht vereinfachen, wenn man darauf Rücksicht nimmt und geschickt über die Reihenfolge der vorzunehmenden Arbeiten disponiert.

Ein weiterer Faktor, dem leider noch nicht die gebührende Bedeutung beigelegt wird und welcher bei Neuanlagen, weil da leichter durchzuführen, mehr als bisher befolgt werden sollte, ist der, die Armatur- und alle anderen auswechselbaren Teile, wie Ventile, Hähne, Flanschen, Schrauben usw., nach ganz bestimmten Normaltypen und nur nach diesen einzuführen. Durch diese zuerst etwas Aufmerksamkeit und Mühe verursachende Einrichtung kann im Laufe der Zeit bei den unvermeidlichen Änderungen und Auswechselungen sehr viel Geld und noch mehr Verdruß gespart werden. Jeder Praktiker wird die Verlegenheit zugestehen, in die man geraten kann, wenn es sich um eine plötzlich nötig werdende und möglichst rasch zu erledigende Auswechselung eines Apparatenstückes handelt und man erst im letzten Augenblick erfährt, daß das betreffende Ersatzstück nicht paßt.

In dem Sinne sollten die Bordscheiben der verschieden weiten Rohre entsprechend den dafür bestimmten Flanschen einheitlich breit sein und die Flanschen selbst ohne Ausnahme immer nach dem deponierten Typenmuster gekauft werden. Dies gilt von der Dicke, den Durchmessern und ganz besonders von den Durchbohrungen. Wie oft kommt es nicht vor, daß, wenn in aller Eile eine Leitung aus vorhandenen Rohrteilen improvisiert werden soll, einem geantwortet wird: die Flanschen passen nicht, oder: die Schrauben sind zu kurz, oder: die Löcher decken sich nicht. Daß die Ventil- und Hahnflanschen in ihren Weiten und Durchbohrungen ebenfalls zu den Flanschmodellen passen müssen, versteht sich dann von selbst. Wie viele Ventile einer Größe findet man nicht in einem einzigen Betriebe, deren Flanschen und Schraubenlochabmessungen so voneinander abweichen, daß man kaum zwei aneinander schrauben könnte!

Eine erste Ursache zu diesen Unregelmäßigkeiten bilden die an den auswärts hergestellten Apparaten befindlichen Armaturteile, wenn, wie es eben häufig geschieht, die Bestellung sich auf Form und Größe der Apparate beschränkt und diese scheinbaren Nebensächlichkeiten dem Lieferanten überlassen bleiben. Die nächste Folge davon ist, daß die in der Fabrik hergestellten Anschlüsse an die gekauften Apparate sich an die gelieferte Ausführung halten müssen ohne Rücksicht darauf, daß dieselben für eine spätere andere Verwendung zu den in der Fabrikwerkstatt üblichen Abmessungen passen oder nicht; und damit fängt die Unordnung an.

Wird dagegen gleich bei der Bestellung der Apparate auch auf die bestimmte Ausführung dieser Teile hingewiesen, dann klappt die Montierung und alles Spätere viel besser. Die Apparatefabriken berücksichtigen dergleichen Forderungen ebenso gern, wie sie, wenn nichts davon erwähnt wird, ganz nach freiem Ermessen verfahren.

Was von den Flanschen gilt, trifft auch für die Schrauben gleicher Größe zu. Man findet leider oft solche einer Stärke mit drei bis vier verschiedenen Kopfgrößen. Eine weitere Folge dieser Ungleichmäßigkeiten sind dann die vielen nicht oder schlecht passenden Schraubenschlüssel, und es müssen wieder für dieselbe Schraubengröße mehrere Schlüssel gehalten werden. Die vielen durch die Benutzung schlecht passender Schlüssel verursachten Handverletzungen mögen dabei nur nebenbei erwähnt werden.

Es ist nicht gleichgültig, wie die Dampf-, Wasser- und anderen Leitungen zu den Apparaten liegen und wie die Anschlüsse an letztere angeordnet werden. Ohne an die dadurch beeinträchtigte Handlichkeit zu denken, kann dabei recht viel Rohrmaterial vergeudet werden.

Die Anbringung der Armaturen an den Apparaten soll sehr reiflich überlegt werden. Für den Bau ist es ganz gleich, ob der Ablaufstutzen an dieser oder jener Stelle sitzt oder ob ein Ventil rechts oder links angebracht wird, nicht aber für die Hineinpassung in die ganze Anlage oder für die tagtägliche Verwendung. Wie und wo die Armaturteile an den Apparaten anzubringen sind, ergibt sich teils aus dem Apparat selbst, teils aus der Placierung im Betriebe und teils endlich aus der in der Vorstellung der Funktionierung sich ergebenden geeignetsten Lage.

Die gewöhnlichen Hähne und Ventile sind im Handel Massenartikel und somit oft nicht sehr sorgfältig gearbeitet. Deshalb ist es eine gute Gewohnheit, sie immer vor ihrer Inbetriebnahme auf ihre Verläßlichkeit hin zu probieren.

Die Mannlöcher sind bezüglich Verschlußart und Orientierung an den Apparaten auch nicht immer einwandfrei. An gewölbten, ungenügend versteiften Böden läßt sich ein dauernd zuverlässiger Mannlochverschluß nicht mit Sicherheit erhalten, und ebenso ist der Verschluß größerer Mannlöcher durch eine einzige mittelständige Schraube bei nicht tadellos im Stande gehaltenen Dichtungsflächen sehr unsicher. Ihre Lage an dem Apparate befindet sich, obgleich sie in Monaten kaum einmal benutzt werden, oft an einer konstruktiv bequemen oder symmetrischen, aber dennoch falschen Stelle des Deckels, wenn infolgedessen Thermometer, Hähne und sonstige häufig zu benutzende Objekte beiseite gedrängt werden und unbequem zu bedienen sind. Um die richtige, brauchbare Größe der Mannlöcher festzustellen, beantworte man sich die Frage, zu welchem Zwecke sie angelegt werden, ob zur Befahrung oder Beschickung, zur Reinigung des Gefäßes, zur Zugänglichmachung der Innenteile usw.

Schließlich ist eine vielleicht nötig werdende, mit den einfachsten Mitteln und leicht ausführbare Reparatur der in Frage kommenden Teile der Apparatur auch gleich bei dem Bau derselben zu berücksichtigen, was speziell für die in Auftrag gegebenen Gegenstände zu empfehlen ist. Dem Lieferanten liegt nämlich häufig mehr an einem eleganten und gefälligen Aussehen oder auch an einer einfachen Herstellungsart, als an obiger Rücksichtnahme. Hierher gehören u. a. die Art der Abdichtung der durch die Gefäßwandungen hindurchgehenden Rohre, die Auswechselbarkeit der Kühl- und Heizschlangen, die Befestigung von Rührwellen und -schaufeln, Strombrechern und sonstigen Innenteilen. Mit recht einfachen Mitteln lassen sich hier oft in Voraussicht der möglichen Betriebsstörungen sehr wirkungsvolle Sicherheiten oder Vorkehrungen treffen, welche eine Reparatur wesentlich vereinfachen.

Für zerbrechliche und gefährdete Teile, die infolge leichter Beschädigungen Betriebsstörungen verursachen können, sind Ersatzteile besonders dann vorrätig zu halten, wenn ihre Anfertigung oder Besorgung mit Zeitverlust verbunden ist. Daß dieselben ohne große Umständlichkeiten auswechselbar sein müssen, ist ebenso selbstverständlich, wie die Vorsichtsmaßregel, bei einem eventuellen Zerbrechen der Glasstücke durch Absperrvorrichtungen den Gefäßinhalt sichern zu können.

Ebenfalls muß an die Notwendigkeit im allgemeinen gedacht werden, Fabrikationsstörungen, die teils infolge eines durch die Bauart bedingten falschen Verlaufs der Reaktion, teils durch Versagung der Apparatur entstehen können, bis zu einem gewissen Grade wenigstens durch die Anlage und Konstruktion der Apparatur zu begegnen. So z. B. tritt bei manchen Prozessen mitunter ein lebhaftes Schäumen ein, das meist durch stärkeres Kühlen oder schnelleres Rühren beseitigt werden kann, bevor der Schaum im äußersten Falle in vorgesehene Bahnen geleitet wird. Die Möglichkeit plötzlicher stärkerer Kühlung, vielleicht durch Berieselung des Apparates mit kaltem Wasser, oder die der Erhöhung der Rührgeschwindigkeit mittelst eines konischen Scheibenpaares würden solche Sicherheitsvorkehrungen sein.

Zwecks schnellerer Ausschaltung der Gangwerke sind diese tunlichst immer mit Losscheiben zu versehen. Dann sind, wenn ein Prozeß in einem geschlossenen Gefäße mit starker Gasentwicklung verbunden ist, außer dem Sicherheitsventil unter Umständen auch Abblasevorrichtungen anzubringen, um plötzlich entstehenden großen Gasmengen genügend schnellen Austritt zu verschaffen. Die Leitungen für Flüssigkeiten, welche unter Druck gefördert werden, erhalten geeignete Sicherheitsventile und Überläufe, welche in Funktion treten, wenn durch Stauung oder Verstopfung der Maximaldruck überschritten wird. Nachteilige Überhitzung und Unterkältung können durch vorzusehende Kühl- und Heizeinrichtungen verhindert werden. Das unzeitige Auskristallisieren von Lösungen oder vorzeitige Dickwerden von Laugen z. B. während der Filtration sind Störungen, welche häufig in neuen Betrieben bei Eintritt der ersten Kälte eintreten und dann zeigen, daß teils die Räume, teils die Apparate nicht genügend geheizt oder gar nicht heizbar sind. Mitunter sind auch Heizvorrichtungen zu treffen, damit die notwendige Temperatur für wochenlang dauernde Gärungsprozesse unabhängig von dem eigentlichen Kesselbetrieb, von welchem meist die Heizröhren bedient werden, auch während der Feiertage in den betreffenden Räumen erhalten werden kann.

Daß man nun nicht jede durch Versagen der maschinellen Einrichtung hervorgerufene Betriebsstockung mit Sicherheitsvorkehrungen vermeiden kann, ist einleuchtend; trotzdem aber läßt sich doch sehr vielen Kalamitäten durch Berücksichtigung der möglichen Ursachen rechtzeitig begegnen.

Das den öffentlichen Flußläufen entnommene Wasser muß durch Einschaltung eines Klärbassins oder einer Filteranlage gereinigt werden. Denn der mitgeführte Sand und Schmutz verschleißt zunächst die Kolben und Zylinder der Pumpen, lagert sich dann an den tiefsten Stellen der Leitungen ab und verstopft diese, oder die mitgeführten Verunreinigungen, wie Holzstückchen, kleine Steinchen, Pflanzenreste u. dergl., setzen sich besonders gern an den Enden der Hauptleitungen in den Hähnen und Ventilen fest und verhindern den Wasserdurchtritt z. B. zu den Kühlern. Und wenn nun gar — unpraktischerweise — das Kühlwasser von unten durch den Kühlmantel zugeführt wird, so ist man gezwungen, für die an und für sich in wenigen Minuten zu erledigende Herausnahme des Hahnes nicht bloß die Wasserleitung abzustellen, sondern auch das ganze Wasser mit Hilfe improvisierter Mittel aus dem Kühler zu entfernen und daher auch meist die Destillation zu unterbrechen. Daraus folgt also, daß es zunächst notwendig ist, gewisse Längen und Abzweigungen der Wasserleitung dergestalt mit Abschlußorganen zu versehen, daß bei der Ausschaltung eines Betriebsteiles die anderen möglichst wenig in Mitleidenschaft gezogen werden, und daß zweitens das Kühlwasser den Kühlern von obenher durch ein bis auf den Boden derselben

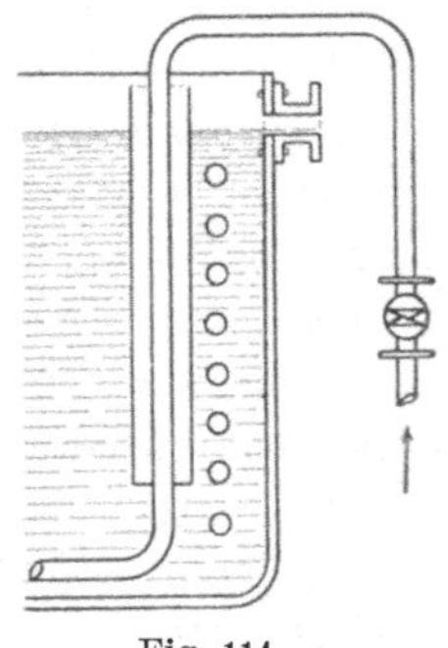

Fig. 114.

reichendes, am unteren Ende peripherisch umgebogenes Rohr zugeführt werden soll. Befürchtet man eine Vorwärmung des Kühlwassers durch das obere heiße Wasser, dann lötet man über das eintauchende Rohrende ein übergestecktes weiteres isolierendes Rohr an (Fig 114). Diese überdies einfache Bauart ermöglicht die Auswechselung des verstopften Hahnes ohne Entleerung des Kühlers und folglich auch ohne Unterbrechung des Prozesses.

Für die Dampfleitungen gilt ebenfalls die allgemeine Sicherheit, die Ventile in planmäßiger Verteilung so einzuschalten, daß man auch hier einen kleineren Teil abstellen kann, ohne die übrigen Betriebe kaltstellen zu müssen.

Da, wo große Tongefäße gebraucht werden, halte man stets die Gefahr des Berstens derselben und die Vorkehrungen im Auge, welche zur Sicherung gegen Materialverlust bei einem Bruche zu treffen sind. Unter den Tonschalen, in denen besonders mit direktem Dampf gekocht wird, sollten sich immer Bottiche oder sonstige nicht spack werdende Einrichtungen befinden, um den Schaleninhalt bei eintretendem Bruche aufzufangen. Abbrechende Tonhähne und -stutzen sind ebenfalls gelegentliche Ursachen zur Leckage. Für die Vollkommenheit und Ausdehnung solcher Sicherheitsvorkehrungen ist der Wert der in Arbeit befindlichen Fabrikate im allgemeinen maßgebend, welch erstere bei der Darstellung sehr wertvoller Präparate so weit gehen kann, daß alles Geschirr auf Untersätzen steht, jedes Gefäß eine Schutzhülle hat und die Arbeitstische mit flachen Kästen aus geeignetem Metall u. a. garniert werden, in denen die Arbeiten auszuführen sind.

Die Konstruktion der Rührer ist hinsichtlich der damit beabsichtigten Arbeiten recht mannigfaltig und Gegenstand verschiedener Patente. Auf die zahlreichen Ausführungsformen für die vielerlei Spezialzwecke kann jedoch nicht eingegangen werden. Eine Zusammenstellung der wichtigsten Typen findet sich in „Parnicke, Die maschinellen Hilfsmittel der chemischen Technik“, Frankfurt a. M. Außer den dort angeführten Formen baut sich wohl noch jede chemische Fabrik ihre eigenen Rührwerke und Mischapparate, deren Sonderformen sich aus den speziellen Zwecken ergeben. Bei diesen Konstruktionen soll man darauf achten, die Lagerung der Welle vor dem Verschleiß durch das Mischgut möglichst zu schützen, die Schaufeln möglichst sicher, aber dabei auch leicht auswechselbar zu befestigen und das Zusammenarbeiten von Strombrecher und Rührer gut durchzuprobieren. Rührer ohne Strombrecher mit stehender Welle bewegen die Flüssigkeit mehr, als daß sie sie durcheinandermischen. Bisweilen ist es angebracht, die Rührwelle nicht in das Zentrum des Gefäßes zu stellen, so z. B., wenn außerdem noch Rohre hineingestellt werden müssen, mit denen die Rührschaufeln in Kollision kommen könnten. Bei Anwendung einer hohlen Welle erhält man die Möglichkeit, diese als Zuleitungsrohr zu dem Innenraum zu benutzen, sei es für Heizdampf, für Gase, Flüssigkeiten oder als Thermometerrohr.

Ausführung der Betriebsanlage. Nachdem so die Apparatur technisch durchkonstruiert ist, jedoch immer unter dem Gesichtspunkte, mit der relativ größten Einfachheit die größte Betriebsleistung und -sicherheit zu vereinigen, wird mit ihrer Herstellung begonnen; bei der Montierung und Inbetriebsetzung werden sich trotz aller Voraussicht noch diese oder jene Verbesserungen für nötig erweisen. Vorhandene Apparate oder Teile derselben werden zunächst auf die Möglichkeit einer Verwendung hin betrachtet und nötigenfalls hergerichtet oder umgebaut. Hierbei schätze man aber die Beschaffenheit, Änderungskosten und nachherige Brauchbarkeit zueinander ab, damit Kosten und Nutzen in einem richtigen Verhältnis zueinander bleiben.

Handelt es sich um geheim zu haltende Ausführungsformen, die an und für sich nicht gerade originell, aber doch zur Verrichtung ganz bestimmter Zwecke sehr wertvoll sind, so betone man diesen Umstand nicht, sondern übergehe ihn mit Stillschweigen und vermeide auch, über die Verwendungszwecke überhaupt zu sprechen, um nicht die Aufmerksamkeit dritter Unberufener darauf zu lenken.

In den Fällen, in welchen die Apparatur ganz oder auch nur teilweise außerhalb der Fabrik angefertigt wird, verlasse man sich nicht ausschließlich auf die Erfahrungen des Fabrikanten, sondern höre zunächst seine technischen Äußerungen darüber, ziehe diese in eventuelle Berücksichtigung und präzisiere ihm dann alle Details bis auf die Stärke der Bleche, der Rohre, der Verpackungsmaterialien, ob Asbest, Gummi usw. genommen werden soll, und schreibe auch die Befolgung der oben empfohlenen Normalien der Fabrik vor. Es werde zur strengen Gewohnheit, alle mündlich gegebenen Aufträge und Bestellungen *schriftlich und unter Erwähnung aller Einzelheiten* zu wiederholen, denn alle nicht auftragsgemäßen Ausführungen können nur auf Grund schriftlicher Belege zurückgewiesen werden.

Bei größeren Aufträgen verlange man zuerst einen Kostenanschlag und vergewissere sich darüber, nicht übervorteilt zu werden. Das niedrigste Angebot ist aber auch hier, wie in anderen Fällen, nicht immer das billigste, und es ist keineswegs immer leicht, unter den verschiedenen eingegangenen Offerten die vorteilhafteste herauszufinden. Meistens wird es wohl der Fall sein, daß man mit einer als leistungsfähig erkannten Firma in dauernder Geschäftsverbindung steht und sich von ihr bedienen läßt. In diesem Verhältnis sei man jedoch nicht zu konservativ veranlagt und ziehe schon der bloßen Kontrolle wegen von Zeit zu Zeit andere aufstrebende Firmen mit in Konkurrenz. Bei der Bestellung verabsäume man nicht, die Verpackungs-, Transport- und bei größeren Stücken auch die Abladekosten zu berücksichtigen, sowie eine Reklamationsfrist festzusetzen. Wenn die Montierung extra nach Zeit bezahlt wird, so sehe man darauf, daß an der Apparatur auch nichts fehlt, was in der ausführenden Fabrik herstellbar war. Man betone ausdrücklich, daß nur das als Montierungsarbeit anerkannt wird, was nicht tatsächlich ebensogut in der Werkstätte des Lieferanten hätte ausgeführt werden können, wie das Bohren der Flanschenlöcher, Auflöten der Flanschen, Verpacken der Apparaturdichtungen, Anfertigen der Träger und Konsole usw.

Den Fabrikanten läßt man über die Verwendung der Apparate aus begreiflichen Geschäftsgründen im unklaren, solange man nicht gerade gezwungen ist, ihn zwecks Ausnützung seiner Erfahrungen darüber zu unterrichten. Bisweilen läßt man auch zur strengeren Wahrung des Fabrikgeheimnisses die Apparaturteile von mehreren Fabriken anfertigen und setzt sie nachher selbst zusammen.

Kommen die Sachen zur Ablieferung, so überzeuge man sich zunächst, soweit es möglich ist, daß sie den Vereinbarungen gemäß richtig und tadellos hergestellt sind. Häufig zeigen sich die Fehler aber erst nach der Inbetriebnahme, und deshalb ist die stets bei der Bestellung schriftlich vorzubehaltende Reklamationsfrist nötig und ihr Endtermin nicht unbeachtet verstreichen zu lassen.

Die Dimensionen der Apparate verlangen zuweilen auch die Berücksichtigung, daß man sie zur Einbringung in die Räume erst an Ort und Stelle zusammensetzt oder die Türöffnungen vergrößern muß. Wenn letzteres nötig wird, wartet man bei Neubauten mit dem Einsetzen der Türrahmen bis nach dieser Aufstellung. Ist mit der Möglichkeit zu rechnen, daß solche große Apparate für Reparaturen oder Änderungen in absehbarer Zeit wieder aus den Räumen herausgeschafft werden müssen, so sind die Türen danach zu bauen. Große Fässer und Bottiche werden nach ihrer Fertigstellung angeliefert, meist aber zur Einbringung in die Räume auseinandergeschlagen und an ihrem definitiven Aufstellungsort wieder zusammengestellt.

Die Frage, ob die Herstellung der Apparatur in den eigenen Werkstätten billiger wird, läßt sich generell nicht beantworten. Die Art der zu bauenden Apparate an sich, die Einrichtung der Werkstätten und die Leistungsfähigkeit des Handwerkerpersonals sind dafür bestimmend. In jeder Fabrik wird man bald wissen, wieweit man in diesem Punkte mit Nutzen selbst bauen kann.

Kommt es zur Montierung der Apparate, dann müssen zuerst, und soweit es nicht schon vorher bei dem Bau geschehen ist, die gemauerten Sockel, einzementierten Träger und sonstige Maurerarbeiten fertiggestellt werden, damit der Mörtel Zeit zum Abbinden hat und genügend fest werden kann. Hat man die Wahl zwischen gemauerten und hölzernen Unterbauten, so gebe man, wenn es sich mit der Festigkeit und Feuersicherheit vereinbaren läßt, in Anbetracht der so sehr häufigen Veränderungen stets den Holzkonstruktionen den Vorzug. Das abgebrochene Mauerwerk ist nämlich nachher nur Schutt, während die Holzteile immer wieder verwendbar sind und zu allerletzt noch als Brennmaterial aufgebraucht werden können.

Die betonierten und gemauerten, gewöhnlich mit Zement verputzten Sockel der Maschinen und Pumpen sind daraufhin einzurichten, daß das ablaufende Schmieröl nicht den ganzen Sockel überschwemmt. Abgesehen von dem unsauberen Eindruck, wird der Zement unter dem anhaltenden Einfluß von fettsäurehaltigem Öle bröcklig.

Die Fundamentschrauben lasse man weit genug hervorstehen, denn bei Neubauten findet bisweilen ein Sacken der Gebäude statt, infolgedessen die Maschinen wiederholt ausgerichtet werden müssen. Dies geschieht am einfachsten, indem an den tiefen Stellen untergelegt wird, was dann eben eine genügende Länge der Schrauben voraussetzt.

Die Festigkeit und Stärke der Träger bildet einen weiteren Punkt der Aufmerksamkeit. Ein Zuwenig darin wird selten geleistet, wohl aber sieht man oft zuviel des Nötigen und besonders bei gelieferten Einrichtungen deshalb, weil sie auch nach Gewicht bewertet werden. Bei richtiger Ausnützung der Tragfähigkeit des Materials unter selbstverständlicher Beachtung der verlangten Sicherheit könnte noch manche Ersparnis gemacht werden. An die gute Verwendbarkeit von Filz und Kork als Unterlegmaterial zur Dämpfung von Geräusch und Erschütterungen sei hier auch erinnert.

Damit die einzelnen Apparate sich nicht gegenseitig versperren und die Montierungsarbeiten unnötig erschweren, ist die Reihenfolge ihrer Aufstellung wohl zu überlegen und innezuhalten. Dieses trifft auch für die Verbindungsstücke zu, welche zeitweilig und bis zu einem bestimmten Grade angebracht werden müssen, ehe andere Teile aufgestellt werden können.

Teile, welche leicht verbogen, eingedrückt oder sonstwie beschädigt werden können, sind entweder vorher abzulösen oder durch Latten und andere Versteifungen gut zu sichern. Stutzen und sonstige Öffnungen werden, wenn das Hineinfallen von Schmutz oder Werkzeugteilen während der Montage möglich ist, aber vermieden werden soll, verbunden oder mit Lumpen verstopft, jedoch mit der Vorsicht, daß immer eine Wulst davon herausguckt; denn sonst rutschen solche Lappen gelegentlich ganz hinein, entziehen sich der Beachtung und können in dem fertig montierten Apparate bei der Inbetriebsetzung zu den unangenehmsten Störungen Anlaß geben, weil man sie am wenigsten darin vermutet und den Grund in allen anderen Ursachen sucht.

Im Anschluß hieran sei noch einmal daran erinnert, daß man sich auch stets davon überzeugen muß, daß in den gebogenen Kupferrohren kein Harz zurückbleibt, mit dem sie für das Biegen gefüllt worden sind. Inwieweit dieses zurückgebliebene Harz noch störend wirken kann, mag folgender Fall zeigen: Von dem Deckel eines gußeisernen Gefäßes ging ein kupfernes Rohr nach oben ab, in dem ziemlich heiße Gase fortgeleitet wurden, während von dem tiefsten Teil des gewölbten Gefäßbodens aus ein Gasrohr die abstellbare Verbindung mit der Luftpumpe herstellte, welche zur Einleitung des Prozesses die Gase aus dem Gefäß saugte. Dieser Apparat funktionierte wohl mehrere Wochen einwandfrei, bis eines Tages die Luftpumpe die Gase nicht mehr absaugen wollte. An eine Verstopfung des Apparates konnte infolge der ausschließlich gasförmigen Produkte zunächst nicht gedacht werden, zudem war seine Gestalt derart, daß man sich ohne weiteres nicht von seiner inneren Beschaffenheit überzeugen konnte, so daß die Ursache in allen anderen Umständen vergeblich gesucht wurde, bis sie schließlich in der Verstopfung des abgehenden Gasrohres an seinem Austritt aus dem Apparat gefunden wurde. Die nähere Untersuchung ergab, daß durch die beständige Erwärmung ein zurückgebliebener Rest von dem Harz in dem oberen Kupferrohr geschmolzen, allmählich nach unten durch das Gefäß bis zu der tiefsten Stelle, dem Austritt des kalt bleibenden Gasrohres, geflossen war und sich dort festgesetzt hatte.

Desgleichen sei auch nochmals darauf aufmerksam gemacht, daß die Blindflanschen, welche man zur gelegentlichen Absperrung oder Ausschaltung eines Rohrteils in die Leitung schaltet, darin vergessen werden und dann die Ursache selbst großer Gefahren bilden können. Deshalb ist nicht nachdrücklich genug darauf hinzuweisen, daß in der ganzen Fabrik niemals ein Blindflansch geduldet wird, der nicht einen aus den Rohrflanschen lang hervorstehenden, deutlich sichtbaren Stiel hat.

Das Einlegen der Verpackungen, deren Material mit Sachkenntnis für die verschiedenen Zwecke auszuwählen ist, geschehe mit Sorgfalt. Diese meist den Hilfsarbeitern der Monteure überlassene Arbeit wird nicht immer mit der nötigen Genauigkeit ausgeführt. Die Scheiben sind bisweilen zu klein und die Durchlochungen zu eng. Der erstere Fehler beeinträchtigt ihre Haltbarkeit und der zweite verengt nicht nur den Rohrquerschnitt, sondern hat auch zur Folge, daß die nach innen vorstehenden Teile der Verpackung von dem durchströmenden Dampf, Wasser u. a. nach und nach abgelöst und mitgeführt werden, um an irgend einer Stelle dann das Rohr zu verstopfen oder die Abschlußorgane undicht zu machen. Ferner können auch solche abgelösten Verpackungsteile verunreinigend — färbend — auf ein flüssiges Fabrikat wirken. Dann kommt es auch vor, daß die Verpackung beim Hineinschieben sich mit einem Segment umbiegt, folglich in diesem Teile doppelt liegt und sich total undicht erweist.

Damit die Asbest- und Pappeverpackungen sich den Bordscheiben, welche natürlich frei von Unebenheiten sein müssen, gut anschmiegen, pflegt man sie vor dem Auflegen etwas anzufeuchten. In diesem feuchten Zustande sind die Verpackungen jedoch sehr verletzlich und müssen daher mit großer Achtsamkeit eingelegt werden. Um zu verhindern, daß sie sich durch das Auflegen schwerer Deckel, Zargen usw. verschieben, bindet man sie an mehreren Stellen mit Bindfaden fest, den man vor dem Anziehen der Schrauben wieder herauszieht. Über die Präparierung der Verpackungen zur Erhöhung ihrer Haltbarkeit und Wiederverwendbarkeit ist schon auf S. 78 die Rede gewesen. Hier sei nur noch einmal daran erinnert, daß das Bestreichen derselben mit Flockengraphit ein ausgezeichnetes Mittel ist.

Bei den beweglichen Apparaten und Apparaturteilen werden die gelieferten Stopfbüchsen auf ihre, bei Neulieferungen zuweilen ganz fehlende Verpackung hin untersucht und kunstgerecht aufgeschraubt. Auch die Riemenscheiben sind auf ihre sachgemäße Befestigung mittelst Nabe und Stellring oder Stellschraube hin zu prüfen. Die Lage der Schmiergefäße muß mitunter mit Rücksicht auf die durch die Aufstellung bedingte Zugänglichkeit eingerichtet oder geändert werden, ebenso wie die der Riemenausrücker.

Die Riemen selbst werden zunächst mit Ausnahme der Kraftübertragungen mit sehr großer Umlaufsgeschwindigkeit nur mit einfachen Krallen und erst nach völligem Strecken definitiv verbunden.

Bei der ersten Ingangsetzung der beweglichen Apparate fängt man mit einer sehr mäßigen Geschwindigkeit an und beobachtet alles das, was bei der ersten Inbetriebsetzung der Dampfmaschine anempfohlen wurde. Die Stopfbüchsen und die Lager sind auf ein Warmlaufen hin zu kontrollieren und vor allem reichlich zu schmieren. Daß die Riemen von den Scheiben laufen, kommt zwar selten vor, ist aber immerhin möglich infolge schlecht ausgerichteter Scheiben oder auch ungenügender Befestigung der Arbeitsmaschinen. In die Misch- und sonstigen mit inneren beweglichen Teilen versehenen Apparate leuchtet man mit der nötigen Vorsicht hinein, um sich von dem ordnungsgemäßen Zustand zu überzeugen. Da scheuern mitunter die Rührschaufeln an den Wandungen oder nähern sich zu bedenklich den Heizschlangen, Strombrechern, Thermometerröhren und Hebern. Auch kann es vorkommen, daß Fremdkörper — Schrauben, Muttern, selbst Werkzeuge — in den Gefäßen vergessen wurden. Zu reichlich durch die Stopfbüchse fließendes Schmieröl bei stehenden Wellen kann auch die Präparate verunreinigen, deshalb bringt man zweckmäßig unter jene einen Schmierölfänger in Form eines ringförmigen Näpfchens an der Welle an.

Die unter Druck zu setzenden und mit Manometer zu versehenden Apparate — Autoklaven, Montejus — werden nach eventueller vorheriger behördlicher Abnahme bei der beabsichtigten Betriebstemperatur auf den Maximaldruck gebracht und auf die Dichtigkeit und das zuverlässige Funktionieren der Sicherheitsventile hin untersucht. Im übrigen sind für diese Druckfässer die allgemeinen polizeilichen Bestimmungen vom 5. August 1890 und die Unfallverhütungsvorschriften der Berufsgenossenschaft der chemischen Industrie zu berücksichtigen.

Die Vakuumapparate werden luftleer gemacht unter Beobachtung der dazu erforderlichen Zeit und derjenigen, während welcher das Vakuum sich nach Abstellung der Hähne innerhalb der zulässigen Abnahme erhält. Wie die etwa vorhandenen Undichtigkeiten festgestellt werden, wurde schon in einem früheren Kapitel (S. 66) gesagt. Hierbei sei auch nochmals an die Vorsicht erinnert, Hähne und Ventile der Saug- und Druckleitungen niemals plötzlich zu öffnen und zu schließen, sondern immer ganz langsam, und sobald mehrere Apparate von ihnen bedient werden, erst nach Benachrichtigung dritter damit arbeitender Personen. Der Manometerstand darf in den Hauptleitungen nur ganz unmerklich differieren; denn plötzlich eintretende Druckunterschiede können leicht einen ganzen Arbeitsprozeß verderben.

Andere Utensilien, die zur allgemeinen fabrikatorischen Sicherheit in den Betriebsräumen vorhanden zu sein pflegen und zu jeder Zeit gebraucht werden können, sind Schrauben und Schlüssel, Draht, Zange und Hammer, verschiedene Größen und Sorten von Verpackungen, Blindflanschen, starker Bindfaden, ferner Eimer nnd Lappen zum Aufwischen, Sand für Bruch von Säureballons. Ein ca. 30—40 cm langes, starkes, spitz zugehendes Spundholz tut mitunter sehr gute Dienste bei Bruch von Wasserstandsröhren, Abbrechen von Tonhähnen, Herausfliegen von Stopfen usw., indem dasselbe sehr schnell mit der Hand in die Löcher hineingestoßen werden kann. Im übrigen ist es Pflicht, alle aus der speziellen Betriebsart und Apparatur sich ergebenden Vorsichtsmaßregeln zum Schutz der Arbeiter sowie der Fabrikation rechtzeitig zu treffen, und nicht nach Art derjenigen, die den Brunnen erst zudecken, nachdem das Kind hineingefallen ist.

Die erste Beschickung der Betriebsapparatur zur Ausprobierung der Dichtigkeit oder anderer an sie gestellter Anforderungen geschieht mit Wasser oder sonstigem geeigneten indifferenten Material und, wenn die Fabrikation beginnen soll, zum ersten Male mit einer kleineren Charge, um bei eintretenden Störungen, auf die man zuerst immer gefaßt sein muß, nicht ein zu großes Materialquantum zu riskieren. Außerdem läßt die Reinheit der zuerst hergestellten Fabrikate meist zu wünschen übrig, da die Apparate und Gefäße sich am vollkommensten erst durch die Fabrikation selbst reinigen. Der Verlauf der Prozesse wird genau verfolgt und besonders die dafür nötige Zeit gemerkt, welche mit dem Fortschritt in der Einarbeitung meist noch verringert wird. Zu den bestimmten Zeiten und zuerst wohl häufiger als später, wenn alles fast von selber geht, sind die Kontrollproben zu nehmen und zu untersuchen, ob der Gang der Arbeit den Erwartungen entsprechend verläuft. Mitunter ist es auch angezeigt, die Kontrollmuster zum Vergleiche mit späteren Wiederholungen beiseite zu stellen. Bei beabsichtigtem Stillstand während der Nacht berücksichtige man den geeignetsten Zeitpunkt zur Unterbrechung der Arbeit. Ferner teile man danach den ganzen Arbeitsverlauf so ein, daß er sich mit steter Regelmäßigkeit innerhalb einer bestimmten Periode abwickelt und möglichst so, daß die eine besondere Aufmerksamkeit und Beobachtung verlangenden Phasen des Fabrikationsverlaufs in die Zeit der sichersten Kontrolle fallen, also, wenn irgend angängig, nicht in den Schichtwechsel, die Ruhepausen oder Nachtschicht. Auch auf die für die Beobachtung nötige Helligkeit ist Rücksicht zu nehmen; so dürfen auch Farbenreaktionen nicht ohne weiteres bei künstlichem Lichte ausgeführt werden.

Bei kontinuierlichen Betrieben mit Tag- und Nachtschicht sind auch die Stadien festzulegen, in denen sich die Fabrikation bei dem Schichtwechsel befindet, damit man über die Leistung und Arbeitsförderung der einzelnen Schichten die Kontrolle ausüben kann. Von dem Betriebs-Chemiker kann verlangt werden, daß er weiß, in welchem Stadium die Fabrikation sich zu irgend einer Stunde befindet und befinden muß.

Soweit es nicht von dem Meister geschehen kann, scheue man nicht die Mühe, selbst die Arbeiter für bestimmte Arbeiten gründlich einzuarbeiten und nicht eher abzulassen, als bis man die Überzeugung gewonnen hat, daß sie ihre Arbeit und das, worauf es dabei besonders ankommt, ganz begriffen haben. An den Gebrauch der unvermeidlichen chemischen und physikalischen Fremdwörter gewöhne man sie nach und nach, schreibe ihnen die Wörter auf und beobachte, ob sie sich auch das Richtige darunter vorstellen. Solange das Kapitel der Fremdwörterverdrehung durch die Arbeiter nur Heiterkeit erregt, ist es harmlos, hört aber auf so zu sein, wenn aus dem Unverständnis der technischen Ausdrücke nachteilige Irrtümer begangen werden. Mit den Meßinstrumenten, wie Thermometer, Baumêspindeln, Aräometer, Manometer, müssen die Arbeiter vertraut gemacht werden und auch damit, wie sich das spezifische Gewicht der Flüssigkeiten mit ihrer Temperatur ändert, und was dergleichen Dinge mehr sind. Aus der Art der Beschäftigung ergibt sich, was den Arbeitern beizubringen ist.

Mit den einzelnen Arbeiten des Betriebes sollten mindestens immer zwei Arbeiter vertraut gemacht werden, damit sie sich gegenseitig vertreten und ersetzen können (s. S. 8). Dasselbe gilt von dem Schichtwechsel. Zu welcher Zeit dieser erfolgt, hängt teils von Gewohnheiten, teils von technischen Einrichtungen ab. Ein Wechsel um Mittag und Mitternacht hat vor dem meist früh und abends um 6 Uhr üblichen den Vorzug, daß man beide Schichter einen halben Tag lang in der Arbeit beaufsichtigen und ihnen die nötigen Anordnungen geben kann.

Zur Kontrollierung des Verbrauchs an Rohmaterialien, der Ausbeuten und bei länger dauernden Arbeitsperioden auch der Zwischenprodukte werden die Zahlen und Gewichte — stets mit dem Datum versehen — entweder auf Tafeln oder in Bücher geschrieben, welche in dem Betriebe bleiben und die Unterlagen für das von dem Betriebs-Chemiker zu führende

Fabrikationsjournal liefern. Aus dem letzteren muß der ganze Betrieb sich zahlenmäßig ergeben und mit Übersichtlichkeit verfolgt werden können. Außer diesen von den Arbeitern zu machenden Notizen empfehlen sich in Betrieben, deren richtiger Arbeitsverlauf von der Innehaltung ganz bestimmter Bedingungen abhängt, auch noch weitere Kontrollnotierungen. Dafür sind dem Arbeiter die Bücher in der zur übersichtlichen Eintragung vorbereiteten Form zu geben, damit er für diese Einschreibungen möglichst wenig Zeit benötigt. Nichtsdestoweniger aber bleiben die Notierungen ein gutes Mittel, in dem Arbeiter das Gefühl einer gewissen Wichtigkeit zu erwecken, die er seinen Arbeiten beilegt, und die ihn auch zur Selbstkontrolle veranlaßt. Sollte man aber feststellen, daß die gemachten Notierungen nicht der Wirklichkeit entsprechen und nur wertlose Schreibereien darstellen, so ist dagegen mit allem Nachdruck einzuschreiten und die Notierungen sind einem anderen zu übertragen. Zuverlässigkeit ist eine Eigenschaft, die man bei den Arbeitern unter allen Umständen zu erreichen suchen muß und deren Mangel sie nur zu ganz untergeordneten, geringen Arbeiten befähigt.

Eine dauernde aufmerksame Überwachung der Apparatur seitens der sie bedienenden Arbeiter ist selbstverständlich zu verlangen, sowie die unverzügliche Meldung von jedem nicht ordnungsmäßigen Zustande derselben, welcher für ihre Beschaffenheit oder für die Fabrikation nachteilige Folgen haben könnte. Ein guter Arbeiter wird während des Betriebes oder doch sonst bei der ersten sich bietenden Gelegenheit aus eigenem Antriebe Veranlassung nehmen, seine Apparate in einem sauberen Zustand zu erhalten oder in einen solchen zu bringen. Leute, welche man immer und immer wieder auf dergleichen gelegentliche Arbeiten hinweisen muß, zählen nicht zu denjenigen, welche man ungern fortgehen sieht. Nichts wirkt nachteiliger, als so vernachlässigte, verschmutzte und verrostete Einrichtungen, in denen man sich nur ungern aufhält. Diese Nachlässigkeit überträgt sich dann ganz unfreiwillig auf die Arbeit selbst und auf die Fabrikation, weil eben Bequemlichkeit, um nicht zu sagen Faulheit, und mangelndes Interesse an der Arbeit die Ursachen solcher Zustände sind, welche schließlich einen wenig schmeichelhaften Schluß auf die Fabrikleitung ziehen lassen.

Ein gut geführter Betrieb verrät seinen guten Zustand auf den ersten Blick, welcher Art die Fabrikation auch sein mag. Den Unterschied zwischen der durch Vernachlässigung entstandenen Unsauberkeit und der durch die Fabrikation bedingten sieht ein fachkundiges Auge sofort. Gerade unter den chemischen Betrieben gibt es solche, die nicht zu den reinlichsten gehören, und in diesen muß eben das größte Bestreben nach Ordnung und Sauberkeit herrschen, um wenigstens einen erträglichen Zustand zu erhalten. Auch sind in einem rein gehaltenen Betriebe Leckstellen, Verluste durch Überkochen, Verschütten usw. viel leichter zu bemerken, als wenn der Boden stets überschwemmt ist.

Eine in regelmäßigen Zeitabschnitten sich wiederholende gründliche Reinigung der Apparatur empfiehlt sich unter Umständen deshalb, weil eine unbegrenzte Anreicherung von Materialresten oder abgeschiedenen Verunreinigungen u. dergl. an versteckten Stellen die Qualität des Fabrikats verschlechtern, die Reinigung erschweren und die Fabrikation schließlich ganz ins Stocken bringen kann, und weil ferner bei diesen Gelegenheiten auch Defekte der Apparatur in einem Stadium entdeckt werden können, in welchem sie noch nicht betriebsstörend wirken und leicht auszubessern sind.

Die Betriebsvergrößerung. Wenn die meistens angenehme Notwendigkeit herantritt, die Betriebsleistung zu erhöhen, so kann dies auf folgende, nacheinander zu erwägende Möglichkeiten erreicht werden:

1. durch Abkürzung der Fabrikationsdauer,
2. durch Vergrößerung der Betriebschargen;
3. durch Verlängerung der Arbeitszeit und
4. durch Vergrößerung der Apparatur.

Die Verkürzung der Fabrikationsdauer kommt im großen ganzen einem intensiveren Arbeiten gleich und wird daher häufig auf den Widerstand der Arbeiter, ja selbst des Vorarbeiters stoßen, da jeder von ihnen glaubt, nicht mehr leisten zu können, als er bisher leistete. Von solchen Einwänden wird man sich jedoch nicht beeinflussen lassen, wenn man seinen Betrieb so kennt, wie man ihn kennen soll. Es gibt da eine Menge Dinge, die möglicherweise verbessert werden können. Oft läßt sich die Zubringung der Rohmaterialien und die Chargierung durch andere Dispositionen oder durch Anschaffung besserer Transportmittel und schneller arbeitender Füll- und Entleerungsvorrichtungen beschleunigen. Dann ist zu kontrollieren, ob die Reaktionsdauer, wie auch das Anheizen und Abkühlen usw. nicht in kürzerer Zeit von statten gehen kann oder ob durch Vermehrung der Arbeiterzahl etwas erreicht wird.

Für die Vergrößerung der Betriebschargen sind die Abmessungen der Gefäße und Leistungen der Maschinen zu berücksichtigen, obgleich nicht gesagt werden kann, daß, wenn es die Größe der Apparatur gestattet, eine Chargenerhöhung auch immer möglich ist, denn häufig hängt der Verlauf und die Zeit einer Reaktion von den aufeinander wirkenden Quanten ab. Mitunter läßt sich auch der Ansatz in konzentrierter Form machen, was einer Erhöhung der Betriebscharge gleichkommen würde.

Wird die Verlängerung der Arbeitszeit in Erwägung gezogen, so kann bisweilen schon durch Zugabe einiger Stunden am Abend oder durch frühzeitigeres Beginnen in gewissen Phasen der Fabrikation mehr produziert werden. Wenn dies nicht genügen sollte, ist Nachtbetrieb einzuführen, der zunächst voraussetzt, daß dadurch die Arbeit auch gefördert werden kann und diese Zeit nicht schon für die Fabrikation ausgenützt wird, wie etwa durch das Absetzen oder Kristallisieren von Laugen, die Abkühlung oder Anwärmung großer Massen, das Sättigen von Flüssigkeiten mit Gasen, — Betriebsvorgänge, wozu die Anwesenheit von Arbeitern nicht nötig ist. Mit der Einführung des Nachtbetriebes werden zugleich verschiedene andere Einrichtungen nötig, wie die Verdoppelung des Heizer- und Maschinenpersonals, möglicherweise auch die Anstellung eines Nachtmeisters u. a.

Als letztes Mittel bleibt nun noch die Vergrößerung der Betriebsapparatur übrig. Bisweilen genügt schon die Vermehrung oder Vergrößerung eines oder weniger Teile, um mit der ganzen Anlage ein höheres Quantum produzieren zu können. In je ausgedehnterem Maße aber die Betriebsvergrößerung notwendig wird, um so mehr kommt sie in der Frage der Zulänglichkeit der Betriebsräume zum Ausdruck. War bei der Betriebseinrichtung eine spätere Vergrößerung berücksichtigt worden, so werden sich jetzt keine besonderen Schwierigkeiten ergeben, da der Platz und die Anschlüsse an die neuen Betriebsteile ja schon vorausgesehen waren. Viel schwieriger und umständlicher aber wird sich die Vergrößerung gestalten, wenn darauf früher keine Rücksicht genommen wurde oder werden konnte. Da müssen andere Betriebe verlegt werden, um den nötigen Platz zu schaffen, oder die ganze Betriebsanlage ist vielleicht in neue Räume zu legen, oder endlich können selbst neue Gebäude dafür zu schaffen sein.

Wohl in den meisten Betrieben wird es dann und wann vorkommen, daß die Fabrikation für kürzere oder längere Zeit eingestellt werden muß. Für diese Ruhezeit bleibt der Betrieb nun keineswegs so stehen und liegen, wie er sich in dem Augenblicke der letzten Fabrikation befindet, sondern er wird für diese Zeit in einen Zustand gebracht, der in jedem Augenblick eine Fortsetzung der Arbeit gestattet. Zunächst werden jedoch in einer solchen rein technisch bisweilen willkommenen Periode Rückstände oder Fehlfabrikate oder andere Sachen aufgearbeitet, welche sich wohl in jedem Betriebe von Zeit zu Zeit ansammeln und in der regelmäßigen Fabrikationstätigkeit nicht immer erledigen lassen. Daran schließen sich größere Reparaturen, Umbauten und manche andere notwendig gewordene Änderungen, die ebenfalls nicht in der Betriebszeit besorgt werden konnten und nun zur Ausführung gelangen, vorausgesetzt, daß der Betrieb mit Sicherheit wieder aufgenommen wird. Im anderen Falle meidet man natürlich alle unnötigen Kosten.

Ist dies alles besorgt, dann wird die Anlage für die Ruhezeit hergerichtet. Dazu gehört die Gangbarerhaltung — gute Schmierung — aller beweglichen Teile, die Verhinderung des Rostens (z. T. durch Einölen) und des Einstaubens durch Eindecken, ferner die Sicherung zerbrechlicher und die Befestigung loser Zubehörteile. Dampf-, Wasser- und sonstige Leitungen werden gegebenenfalls abgestellt und, wenn nötig, auch entleert. Die Verschlußapparate der gefüllt bleibenden Behälter sind, wenn ihr mangelhafter Zustand ein Herausfließen zur Folge haben kann, ganz besonders zu kontrollieren. Endlich sind alle übrig bleibenden Zwischenprodukte, deren Aufarbeitung nicht angebracht ist, genau zu bezeichnen und auch der Stand der Fabrikation so zu vermerken, daß beim Wiederbeginn alle Daten vorhanden sind.

Unter der Winterkälte haben die chemischen Fabriken im allgemeinen und deshalb zu leiden, weil die meisten Betriebe aus ihren ursprünglichen Räumen herauswachsen und in wenig geschützten Verschlägen und auch ganz im Freien ihre Vergrößerungen placieren müssen. So ungemütlich das Arbeiten an diesen Stellen nun auch ist, so wenig läßt sich da immer gleich eine Änderung treffen, denn die Ursache dieser Lage ist meist Platzmangel und kann nur, wenn es schließlich gar nicht mehr gehen will, durch einen An- oder Neubau einmal beseitigt werden. Um die Wasser- und sonstigen Leitungen vor dem Einfrieren zu schützen, sind sie, wenn nicht andere Verhinderungsmittel existieren, am einfachsten in den in Frage kommenden Teilen zu entleeren. Damit dies aber auch wirklich immer geschieht und nicht einmal — weil zu umständlich — „vergessen“ wird, sind an den bestimmten Stellen kleine Entwässerungshähne anzubringen. Die Dampfleitungen bleiben am besten ganz wenig geöffnet, damit sich in den Rohren kein Kondenswasser ansammeln kann, das zu den Wasserschlägen und auch zu Rohr- und Ventilbrüchen Veranlassung geben kann.

Vor dem Eintritt des Frostwetters sorge man dafür, daß die Leuchtgasleitungen von etwaigem Wasser befreit und auch, wenn nötig, ausgeblasen werden, um die sonst unausbleiblichen Kalamitäten zu vermeiden.

Für die Reparaturen der Betriebsapparatur in den Werkstätten müssen bezüglich der Reihenfolge der zu erledigenden Arbeiten bestimmte Grundsätze walten. Alle einen augenblicklichen Stillstand der Arbeit verursachenden oder eine drohende Gefahr in sich schließenden Ganzdefekte, wie Rohr- oder Wellenbrüche, gehen jeder anderen Arbeit, die sofort unterbrochen werden muß, vor. Außer diesen selten auftretenden Fällen stellen sich meist sichtbar zunehmende Schäden ein, denen gegenüber man die Dispositionen zu treffen hat. Der jeweilige Fall wird einem sagen, zu welcher Zeit sich die Reparatur am günstigsten, d. h. ohne oder doch ohne zu lange dauernde Unterbrechung ausführen läßt. Nötigenfalls wird die Ausbesserung schon vorbereitet, teils durch Besorgung des notwendigen Materials, teils durch Anfertigung des nachher nur einzuwechselnden Ersatzstückes. Um ein herausgenommenes auszubesserndes Stück auch wieder genau und ohne Umständlichkeiten in dieselbe richtige Lage einschalten zu können, versehe man es mit einem Zeichen, das mit einem gleichen, an dem Apparate angebrachten korrespondiert. Bei Unterlassung dieser einfachen Vorsicht kann es leicht passieren, daß solche falsch wieder eingesetzten Teile so schlecht schließen, daß die Fabrikation abermals unterbrochen werden muß, um sie von neuem einzuschalten. Für die zu einer bestimmten Zeit mit Rücksicht auf das

Betriebsstadium auszuführenden Arbeiten müssen die Handwerker disponibel gehalten werden.

Um die Reparaturen bis zu dem beabsichtigten Zeitpunkte aufschieben zu können, muß man sich vielleicht auch mit provisorischen Ausbesserungen, so gut es eben geht, behelfen. Geplatzte Rohre oder gesprungene Gefäße werden z. B. mit einer Schelle oder sonstwie bandagiert, Löcher und Undichtigkeiten mit Lehm oder mit für den Fall geeigneteren Kitten verschmiert und dergl. Auch setzt man für diese Zeit die Beanspruchung herab, begnügt sich mit mäßigerem Druck, vermeidet starke Erschütterungen, mäßigt die Spannung durch Lockerung von Schrauben und was sich sonst als angezeigt empfiehlt.

Viele Reparaturen können aber auch während und ohne Unterbrechung des Betriebes vorgenommen werden; nichtsdestoweniger vermeide man sie an allen beweglichen Teilen, wenn es nur irgend möglich ist. Sprechen aber zwingende Gründe dafür, daß sie eben am besten während dieser Zeit gemacht werden können, so geschehe das nur unter allen erforderlichen Vorsichtsmaßregeln. Besonders ist darauf zu achten, daß die sie ausführenden Handwerker nicht mit sich leicht verfangenden Kleidungsstücken, wie Schürzen, aufgeknöpften oder langen Röcken, an die Arbeit gehen. Der Pantoffel ist auch schon so manchem Arbeiter zum Unglück geworden. An die Möglichkeit einer Verletzung durch die an den auszubessernden Apparaten vorhandenen Produkte oder ausströmenden Gase denke man ebenso, wie an eine mögliche Betriebsgefährdung durch die Art der Ausbesserung, wie z. B. eine Entzündung — Explosion — feuergefährlicher Stoffe durch heiße Lötkolben oder starkes Klopfen u. dergl.

Kommt ein Betrieb zum definitiven Stillstand und die Apparatur zum Abbruch, so wird dieser mit der nötigen Schonung ausgeführt, welche für eine eventuelle spätere Wiederbenutzung der Apparate dringend anzuraten ist. Alle lösbaren Teile sind getrennt und vielleicht auch mit einer bezeichnenden Etikette oder Aufschrift versehen aufzubewahren. Die Schrauben werden gelöst, in Petroleum getaucht, vielleicht auch wieder eingesetzt und mit der Mutter versehen. Die Armaturen werden nachgesehen, die Hähne, wenn nötig, nachgeschliffen, die Ventilsitze neu ausgedreht, die verrosteten Teile und die Leitungsrohre gereinigt und nach dem Material geordnet. Die größeren Apparatenkörper selbst werden, wenn sie im Freien lagern, soweit es angängig und nötig ist, abgedichtet oder doch wenigstens so gestellt, daß Schnee und Regen nicht hineintreiben können; damit sie besonders auf nassem Erdboden nicht rosten, sind sie vorteilhaft mit Leinölfirnis oder gebrauchtem Maschinenöl einzureiben und auf Latten oder Hölzer zu legen.

Vierte Abteilung.

Einrichtungen zur Verhütung von Unfällen und Betriebsgefahren.

A. Allgemeines über die Einrichtungen zur Sicherung des Betriebes.

Die Anzahl der bei der chemischen Berufsgenossenschaft zur Anmeldung gelangten Unfälle betrug im Jahre 1906: 11969, für welche einschließlich der Unfälle früherer Jahre ein Aufwand von rund 2623500 M. zu leisten war. Diese Zahlen sagen zur Genüge, von welcher Bedeutung die zur Verhütung von Unfällen und Gefahren zu treffenden Vorkehrungen sind.

Diese Vorkehrungen, von denen leider gesagt werden muß, daß sie bisweilen noch unterschätzt und nur in dem Mindestmaße getroffen werden, bis ein eingetretener Unfall die wirklich notwendigen, umfassenden Sicherheitsmaßregeln zeitigt, bestehen in den technischen Vorrichtungen und in der Befolgung der bezüglichen Vorschriften für die Arbeitgeber und -nehmer. Hand in Hand damit gehen die Einrichtungen, die zur Verhütung von Betriebsgefahren, wie Feuersbrunst, Explosion, Materialverlust, zu treffen sind, welch letztere ihrerseits leicht Unfälle zur Folge haben können.

Außer den nachher wiedergegebenen und erläuterten allgemeinen Vorschriften, welche darüber von der chemischen Berufsgenossenschaft erlassen sind, ergeben sich aus den einzelnen Betriebsarten spezielle Vorrichtungen und Verordnungen, die für eine Reihe von Betriebsgruppen ebenfalls von der Berufsgenossenschaft normiert sind, sonst aber der Initiative des gewissenhaften und erfahrenen Betriebsleiters überlassen bleiben. Mit der Erfüllung der behördlichen Vorschriften allein kann sich ein Leiter nicht entlastet fühlen, der sich auch moralisch verantwortlich fühlt.

In welcher Weise den Arbeitern der Inhalt der für sie bestimmten Unfallverhütungsvorschriften bekannt zu geben ist, muß überlegt werden. Plakate mit langem Text und folglich auch kleiner Schrift bleiben erfahrungsgemäß tote Buchstaben, weil die Arbeiter solche Bekanntmachungen entweder gar nicht oder nur flüchtig lesen und sie daher schon sehr bald vergessen. Entschieden wirksamer schon sind Plakate, welche in kurz gefaßtem Text die Verbote und Bestimmungen in genügend großer, bequem leserlicher Schrift enthalten und die an den geeigneten Stellen, wo die Gefahren eintreten können, angebracht werden.

Dann müssen den Arbeitern aber noch die ausführlichen Vorschriften — am besten bei Übergabe der Arbeitsordnung — eingehändigt werden mit der mündlichen Betonung, daß sie in Rücksicht auf ihre Wichtigkeit aufmerksam durchzulesen sind und daß ihre Nichtbeachtung selbst strafbar werden kann.

Mit diesen schriftlichen Anordnungen hat die Fürsorge nun aber noch nicht ihr Ende erreicht, denn jeder Text, der einem tagtäglich vor Augen hängt, wird schließlich nicht mehr beachtet, und andererseits wird man auch nicht glauben, daß sich der Arbeiter des Abends zu Hause hinsetzt und aus lauter Pflichtgefühl seine Vorschriften hervorholt, um sie sich ins Gedächtnis zurückzurufen. Also bleibt nichts weiter übrig, als bei jeder nur passenden Gelegenheit an mögliche Gefahren und die Vorschriften zu erinnern und beständig darauf zu achten, daß die Unfallverhütungseinrichtungen sich immer in dem ordnungsmäßigen Zustande befinden. Hierin muß man von den Meistern natürlich unterstützt werden.

Sodann ist es entschieden nützlich, gewisse typische eingetretene Unglücksfälle durch Anschläge an die Fabriktafel bekannt zu geben mit der Erwähnung der Paragraphen, gegen die event. gefehlt wurde, oder mit einer nachdrücklichen Erinnerung daran, was zur Verhütung eines solchen oder ähnlichen Falles in Zukunft zu geschehen hat.

Solche Publikationen an der Tafel der Bekanntmachungen werden von den Arbeitern immer gelesen und — wenn sie einen Unfall betreffen — erregen sie das teilnehmende Interesse, und damit werden die zu übende Vorsicht und zu beachtende Sicherheitsmaßregeln am wirksamsten in Erinnerung gebracht.

Während in den mechanischen Industrien bestimmte äußere Merkmale auf das Vorhandensein von Gefahren hinweisen, sind diese in den chemischen Industrien leider häufig nicht so deutlich zutage tretend, sondern hängen oft von sehr geringfügigen und unkontrollierbaren Ursachen ab. Ganz geringe Temperaturabweichungen, zu stark beschleunigte Erhitzung, unvollkommene Reinheit der Chemikalien, sind z. B. Faktoren, welche Prozesse zu erregen und dermaßen zu potenzieren imstande sind, daß die freiwerdende Energie sich ins Ungeheure steigern und die mechanischen Schranken der Betriebseinrichtung durchbrechen kann. Deshalb ist es auch unmöglich, für alle Einzelfälle bestimmt formulierte Vorschriften zu erlassen. Gewissenhaftigkeit und gründliche Sachkenntnis vermögen allein in jedem Falle die besten Vorkehrungen zu treffen.

In Ausführung des § 120a der Gew.-Ord., wonach die Gewerbeunternehmer verpflichtet sind, nicht nur die Arbeitsräume, sondern auch die Betriebsvorrichtungen, Maschinen und Gerätschaften so einzurichten und zu unterhalten, daß die Arbeiter gegen Gefahr für Leben und Gesundheit soweit geschützt sind, wie es die Natur des Betriebes erfordert, sind die Gesetzeskraft besitzenden „Unfallverhütungsvorschriften der Berufsgenossenschaft der chemischen Industrie“[1]) veröffentlicht worden.

Die Berufsgenossenschaften sind nach § 9 des Unfallversicherungsgesetzes vom 6. Juli 1884 die Träger der Unfallversicherung und nach § 78 Abs. 1 des U.-V.-G. befugt, Unfallverhütungsvorschriften zu erlassen, um nicht nur das Leben und die Gesundheit der Arbeiter durch Schutzvorkehrungen gegen Unfälle zu bewahren, sondern auch durch die Verhütung von entschädigungspflichtigen Unfällen die Genossenschaft finanziell zu entlasten.

Daß auch dem Betriebsleiter der Inhalt der Unfallverhütungsvorschriften nicht gleichgültig sein darf, geht aus dem § 96 Abs. 1 des G.-U.-V.-G. hervor, welcher lautet:

„Diejenigen Betriebsunternehmer, Bevollmächtigten oder Repräsentanten, Betriebs- oder Arbeitsaufseher, gegen welche durch strafgerichtliches Urteil festgestellt worden ist, daß sie den Unfall vorsätzlich oder durch Fahrlässigkeit mit Außerachtlassung derjenigen Aufmerksamkeit, zu der sie vermöge ihres Amtes, Berufes oder Gewerbes besonders verpflichtet sind, herbeigeführt haben, haften für alle Aufwendungen, welche infolge des Unfalles auf Grund dieses Gesetzes oder des Gesetzes betreffend die Krankenversicherung der Arbeiter vom 15. Juli 1883 von den Genossenschaften oder Krankenkassen gemacht sind.“

Die uns interessierenden allgemeinen Unfallverhütungsvorschriften enthalten solche für Arbeitgeber und Betriebsleiter einerseits und für Arbeitnehmer andererseits und betreffen die Betriebsanlage, die Betriebsführung, Fürsorge für Verletzte; den Betrieb von Dampfkesseln, Kraftmaschinen, Transmissionen, Arbeitsmaschinen; die Fahrstühle und Hebezeuge und den Transport zu Lande.

Nachstehende schematische Aufstellung des Inhaltes der allgemeinen Unfallverhütungsvorschriften möge zur leichteren Orientierung in der umfangreichen Materie dienen.

---

[1]) Genehmigt vom Reichsversicherungsamt am 5. August 1897, 22. Juli 1899 und 16. Mai 1903.

B. Allgemeine Unfallverhütungsvorschriften der Berufsgenossenschaft der chemischen Industrie.

Vorschriften für

Arbeitgeber und Betriebsleiter.	**Arbeitnehmer.**
1. Allgemeine Vorschriften.	
A. Betriebsanlage. (Verkehrswege, bauliche Anordnung, Höfe, Treppen, Leitern, Ventilation, Beleuchtung.) Abs. 1—15. B. Betriebsführung. Abs. 16—26. C. Fürsorge für Verletzte. Abs. 27 bis 30.	Abs. 1—23.
2. Betrieb von Dampfkesseln.	
A. Allgemeines. Abs. 31—38. B. Betrieb der Kessel. Abs. 39 und 40.	A. Allgemeines. Abs. 24—28. B. Betrieb der Kessel. Abs. 29—44. C. Außerbetriebsetzung der Kessel. Abs. 45 und 46. D. Reinigung der Kessel. Abs. 47 und 48.
3. Kraftmaschinen.	
Abs. 41—49.	Abs. 49—57.
4. Transmissionen.	
Abs. 50—63.	Abs. 58—64.
4a. Arbeitsmaschinen.	
A. Allgemeines. Abs. 64—68. B. Besonderes. Abs. 69—83.	Abs. 65—68.
5. Fahrstühle und Hebezeuge.	
A. Fahrstühle (zur Beförderung von Lasten mit und ohne Personen). Abs. 84—97. B. Hebezeuge. Abs. 98—101.	A. Fahrstühle. Abs. 69—71. B. Hebezeuge. Abs. 72—76.
6. Transport zu Lande.	
Fuhrwerke und Karren aller Art nicht auf Schienen laufend.	
Abs. 102—107.	Abs. 77—84.
Schmalspur-, Roll-, Seil- und Kettenbahnen.	
Abs. 108—120.	Abs. 85—90.
Normalspurbahnen.	
Abs. 121—129.	Abs. 91—98.

I. Allgemeine Unfallverhütungsvorschriften für die Arbeitgeber und Betriebsleiter.

1. Allgemeine Vorschriften.

A. Betriebsanlage.

1. Alle zum Betriebe gehörigen baulichen Anlagen sind im bausicheren Zustande zu erhalten.

2. Es ist Sorge zu tragen, daß die Verkehrswege in allen Arbeitsräumen in gutem Zustande erhalten und nicht durch Anhäufung von Material oder durch den Transport von Gegenständen versperrt werden, sofern dies nicht durch die Betriebsweise vorübergehend bedingt ist.

Anmerkung. Das Herumliegenlassen von körnigem und schlüpfrigem Arbeitsmaterial, das Veranlassung zum Ausgleiten geben kann, ist demnach unstatthaft. Im Winter ist aus demselben Grunde die Bildung von Eis auf diesen Wegen zu verhindern oder zu entfernen. Verschüttete scharfe Laugen und Säuren sind unverzüglich zu beseitigen.

Fig. 115.

Wird es durch die Betriebsweise bedingt, daß das Arbeitsmaterial zeitweise auf dem Fußboden angehäuft wird, so ist es oft angezeigt, diese Anhäufungen durch hochkantig gestellte, zu einem Rahmen vereinigte Bretter einzudämmen. Rohrleitungen, die, wenn es sich anders nicht ermöglichen läßt, auf dem Fußboden liegen müssen, werden durch beiderseitig befestigte schräge Bretter (Fig. 115) gesichert.

Auf den Verkehrswegen liegengelassene Schläuche, Taue, Walzen und Brechstangen geben auch Ursache zu Unfällen. Desgleichen herumstehende Transportkarren, offen gelassene Schlammfänger, Kanäle.

3. Zwischen bewegten Maschinen und Transmissionsteilen befindliche enge Räume, die nur mit Gefahr betreten werden können, sind für Unberufene abzusperren.

Anmerkung. Solche Räume sperrt man am besten überhaupt und für jedermann ab, wenn ihr Betreten sich irgend vermeiden läßt.

4. Alle Fußböden sind, soweit es die Natur des Betriebes gestattet, in gutem Zustande zu erhalten; sofern das Entstehen schlüpfriger oder glatter Stellen nach der Art des Betriebes oder nach den Witterungsverhältnissen nicht vermieden werden kann, ist einem Ausgleiten durch geeignete Mittel nach Möglichkeit vorzubeugen.

Anmerkung. In solchen Fällen sind genügend breite, in der Richtung der Verkehrswege auf dem unpassierbaren Fußboden festgelegte Laufbretter recht praktisch. (S. auch Anm. 2.)

5. Galerien, Bühnen, feste Übergänge und Treppenöffnungen sind mindestens von einer Seite mit einem festen Geländer und mit Fußleiste zu versehen.

Anmerkung. Feste Geländer, die nicht stark oder fest genug montiert waren, sind schon wiederholt gebrochen, als der fehltretende Arbeiter Halt daran suchen wollte.

6. Laufbretter und Laufplanken müssen eine genügende Breite besitzen und so stark oder derart unterstützt sein, daß beim Betreten oder Befahren ein Kippen und größere Schwankungen vermieden werden.

7. Feststehende Treppen sind mindestens an einer Seite mit Handleiste oder Handseil zu versehen.

Anmerkung. Für Treppen, welche zum regelmäßigen Material- (z. B. Ballon-) Transport bestimmt sind, empfiehlt es sich, daß sie für das Tragen durch mehrere Arbeiter die hinreichende Breite und an beiden Seiten Handleisten haben, damit sich die zu beiden Seiten der Last gehenden Träger festhalten können.

8. Bewegliche Leitern, Treppen und Treppenleitern (Stehleitern) müssen genügend stark sein und sind in betriebssicherem Zustande zu erhalten.

9. Leitern sind der Beschaffenheit des Fußbodens und dem oberen Stützpunkte entsprechend so auszurüsten, daß sie gegen Abgleiten und Ausrutschen möglichst gesichert sind.

10. Leitern, welche zu Aufmauerungen, Bühnen, Luken usw. führen, müssen mindestens $^3/_4$ m über die Oberkante der zu besteigenden Stellen hinausragen, falls nicht eine andere Vorrichtung eine genügende Sicherheit für das Hinauf- und Hinabsteigen bietet.

11. Um Personen aus Feuersgefahr leicht retten zu können, ist für zweckentsprechende Bauart von Ausgängen, Ausgangstüren, Treppen und Fenstern Sorge zu tragen.

Anmerkung. Die Baupolizeiordnungen schreiben ihrerseits u. a. auch vor, wie die Treppen, Treppenhäuser und Türen beschaffen sein müssen, um bei Bränden die nötige Sicherheit zu gewähren.

Außerdem werden in allen feuergefährlichen Betrieben nach Maßgabe der Entstehungsmöglichkeit für Brände die nötigen Betriebssicherungen zu treffen sein, welche einerseits den eventuellen Brandherd auf sein Minimum zu beschränken beabsichtigen, andererseits die geeignetsten Löschvorrichtungen in dauernder Gebrauchsfähigkeit erhalten.

Freitragende steinerne und gußeiserne Treppen sind auch in geschlossenen Räumen nicht als feuersicher zu bezeichnen. Denn wenn eine solche Schwelle durch die Hitze springt, stürzt der ganze darüberbefindliche Treppenteil in die Tiefe, wie es bei einem Brande gelegentlich passierte, wo einige Ballons Äther in einem solchen steinernen Treppenhause in Brand gerieten.

Ferner ist es entschieden wichtig, an alle Arbeiter bestimmte Anweisungen darüber zu erlassen, wie sie sich bei ausbrechendem Feuer in irgend einem Teile der Fabrik zu verhalten haben, was von ihnen zu geschehen hat, um in ihren eignen oder in mehr oder minder entfernten Arbeitsräumen Personen und Material in Sicherheit zu bringen. Fehlen solche Instruktionen, dann tritt gar zu leicht eine Panik oder doch eine solche Unruhe ein, daß jeder Versuch, andere brennbare Stoffe in Sicherheit zu bringen, gefährlich wird. Durch Ruhe und Besonnenheit des Vorgesetzten einerseits und durch prompte, aber nicht überstürzte Befolgung der Befehle andererseits kann in solchen Fällen manches Unheil vermieden oder doch eingeschränkt werden. Die Gefahr macht den

Arbeiter bisweilen waghalsig, und so anerkennenswert eine solche persönliche Aufopferung auch ist, so darf man in richtiger Abschätzung der Gefahr doch keinen Mann sich zu weit exponieren lassen.

12. Alle ins Freie führenden und bis zum Fußboden reichenden Luken der oberen Stockwerke sind an beiden Seiten mit Handgriffen und mit einer Brustwehr zu versehen.

13. Gruben, Kanäle, versenkte Gefäße und andere gefahrbringende Vertiefungen in den Arbeitsräumen und auf den Arbeitsplätzen sind, soweit dies mit der Arbeitsweise vereinbar ist, sicher abzudecken oder mit festem Geländer oder vorstehendem Rand zu versehen.

Wo eine Verwehrung des Zuganges, ein Abdecken, eine Einfriedigung oder ein Abschluß durch ein Geländer nicht möglich ist, ist bei eintretender Dunkelheit für Beleuchtung zu sorgen. Gestattet die Art des Betriebes, die Beschaffenheit der Räume und Arbeitsplätze oder der Verkehr in denselben eine geeignete Beleuchtung nicht, so sind die Arbeiter zu verpflichten, beim Begehen dieser Räume und Arbeitsplätze Laternen bei sich zu führen.

Für die am Fußboden befindlichen Luken genügen selbstschließende Falltüren.

14. Behälter, welche ätzende, heiße oder giftige Stoffe enthalten, sind, soweit dies mit der Arbeitsweise vereinbar ist, sicher abzudecken oder einzufriedigen oder mit ihrem Rande so hoch über den Standort des Arbeiters zu legen, daß bei gewöhnlicher Vorsicht ein Hineinstürzen von Personen verhindert wird.

Anmerkung. Mitunter werden die absperrenden leichten Barrieren so nahe an den Rand der Vertiefungen aufgestellt, daß sie zu spät warnen und deshalb das Hineinstürzen nicht sicher verhindern. In allen Fällen, in denen sie nicht fest genug sind und es die Räumlichkeit irgend gestattet, sollten sie daher mindestens ein Schritt vor dem Rande der Vertiefung angebracht sein.

15. Alle Arbeitsstätten und Verkehrswege sind, soweit die Natur des Betriebes es gestattet, für die Dauer der Benutzung ausreichend zu beleuchten.

Anmerkung. Unter Arbeitsstätten sind im Sinne der Gew.-Ord. 120a alle Räume zu verstehen, in denen die Arbeiter sich aufhalten und verkehren müssen, als auch die Maschinen-, Kessel-, Pumpen-, Turbinen-, Vorratsräume, Treppen- und Verbindungsgänge, Hofräume, Keller, die Abortanlagen und die Räume, in denen die Pausen zugebracht werden.

Die genügende Beleuchtung bezieht sich auf die Tagesbeleuchtung und die künstliche. Sie soll die Arbeiter nicht nur vor Unfällen schützen, sondern auch das Sehen nicht überanstrengen. Überdies kann die Arbeit auch unter zu mangelhafter Beleuchtung leiden. Eine gleichzeitige Beleuchtung durch Tageslicht und an den dunkleren Plätzen des Raumes durch Lampenlicht ist sehr schädlich und verursacht selbst körperliche Schmerzen. In hygienischer Hinsicht stehen die elektrischen Lampen an erster Stelle, darauf folgt das Gasglühlicht, dann die gewöhnlichen Gas- und Petroleumlampen.

Die Wartung der Lampen ist bestimmten Personen zu übertragen, damit sie sich immer in einem ordnungsmäßigen Zustande befinden. Im andern Falle ist darauf nicht mit Verläßlichkeit zu rechnen.

B. Betriebsführung.

16. Der Unternehmer hat für die Instandhaltung der Schutzvorrichtungen Sorge zu tragen und die Ausführung der für den Betrieb erlassenen Unfallverhütungsvorschriften zu überwachen oder geeignete Personen mit diesen Obliegenheiten zu betrauen.

17. Alle im Gebrauch befindlichen Geräte, Apparate und maschinellen Einrichtungen sind in betriebssicherem Zustande zu erhalten.

18. Personen, von denen dem Arbeitgeber bekannt ist, daß sie an Trunksucht, Fallsucht, Krämpfen, zeitweiligen Ohnmachtsanfällen, Schwindel, Schwerhörigkeit oder anderen körperlichen Schwächen oder Gebrechen in dem Maße leiden, daß sie dadurch bei gewissen Arbeiten einer außergewöhnlichen Gefahr ausgesetzt sind, dürfen mit derartigen Arbeiten nicht betraut werden.

19. Betrukenen Personen ist der Aufenthalt an den Betriebsstätten nicht zu gestatten.

20. Besonders gefährliche Arbeiten dürfen nur solchen Personen übertragen werden, denen die damit verbundene Gefahr bekannt ist.

Anmerkung. Nicht nur die Kenntnis der damit verbundenen Gefahr ist von dem Arbeiter zu verlangen, sondern, wenn es sich nur irgend machen läßt, auch eine gewisse Fertigkeit in der Besorgung der Arbeit und eine genügende Intelligenz, welche die beste Garantie für ein gutes Gelingen gibt.

21. Die Aufbewahrung von feuergefährlichen und explosiven Stoffen innerhalb der Arbeitsräume ist, soweit die Natur des Betriebes es nicht erfordert, zu verbieten.

Anmerkung. Sofern dergleichen gefährliche Flüssigkeiten in Glasballons enthalten sind, sollten letztere samt den Körben immer in Behältern stehen, welche — am einfachsten aus Blech hergestellt — bei eintretendem Bruch die Flüssigkeit aufnehmen. Oder, wenn sich dies nicht durchführen läßt, stelle man die Ballons in, den jeweiligen Umständen angemessene, große, flache, wasserdichte Kästen, oder endlich sind zum allerwenigsten die für solche Ballons bestimmten Teile der Räume derart einzudämmen und mit Kanälen zu versehen, daß die infolge von Bruch ausfließenden Massen in die richtigen Bahnen geleitet werden. Kommt es weniger darauf an, bei eintretendem Bruche den Balloninhalt zu retten, als ihn unschädlich zu machen, dann empfiehlt es sich, den als Standort für solche Ballons bestimmten Platz mit einer genügend dicken Schicht Sand zu bedecken und die Ballons auf diesen zu stellen, so daß beim Bersten eines Ballons der Inhalt von dem Sande aufgesogen wird. Durch alle diese Vorkehrungen wird auch die Gefahr einer Entzündung verringert und selbst ein entstehender Brand möglicherweise in lokalen Grenzen gehalten. Das Stroh der konzentrierte Salpetersäure enthaltenden Ballons ist mit einer Salzlösung zu imprägnieren und dann auch vor dem auslaugenden Regen zu schützen.

22. Eine Anhäufung von gebrauchtem Putzmaterial und selbstentzündlichen Fabrikabfällen in den Arbeitsräumen ist zu verbieten.

Anmerkung. Zur Ansammlung dieser Stoffe und zur Aufbewahrung der für diese und jene Zwecke benötigten Putzwolle sind immer Blechgefäße mit guten Handgriffen und festem Deckel zu benutzen, in welchen das ev. in Brand geratene Zeug leicht erstickt und aus den Räumen entfernt werden kann.

23. Für Räume, geschlossene Gefäße und Apparate, in welchen bei gewöhnlicher Vorsicht eine gefahrdrohende Entwicklung, Ansammlung oder Ausbreitung leicht entzündlicher oder explosiver Gase, Dämpfe oder staubförmiger Körper eintreten kann, ist die Verwendung jedes offenen Feuers unzulässig. Das Betreten solcher Räume ist, sofern sie nicht mittelst zuverlässig isolierter Innen- oder umschlossener Außenbeleuchtung erhellt sind, nur mit Davyschen oder die gleiche Sicherheit bietenden Lampen zu gestatten.

Anmerkung. Unter zuverlässiger Innenbeleuchtung ist zu verstehen, daß die dafür nur in Frage kommenden elektrischen Glühlampen mit einer Schutzglocke versehen sein müssen. Auch ist auf die Art der elektrischen Leitung Rücksicht zu nehmen, um jede durch mögliche Kurzschlüsse entstehende Gefahr in feuergefährlichen Räumen auszuschließen. Am besten eignen sich für solche Räume verlötete Bleikabel. Der Einschalter und etwaige Sicherungen usw. werden nach außerhalb verlegt. Die umschlossene — wohl in den meisten Fällen vor den Fenstern befindliche — Außenbeleuchtung ist derart anzubringen, daß das Anzünden durch Öffnen der Fenster von den feuergefährlichen Räumen aus nicht möglich ist, sonst können sich die Arbeiter aus Bequemlichkeit, z. B. bei schlechter Witterung, dazu verleiten lassen.

24. Auf Arbeitsstellen oder in geschlossenen Gefäßen und Apparaten, wo zu befürchten ist, daß trotz gewöhnlicher Vorsicht gesundheitsschädlicher Staub, gesundheitsschädliche Gase oder Dämpfe in gefahrdrohender Menge sich ansammeln können, sind den daselbst beschäftigten Arbeitern, Mundschwämme, Respiratoren oder andere zweckentsprechende Schutzmittel zur Verfügung zu halten.

25. Bei allen Arbeiten, die ihrer Natur nach zu Augenverletzungen leicht Veranlassung geben können, sind den damit beschäftigten Personen geeignete Schutzmittel (Brillen, Masken, Schirme) zur Verfügung zu halten.

Anmerkung. Diese Schutzmittel für Mund, Nase und Augen lassen oft an praktischer Brauchbarkeit zu wünschen übrig und werden deshalb von den Arbeitern nicht in dem erforderlichen Maße benutzt. Man erreicht ihre Anwendung eher, wenn man den Arbeitern verschiedene Modelle zur Verfügung stellt und sie selbst das am wenigsten hinderliche auswählen, und vielleicht auch nach ihren Wünschen dies oder jenes daran ändern läßt. Mit dieser mehr fürsorgenden als befehlenden Art und Weise hat man häufig einen besseren Erfolg.

26. Das Ab- und Anlegen, sowie das Aufbewahren der Kleidungsstücke in unmittelbarer Nähe bewegter Triebwerke ist zu verbieten.

Anmerkung. Schon aus allgemeinen Ordnungsgründen ist die Aufbewahrung der Kleidungsstücke außer in der allgemeinen Kleiderablage nur an den dazu bestimmten Orten zu gestatten, indem man gleichzeitig bekannt gibt, daß man für die in den Betriebsräumen aufbewahrten beschädigten oder abhanden gekommenen Kleider nicht aufkommt.

C. Fürsorge für Verletzte.

27. In jedem Betriebe ist mindestens eine Tafel aufzuhängen, auf der die erste Hilfeleistung bei Unfällen allgemeinverständlich beschrieben und durch entsprechende Abbildungen, soweit erforderlich, erläutert ist.

28. In jedem Betriebe ist das notwendigste Verbandsmaterial vorrätig zu halten und zum Schutze gegen Verunreinigung durch Staub, unreine Hände usw. zweckentsprechend aufzubewahren.

Anmerkung. Damit die Fürsorge für Verletzte auch zu jeder Zeit in Wirkung treten kann, ist vor allem notwendig, daß der als Verbandstation bestimmte Raum von allen Arbeitern gekannt wird, und daß mit dem richtigen Gebrauch des Verbandmaterials eine Person (der Meister oder Portier) vertraut gemacht wird, die sich möglichst während der ganzen Arbeitsdauer in der Fabrik befindet. Beamte, die doch meist nur kürzere Zeit in der Fabrik anwesend sind, genügen allein nicht. Für die Nacht ist am besten der mit der Nachtwache betraute mit dem Gebrauch dieser Hilfsmittel vertraut zu machen.

Die Bestandteile einer Unfallapotheke sind auf S. 287 genannt.

29. Es ist darauf zu halten, daß, solange eine offene Wunde nicht wenigstens durch einen Notverband geschützt ist, der Verletzte die Arbeit unterbricht.

30. Verletzte, welche infolge eines Unfalles, der eine drei Tage übersteigende Arbeitsunfähigkeit zur Folge hatte, ärztlich behandelt worden sind, dürfen erst dann zur Arbeit wieder zugelassen werden, wenn durch den Arzt die Wiederherstellung ihrer Arbeitsfähigkeit bescheinigt ist.

2. Betrieb der Dampfkessel.

A. Allgemeines.

31. Bei jeder Kesselanlage ist eine Dienstvorschrift für Kesselwärter an einer in die Augen fallenden Stelle in Plakatform anzubringen und in lesbarem Zustande zu erhalten. Wo eine solche von den zuständigen Behörden nicht erlassen ist, sind die von der Berufsgenossenschaft erlassenen bezüglichen Vorschriften für Arbeitnehmer als Dienstvorschriften zum Aushang zu bringen.

Bei beweglichen Kesseln ist die Dienstvorschrift dem Revisionsbuche anzuheften.

32. Jede absichtliche Überschreitung des erlaubten höchsten Dampfdrucks, insbesondere jede eigenmächtige Überlastung des Sicherheitsventils ist zu verbieten.

Anmerkung. Die Überlastung der Sicherheitsventile geschieht häufiger als man glaubt, besonders wenn die Ventile nicht recht schließen wollen. Es bestehen Einrichtungen, die eine solche Überlastung unmöglich machen, in Form von Glocken aus Drahtgewebe, welche über diesem Armaturteil befestigt sind.

33. Es ist Sorge zu tragen, daß, sofern die Wasserstandsgläser mit Schutzhülsen versehen sind, diese die Beobachtungen des Wasserstandes nicht wesentlich beeinträchtigen.

34. Das Manometer des Kessels und der Wasserstandsanzeiger müssen vom Heizerstande aus kontrollierbar sein.

35. Die Abblasevorrichtungen sind so einzurichten, daß ein Verbrühen von Personen beim Abblasen ausgeschlossen ist.

36. Das Betreten des Kesselraumes und der Aufenthalt in demselben ist Unbefugten zu verbieten.

37. Es ist Sorge zu tragen, daß aus der unmittelbaren Umgebung des Kessels alles ferngehalten wird, wodurch der Zugang zu demselben, insbesondere zu den Sicherheitsapparaten erschwert werden kann.

38. Für ausreichende Beleuchtung der Kesselanlage, insbesondere der Wasserstandsanzeiger und Manometer, ist Sorge zu tragen.

B. Betrieb der Kessel.

39. Die sorgfältige Reinigung des Kessels ist in angemessenen Zwischenräumen zu veranlassen. Der zu befahrende Kessel ist von den gemeinschaftlichen Ablaß-, Dampf- und Speiseleitungen in geeigneter Weise abzuschließen. Ebenso sind gemeinschaftliche Feuereinrichtungen sicher abzusperren.

40. Die im Verkehrsbereiche liegenden Dampf- und Heißwasserleitungen sind zur Verhütung von Verbrennungen zweckentsprechend zu verkleiden.

3. Kraftmaschinen.

41. Es ist dafür zu sorgen, daß Dampf-, Gas- u. dergl. Kraftmaschinen, bezw. Teile derselben, sofern sie nicht in besonderen Räumen aufgestellt oder unmittelbar mit Arbeitsmaschinen verbunden sind, durch ein festes Geländer oder auf andere geeignete Weise von den Arbeitsräumen abgeschlossen werden.

42. Wasserräder und Turbinen sind in besonderen Räumen aufzustellen oder, wenn sie durch ihre Lage für Unberufene nicht unzugänglich sind, mit schützender Einfriedigung zu umgeben.

43. Das Anlassen und Abstellen der Kraftmaschine muß durch ein in allen Betriebsräumen hörbares, bestimmtes Zeichen angekündigt werden können.

Von einer solchen Einrichtung kann abgesehen werden, wenn die Kraftmaschine nur zum Betriebe einer mit ihr unmittelbar verbundenen Arbeitsmaschine dient, die der Wärter zugleich bedient und unter Augen hat.

Anmerkung. Vergl. auch No. 63. Die Verständigung zwischen dem Maschinenraum und den einzelnen Betriebsabteilungen der ganzen Fabrik wird am besten mit Hilfe elektrischer Klingelzeichen geregelt, so daß an jedem Druckknopf ein Schildchen angebracht ist, auf welchem die Bedeutung der Klingelzeichen geschrieben steht. Z. B. einmal drücken: „Maschine halt". Zweimal drücken: „Langsam laufen". Dreimal drücken: „Normaler Gang".

44. Die Schwungräder, Hauptriemen oder -seile sind im Verkehrsbereiche in geeigneter Weise einzufriedigen.

45. Alle im Verkehrsbereiche freiliegenden bewegten Teile einer Kraftmaschine (Kurbel, Kreuzkopf, Lenk- und Kolbenstangen, Schwungkugeln) sind zweckentsprechend zu umwehren.

46. Räder, hervorstehende Keile und Schrauben der sich drehenden Teile an Kraftmaschinen sind, soweit der Maschinenwärter dadurch gefährdet werden kann, in geeigneter Weise zu verdecken.

47. Sofern das Ölen und Schmieren einzelner Teile der Kraftmaschinen während des Ganges erforderlich ist, sind geeignete Einrichtungen zu treffen, welche dies ohne Gefahr ermöglichen.

Kurbelzapfen, Kreuzkopf, Exzenter, Hauptlager, Gleitbalken und Stopfbüchsen sind mit selbsttätigen Schmiervorrichtungen zu versehen.

48. Das Reinigen schnellgehender Kraftmaschinenteile ist nur während des Stillstandes zuzulassen.

49. Bei allen Kraftmaschinen, einschließlich der Wasserräder und Turbinen, sind Einrichtungen zu treffen, welche ein sicheres Stillsetzen ermöglichen.

4. Transmissionen.

50. Alle bis zu einer Höhe von 1,8 m über dem Fußboden liegenden Transmissionswellen sind in geeigneter Weise zu umwehren.

Wellen, welche an einzelnen Stellen überschritten werden müssen, sind an den Übergangsstellen zu überdecken.

51. Stehende Wellen sind bis zu einer Höhe von 1,5 m über dem Fußboden der Verkehrsstelle in geeigneter Weise zu umwehren.

52. Sofern die Transmissionswellen während des Ganges gereinigt oder geputzt werden sollen, sind die dazu geeigneten Werkzeuge zur Verfügung zu halten.

53. Werden in unmittelbarer Nähe bewegter Transmissionsteile Bau- oder Montagearbeiten ausgeführt, so sind vorübergehend geeignete Schutzvorkehrungen zu treffen.

54. Es ist zu verbieten, daß Treibriemen von mehr als 30 mm Breite sowie Seile und Ketten, sofern sie mit einer größeren Geschwindigkeit als 10 m in der Sekunde laufen, während des Ganges von Hand aufgelegt oder abgeworfen werden. Dieses Verbot gilt auch für langsamer laufende Treibriemen von mehr als 60 mm Breite.

55. Zum Verschieben der Riemen zwischen Los- und Festscheibe sind Riemenausrücker fest anbringen zu lassen.

56. Für abgeworfene Riemen und Seile müssen, falls dieselben nicht ganz entfernt werden, feste Träger so angeordnet sein, daß die Riemen usw. mit bewegten Teilen der Wellenleitung nicht in Berührung kommen können.

57. Riemen, welche mit einer Geschwindigkeit von mehr als 10 m in der Sekunde laufen, und alle Riemen von mehr als 180 mm Breite müssen in sicherer Weise unterfangen werden, sofern sie sich über einer Arbeits- oder Verkehrsstelle befinden.

58. Alle Riemen sind, soweit sie niedriger als 1,8 m über dem Fußboden der Verkehrsstelle laufen, zu umwehren.

Riemen, welche durch Fußböden gehen, sind mit einem 1,8 m hohen Schutzverschlag zu versehen, sofern nicht eine Umwehrung der betreffenden Transmissionsabteilung vorhanden ist. Im letzteren Falle sind die Durchgangsöffnungen mit mindestens 0,125 m hohen Fußleisten zu umgeben.

59. Das Fetten und Harzen der Riemen ist nur bei langsamem Gange der Transmissionen zu gestatten.

60. Auf Seiltriebe, mit Ausnahme derjenigen von Laufkranen, finden die vorstehenden in No. 53—58 enthaltenen Vorschriften sinngemäße Anwendung.

61. Bei sämtlichen bewegten Teilen von Transmissionen sind hervorstehende Keile, Schrauben u. dergl. zu vermeiden oder durch glatte Umhüllungen zu verdecken. Das Umwickeln der hervorstehenden Teile mit Lappen, Putzwolle oder dergl. ist zu verbieten.

62. Riemenscheiben, Zahnräder, Friktionsscheiben, deren niedrigster Punkt tiefer wie 1,8 m über dem Fußboden der Verkehrsstelle liegt, sind bis zu dieser Höhe in geeigneter Weise zu umwehren.

63. Die Transmission ist, soweit es die Betriebs- und baulichen Verhältnisse gestatten, so einzurichten, daß sie in jedem Arbeitsraum selbstständig stillgestellt werden kann.

Wo eine solche Einrichtung nicht vorhanden ist, ist in den einzelnen Arbeitsräumen eine Signalvorrichtung anzubringen, mittelst welcher nach der nächstliegenden Ausrückstelle hin ein Zeichen zum Stillstehen der Transmission oder nach der Kraftmaschine hin ein Zeichen zum Abstellen und Wiederanlassen gegeben werden kann.

Die Ausrückvorrichtungen sind so einzurichten, daß eine selbsttätige Inbetriebsetzung ausgeschlossen ist.

Anmerkung. Siehe auch No. 43.

4a. Arbeitsmaschinen.

A. Allgemeines.

64. Jede von einer Wellenleitung aus angetriebene Arbeitsmaschine ist mit einer Ausrückvorrichtung zu versehen, falls die Arbeitsmaschinen nicht in Serien gebraucht oder gleichzeitig ausgerückt werden.

Die Ausrückvorrichtung muß vom Standplatze des Arbeiters aus bequem gehandhabt werden können; sie muß sicher wirken und so gebaut sein, daß eine Selbsteinrückung ausgeschlossen ist.

Die Führung der Antriebsriemen auf die feste und lose Riemenscheibe, mit Ausnahme der Stufenscheiben, muß mittelst fest angebrachten Ausrückers erfolgen.

65. Alle im Verkehrsbereiche liegenden Riemenscheiben, Zahnräder, Friktionsscheiben und Schneckengetriebe sind zweckentsprechend zu umwehren.

66. Keile und Stellringschrauben sind entweder versenkt anzuordnen, oder es sind deren hervorstehende Teile glatt zu verkleiden.

67. Ausbessern, Schmieren und Putzen der Maschine während des Ganges ist zu verbieten; sofern aber das Ölen und Schmieren einzelner Teile der Arbeitsmaschine während des Ganges erforderlich ist, sind geeignete Einrichtungen zu treffen, welche dies ohne Gefahr ermöglichen.

68. Die vorgeschriebenen Ausrück- und Bremsvorrichtungen sind stets in gutem Zustande zu erhalten, und wo die Ausrück- und Bremsvorrichtungen nicht ständig im Gebrauch sind, solche auf ihre Wirksamkeit zeitweise zu prüfen.

B. Besonderes.

69. Bei Bohrmaschinen ist die Befestigung des Bohrers ohne hervorstehende Teile zu gestalten und sind die Antriebsräder der Bohrspindel zu verdecken.

70. Die Kreissägen sind mit Schutzhaube (möglichst selbsttätig) und Spaltkeil und unter dem Tisch mit Schutzkasten oder Schutzscheiben um das Sägeblatt auszurüsten. Für Kreissägen, bei denen die Schutzhaube auch den hinteren Teil des Sägeblattes bedeckt, ist der Spaltkeil nicht erforderlich.

71. An Bandsägen ist das Sägeblatt derart zu verkleiden, daß nur der zum Schneiden nötige Teil frei bleibt und der Arbeiter gegen Verletzung durch das Abspringen des Sägeblattes geschützt ist.

Die untere Bandseite ist nach der Arbeitsseite hin ganz zu verkleiden.

72. An Abrichthobelmaschinen ist die Messerspalte mit Schutzvorrichtung zu verdecken.

73. Schneidemaschinen jeder Art müssen tunlichst mit einer Schutzvorrichtung versehen sein, welche Verletzungen durch das Messer während des Ganges ausschließt.

74. Stanzmaschinen sind tunlichst mit einer Schutzvorrichtung zu versehen, welche eine Verletzung der Hände durch die Stanze ausschließt.

Exzenter- und Kurbelpressen sind tunlichst mit einer Schutzvorrichtung zu versehen, welche ein Erfaßtwerden der Hand durch den Stempel ausschließt.

Bei Spindelpressen mit Balancier, sofern letzterer sich bei der Arbeit in Kopfhöhe des Arbeiters bewegt, ist der Weg der Kugel resp. Handstangen zu sichern.

75. Durch Motoren bewegte, zum Nachschleifen von Werkzeugen bestimmte Schleifsteine dürfen nur mit Hilfe von Druckscheiben, nicht aber mittelst Holzkeilen auf der Welle befestigt werden.

Die Druckscheiben müssen mittelst Schraubenmuttern angezogen werden. Zwischen Druckscheiben und Stein sind elastische Zwischenlager einzulegen.

Die Schleifflächen der Schleifsteine sind möglichst glatt und rundlaufend zu erhalten.

76. Bei den Schmirgelmaschinen müssen die Schmirgelscheiben von 200 mm Durchmesser aufwärts, soweit es die auf ihnen auszuführenden Arbeiten gestatten, mit entsprechend starken Schutzkappen versehen sein. Die Schmirgelscheibe muß leicht auf die Spindel zu schieben sein. Sie darf auf letzterer nur mit Druckscheiben befestigt werden, die etwa den halben Durchmesser der Schmirgelscheibe haben und mittelst Schraubenmuttern angezogen werden müssen.

Zwischen Befestigungs- und Schmirgelscheibe sind elastische Zwischenlagen einzulegen.

Jede neue Schmirgelscheibe muß, bevor sie in Gebrauch genommen wird, durch ein unter Beobachtung der nötigen Vorsichtsmaßregeln zu veranstaltendes Probelaufen, womöglich mit erhöhter Umlaufgeschwindigkeit, auf ihre Festigkeit geprüft werden.

77. Die zulässig größte Geschwindigkeit für Schleifsteine und Schmirgelscheiben ist wesentlich von der Güte des Materials, der Konstruktion der Maschine und der Art der Verwendung abhängig, deshalb nur von Fall zu Fall unter sachverständiger Leitung festzustellen.

Es darf angenommen werden, daß bei Anwendung nur guten Materials folgende Umfangsgeschwindigkeiten ohne Gefährdung der Arbeiter zugelassen werden können:

bei Sandsteinen höchstens 12,5 m in der Sekunde;

bei Schmirgelscheiben:

a) beim Nachschleifen höchstens 12,5 m in der Sekunde;

b) beim Trockenschleifen höchstens 25 m in der Sekunde.

78. Die Einfüll- und Entleerungsöffnungen an Zerkleinerungsmaschinen, Brechwerken, Kugelmühlen, Desintegratoren, Knet- und Mischmaschinen und sonstigen Rührapparaten usw. sind möglichst so einzurichten, daß der Arbeiter mit den gefährlichen Stellen nicht in Berührung kommen kann.

Der Weg der Becher, Transportgurte und Transportschnecken ist in ausreichender Weise zu sichern.

Das Nachstoßen der Einfüllmasse darf nur mittelst geeigneter Werkzeuge erfolgen.

Störungen an Maschinen durch Verstopfung dürfen nur bei Stillstand der Maschinen beseitigt werden.

79. An Stampfwerken ist der Weg der Hebedaumen abzusperren, sobald derselbe im Verkehrsbereich liegt.

80. Sofern der Rand der Läuferteller an Läuferwerken nicht mindestens 90 cm über dem Fußboden liegt, ist das Läuferwerk mit einem Schutzringe zu umgeben.

Müssen zum Schmieren der Kollergänge die Teller derselben betreten werden, so ist der Antrieb derselben in solcher Weise außer Tätigkeit zu setzen, daß eine Inbetriebsetzung ohne Wissen des betreffenden Arbeiters ausgeschlossen ist.

81. Die Arbeiter müssen gegen gefahrbringende Berührung von Exhaustoren und Ventilatoren durch geeignete Schutzmittel hinreichend geschützt werden.

82. Walzen und Kalander müssen, wo die Eigenart dieses Materials dieses bedingt und sich die Gefahr der Walzen durch geeignete Schutzvorrichtungen nicht vollständig beseitigen läßt, mit einer von dem Standpunkte des Arbeiters bei der Arbeit leicht erreichbaren und sofort wirkenden Ausrück- oder Bremsvorrichtung versehen sein.

83. Bei Zentrifugen soll die größte und zulässige Belastung und Tourenzahl auf einem Schild sichtbar angegeben sein.

Zentrifugen mit eigenem Motor sind mit Geschwindigkeitsmesser zu versehen, auf welchem die größte zulässige Geschwindigkeit markiert ist. Jede Zentrifuge ist mit Bremse zu versehen, ausgenommen solche, bei denen Gefahr für Entzündung explosibler Gase oder des Schleudergutes vorliegt.

Der Außenmantel der Zentrifuge muß aus zähem Material — Schmiedeeisen, Kupfer oder Stahl — hergestellt sein; Gußeisen und Hartblei sind ausgeschlossen. Ausgenommen sind bereits im Betrieb befindliche, anders konstruierte Zentrifugen, doch empfiehlt es sich, deren Mäntel durch schmiedeeiserne Bandagen wo irgend möglich zu verstärken.

Während des Betriebes ist das Hineingreifen in die Zentrifuge mit und ohne Werkzeug zu verbieten. Das Verteilen der Füllung darf nur bei langsamem Gang der Trommel stattfinden.

Anmerkung. Um die Höchstbelastung der Zentrifuge nicht zu überschreiten, was für die Betriebssicherheit von großer Wichtigkeit ist, darf das Gewicht des Füllgutes aber nicht immer nur abgeschätzt, sondern muß so lange eingewogen werden, bis der die Zentrifuge bedienende Arbeiter durch Übung die nötige Sicherheit in der Abschätzung des Gewichtes — z. B. aus der Größe der Betriebschargen — der eingefüllten Menge gewonnen hat.

Bei vorhandener Fußbremse empfiehlt sich die Anbringung von Handhaben zum Festhalten, an denen der Arbeiter beim möglichen Abgleiten von der Fußbremse Halt finde. Handbremsen bieten eine größere Sicherheit.

5. Fahrstühle und Hebezeuge.

A. Fahrstühle.

Die nachstehenden Unfallverhütungsvorschriften gelten nur für Aufzüge mit festgeführten Förderschalen (Förderkorb, Fördergefäß) zur Beförderung von Lasten mit oder ohne Personenbeförderung in Fabriken, Warenhäusern, Speichern, Gasthöfen und Wohngebäuden. Ausgenommen sind Aufzüge für ausschließliche Personenbeförderung, ferner die Aufzüge in Hochofenanlagen und Bergwerken, sowie die kleinen Aufzüge.

Unter letzteren sind solche zu verstehen, deren Förderschale nicht betreten wird, und deren Schachtquerschnitt 0,70 qm nicht übersteigt.

84. Es ist dafür Sorge zu tragen, daß bei den im Innern der Gebäude liegenden Fahrstühlen der Raum, welchen der Fahrkorb oder die Förderschale einer Fahrstuhlanlage bestreicht, von allen Seiten bis auf mindestens 1,8 m Höhe vom Fußboden an jeder Ladestelle so eingefriedigt ist, daß Unberufene nicht in den Fahrschacht geraten können.

Bei Fahrstühlen an den Außenfronten der Gebäude ist der tiefste Stand der Förderschale im Erdgeschoß, gegebenenfalls auch im Keller auf mindestens 1,8 m zu umwehren.

85. Die Zugänge zu dem Fahrschacht sind in zweckentsprechender Weise absperren zu lassen.

Die Fahrschachtzugänge ausschließlich durch Ketten und Seile abzusperren, ist zu verbieten.

86. An jedem Schachtzugange ist eine Tafel anzubringen, mittelst welcher Vorsicht geboten und Unbefugten der Zutritt untersagt wird.

Außerdem ist an den Zugängen in augenfälliger Weise anzugeben: a) bei Lastenaufzügen: die größte zulässige Belastung in Kilogramm, sowie die Vorschrift, daß Personen mit dem Aufzuge nicht befördert werden dürfen; b) bei Lastenaufzügen mit Personenbeförderung: die größte zulässige Belastung, sowie die außer ihr noch zulässige Personenzahl, einschließlich des Fahrstuhlführers.

87. Die Förderschale ist bei Lastenaufzügen an den nicht zum Be- und Entladen bestimmten Seiten so einzufriedigen, daß das Herabfallen des Ladegutes verhindert wird. Bei Lastenaufzügen mit Personenbeförderung sind die nicht zum Be- und Entladen benutzten Seiten mit einer 1,3 m hohen Schutzwand zu umgeben. Die Zugangsseiten sind mindestens durch eine Querstange abzuschließen. Die Förderschale ist mit einem Dach derart zu überdecken, daß die den Fahrstuhl benutzenden Personen durch herabfallende Gegenstände nicht verletzt werden können.

88. Bei Lastenaufzügen ohne Personenbeförderung muß das Seil (Kette, Gurt usw.), an welchem die Förderschale hängt, die größte zulässige Belastung mit fünffacher Sicherheit tragen können.

Die Förderschalen der unmittelbar wirkenden hydraulischen Fahrstühle sind mit dem Kolben derartig fest und sicher zu verbinden, daß die Förderschale vom Kolben nicht durch etwa angebrachte Gegengewichte abgehoben werden kann.

89. Fahrstühle, deren Förderschale an Seilen (Ketten usw.) hängt, sind mit einer sicher wirkenden Fangvorrichtung oder Geschwindigkeitsbremse zu versehen. Letztere darf eine Niedergangsgeschwindigkeit von höchstens 1,5 m in der Sekunde gestatten.

Bei unmittelbar wirkenden hydraulischen Fahrstühlen ist zwischen Steuerungsapparat und Treibzylinder eine Sicherheitsvorrichtung einzuschalten, durch welche ein zu schnelles Niedergehen der Förderschale im Falle eines Rohrbruches verhindert wird.

90. Werden Gegengewichte angewendet, so sind dieselben an Seilen (Ketten usw.) aufzuhängen, welche sie mit fünffacher Sicherheit zu tragen vermögen.

Die Gegengewichte sind auf ihrer ganzen Bahn so sicher zu führen, daß sie weder aus ihr heraustreten, noch bei etwaigem Niederfallen Menschen oder die Förderschale beschädigen können.

91. Jeder mit elementarer Kraft betriebene Fahrstuhl ist mit selbsttätiger Ausrückung für die höchste und tiefste Stellung zu versehen.

92. Bei allen Fahrstühlen, welche durch mehrere Stockwerke gehen, ist an jeder Ladestelle eine Sperrvorrichtung anzubringen, durch welche das Steuerseil oder die Steuerstange in der Ruhelage der Förderschale festgehalten wird.

93. Bei Fahrstühlen ohne Zwischenstationen muß die obere Schachtöffnung mit selbsttätigem Verschluß versehen sein.

94. Wenn ein Fahrstuhl von mehreren Stockwerken aus in Bewegung gesetzt werden kann, so muß eine Verständigung zwischen den verschiedenen Ladestellen gesichert, oder eine Zeigervorrichtung angebracht sein, die den jeweiligen Stand der Förderschale erkennen läßt. Wird die Steuerung nur von einer Stelle aus gehandhabt, so muß die sichere Verständigung zwischen dieser Stelle und den einzelnen Ladestellen ermöglicht werden können.

An jedem Fahrstuhl ist eine Signal- oder Zeigervorrichtung anzubringen, welche anzeigt, daß der Fahrstuhl sich bewegt.

95. Jede Fahrstuhlanlage ist mindestens einmal jährlich auf ihre Tragfähigkeit und sichere Wirksamkeit zu prüfen.

Die Tragfähigkeit der Seile, Ketten und Gurte ist mit der doppelten größten zulässigen Belastung, die Wirksamkeit der Sicherheitsvorrichtung mit der einfachen größten Belastung zu prüfen.

96. Es ist anzuordnen, daß Fahrstühle, die ausschließlich zur Beförderung von Lasten bestimmt sind, von Personen nur benutzt werden, soweit es die Untersuchung und Instandhaltung erfordert.

97. Die Bedienung von Fahrstühlen darf nur Personen, die mit der Handhabung der Steuerung genau vertraut sind, übertragen werden.

B. Hebezeuge.

98. An sämtlichen Hebezeugen ist die Tragfähigkeit derselben in deutlich sichtbarer Weise anzugeben.

99. Die Einlaufstellen der Zahnräder und Reibungsräder sind, sobald sie nicht an sich geschützt liegen, zu verkleiden.

100. Hebewerkzeuge mit Kurbel- oder Zugseilantrieb sind mit einer wirksamen Sperrvorrichtung zu versehen, sofern sie nicht selbstsperrend sind.

Geschieht das Herablassen der Last nur durch das Eigengewicht der letzteren, so muß eine zuverlässige Bremsvorrichtung vorhanden sein.

Vorrichtungen, durch welche die Fördergeschwindigkeit verändert wird, müssen so eingerichtet sein, daß sie sich nicht von selbst verstellen.

101. Alle Teile der Hebezeuge sind mindestens jährlich einmal auf ihre Tragfähigkeit und sichere Wirksamkeit zu prüfen.

6. Transport zu Lande.

Fuhrwerke und Karren aller Art, nicht auf Schienen laufend.

102. Jeder Wagen, welcher mit Pferden oder Rindvieh bespannt und in bergigen Gegenden oder Ortschaften verwendet wird, ist mit einer wirksamen, jederzeit gebrauchsfähigen Brems- oder Hemmvorrichtung zu versehen.

103. Wagen müssen, soweit es ihre Bauart oder Benutzung zuläßt, einen mit Rück- und Seitenlehne versehenen Sitz für den Kutscher haben. Sofern ein solcher Sitz nicht vorhanden ist oder die Ladung selbst einen sicheren Sitz oder Stand nicht gewährt, ist dem Kutscher die Führung vom Wagen aus nicht zu gestatten.

104. Fuhrwerke aller Art sind auf Fahrten während der Dunkelheit so zu beleuchten, daß die Annäherung des Gefährtes erkennbar ist.

105. Zum Lenken eines mit Pferden bespannten Fuhrwerkes sind nur des Fahrens kundige Personen zu verwenden.

106. Bissige Zugtiere sind mit einem sicheren Maulkorbe zu versehen.

107. Zugtiere, welche erfahrungsmäßig beißen, schlagen oder stoßen, sind auf ihren Ständen als solche besonders zu kennzeichnen.

Schmalspur-, Roll-, Hänge-, Seil- und Kettenbahnen.

108. Für Einzelfahrzeuge auf Schmalspurbahnen müssen Bremsmittel vorhanden sein.

109. Werden mehrere Fahrzeuge auf einer Schmalspurbahn zu einem Zuge vereinigt, so ist, wenn keine Lokomotive am Zuge, mindestens ein mit Bremsvorrichtung versehener Wagen einzuschalten. Die Bremse muß während der Bewegung des Zuges bedienbar und so stark sein, daß sie für alle vorhandenen Gefälle genügt.

110. Bei Hängebahnen, Seilbahnen, Kettenbahnen und solchen Anlagen, bei denen das Mitfahren von Bremsern ausgeschlossen ist, muß

mindestens an der Zentralstelle eine wirksame Bremsvorrichtung vorhanden sein.

111. Falls die Fahrzeuge durch Zugtiere bewegt werden, sind diese bei Gefällen von mehr als 1 : 100 mit dem Wagen derart zu kuppeln, daß ein Aushängen der Zugstränge leicht und sicher bewerkstelligt werden kann. Bei Gefällen von mehr als 1 : 30 müssen die Zugtiere bei Talfahrten unbedingt abgekuppelt sein.

112. Personen, von denen dem Arbeitgeber bekannt ist, daß sie an Epilepsie, Krämpfen oder Ohnmachten leiden oder dem Trunke ergeben sind, dürfen im Fahrdienst nicht verwendet werden.

113. An jeder Drehscheibe und Schiebebühne muß eine Vorrichtung zum Feststellen angebracht sein.

114. Zur Verhütung von Einklemmungen zwischen den Schienen der Drehscheiben und Schiebebühnen einerseits und den Schienen der Anschlußgleise andererseits müssen geeignete Vorrichtungen angebracht sein. Ebenso ist an den Hauptverkehrswegen für gefahrloses Überschreiten der Schienengleise durch Pflasterung oder Dielung Sorge zu tragen.

115. An Kurven, welche nicht von allen Seiten vollständig übersehen werden können, müssen Warnungstafeln in entsprechender Weise angebracht werden.

116. Kippwagen müssen so konstruiert sein, daß sie bei normaler Beladung nicht von selbst kippen.

Anmerkung. Man achte auch darauf, daß die das selbsttätige Kippen des Wagenkastens verhindernden Feststellvorrichtungen während des Transports nicht außer Gebrauch bleiben.

117. Verkehrswege auf dem Fabrikterrain unter Seil- und Hängebahnen müssen gegen herabfallende Stücke gesichert sein.

118. Gleise, wie Schienenstöße, ferner Weichen, Kreuzungen, Drehscheiben, Schiebebühnen mit Anschlüssen daran sind stets gut im Stande zu halten.

119. Bei Hänge- und Seilbahnen ist das zu starke Schwanken der Wagen, sowie das zu schnelle Durchfahren der Kurven und Weichen möglichst zu verhindern. Es sind Einrichtungen zu treffen, durch die ein Ausgleisen aus den Weichen nach Möglichkeit vermieden wird. Bei letzteren ist eine Sicherung anzubringen, welche eine Verletzung durch die freischwebende Spitze der Weiche ausschließt.

120. Hochliegende Absturzgleise sind so zu sichern, daß ein Hinab fallen von Personen verhindert wird.

Normalspurbahnen.

121. Alle Rangierarbeiten dürfen nur unter Leitung von damit vertrauten Personen ausgeführt werden.

122. An jeder Drehscheibe und Schiebebühne muß eine Vorrichtung zum Feststellen derselben angebracht sein.

123. Zur Verhütung von Einklemmungen zwischen den Schienen der Drehscheiben und Schiebebühnen einerseits und den Schienen der Anschlußgleise andererseits müssen geeignete Vorrichtungen angebracht sein. Ebenso ist für gefahrloses Überschreiten der Schienengleise an den Hauptverkehrswegen durch Pflasterung oder Dielung Sorge zu tragen.

124. Die Drehscheiben müssen bedeckt oder eingefriedigt sein.

125. Laderampen und Gebäude, sowie die beiden Seiten von Durchfahrtsöffnungen müssen von der Mitte der Gleise eine Entfernung von mindestens 2 m haben. Die zur Zeit des Erlasses dieser Vorschriften bereits vorhandenen Rampen, Gebäude und Durchfahrtsöffnungen werden von dieser Vorschrift nicht getroffen, doch ist bei einem geringeren Abstand Vorsorge zu treffen, daß beim Wagenschieben niemand an die gefährdete Stelle tritt.

126. Hochliegende Absturzgleise sind so zu sichern, daß ein Hinabfallen von Personen verhindert wird.

127. Beim Befahren von Gefällen ohne Lokomotive ist Sorge zu tragen, daß die Wagen durch geeignete Mittel gebremst werden können.

128. Gleise, wie Schienenstöße, ferner Weichen, Kreuzungen, Drehscheiben und Schiebebühnen mit Anschlüssen daran sind stets gut im Stande zu halten.

129. Barrieren und Torabschlüsse in Bahngleisen sind in offenem Zustande gegen selbsttätiges Zuschlagen zu sichern.

II. Vorschriften für Arbeitnehmer.

1. Allgemeine Vorschriften.

1. Jeder Arbeiter hat vor der Benutzung von Werkzeugen, Geräten und Apparaten und maschinellen Einrichtungen diese, sowie die dabei angebrachten Schutzvorrichtungen daraufhin zu prüfen, ob dieselben sich in ordnungsmäßigem Zustande befinden. Sofern dies nicht der Fall ist, hat er sofort die vorhandenen Mängel zu beseitigen oder seinem Vorgesetzten davon Anzeige zu machen.

Anmerkung. Die Prüfung der Apparate und maschinellen Einrichtungen seitens der Arbeiter beschränkt sich natürlich auf das richtige Funktionieren und hat mit der konstruktiven Seite nichts zu schaffen. Inwieweit man etwa eintretende Mängel von dem Arbeiter selbstständig beseitigen läßt, kann nur von Fall zu Fall entschieden werden. Zunächst muß von solchen Vorkommnisssen wohl immer der Meister oder Vorarbeiter benachrichtigt werden.

2. Die Arbeitsgeräte und Schutzvorrichtungen sind nur zu dem Zwecke, zu dem sie bestimmt sind, zu benutzen. „Der Mißbrauch, die eigenmächtige Beseitigung, absichtliche Beschädigung, Nichtbenutzung der vorhandenen Sicherheitsvorrichtungen und vorgeschriebenen Schutzmittel ist strafbar.“ Schutzvorrichtungen, die aus Betriebsrücksichten für bestimmte Zwecke entfernt worden sind, müssen, nachdem dieser Zweck erreicht ist, sofort wieder angebracht werden.

Anmerkung. In Betrieben, in denen Sicherheitsvorrichtungen wiederholt von seiten der Arbeiter beseitigt wurden, ist nachher mit Erfolg der zwischen Anführungsstrichen stehende Satz als Plakat angeschlagen worden.

3. Alle den Zwecken des Betriebes zuwiderlaufenden Beschäftigungen, insbesondere Spielereien, Neckereien, Zänkereien und sonstige mutwillige Handlungen, die geeignet sind, den Urheber selbst oder andere zu gefährden, sind verboten.

Anmerkung. Wiederholen sich dergleichen Auftritte, so ist der Vorarbeiter dafür zur Verantwortung zu ziehen, denn in einem ordentlich beaufsichtigten Betriebe kommen solche Dinge nicht vor.

4. Arbeiter, die an Fallsucht, Krämpfen, zeitweiligen Ohnmachtsanfällen, Schwindel, Schwerhörigkeit, Kurzsichtigkeit, Bruchschäden oder anderen nicht in die Augen fallenden körperlichen Schwächen oder Gebrechen in dem Maße leiden, daß sie dadurch bei gewissen Arbeiten einer außergewöhnlichen Gefahr ausgesetzt sind, haben die Verpflichtung, ihren Vorgesetzten hiervon Kenntnis zu geben, sofern sie mit einer derartigen Arbeit beauftragt werden.

5. Betrunkene Arbeiter dürfen die Betriebsstätten weder betreten, noch sich dort aufhalten.

6. Jeder Arbeiter hat die Pflicht, diejenigen Personen, welche ihm zur Hilfe oder Unterweisung beigegeben sind, insbesondere Lehrlinge oder jugendliche Arbeiter, auf die mit ihrer Beschäftigung verbundenen Gefahren aufmerksam zu machen und darauf zu achten, daß die gegebenen Verhaltungsvorschriften seitens dieser ihm unterstellten Personen befolgt werden.

7. Jeder Arbeiter ist verpflichtet, etwa von ihm wahrgenommene Beschädigungen oder sonstige auffallende Erscheinungen an den Betriebseinrichtungen sofort anzuzeigen.

8. Dem Arbeiter ist es verboten, sich an Maschinen zu schaffen zu machen, deren Bedienung, Benutzung oder Instandhaltung ihm nicht obliegt.

9. In Arbeitsräumen und auf Arbeitsplätzen dürfen die Arbeiter nur die ihnen zugewiesenen Verkehrswege, Ein- und Ausgänge benutzen. Unbefugten ist es verboten, abgesperrte Räume zwischen bewegten Maschinen- und Transmissionsteilen zu betreten.

10. Verkehrswege dürfen durch Anhäufung von Material oder durch den Transport von Gegenständen nicht versperrt werden, sofern dies nicht durch die Betriebsweise bedingt ist.

11. Das Ausruhen und Schlafen an Feuerstellen, auf Öfen, Kesselmauerungen, Dächern, hohen Gerüsten oder in besetzten Pferdeständen, sowie in unmittelbarer Nähe von laufenden Maschinen, Gruben oder Gleisen ist nicht gestattet.

12. Das Ab- und Anlegen, sowie das Aufbewahren von Kleidungsstücken in unmittelbarer Nähe bewegter Triebwerke ist verboten.

13. Das Betreten nicht beleuchteter Arbeitsstätten und dunkler Räume ist, soweit die Natur des Betriebes eine Beleuchtung zuläßt, nur mit Licht gestattet.

14. Arbeiter dürfen die ihnen für bestimmte Zwecke überwiesenen Leitern nur zu diesen verwenden. Die Benutzung nicht betriebssicherer Leitern ist verboten.

15. Das Ansammeln feuergefährlicher und explosiver Stoffe innerhalb der Arbeitsräume in größeren Mengen, als dies die Natur des Betriebes bedingt, ist verboten.

16. Gebrauchtes Putzmaterial und selbstentzündliche Fabrikabfälle dürfen in den Arbeitsräumen nicht angehäuft werden.

17. Räume, für welche die Benutzung von Sicherheitslampen vorgeschrieben ist, dürfen nur mit solchen und nur von Befugten betreten werden. In solchen Räumen ist das Anzünden von Streichhölzern, die Benutzung von Feuerzeugen und das Öffnen der Lampen verboten.

18. Arbeitsräume und Arbeitsplätze mit Gruben, Kanälen, versenkten Gefäßen und anderen gefahrbringenden Vertiefungen, welche weder abgedeckt, noch eingefriedigt, noch durch Geländer eingeschlossen sind, dürfen bei Dunkelheit, insoweit sie nicht beleuchtet sind, nur mit Laternen begangen werden.

19. In Betriebsräumen, in denen sich feuergefährliche oder explosive Stoffe befinden, darf nicht geraucht werden.

20. Die mit der Wartung und Bedienung von Motoren und Transmissionen beschäftigten Arbeiter sind verpflichtet, anschließende Kleider zu tragen.

21. Den in der Nähe bewegter Maschinenteile beschäftigten Personen ist das Tragen lose hängender Haare und Zöpfe, freihängender Kleiderteile, Schleifen, Bänder, Halstuchzipfel u. dergl., verboten.

22. Jede im Betriebe erhaltene Verletzung ist von dem Verletzten, sobald er hierzu imstande ist, an zuständiger Stelle zu melden.

Anmerkung. S. S. 286. Die Unfallstation.

23. Der Arbeiter hat dafür Sorge zu tragen, daß jede Wunde, auch wenn sie noch so geringfügig erscheint, sofort gereinigt und gegen das Eindringen von Staub und sonstigen Unreinlichkeiten sorgfältig geschützt wird.

Solange die Verletzung nicht mindestens durch einen Notverband geschützt ist, hat der Verletzte die Arbeit zu unterbrechen.

2. Betrieb von Dampfkesseln.

A. Allgemeines.

24. Die Kesselanlage ist stets rein und in Ordnung, alles nicht Dahingehörige fern zu halten.

25. Der Kesselwärter darf Unbefugten das Betreten des Kesselraumes und den Aufenthalt in demselben nicht gestatten.

26. Der Kesselwärter darf während des Betriebes seinen Posten, solange nicht für Ersatz gesorgt ist, nicht verlassen und ist für die Wartung des Kessels verantwortlich.

27. Der Kesselwärter muß während des Betriebes den Ausgang stets frei und unverschlossen halten.

28. Der Kesselwärter hat bei eintretender Dunkelheit für die Beleuchtung der Kesselanlage, insbesondere der Wasserstandsanzeiger und Manometer Sorge zu tragen.

B. Betrieb der Kessel.

29. Der Kesselwärter hat sich vor dem Füllen des Kessels von dem ordnungsmäßigen Zustande desselben, sowie der sämtlichen dazu gehörigen Apparatur zu überzeugen.

30. Das Anheizen darf erst erfolgen, nachdem der Kessel genügend mit Wasser versehen ist.

31. Während des Anheizens soll das Dampfventil geschlossen, das Sicherheitsventil dagegen so lange geöffnet bleiben, bis Dampf entweicht.

32. Das Nachziehen der Dichtungen hat während des Anheizens zu erfolgen.

33. Dampfabsperrventile sind langsam zu öffnen und zu schließen.

34. Der Kesselwärter darf den Wasserstand nicht unter die Marke des niedrigsten Standes sinken lassen; geschieht dies dennoch, so ist die Einwirkung des Feuers aufzuheben und dem Vorgesetzten Mitteilung zu machen.

35. Die Wasserstandsanzeiger sind unter Benutzung sämtlicher Hähne und Ventile täglich wiederholt zu probieren. Sind zwei Wasserstandsgläser vorhanden, so sind beide dauernd zu benutzen.

36. Sämtliche Speisevorrichtungen sind täglich zu benutzen und stets in brauchbarem Zustande zu erhalten.

37. Das Manometer ist zeitweise daraufhin zu prüfen, ob der Zeiger bei Absperrung des Drucks auf Null zurückgeht.

38. Der Dampfdruck soll die festgesetzte höchste Spannung nicht überschreiten.

39. Die Sicherheitsventile sind täglich durch vorsichtiges Anheben zu lüften. Jede Vergrößerung der Belastung der Sicherheitsventile ist verboten.

40. Kurz vor oder während der Stillstandspausen ist der Kessel über den normalen Wasserstand zu speisen und der Zug zu vermindern.

41. Beim Schichtwechsel darf der abtretende Wärter sich erst dann entfernen, wenn der antretende Wärter den Kesselbetrieb übernommen hat.

42. Steigt der Dampfdruck über die zulässige Spannung, so ist der Kessel zu speisen und der Zug zu vermindern. Genügt dies nicht, so ist die Einwirkung des Feuers aufzuheben.

43. Gegen Ende der Arbeitszeit hat der Wärter den Dampf tunlichst aufzubrauchen, das Feuer allmählich zu mäßigen und eingehen zu lassen bezw. vom Kessel abzusperren. Außerdem muß der Rauchschieber geschlossen und der Kessel bis über den normalen Stand gespeist werden.

44. Bei außergewöhnlichen Erscheinungen: Undichtigkeiten, Beulen, Erglühen von Kesselteilen usw. ist die Einwirkung des Feuers sofort aufzuheben und dem Vorgesetzten unverzüglich Meldung zu machen.

C. Außerbetriebsetzung des Kessels.

45. Das vollständige Entleeren des Kessels darf erst vorgenommen werden, nachdem das Feuer entfernt und das Mauerwerk möglichst abgekühlt ist. Muß die Entleerung unter Dampfdruck erfolgen, so darf solches mit höchstens 1 Atm. Druck geschehen.

46. Das Einlassen von kaltem Wasser in den entleerten heißen Kessel ist verboten.

D. Reinigung des Kessels.

47. Der zu befahrende Kessel muß von anderen im Betriebe befindlichen Kesseln in sämtlichen Rohrverbindungen und Feuerungseinrichtungen sicher abgesperrt werden.

48. Beim Befahren des Kessels und der Feuerzüge ist die Benutzung von Petroleum und ähnlichen, bei höherer Temperatur leicht entzündlichen Beleuchtungsstoffen verboten.

3. Kraftmaschinen.

49. Der Maschinenwärter hat bei eintretender Dunkelheit für die vorschriftsmäßige Beleuchtung des Maschinenraumes Sorge zu tragen.

50. Der Maschinenwärter darf unbefugten Personen das Betreten des Maschinenraumes und den Aufenthalt in demselben nicht gestatten.

51. Nach jedem längeren Stillstande der Kraftmaschine hat sich der Wärter vor ihrer Inbetriebsetzung von dem ordnungsmäßigen Zustande derselben und ihrer Schutzvorrichtungen zu überzeugen, sowie insbesondere für ausreichendes Ölen und Schmieren zu sorgen. Nicht sofort abstellbare Mängel sind dem Vorgesetzten zu melden.

52. Ist das Ölen und Schmieren einzelner Teile der Kraftmaschine während des Ganges erforderlich, so darf dies nur mittelst der passenden hierzu bestimmten Einrichtungen erfolgen.

53. Das Reinigen schnellgehender Kraftmaschinenteile darf niemals während des Ganges derselben geschehen.

54. Das Anziehen der Keile und Schrauben an sich drehenden Teilen von Kraftmaschinen während des Ganges derselben ist verboten.

55. Beim Schichtwechsel darf der abtretende Wärter sich erst dann entfernen, wenn der antretende Wärter die Maschine übernommen hat.

56. Vor dem jedesmaligen Anlassen und Abstellen der Kraftmaschine muß das vorgeschriebene Zeichen gegeben werden.

Wird von einem Arbeitsraume aus das Zeichen zum Stillstande der Kraftmaschine gegeben, so ist sie sofort still zu stellen und erst dann wieder anzulassen, wenn das dafür vorgeschriebene Zeichen gegeben ist.

Anmerkung. Um die Möglichkeit zu vermeiden, daß, nachdem von einem Betriebe das Zeichen zum Stillstehen der Maschine gegeben wurde, von einem andern Betriebe der Fabrik, dem die Pause zu lange dauert, ein vorzeitiges Zeichen zum Wiederanlassen gegeben werden kann, besteht in manchen Fabriken die gute Vorschrift, daß das Haltsignal mündlich von einem Arbeiter des meldenden Betriebes dem Maschinenwärter bestätigt wird und daß das Wiederanlassen nur auf mündliche Bestellung desselben Arbeiters erfolgen darf und nachdem das Zeichen dafür von dem Maschinisten gegeben ist.

57. Der Maschinenwärter hat vor Andrehen des Schwungrades der Dampfmaschine das Dampfeinströmungsventil zu schließen und vorhandene Zylinderhähne zu öffnen.

4. Transmissionen.

58. Unverdeckte Wellenleitungen, Riemen, Seile usw., die sich in Bewegung befinden, dürfen nicht überschritten werden.

59. Umwehrte oder abgeschlossene Räume, innerhalb deren Transmissionen laufen, dürfen nur von besonders dazu befugten Personen betreten werden.

60. Die Bedienung der Transmission (Schmieren, Reinigen, Putzen, das Ausbessern, Auflegen und Abwerfen der Transmissionsriemen und -seile) darf nur von den hierzu bestimmten Personen bewirkt werden. Diese Verrichtungen dürfen nur beim Stillstande vorgenommen werden, sofern ein solcher durch die Natur des Betriebes nicht ausgeschlossen ist.

Alle Transmissionswellen dürfen während des Ganges nur von festem Standpunkte aus und nur mittelst geeigneter Werkzeuge gereinigt oder geputzt werden.

61. Treibriemen von mehr als 30 mm Breite, sowie Seile und Ketten, sofern sie mit einer größeren Geschwindigkeit als 10 m in der Sekunde laufen, dürfen während des Ganges nicht von Hand aufgelegt oder abgeworfen werden. Dieses Verbot gilt auch von langsamer laufenden Treibriemen von mehr als 60 mm Breite.

62. Abgeworfene Riemen und Seile müssen entweder ganz entfernt oder an festen Trägern so aufgehängt werden, daß sie mit bewegten Teilen nicht in Berührung kommen können.

Dieselben Vorsichtsmaßregeln sind beim Nähen, Verbinden und Ausbessern der Riemen zu treffen.

63. Das Fetten und Harzen der Riemen darf nur bei langsamem Gange vorgenommen werden.

64. Wenn eine, die gewöhnliche Zeit des Stillstandes überdauernde Arbeit an der Transmission vorgenommen wird, so muß an zuständiger Stelle hiervon und auch von der Beendigung der Arbeit Mitteilung ge-

macht werden, sofern nicht die betreffende Transmission sicher ausgerückt werden kann.

4a. Arbeitsmaschinen.

65. Das Ausbessern, Schmieren, Reinigen und Putzen der Maschinen während des Ganges derselben ist verboten; das Schmieren während des Ganges ist zulässig, wo Vorrichtungen vorhanden sind, welche dasselbe gefahrlos ermöglichen.

66. Die Arbeiter sind verpflichtet, die vorhandenen Schutzvorrichtungen aufs gewissenhafteste zu benutzen.

67. Werden von den im Gange befindlichen Zerkleinerungsmaschinen, Brechwerken, Kugelmühlen, Desintegratoren, Knet- und Mischmaschinen Stücke des Zerkleinerungsgutes oder demselben beigemengte Fremdkörper nicht erfaßt, so sind diese Stücke oder Fremdkörper nur während des Stillstandes zu entfernen.

Ein Nachstoßen des Einfüllgutes ist nur mittelst geeigneten Werkzeuges gestattet.

68. Das Hineingreifen in die Zentrifuge mit oder ohne Werkzeug und das Berühren der Trommel mit der Hand während des Ganges ist verboten und sind die vorhandenen Schutzvorrichtungen gewissenhaft zu benutzen. Das Verteilen der Füllung darf nur bei langsamem Gange der Trommel stattfinden.

Die an dem Geschwindigkeitsmesser markierte, zulässig größte Umdrehungszahl darf nicht überschritten werden.

5. Fahrstühle und Hebezeuge.

A. Fahrstühle.

69. Die an dem Schachtzuge angegebene größte zulässige Belastung des Fahrstuhls darf in keinem Falle überschritten werden.

70. Das Beladen der Fahrstühle hat so zu erfolgen, daß die Last möglichst gleichmäßig über die Förderschale verteilt ist, das Ladegut nirgends über dieselbe hervortritt und nicht herabfallen kann.

Fahrstühle, die ausschließlich zur Förderung von Lasten bestimmt sind, dürfen von Personen nur benutzt werden, soweit es die Untersuchung und Instandhaltung erfordert.

71. Die Bewegung des Fahrstuhls darf erst eingeleitet werden, nachdem der Zugang zu ihm geschlossen worden ist; bei Fahrstühlen, deren Steuerung nur von einer Stelle aus gehandhabt wird, erst dann, wenn eine Verständigung von der Be- und Entladestelle aus über die vorgenommene Abschließung erfolgt ist.

Bei allen Aufzügen, welche durch mehrere Stockwerke gehen, ist die Sperrvorrichtung, welche das Steuerseil oder die Steuerstange in der Ruhelage der Förderschale festhält, zum Feststellen zu benutzen und vor Ingangsetzung auszulösen.

B. Hebezeuge.

72. Die an den Hebezeugen angegebene größte zulässige Belastung darf in keinem Falle überschritten werden.

73. Die zum Befestigen der Last am Hebezeug zu benutzenden Ketten oder Seile sind in zweckentsprechenden Stärken zu wählen und sorgfältig an der Last und am Hebezeug zu befestigen. Sofern die Gefahr einer Beschädigung der Ketten oder Seile durch die Last vorliegt, sind sie durch elastische Zwischenlagen: Strohseile, Holzstücke, Lappen u. dergl. zu schützen.

74. Die Arbeiter haben sich so zu stellen, daß sie von dem beim Niedergange der Last etwa mitlaufenden Kurbeln nicht getroffen werden.

75. Unter freischwebenden Lasten ist jeder Verkehr verboten.

76. Beim Aufwinden der Last muß die Sperrklinke im Sperrrade liegen.

Geschieht das Herablasen der Last mittelst Bremse, so ist dieselbe zur Vermeidung von Stößen gleichmäßig zu handhaben.

Die Bremse darf nicht früher gelöst werden, als bis die an den Kurbeln beschäftigten Arbeiter diese losgelassen haben und zur Seite getreten sind.

6. Transport zu Lande.

Fuhrwerke und Karren aller Art, nicht auf Schienen laufend.

77. Die Führer von Fuhrwerk dürfen dasselbe nicht verlassen, ehe Sicherheitsmaßregeln getroffen sind, um das Durchgehen der Zugtiere zu verhindern.

78. Beim Abwärtsfahren ist die Hemmvorrichtung sachgemäß zu benutzen.

79. Wagentritte (Trittstufen) sind dauernd in solchem Zustande zu erhalten, daß bei gehöriger Aufmerksamkeit ein Ausgleiten auf denselben verhütet wird.

80. Der Führer eines Fuhrwerks hat dasselbe auf Fahrten während der Dunkelheit so zu beleuchten, daß die Annäherung des Gefährtes erkennbar ist.

81. Führer von Fuhrwerk dürfen während der Fahrt nicht schlafen.

82. Fuhrwerke, die nicht mit einem sicheren Sitz versehen sind, oder deren Ladung einen sicheren Sitz oder Stand nicht gewährt, dürfen nicht vom Wagen aus geführt werden. Das Sitzen auf der Deichsel oder auf dem Langbaum während der Fahrt ist untersagt.

Es ist verboten, während der Fahrt auf der Langseite des Wagens mit nach außen herabhängenden Beinen zu sitzen.

83. Bissigen Zugtieren ist für die Dauer der Fahrt der Maulkorb anzulegen.

84. Auf- und Absteigen während der Bewegung des Fuhrwerks ist verboten.

Schmalspur-, Roll-, Hänge-, Seil- und Kettenbahnen.

85. Die Führer des Zuges haben sich vor der Fahrt davon zu überzeugen, daß die Wagen fest gekuppelt sind.

86. Die Führer des Zuges haben die Pflicht, die innerhalb der Gleise verkehrenden Personen durch Zuruf oder durch ein deutliches Signal auf die Annäherung des Zuges rechtzeitig aufmerksam zu machen.

87. Bei Befahren von Kurven, welche nicht von allen Seiten vollständig übersehen werden können, müssen die Führer des Zuges rechtzeitig Warnungssignale geben und langsamer fahren.

88. Das Besteigen oder Verlassen eines Wagens, solange er sich schneller bewegt, als ein Fußgänger gehen kann, ist verboten.

89. Das Gleis der Drehscheiben und Schiebebühnen muß, solange dieselben nicht im Gebrauch sind, in der Richtung des Zufahrtstranges festgestellt sein.

90. Wagen sind für die Dauer eines längeren Stillstandes durch geeignete Vorrichtungen gegen ein unbeabsichtigtes Fortbewegen festzustellen.

Normalspurbahnen.

91. Das Stehenbleiben und Gehen innerhalb der Gleise, sowie das Überschreiten derselben vor einem herannahenden Zuge ist verboten.

92. Das Fortbewegen der Wagen durch Personen darf nur von der Seite oder von hinten geschehen. Das Drücken an Puffern ist verboten.

93. Das Besteigen oder Verlassen eines Wagens, solange er sich schneller bewegt, als ein Fußgänger gehen kann, ist verboten.

94. Das Durchkriechen unter den Wagen ist verboten, selbst wenn sie stehen.

95. Das Gleis der Drehscheiben und Schiebebühnen muß, solange dieselben nicht im Gebrauch sind, in der Richtung des Zufahrtstranges festgestellt werden.

96. Wagen sind für die Dauer eines längeren Stillstandes durch geeignete Vorrichtungen gegen ein unbeabsichtigtes Fortbewegen festzustellen.

97. Bei Befahren von Gefällen ohne Lokomotive müssen die Wagen durch geeignete Mittel gebremst werden.

98. Gleise, wie Schienenstöße, ferner Weichen, Kreuzungen, Drehscheiben, Schiebebühnen mit Anschlüssen daran sind stets gut im Stande zu halten.

III. Ausführungs- und Strafbestimmungen.

1. Für die in Gemäßheit vorstehender Bestimmungen zu treffenden Änderungen wird den Betriebsunternehmern eine Frist von 6 Monaten vom Tage der amtlichen Bekanntmachung durch den Reichsanzeiger gewährt.

2. Wenn es sich herausstellen sollte, daß die Vorschriften in einzelnen Fällen ohne erhebliche Schwierigkeiten und unzuträgliche Kosten nicht

ausgeführt werden können, so sollen etwaige Abweichungen auf Antrag des Betriebsunternehmers und nach Anhörung des Beauftragten der Genehmigung des Genossenschaftsvorstandes unterliegen.

3. Genossenschaftsmitglieder, welche den Unfallverhütungsvorschriften zuwiderhandeln, können durch den Genossenschaftsvorstand in eine höhere Gefahrenklasse eingeschätzt, oder, falls sich dieselben bereits in der höchsten Gefahrenklasse befinden, mit Zuschlägen bis zum doppelten Betrage ihrer Beiträge belegt werden (§ 112 Abs. 1 Ziff. 1 und § 116 des G.-U.-V.-G.).

4. Versicherte Personen, welche den Unfallverhütungsvorschriften zuwiderhandeln oder welche die angebrachten Schutzvorrichtungen nicht benutzen, mißbrauchen oder beschädigen, können mit einer Geldstrafe bis zu 6 M. belegt werden. Die Festsetzung dieser Strafe erfolgt durch den Vorstand der Betriebs- (Fabrik-) Krankenkasse, oder, wenn solche nicht für den Betrieb errichtet ist, durch die Ortspolizeibehörde. Die Strafbeträge fließen in die Krankenkasse, welcher der zu ihrer Zahlung Verpflichtete zur Zeit der Zuwiderhandlung angehört, oder, wenn er keiner Krankenkasse angehört, in die Kasse der Gemeindekrankenversicherung des Beschäftigungsortes (§ 112 Abs. 1 Ziff. 2, §§ 116 und 154 Abs. 1 des G.-U.-V.-G. vom 30. Juni 1900).

C. Die Unfallstation.

Es wurde bereits auf S. 266 hervorgehoben, daß in jeder Fabrik ein von dem Fabrikarzt für gut befundener und von dem ganzen Personal gekannter Raum (das Portierzimmer, der Waschraum o. a.) ein für alle Male bestimmt sein sollte für die erste Hilfeleistung bei Betriebsunfällen, und daß ferner immer eine Person (Portier, Wächter, Meister) während der ganzen Betriebsdauer in der Fabrik anwesend sein sollte, welcher die Verletzungen zunächst zur Kenntnis zu bringen sind und welche mit der von der Chem. Berufsgenossenschaft bekannt gegebenen Anweisung von Unfallbehandlungen bis zur Ankunft des Arztes genau vertraut und fähig ist, angemessene Hilfe zu leisten. Denn gerade in der Behandlung eines Verunglückten bis zur Ankunft des Arztes kann leicht geschadet werden und wird auch oft genug geschadet. Am besten ist es, wenn die dafür bestimmte Person einen Samariter- oder ähnlichen Kursus durchgemacht hat. Die Adressen und telephonischen Anschlüsse der zuständigen Ärzte, vielleicht auch der vorhandenen Unfallstationen und Krankentransportinstitute, sind an einem geeigneten Orte — am Telephon oder im Portierraum — anzuschlagen.

Um dem Verunglückten bis zur ärztlichen Behandlung sachgemäße Hilfe angedeihen zu lassen und um dem eintreffenden Arzt das Hilfsmaterial zur sofortigen Verfügung zu halten, ist es endlich auch notwendig, außer einem bequemen Stuhl, einer Tragbahre und einigen Decken, von den Utensilien und Medikamenten die notwendigsten in einer Unfall-Apotheke in guter Beschaffenheit und genügender Menge vorrätig zu halten.

Die **Unfall-Apotheke** untersteht am besten der Kontrolle des Fabrikarztes, der auch die nötigen Anweisungen über die in Laienhänden sonst leicht Schaden anrichtenden schärferen Medikamenten und Verbandmittel angeben sollte.

Die im nachfolgenden Verzeichnis aufgeführten Mittel werden in den meisten Fällen genügen, sofern sie nicht durch weitere zu ergänzen sind, die sich für spezifische Unfälle bestimmter Betriebsarten als besonders brauchbar erwiesen haben.

Binden. Leinen- und Mullbinden verschiedener Breite.

Leinwand. Tücher und Streifen.

Verbandwatte. Salizylwatte. Verbandgaze. Jodoformmull. Sublimatmull. Guttaperchapapier.

Schere. Messer. Pinzette. Sicherheitsnadeln. Stecknadeln. Einige emaillierte Becken.

Äther. Bleiessig. Bleiwasser (2 Eßlöffel Bleiessig auf 1 l Wasser). Brandliniment. Brechmittel, welches von dem Fabrikarzt verschrieben werden muß. Borsäure. Borvaseline. Borwasser 4 %. Essigäther. Fruchtessig. Glaubersalz. Kalkwasser. Kamillentee. Karbolsäure, flüssig. Karbolwasser (15 g Karbolsäure auf 1 l Wasser). Gebrannte Magnesia. Natriumbikarbonat. Natriumkarbonat, rein zum Einnehmen. Olivenöl. Salmiakgeist. Senfmehl und Senfpapier (in gut schließenden Blechbüchsen aufzubewahren). Stärkungsmittel: Wein, Kognak. Arrak, Rum.

Fünfte Abteilung.

Arbeitsmethoden.

In diesem Kapitel sollen die verschiedenen Arbeitsmethoden nicht so sehr von dem technisch maschinellen Gesichtspunkte aus behandelt werden, da eine Besprechung aller der für diese Sonderzwecke benötigten mannigfachen Arbeitsmaschinen und die Erläuterung ihrer Wirkungsweise weit über den Rahmen des Buches hinausführen würde. Eine kurze Erwähnung der hauptsächlichsten Typen der Arbeitsmaschinen genüge im Anschluß an die Hinweise auf die bei den verschiedenen Arbeitsmethoden allgemein zu berücksichtigenden Momente. Eine ausführliche Besprechung der fabrikatorischen Arbeitsmethoden würde ein Werk für sich bilden.

Zerkleinern.

Ein bestimmter Feinheitsgrad ist für die Verarbeitung der Materialien entweder notwendig oder doch erwünscht, wenn die Verarbeitung selbst dadurch günstig beeinflußt wird. Aus diesem Grunde ist beim Einkauf darauf zu sehen, daß die Rohprodukte möglichst in diesem verlangten Zustande geliefert werden, besonders, wenn die sonst dazu nötigen Zerkleinerungsmaschinen nicht zur eignen Verfügung stehen. In dieser günstigen Lage, das Material in dem erforderlichen Zustande zu erhalten, wird man sich jedoch nur selten befinden, vielmehr die Zerkleinerung desselben meist selbst besorgen müssen, was überdies ja immer eintreten wird, sobald es sich um die Zerkleinerung der Zwischen- und Fertigprodukte handelt. Die dafür entstehenden Kosten sind natürlich mit in die Kalkulation hineinzuziehen, und daraus erklärt sich auch hier das Bestreben, mit den dazu erforderlichen Maschinen bei geringstem Aufwand eine möglichst hohe Leistung zu erzielen.

Das Zerkleinern geschieht entweder im kleinen mit der Hand, sonst durch Maschinen, sobald es eben einen beständig wiederkehrenden Teil der Betriebsarbeit bildet.

Das am häufigsten zum Zerkleinern mit der Hand gebrauchte Instrument ist der Mörser aus Porzellan oder Metall. Infolge falscher Handhabung ist schon mancher Porzellanmörser zerschlagen oder die Zerkleinerung selbst nur ungenügend erreicht oder unnötig erschwert worden. Man nehme nicht zuviel Material auf einmal in den Mörser, nur so viel, daß der Boden gut bedeckt ist, halte das Pistill kurz in der Faust und schlage mit kurzen Stößen unter reibender Bewegung zu sich hin gegen den Mörserboden. Das Pistill darf nicht schleudern und der Kopf nicht gegen die Mörserwand schlagen. Bei richtiger Handhabung wird von dem Material nichts herausgeworfen werden. Zur größeren Sicherheit kann der Mörser auch mit einem Tuche zugebunden werden, welches in der Mitte für die Bewegung des Pistills ein Loch hat.

Die für den Betrieb bestimmten größeren Porzellanmörser bettet man am besten sogleich in Zement, indem man in ein Gefäß aus Blech von geeigneter Form und Größe den Zementbrei hineingießt, den Mörser in den Zement hineindrückt und bis zum vollständigen Erhärten des letzteren unberührt läßt.

Gelegentlich füllt man auch das zu zerkleinernde Material in einen Sack, legt ihn zugebunden und möglichst flach zwischen zwei Bretter oder auf ebenen Boden und bewirkt die Zerkleinerung mit einem Hammer oder einem anderen geeigneten Gegenstande.

Der Bau und die Arbeitsweise der **Zerkleinerungsmaschinen** hängt von der Natur und der Größe des zu verarbeitenden Materials, dem verlangten Feinheitsgrade und dem zu leistenden Quantum ab.

Da es unmöglich ist, in jedem Falle von Hause aus zu wissen, welche Maschinen für einen bestimmten Zweck am geeignetsten sind, schickt man am besten eine Probe von dem in Frage kommenden Material mit der Angabe des verlangten Feinheitsgrades und des in einer bestimmten Zeit benötigten Quantums an die in Betracht zu ziehende Maschinenfabrik, die sich gern mit diesen Zerkleinerungsversuchen befaßt und auf Grund der erhaltenen Resultate die richtigste Offerte machen kann. Bei der Prüfung dieser letzteren ziehe man außer dem eigentlichen Preise den Kraftverbrauch und die Amortisierung in Erwägung, und berücksichtige auch, ob die der Abnutzung oder der Gefährdung hauptsächlich ausgesetzten Teile in der Fabrik selbst oder nur von der Spezialfirma ausgebessert und ersetzt werden können. Dieser letzte Umstand ist deshalb von Bedeutung, weil die für nie ausbleibende Reparaturen erforderliche Zeit für die Benutzung der Maschine verloren ist und solche Störungen fast immer dann auftreten, wenn die Arbeit am meisten drängt und jede Stunde kostbar ist.

Für den Antrieb aller Zerkleinerungsmaschinen ist zu empfehlen, soweit es bei ihrer Konstruktion möglich ist, von Zeit zu Zeit die Umdrehungsrichtung durch Verschränkung der Antriebsriemen zu ändern, um eine nur einseitige Abnutzung der Maschine zu verhüten und so ihre Betriebsdauer zu verlängern.

Der Antrieb sollte immer nur durch Riemen geschehen, die im schlimmsten Falle, wenn die Rotierung durch Fremdkörper, wie Nägel, Steine usw., plötzlich stillgelegt wird, auf den Scheiben schleifen. Bei Zahnrad- oder Kettenantrieb entstehen nur zu leicht in solchen Fällen Brüche.

Man kann die Zerkleinerungsmaschinen nach dem geleisteten Feinheitsgrad ihres Gutes in drei Gruppen teilen.

a) **Schottermaschinen.** Das sind Steinbrecher, die zum Vorzerkleinern, zur Herstellung von Schotter dienen. Schotter sind zerschlagene, nuß- bis faustgroße Steine aus Zement, Schamotte, Erz, Kalkstein, Kiesen, Kohle, Koks, Knochen, Quarz, Salzen u. dergl. Je nach den speziellen Verwendungszwecken, für die sie gebaut sind, heißen sie auch Steinbrecher, Knochenbrecher und Koksbrecher.

b) **Schrotmaschinen** liefern erbsen- bis haselnußgroßes Gut mit griesigem Mehl vermischt. Sie werden gebaut entweder zur Verarbeitung von hartem und weichem oder nur weichem Material. Dem ersteren Zwecke, also für hartes und weiches Material, dienen die Walzwerke, die Kollergänge, die Schraubenmühlen und die Pochwerke. Zur Herstellung von Schrot aus weichem und mittelhartem Material werden die Glockenmühlen und Exzelsiormühlen verwendet.

Bei den Walzwerken bewegt die von einem Vorgelege aus angetriebene feste Walze eine zweite elastisch gelagerte, zwischen welchen beiden das Material zerdrückt wird. Sie werden meist durch mit Rüttelwerken verbundene Aufgebeapparate beschickt und können durch ein System übereinander gelegter Walzen jeden gewünschten Feinheitsgrad liefern.

Ein Walzwerk von 1000 kg stündlicher Leistung und 700 kg Gewicht kostet an 500—600 M. und verbraucht gegen 2 PS.

Die Kollergänge bestehen aus einer tellerförmigen Bodenplatte, auf welcher zwei Walzen, die Kollersteine, um eine senkrechte Achse, die Königswelle, rotieren. Sie wirken durch ihr eigenes Gewicht, auf dem Material kreisend, gleichzeitig zerdrückend und zerreibend, und können daher das feinste Mehl liefern. Der Antrieb der Kollersteine geschieht von unten oder von oben, oder aber die Bodenplatte führt die kreisende Bewegung aus.

Ein Kollergang für eine stündliche Leistung von etwa 50 kg bei einem Kraftverbrauch von 1,5 PS. kostet an 800—1400 M.

Die Schraubenmühlen liefern ein haselnuß- bis bohnengroßes Produkt und bilden im wesentlichen eine in einem Kasten rotierende Brechschnecke aus Hartguß. Der Boden des Kastens besteht aus einem von außen verstellbaren Rost aus Stahlgußstäben, durch dessen Zwischenräume das gequetschte Gut hindurchfällt. Sie sind besonders geeignet für weniger harte Stoffe, wie Soda, Gips, Sulfat. Eine 3 (6) PS. verbrauchende Mühle mit einer stündlichen Leistung von 200 (5000) kg auf Bohnengröße kostet an 900 (1700) M.

Die Pochwerke bilden ein System nebeneinander gestellter Stempel, die durch Hebedaumen abwechselnd gehoben werden und beim Niederfallen das in einem oder mehreren Mörsern oder sonstigen Gefäßen befindliche Material zerstampfen. Sie verursachen ein starkes Geräusch und werden deshalb in gewissen Fällen von geräuschschwächeren Zerkleinerungsmaschinen ersetzt.

Die Glockenmühlen bestehen aus einem hohlzylindrischen geriffelten Rumpf und einem darin rotierenden, auch geriffelten und für die gewünschte Feinheit einstellbaren Konus. Der untere Durchmesser des Konus ist nicht viel kleiner als der des Rumpfes, während die oberen Durchmesser beider Teile beträchtlich differieren, so daß das Material in dem Maße der Zerkleinerung immer tiefer fällt und schließlich die Mühle aus dem untersten Teile verläßt. Der Antrieb kann von unten oder oben geschehen.

Der Preis der Glockenmühlen in Mark ist ungefähr gleich der halben Leistung pro 1 kg und Stunde (1000 kg = 500 M.).

Die Exzelsiormühle ist eine Scheibenmühle, deren arbeitender, mahlender Teil aus zwei ringförmigen vertikalen Scheiben besteht, aus deren gegenseitig zugeneigten Flächen sich in konzentrischen Kreisen angeordnete Zähne erheben, so daß in den von diesen Zahnkreisen gebildeten Furchen der einen Scheibe die Zähne der anderen Scheibe rotieren. Das Material nimmt an der Umdrehung der einen beweglichen Scheibe teil und wird infolge der Zentrifugalkraft durch die beiden Scheibenringe hindurch nach außen geschleudert und auf diesem Wege von den Zähnen zermahlen.

Diese Exzelsiormühlen werden für stündliche Leistungen von 10 bis 1000 kg und darüber gebaut, als Handmühlen und für Riementrieb.

Für 10 kg kosten sie an 200 M.
„ 100 „ mit Vorbrecher 400 „

Die Schleudermühlen oder Desintegratoren bestehen aus zwei mit mehreren konzentrischen Reihen von Stahlstäben versehenen Trommeln, den Stiftenkörben, die so ineinander geschoben sind, daß sich die Stiftkreise des einen Korbes in den ringförmigen Zwischenräumen des anderen, in entgegengesetzter Richtung kreisenden Korbes bewegen. Das Mahlgut wird in das Zentrum gebracht, durch die Zentrifugalkraft nach außen geschleudert und dabei durch die rotierenden Stifte zermahlen.

Die Desintegratoren eignen sich für das verschiedenartigste Material. Sie sind hinsichtlich der Quantität sehr leistungsfähig und liefern ein mittelfeines Pulver.

Dismembratoren heißen sie, wenn nur die Schlagstiftscheibe rotiert und die Gegenscheibe feststeht.

In den Desaggregatoren (Schlagkreuzmühlen) läuft in einem zylindrischen Gehäuse ein Schlagkreuz mit großer Geschwindigkeit. Sie dienen zur Zerkleinerung von mehr zähen als harten Stoffen, wie Asphalt, Düngerkalk, Rinden.

c) **Mehlmühlen.** Von diesen sind die Kugelmühlen die verbreitetsten. Im Prinzip bestehen sie aus einer Trommel, in welcher eine Anzahl verschieden großer Kugeln oder Zylinder kreisen, oder aus einer kreisenden Trommel, in der diese Kugeln eine fallende Bewegung ausführen und dabei das Material zerschlagen. Außerdem kann bei kreisenden Kugeln die Zentrifugalkraft als Druckkraft der Kugeln auf das Material verwendet werden. Sind die Trommeln mit Siebböden versehen, dann kann das Zerkleinern bis zur größten Feinheit und aus dem gröbsten Material in einem Prozeß geschehen. Sie sind für Trocken- und Naßmahlen gleich brauchbar und mehr für eine große Feinheit des Erzeugnisses als für eine hohe Leistung bestimmt.

Endlich sind die „Mahlgänge“ genannten gewöhnlichen Mahlmühlen mit horizontal liegenden Mahlsteinen von 0,8—1,5 m Durchmesser zu erwähnen, welche durch Einstellung der „Läufer“ genannten Steine jede Korngröße liefern können. Als Material der Mühlsteine dient Sandstein, Basalt, Granit und Quarz.

Sieben.

Zur Trennung körniger oder pulveriger Materialien oder zum Durchseihen von Flüssigkeiten dienen die Siebe. Sie bestehen je nach ihrer Feinheit aus Geweben, Geflechten und durchlochten Blechen. Die gewebten Siebe können angefertigt sein aus Seidengaze, Roßhaaren, Holz, Rohr und Drahtgewebe. Nach der Natur der zu siebenden Produkte sowie nach der Beanspruchung richtet sich das Siebmaterial, ob Holz-, Haar-, Eisen-, Messingsiebe zu benutzen sind. Zur Erzielung eines einheitlichen Sichtgutes empfiehlt es sich, einen Normalsiebsatz zu halten, dessen Siebnummern mit denjenigen der Betriebssiebe übereinstimmen, und die sich entweder nach der Maschenweite oder nach der Zahl der auf 1 qcm gehenden Öffnungen richten, so daß die Feinheit des Sichtgutes kurz mit der Nummer des dazu erforderlichen Siebes bezeichnet wird.

Die recht häufig verwendeten Handsiebe bestehen aus einem Spanholzreifen von 35—45 cm Durchmesser, in dem das Siebgewebe eingespannt ist. Das Sieb wird in den genau eingepaßten Siebboden, die Untertrommel, gesteckt, welcher gleichfalls aus einem meist mit Leder überspannten Reifen von Spanholz besteht. Ein ebenso gebildeter Deckel, die Obertrommel, wird, wenn nötig, noch auf das Sieb aufgesetzt, um ein Verstäuben oder eine Belästigung durch Staub und Geruch zu verhindern. In gegebenen Fällen werden für eine Operation verschieden weite Siebe aufeinander gesetzt, um mit einer Arbeit gleich mehrere Pulversorten zu erhalten. Das beschickte, mit Boden und Deckel versehene Sieb wird mit beiden Händen gehalten und durch kleine abwechselnde Stöße hin und her gerüttelt oder offen auf einen sauberen Tisch oder dergleichen gestellt und das betreffende Material mit einer Bürste durchgerieben. Auch wird das Handsieb als viereckiger Kasten gebaut, der auf einem Lattengestell über dem das Sichtgut aufnehmenden Gefäße hin und her geschoben wird.

Wird ein Sieb für verschiedene Zwecke verwendet, dann muß es natürlich nach jedem Gebrauch gut gereinigt, wenn nötig, gewaschen und getrocknet werden, um die nachfolgenden Pulver nicht durch Reste von früher Gesiebtem zu verunreinigen. Längere Zeit nicht benutzte Siebe reinigen sich am besten durch das zu siebende Material selbst, von welchem das zuerst durchgesiebte wieder in den Betrieb zurückgenommen wird. Diese Vorsichtsmaßregel, das zuerst Durchgesiebte für sich zu behalten, empfiehlt sich für alle Fälle. Durch Beschädigung oder Abnutzung entstandene Löcher in den Sieben dürfen nicht vernachlässigt werden, sondern sind sofort auszubessern oder ganz zu verschließen.

Die für den größeren Betrieb verwendeten Sieb- oder Sichtmaschinen werden als Plan- oder rotierende Trommelsiebe gebaut.

Die Plansiebe sind viereckige oder runde Kästen, deren Ausstattung im ganzen den Handsieben ähnelt, und die mit selbsttätiger Materialzuführung und -abführung des Siebgutes ausgerüstet sind und ihre rüttelnde Bewegung durch ein Kurbel- oder Daumenrädchen erhalten.

Die Trommelsiebe haben eine zylindrische, etwas geneigt liegende Form mit meist auswechselbaren Siebrahmen. Sie arbeiten periodisch und kontinuierlich. Durch die rotierende Bewegung der Trommel wird das Siebgut bis zu einer gewissen Höhe mitgenommen, um alsbald wieder auf den untersten Teil derselben zu fallen und so beständig über den Boden hingewälzt zu werden. Zur Vermeidung von Staubbildung und Verlusten ist die ganze Siebmaschine in einen Kasten eingeschlossen.

Eine weitere Art der Siebmaschinen sind die widerstandsfähigen Schurrsiebe, die zum Sieben von scharfen und schweren Materialien gebraucht werden. Sie bilden ein längliches mit Drahtgewebe bespanntes Viereck, das verschieden schräg gestellt werden kann. Mit wachsendem Neigungswinkel, also mit steilerer Stellung erhöht sich, wie leicht einzusehen, die Feinheit des Siebgutes. Der Gebrauch der Schurrsiebe ist von ihrer Verwendung auf Chausseen und Bauplätzen zum Sieben der Steine und des Sandes her bekannt.

Mischen.

Das Mischen ist für den von der Gleichmäßigkeit des Mischproduktes abhängigen weiteren Arbeitsprozeß ebenso wichtig, wie für die Beschaffenheit und das gute Aussehen des gemischten Fertigproduktes. Die Reaktionen zwischen ungenügend gemischten Körpern können weniger quantitativ verlaufen und somit die Ausbeuten sich verringern. Und die Analysen der aus ungenügend gemischten Materialien genommenen Proben können keine Gewähr für die Qualität jener bieten.

Die gute Brauchbarkeit des Mischproduktes hängt nun ihrerseits von den dazu verwendeten Mischvorrichtungen ab, an welche daher ein hoher Grad von Vollkommenheit gestellt wird. Sie weisen konstruktiv eine große Mannigfaltigkeit auf, je nachdem feste, flüssige und gasförmige Körper unter sich oder untereinander gemischt werden sollen.

Ein gelegentliches Mischen fester Körper mit der Hand geschieht am einfachsten in der Weise, daß man sie auf einen Haufen schüttet und diesen wiederholt ausbreitet und von neuem zusammenschaufelt, bis die Mischung augenfällig ist. Diese Methode ist kein betriebsmäßiges Verfahren und muß außerdem, wenn sie mit gesundheitsschädlicher Staubentwicklung verbunden ist, mit einer Schutzmaske ausgeführt oder durch die mechanische Mischung in verschlossenen Apparaten ersetzt werden.

Die Mischmaschinen für feste Körper, zu denen auch die schon erwähnten Kollergänge, Desintegratoren und Mühlen gezählt werden können, arbeiten periodisch oder kontinuierlich. Konstruktiv zerfallen sie in den eigentlichen Mischungsmechanismus und den Füllapparat. Die Mischvorrichtung ist im allgemeinen eine horizontal oder etwas geneigt liegende Trommel oder ein Trog, in dem eine oder mehrere Walzen rotieren, deren Schaufeln, Flügel oder Tatzen in der mannigfaltigsten Weise ausgebildet sind, um eben den verschiedenartigen Anforderungen gerecht zu werden. Der einfachste, aber auch am wenigsten vollkommene Apparat ist die Misch- oder Polterschnecke, bei der die Flügel der rotierenden Walze einen fortlaufenden Schraubengang bilden und das Mischgut durcheinander arbeitend nach dem offenen Ende der Trommel hin befördern.

Bei anderen Konstruktionen dreht sich der Mantel, der bisweilen auch geheizt oder gekühlt werden kann, oder beide, Mantel und Walze drehen sich in entgegengesetzter Richtung.

Der Füllapparat macht die genaue Mischung von der Verläßlichkeit des Arbeiters unabhängig, indem er die Materialien automatisch dosiert und einschüttet und sich auch derart einstellen läßt, daß das Mischungsverhältnis geheim gehalten werden kann.

Zum Mischen von Flüssigkeiten können auch die Mischapparate für feste Körper benutzt werden, vorausgesetzt, daß sie dicht genug gebaut sind. Im allgemeinen aber werden die Flüssigkeiten durch Rührer und Rührgebläse in Apparaten gemischt, welche nicht allein Mischapparate, sondern zugleich auch das Reaktions-, Sammel-, Dekantiergefäß darstellen. Das Einbringen der verschieden schweren Flüssigkeiten in diese Apparate geschieht, wenn die Reaktionsbedingungen nicht eine andere Reihenfolge vorschreiben, vorteilhaft so, daß die spezifisch schwersten zuletzt zugegeben werden und beim Hindurchfallen durch die schon in Bewegung befindlichen leichteren sich mit diesen mischen. Müssen hingegen die leichten Flüssigkeiten zuletzt zugebracht werden, dann geschieht es in geeigneter Weise durch ein bis auf den Boden des Gefäßes reichendes Rohr, damit sie beim Aufsteigen sich mit den schwereren Flüssigkeiten vermischen können.

Zur Erzielung einer vollkommenen Mischung in stehenden Behältern dienen die Rührer, deren schräggestellte Schaufeln die Flüssigkeit entweder nach oben oder nach unten zu drücken bestrebt sind, je nach ihrer Stellung und Bewegungsrichtung. Bei Verwendung eines Rührgebläses

— mit Hilfe von Dampf, Luft, Kohlensäure und sonstigen Gasen — tritt das Gas auf den Boden des Gefäßes durch ein Rohr aus einer Anzahl Öffnungen ein, die so angeordnet sind, daß das Gas horizontal und bei stehenden zylindrischen Gefäßen zugleich tangential in die Flüssigkeit einströmt, um eben während seines Aufstiegs einen möglichst langen Weg durch dieselbe zurückzulegen. Überdies muß das Gas mit einer gewissen Energie eingeblasen werden, da im anderen Falle die Gasblasen gemächlich in die Höhe steigen, ohne die Flüssigkeit nennenswert zu bewegen. Daß die Mischgefäße je nach Bedürfnis mit Heiz- und Kühlmänteln und -schlangen versehen sind, versteht sich von selbst. Zur Erzielung einer sehr schnellen und großen Temperaturänderung der Mischungen ist die heizende oder kühlende Oberfläche entsprechend groß zu bauen.

Die an den Mischgefäßen angebrachten Wasserstandsgläser können in der Anzeige des Niveaustandes trügen, indem sie sich mit der zuerst in das Gefäß fließenden Flüssigkeit allein füllen und eine von der spezifisch leichteren oder schwereren Mischung im Gefäße verschieden hohe Flüssigkeitssäule zeigen. Zur Vermeidung eines solchen Irrtums entleert man nach vollendeter Mischung das Wasserstandsrohr durch Ablassen oder Hineinblasen, damit es sich mit der einheitlichen Mischung füllen kann. Dasselbe ist zu berücksichtigen bei Flüssigkeiten, die event. schwerere Teile ausscheiden und in das Wasserstandsglas drücken können. Aus diesem Irrtum herrührende falsche Bestandsaufnahme oder Kalkulation oder Überfließen des Gefäßinhaltes und damit verbundener Materialverlust gehören nicht zu den Unmöglichkeiten.

Bei dem Mischen mit Dampf, d. h. beim Erhitzen der Flüssigkeiten mit direktem Dampf, ist die durch den kondensierten Dampf bedingte Zunahme an Masse zu berücksichtigen. Diese Zunahme kann aus der Temperatur des Dampfes und der beabsichtigten Temperaturerhöhung nach dem früher Gesagten annähernd berechnet werden, wonach z. B. 200 kg Wasser von 25^0 zur Erwärmung auf 95^0 C. $\frac{200 \,.\, (95 - 25)}{606{,}5 + 0{,}305 \,.\, 150} = \sim 22$ kg Dampf von 150^0 gebrauchen.

Um feste Körper mit Flüssigkeiten zu einem gleichmäßigen homogenen Brei zu verreiben, gibt man zu dem genügend fein zerriebenen Material zu Anfang nur so wenig von der Flüssigkeit zu, wie zur Bildung eines steifen Breies gehört, und bringt zu diesem unter sorgfältigem Verreiben nach und nach die übrige Flüssigkeit hinzu, so daß die Mischung immer homogen ist und keine festen Klumpen zurückbleiben, welche sich in der schließlichen Verdünnung nur sehr schwer beseitigen lassen, sofern man diese nicht durch ein geeignetes Sieb seihen will.

In dem Schlämmverfahren wird zur Abspülung der feinsten Teilchen von dem schwereren Pulver ein Strom fließenden Wassers benötigt, der auf den Boden des mit dem Schlämmaterial beschickten Gefäßes eintritt und unter mäßiger Bewegung des Materials die feinsten, weil leichtesten Teilchen mitführt und in einem zweiten Gefäße absetzen läßt. Auf dem Boden des Schlämmgefäßes schleifende Ketten machen den Prozeß kontinuierlich. Jede Unregelmäßigkeit in der Bewegung oder in der Wasserzufuhr hat aber eine Änderung in der Feinheit des Schlämmproduktes zur Folge.

Das Mischen von Flüssigkeiten mit Gasen kann zum Zwecke der Sättigung der ersteren oder des Waschens resp. des Kühlens oder Erhitzens der letzteren erfolgen. Die Beförderung der Gase durch die Flüssigkeiten kann durch Drücken oder Saugen bewerkstelligt werden, was prinzipiell dadurch verschieden ist, daß drückende Gasleitungsanlagen beim Undichtwerden der Leitung das Gas in den Arbeitsraum eintreten lassen, während eine saugende Leitung in einem solchen Falle dem Gase Luft beimischt. Aus den speziellen Fällen wird sich ergeben, welchem von beiden Beförderungsmitteln der Vorzug zu geben ist. Die Sättigung von Flüssigkeiten mit Gasen geschehe bei der dafür ermittelten günstigsten Temperatur und so, daß das Gas einen möglichst langen Weg — vielleicht durch Hinterschalten mehrerer in geeigneter Weise miteinander verbundener Gefäße — durch die Flüssigkeiten nimmt. Wird die Flüssigkeit durch die Sättigung mit dem Gase leichter, so wird letzteres bis auf den Boden des Gefäßes geleitet.

Das Waschen der Gase geschieht entweder dadurch, daß letztere durch die waschende Flüssigkeit gedrückt werden, oder aber, was betriebsmäßig rationeller ist, indem sie nach dem Prinzip des Gegenstromes mit der Waschflüssigkeit in Berührung gebracht werden. Zu dem Ende strömt das Gas durch zylindrische, nicht breite, aber um so höhere Gefäße von unten nach oben steigend, während von obenher die Flüssigkeit als feiner Regen niederfällt oder, wenn das Gefäß mit Koks und anderem geeigneten indifferenten Material beschickt ist, auf diesem niederrieselt und auf dem langen Wege und infolge der großen Oberfläche sich mit dem Gase sättigt.

In manchen Fabrikationszweigen — Schwefelsäure, Salzsäure — spielen die Reaktionstürme, in denen Flüssigkeiten mit Gasen gemischt und in Reaktion miteinander gebracht werden, eine wichtige Rolle und sind konstruktiv sehr ausgebildet hinsichtlich der Form und Gestalt der Türme, der Art der Zuführung des Gases sowie der Flüssigkeit und der Füllmasse. Die zur Füllung verwendeten natürlichen Stoffe sind hauptsächlich Koks und Bimsstein wegen ihrer rauhen Oberfläche und des leichten Füllgewichtes. Flint-, Ziegel-, Granit- und andere Steine werden auch dazu gebraucht, sind aber nicht so geeignet, da sie zu glatte, ebene Oberflächen und ein sehr großes Gewicht haben. In dem Bestreben, die natürlichen Füllstoffe durch vollkommenere, künstliche zu ersetzen, welche den jeweiligen Reaktionserfordernissen besser entsprechen, sind eine Reihe künstlicher Füllkörper hergestellt worden in Form von Platten, Schalen, Kegeln, Kugeln usw. Welche Form nun auch in den einzelnen Fällen die geeignetste sein mag, eine möglichst große berieselte Oberfläche, ein recht langer Zickzackweg der Gase und ein nicht zu schweres Gewicht der Füllkörper bleiben immer die Hauptererfordernisse.

In den Kaskadentürmen fällt die Flüssigkeit von einem Teller auf den nächst tieferen, während das aufsteigende Gas die herabfallende Flüssigkeit durchströmen und mit ihr in innige Berührung kommen muß.

Eine in der Leuchtgasfabrikation übliche Waschmethode dürfte sich auch gelegentlich empfehlen, nach welcher Bündel von Holzstäben mit möglichst großer Oberfläche abwechselnd in Wasser tauchen und von Gasen durchströmt werden. Ein zylindrisches, horizontal liegendes Gefäß wird von einem nach Art der Straßenkehrwalze gebauten rotierenden Bürstenkörper vollkommen ausgefüllt und ist bis zur Hälfte ungefähr mit Wasser gefüllt, so daß das Gas durch die feuchten Ruten streicht, während diese bei entsprechender Umdrehung der Walze beständig das Waschwasser austauschen.

Das Mischen von Gasen in kleinerem Maßstabe verlangt zunächst die Berücksichtigung ihrer spezifischen Gewichte und auch Temperaturen, während im Großbetriebe die aus dem eingehenden Studium der Prozesse sich ergebenden Spezialkonstruktionen in der Apparatur zur Anwendung kommen müssen.

Lösen, Auslaugen und Extrahieren.

Von diesen sehr häufig auszuführenden Betriebsarbeiten wird verlangt, daß sie mit möglichster Schnelligkeit und dabei doch vollkommen ausführbar sind, und von diesem Gesichtspunkte aus sind auch die dafür benutzten Apparate gebaut.

Geschehen diese Arbeiten in mit Rührwerk versehenen Gefäßen, dann berücksichtige man den Umstand, daß die Rührvorrichtung durch zu reichlich auf einmal zugegebenes festes Material festgehalten, verbogen und auch zerbrochen werden kann. Um einen bestimmten Verdünnungsgrad innezuhalten, muß das durch Erhitzen oder Kochen verdampfte Wasser wieder ersetzt werden. Die zum Rühren verwendeten Spatel, Krücken, Schaufeln sind aus einer für den jeweiligen Zweck geeigneten Holzart zu wählen. Es ist hinsichtlich der Dauerhaftigkeit und der Indifferenz gegen die Lösung durchaus nicht einerlei, welches Holz dazu verwendet wird. Auch auf die Form dieser Hilfsmittel kommt es an. Sind sie zu breit, so ermüdet ihre Handhabung zu schnell, zu schmal gehalten ist ihre Wirkung im Vergleich zur angewendeten Arbeit zu gering. Ferner ist die Länge nicht nebensächlich und muß so ausprobiert werden, daß in den Händen des Arbeiters die günstigste Hebelwirkung zustande kommt.

Das Lösen wird bisweilen ohne durch Hand oder Maschinen erzeugte Bewegung auszuführen sein, in welchen Fällen es zweckmäßig ist, die festen zu lösenden Materialien nicht auf den Boden der mit dem Lösungsmittel gefüllten Gefäße zu bringen, da so die sich bildende konzentrierte schwere Lösung die noch festen Teile bald überschichtet und das weitere Lösen oder Auslaugen verlangsamt; werden sie dagegen in den oberen Teil des Lösungsmittels eingehängt — vielleicht in einem Weidenkorb oder anderen geeigneten durchlöcherten Gefäß —, so fällt die sich bildende schwerere Lauge beständig zu Boden, während das zu lösende Material bis zum letzten Rest in dem dünnsten Lösungsmittel verbleibt.

Für das Auslaugen und Extrahieren existieren eine Reihe von Spezialapparaten, die den verschiedenartigsten Ansprüchen gerecht zu werden beabsichtigen. Sie sind konstruktiv unterschieden für einen periodischen oder einen kontinuierlichen Betrieb und mit oder ohne Reihenschaltung der Extraktionsgefäße. Über die Anschaffung dieser Apparate gilt dasselbe, was von den Zerkleinerungsapparaten gesagt wurde: man mache der liefernden Firma ganz genaue Angaben über die Natur der Materialien und deren Verarbeitungsart, womöglich unter Einsendung einer Probe, und lasse sich durch Belege garantierte Offerten einsenden.

Ausschütteln.

Durch das Ausschütteln wird ein in Lösung befindlicher Körper von einem andern mit dem ersten nicht mischbaren Lösungsmittel extrahiert. Man bezweckt mit dieser Art von Extraktion eine Reinigung, also eine Trennung eines Körpers von den Verunreinigungen, welche eben in der ausschüttelnden Flüssigkeit nicht oder doch viel weniger löslich sind. Die hauptsächlichsten Ausschüttelungsmittel sind Wasser, Äther, Chloroform, Amylalkohol, Benzin, Benzol.

Von der Ausschüttelungsapparatur wird verlangt, daß die Extraktion mit einem relativ kleinen Quantum des Extraktionsmittels und in angemessener Zeit von statten geht. In konstruktiver Hinsicht können sie als liegende oder stehende, selten als schräggestellte Rührwerke — denn es sind im Grunde Rührwerke — ausgebildet sein, dementsprechend sie dann periodisch oder kontinuierlich arbeiten.

Die liegenden Rührwerke haben den Vorteil, daß sie durch kräftiges Rühren die beiden Flüssigkeiten sehr innig durcheinander schütteln und die extrahierende Flüssigkeit sehr hochprozentig anreichern. Dem steht als Nachteil außer den für die liegenden Rührwerke bereits angegebenen Eigenschaften gegenüber, daß sie während der zur Trennung der beiden Schichten erforderlichen Ruhezeit außer Betrieb bleiben müssen, daß ferner die Trennung von zur Emulsionierung neigenden Flüssigkeiten in ihnen sehr langsam vor sich geht, ja, daß in manchen Fällen durch diese Art der Durchmischung eine betriebsmäßige Ausschüttelung überhaupt nicht zu erreichen ist.

Bei den stehenden Ausschüttelungsrührwerken wird die auszuschüttelnde Lauge durch für die jeweiligen Fälle entsprechend gebaute Rührer in eine gleichmäßig kreisende Bewegung gebracht und währenddessen die spezifisch leichtere extrahierende Flüssigkeit von unten nach oben hindurchgedrückt. Diese nimmt an der kreisenden Bewegung teil und steigt in Spiralen in der auszuschüttelnden Flüssigkeit empor, sich mit dem zu extrahierenden Stoffe beladend. Eine Emulsionsbildung ist auf diese Weise ausgeschlossen. In Anbetracht der Möglichkeit, daß eine durch Auftrieb der unteren Flüssigkeit hervorgerufene Volumenzunahme den kontinuierlichen Betrieb stören könnte, sind die Gefäße angemessen hoch zu bauen und Ablaufstutzen für die extrahierende Flüssigkeit in verschiedenen Höhen anzubringen. Um nun die Anreicherung dieser letzteren zu steigern, werden die den Leistungen entsprechend bemessenen Zylinder terrassenförmig hintereinander gestellt, so daß die aus dem am höchsten stehenden Gefäße abfließende extrahierende Flüssigkeit durch ihren eignen Druck den nächst niedrigeren Zylinder durchströmt usw., um aus dem letzten gesättigt herauszutreten. Mit solchen Apparaten können selbst stark zur Emulsionierung neigende Flüssigkeiten ohne Unterbrechung ausgeschüttelt werden.

Der extrahierte Rückstand enthält meist einen Teil der ausschüttelnden Flüssigkeit gelöst, welche gewöhnlich durch Destillation wieder zu gewinnen ist.

Eindampfen.

Das Eindampfen, Einengen geschieht, wie der Name sagt, durch Verdampfung des Lösungsmittels und erfordert Wärme, also Heizmaterial.

Das Verfahren des Eindampfens wird demnach wirtschaftlich bemessen durch das Quantum Kohle, welches zum Verdampfen von 1 kg Wasser oder anderen Lösungsmitteln verbraucht wird; und der Schwerpunkt der Konstruktionen der unzähligen Arten von Eindampfapparaten liegt immer in der rationellen Heizmethode, die den verschiedenen Zwecken entsprechend natürlich ebenso verschiedenartig ausgebildet ist.

Ist das Eindampfen mit der Entwicklung schädlicher oder belästigender Dämpfe verbunden, so ist es entweder in geschlossenen und mit dem Abzugskanal verbundenen Apparaten oder in offnen Schalen in einem gut wirkenden Abzuge vorzunehmen. Zur Erzeugung eines guten Zuges und einer flotten Ableitung der Dämpfe müssen die geschlossenen Einkochapparate eine im Deckel an der entgegengesetzten Seite des Ableitungsrohres befindliche Öffnung erhalten, deren Querschnitt aber nicht größer sein darf als der des Abzuges. Wenn diese Öffnung für den Lufteintritt fehlt, wird der Zug und der Abzug der Dämpfe ebenso verhindert, wie der der heißen Luft aus einem dicht geschlossenen Ofen in den Schornstein hinein.

Der Bau der Abzugsvorrichtungen sei bei dieser Gelegenheit mit einigen Worten besprochen, da ihre Konstruktion bisweilen gegen die elementarsten Regeln verstößt. Die meisten auf natürlicher Zugluft beruhenden Abzugsanlagen sind betriebsunzuverlässig. Witterung und Windverhältnisse können ihre Wirkung bis zum entgegengesetzten Resultat beeinflussen. So saugen selbst die hohen Essen der Dampfkesselanlagen, in welche gern die Abzugskanäle aus den Betrieben geleitet werden, nur so lange energisch, wie sie warm bleiben. Um ähnliche Verhältnisse, d. h. um heiße aufströmende Luft als saugende Kraft zu schaffen, läßt man in sonstigen Abzugskanälen zur Erzeugung eines künstlichen Luftstromes an geeigneter Stelle eine Flamme brennen, in der Voraussetzung jedoch, daß dadurch keine Entzündungsgefahr für die abziehenden Gase und Dämpfe entsteht. Auch durch Wasser und noch besser durch Dampfstrahlgebläse lassen sich lebhafte Luftströme erzeugen. Außer der saugenden Wirkung gewähren dieselben den weiteren Vorteil, daß die Gase gleichzeitig meist von dem Wasser absorbiert und mit ihm abgeführt werden. Deshalb sind sie für die Fälle sehr geeignet, in welchen die Vermischung der Gase mit der atmosphärischen Luft verhindert werden muß. Mechanische Saugvorrichtungen sind wohl recht wirksam, aber für die Praxis nur in gewissen Fällen geeignet, weil die zu beseitigenden Dämpfe und Gase meist sauer reagieren und den Mechanismus in kurzer Zeit verderben. Es gibt solche Ventilatoren auch aus Ton, die aber leicht zerbrechlich und schwer sind. Wenn sich solche Apparate nicht umgehen lassen, dann sind jedenfalls die konstruktiv einfachsten als die billigsten am Platze, soweit nicht ganz bestimmte Formen und Bauarten für den gegebenen Fall verwendet werden müssen.

Jeder Abzugsraum sollte außer der am besten trichterförmig aus der Bedachung heraustretenden Abzugsleitung noch eine zweite in Höhe der Arbeitsplatte austretende und von der ersten unabhängige besitzen, um auch für die schweren Dämpfe eine schnelle Beseitigung zu schaffen. Der Abzugsraum selbst bleibt zur Verstärkung des Zuges bis auf den zur Bedienung gerade notwendigen Raum geschlossen. Zur Erhöhung des Schutzes des Lokales, in dem sich der Abzug befindet, kann letzterer noch von einem, mit Fenster und Tür als Kammer gebauten Verschlage umgeben werden, was überdies auch der saugenden Wirkung der Abzugsleitung förderlich ist.

Mit zunehmender Länge der Saugleitung muß ihr Querschnitt größer werden, um die geschwindigkeitsverzögernde Reibung wieder auszugleichen, welche natürlich nicht durch rauhe Oberflächen unnötig erhöht werden darf. Außerdem baut man diese Saugleitungen nie ganz wagerecht, sondern gibt ihnen immer nach der passendsten Richtung hin ein mäßiges Gefälle, um den darin kondensierten flüssigen Teilen einen Abfluß und Austritt zu verschaffen. Eine Vernachlässigung dieser Vorsichtsmaßregel kann zur Folge haben, daß das meist saure Kondensat in den Leitungsröhren stagniert und sie an den Verbindungsstellen bald undicht macht, in den Arbeitsraum tropfen und auch unerwartet in die Schalen zurückfließen und hier alles mögliche verderben kann.

Nach der Art der Wärmezufuhr kann das Eindampfen durch direkte Feuerung, durch Dampf oder durch Heizbäder geschehen.

Mittelst direkter Feuerung wird es ausgeführt, wenn dazu eine höhere Temperatur erforderlich ist, als mit dem Kesseldampf zu erreichen ist, also durchschnittlich über 150—160° C., oder wenn der Eindampfrückstand ohne Unterbrechung selbst noch weiter erhitzt, wie geglüht oder geschmolzen werden soll. Auch die genügend heißen Abgase einer anderen Feueranlage, wie vom Dampfkessel, können in vielen Fällen noch zur Heizung von Eindampfgefäßen oder doch von Vorpfannen — zum Vorwärmen — ausgenutzt werden.

Das Material der Einkochgefäße mit direkter Feuerung ist Guß- und Schmiedeeisen, selten Kupfer. Bei dem Einmauern derselben ist dem Umstand Rechnung zu tragen, daß ihre ungeschützten Wandungen nicht der direkten Wirkung der Stichflamme ausgesetzt werden, wodurch sie sehr bald durchgebrannt würden. Überdies ist auch darauf zu achten, daß diese Gefäße schon zur guten Ausnutzung der Wärme immer so voll wie möglich gehalten werden.

Die Feuerungsanlage wird, wenn sie nur einigermaßen von Bedeutung ist, sei sie nun als direkte, als Halbgas- oder Gasfeuerung gedacht, am besten einer Spezialfirma überlassen, welche mit der theoretischen Durcharbeitung der gestellten speziellen Aufgabe ihre gemachten eignen Erfahrungen zu einem brauchbaren praktischen Ganzen vereinigen kann.

Zur Erinnerung sei erwähnt, daß die — vorzugsweise zum kontinuierlichen Betriebe geeignete — Halbgasfeuerung von der direkten sich dadurch unterscheidet, daß auf dem Roste durch beschränkten Luftzutritt — durch sogen. Sekundärluft — hauptsächlich nur die Gasbildung eintritt, während die eigentliche Verbrennung hinter dem Roste stattfindet, indem kurz vor der Feuerbrücke Luft zugeführt wird, welche sich in Kanälen vorwärmt, die in den Wänden der Feuerzüge liegen. Es ist einleuchtend, daß an das Material der Feuerbrücke große Anforderungen in bezug auf Feuerfestigkeit gestellt werden.

Bei der Gasfeuerung wird die Kohle in einem Raume für sich vergast und in einem davon getrennten Raume mit genügend vorgewärmter Luft vermischt, wobei die Temperatur so hoch sein muß, daß die Mischung sich hier entzündet und selbständig weiterbrennt. Der Grad der Vorwärmung von Luft und Gas, sowie des Mischungsverhältnisses richten sich nach der Natur des Brennstoffes und sind für den einzelnen Fall auszuprobieren. Die Vorwärmung der Luft kann auf verschiedene Weise, sei es in von den Abgasen umspülten Röhren, sei es in dem Mauerwerke des Ofens oder Schornsteins eingebauten Kanälen erreicht werden.

Vorzüge der Gasfeuerung vor den beiden ersten sind: Einfache Bedienung durch bloße Regulierung des natürlichen Kaminzuges für die Einstellung der gewünschten Temperatur, reinlicher Betrieb und beste Ausnutzung geringer Kohlensorten.

Die Wassergasheizung, in welcher überhitzter Wasserdampf durch glühenden Anthrazit geleitet wird und ein aus Wasserstoff, Kohlenoxyd und Stickstoff bestehendes Gasgemenge zur Verbrennung kommt, erzielt bei Billigkeit und Reinlichkeit der Betriebsweise eine ziemlich hohe Temperatur.

Über das Eindampfen mittelst Dampf kann man im allgemeinen sagen: Das Kochen ist um so lebhafter, je größer das Temperaturgefälle ist, d. h. die Differenz zwischen der Temperatur des Heizdampfes und der eindampfenden Lauge. Ein lebhaftes Kochen fördert auch die Wärmeübertragung und verringert die Krustenbildung, wohingegen infolge ungenügender Bewegung der eindampfenden Lauge das Loslösen der an den Wandungen und Röhren sich ansammelnden und den Wärmedurchgang hindernden Luft- und Dampfblasen verzögert wird.

Zur Abschätzung der in der Praxis für die verschiedenen Heizzwecke benötigten Wärmemenge sei zunächst daran erinnert, daß 1 kg gewöhnlicher Kesseldampf von 6—7 Atm. Spannung — wie aus dem früher Gesagten hervorgeht — rund 560 Kalorien abzugeben vermag. Bei der Heizung mit direktem Dampf gibt 1 kg Dampf von 6 Atm. je nach der Temperatur der zu erwärmenden Flüssigkeit nach der Tabelle auf S. 105 554—654 Kalorien an diese ab.

Wird die Wärme des Heizdampfes durch Metallflächen übertragen, so werden durchschnittlich von den 637 Kalorien eines Kilogrammes Dampf 500 Kalorien übertragbar sein. Die übertragbare Wärmemenge, welche pro Stunde und 1° Temperaturdifferenz durch 1 qm der Metallfläche vom wärmeren zum kälteren Fluidum übergeht, heißt der Wärmetransmissionskoeffizient. Derselbe ist abhängig:

1. von der Größe und Form der Metallflächen,
2. von der Art des Metalles der Heizkörper,
3. von der Menge des Dampfes und seiner Durchströmungsgeschwindigkeit und
4. von der spezifischen, der Verdampfungs-, der Schmelzwärme und der Viskosität der zu erwärmenden Stoffe.

Unter Berücksichtigung des Umstandes, daß die Heizflächen durch Inkrustation allmählich an Wärmeleitungsvermögen verlieren, kann man annehmen, daß im Durchschnitt 1 qm Heizfläche der Kupferrohre pro Stunde und 1° Temperaturdifferenz 1000—1500 Kalorien übertragen. Schmiedeeiserne Rohre leisten davon etwa 75 %, gußeiserne 50 % und Bleirohre gegen 45 %. Der Wärmetransmissionskoeffizient nimmt außerdem mit der Länge und lichten Weite der Heizschlangen ab.

Erfahrungsgemäß kann man in offenen Gefäßen mit Kesseldampf und normalen kupfernen Heizschlangen (von 2—4 mm Wandstärke und nicht zu großer Länge) 100 l Wasser pro 1 qm Heizfläche und Stunde verdampfen. Bei Anwendung von Doppelböden oder sonstigen Heizmänteln, welche zur Verringerung des Wärmeverlustes isoliert sind, beträgt die Leistung infolge unvollkommener Ausnützung des Dampfes nur gegen 90 % des obigen.

Wenn anstatt Wasser dünne Laugen zu erwärmen sind, so kann man mit Heizschlangen aus Kupfer gegen 70 %, aus Schmiedeeisen gegen 60 %, aus Gußeisen gegen 40 % und aus Blei gegen 33 % der für Wassererwärmung durch Kupferrohre angegebenen Kalorien übertragen.

Hat man dicke, zähflüssige oder kristallinische Flüssigkeiten zu heizen, so fällt der Wärmetransmissionskoeffizient bis auf 300 bis 200 Kalorien.

Liegt also beispielsweise die Frage vor, wie lang eine Heizschlange aus Bleirohr von 40 mm lichter Weite und 5 mm Wandstärke sein muß, um aus einer dünnen Lauge (20°) stündlich 25 kg Wasser mit einem Dampf von 3 Atm. Kesseldruck = 144° C. abzudampfen, so lautet die Antwort: 25 kg Wasserdampf aus einer anfänglich 20° warmen Lauge entsprechen $(80 + 540) . 25 = 15500$ Kalorien. 1 qm Blei-Heizfläche überträgt stündlich $\frac{(1000—1500) . 33}{100}$ = rund 400 Kalorien bei einer Temperaturdifferenz von 1° und bei einer solchen von $144 - 100 = 44°$ folglich $44 . 400 = 17600$ Kalorien. Demnach sind zur Übertragung von 15500 Kalorien 0,88 qm Blei-Heizfläche erforderlich, und diese 0,88 qm entsprechen einer Rohrlänge von $\frac{0,88}{\pi . 0,04} = 7$ m. Bei dieser Berechnung ist die Abnahme des Dampfdruckes in dem Bleirohre nach dem Ende zu nicht berücksichtigt und ebenfalls nicht die von dem Eindampfgefäße durch Strahlung verloren gehende Wärme, welche je nach der Form und Isolierung des Gefäßes verschieden sein wird. Berechnet könnte letztere werden aus den folgenden Angaben.

In Kalorien ausgedrückt ist die pro Stunde und 1 qm ausgestrahlte Wärmemenge nach Péclet S, wenn t die Temperatur des Körpers und t_0 die Temperatur der Umgebung ist:

$$S = 124{,}72\, k\, 1{,}0077\, t_0\, (1{,}0077\, t - 1),$$

worin der Wärmeausstrahlungskoeffizient k für eine Reihe von Materialien folgende Werte hat:

Eisen	3,17	Ölanstrich	3,71
Eisen verbleit	0,65	Papier	3,77
Bausteine	3,60	Sand	3,62
Glas	2,91	Schwarzblech	2,77
Gips	3,60	Silber	0,13
Holz	3,60	Wolle	3,68
Kupfer	0,16	Zink	0,24
Messing	0,26	Zinn	0,22
Öl	7,24		

Während des Eindampfens sich ausscheidende feste Substanzen sind durch Schaufeln, Krücken und andere auch selbsttätig wirkende Apparate zu entfernen, da sie sonst als Isolierschicht der Heizflächen wirken und das weitere Eindampfen verlangsamen würden. Die Form und das Innere der Eindampfgefäße dürfen die Entfernung der ausscheidenden Massen nicht erschweren, weshalb eingelegte Heizschlangen hier am besten ganz vermieden werden oder doch wenigstens so geformt sind, daß die Beseitigung der ausgeschiedenen Masse zwischen den Heizrohren nicht zu schwierig wird.

Das Eindampfen mancher Laugen geht unter so starker Schaumbildung vor sich, daß der Schaum, wenn ein gelegentliches Abschöpfen oder ein eingebauter Schaumbrecher nicht hilft, durch geeignete Zusätze, wie Öl, Äther, Benzin u. dergl., verhindert oder durch schnell kreisende Schaufeln zerschlagen werden muß. Zur Beseitigung dieses Übelstandes gibt es außer den Schaumabscheidern verschiedene Spezialkonstruktionen, die von den Fabrikanten für die einzelnen Fälle in den Fachblättern empfohlen werden.

Die für das Eindampfen mittelst Dampf erforderliche Apparatur ist zunächst immer so zu bauen, daß die Heizdampfleitung mit Gefälle den zu heizenden Raum durchzieht, also an der höchsten Stelle ein- und an der tiefsten Stelle austritt. Im anderen Falle stagniert in dem Apparate das Kondenswasser, welches die Heizfläche verkleinert, die schädlichen Wasserschläge verursacht und auch die Wirkung der Kondenswasserableitung beeinträchtigen kann. Diese letztere ist, wie schon früher betont wurde, unter beständiger Kontrolle zu halten. Weiter ist es erforderlich zur vollkommenen Ausnützung des Heizdampfes, daß die Luft, die schwerer als der Dampf und der schlechteste Wärmeleiter ist, aus den Heizkörpern entfernt wird.

Die Form der Heizschlange und die Vereinigung der diese Schlange bildenden Rohre, ob durch Flanschen, Muffen oder Löten, dann deren Einbringung und Befestigung in der Apparatur, hängen von vielen für den jeweiligen Fall sich ändernden Umständen ab, wie die chemische Beeinflussung, die Art des Eindampfrückstandes, ob flüssig oder fest, und seine weitere Verarbeitung in demselben oder einem anderen Gefäße, die gleichzeitige Anbringung von Rührern, Entleerungs- und Füllröhren sowie Thermometerröhren u. dergl. Im allgemeinen ist bei der Anbringung der Heizschlange zu berücksichtigen, daß ein notwendig werdendes späteres Auswechseln der Abdichtung ihres Eintrittsstutzens an dem Apparat möglich sein muß, ohne daß dadurch die Heizschlange selber gedreht und pfropfenzieherartig verbogen wird. Dies wird erreicht, indem an dem Eindampfgefäß zunächst ein Flanschenstutzen angebracht, darauf das Ende der Heizschlange von innen nach außen durchgesteckt und mit einer Bordscheibe versehen wird, um gemeinsam mit dem Gefäßstutzen an das Dampfrohr angeflanscht werden zu können.

Thermometer und Manometer sind überall da anzubringen, wo bestimmte Temperatur- und Druckgrade beobachtet werden müssen. Man sollte nicht so häufig behaupten, daß es auch ohne solche geht. Der aus deren Abwesenheit infolge ungenügender Temperatur- oder Druckkontrolle entstehende Verlust durch gelegentliches Überkochen, verzögertes Eindampfen u. ä. übersteigt sehr bald die Anschaffungskosten dieser Apparate.

Das den Kondenstöpfen entströmende Wasser sollte stets sichtbar in die Leitung fließen, denn abgesehen davon, daß man die Wirkung des Kondenstopfes beständig auf diese Weise vor Augen hat und den Apparat genau einstellen kann, ist man in der Lage, in der Heizschlange oder dem Heizmantel etwa eintretende Defekte an dem mit dem Dampfwasser abfließenden Gefäßinhalt sofort zu bemerken und Verluste zu vermeiden. Das heiße Kondenswasser wird vorteilhaft in einer Tonleitung nach einem Sammelbassin geführt und zum Speisen des Dampfkessels benutzt; überdies empfiehlt sich der Anschluß einer Pumpe an das Heißwasserbassin, um für die vielen gelegentlichen Zwecke bequem heißes Wasser pumpen zu können und die anderen unvollkommeneren und unsparsameren Warmwassergelegenheiten zu ersetzen. Ob dieses heiße Sammelwasser selbst zur Speisung einer Heißwasserleitung verwendbar ist, deren Anlage in vielen Fabriken von Nutzen ist, muß von Fall zu Fall entschieden werden.

Um das Eindampfen noch ökonomischer zu gestalten, können außer der zweckentsprechendsten Anlage der Dampfheizkörper die aus den eindampfenden Flüssigkeiten sich entwickelnden Dämpfe, die sogen. Brüden, wiederholt nutzbar gemacht oder das Eindampfen selbst kann in Vakuumapparaten vorgenommen werden. Nach der Häufigkeit der Brüdenausnutzung in einer Verdampfanlage unterscheidet man Ein-, Zwei-, Drei- und Mehrkörperapparate, in denen der in einem Körper durch Einkochen erzeugte Dampf zum Heizen des nächsten usw. dient. So braucht man in einem Vierkörperapparat nicht mehr Dampf als in einem Einkörperapparat und nur den vierten Teil des Kühlwassers, nämlich nur für den letzten Körper.

Das Eindampfen in Vakuumapparaten ist deshalb vorteilhaft und billiger, weil alle Flüssigkeiten eine wesentliche Erniedrigung des Siedepunktes erfahren — im allgemeinen gegen 50°. Dadurch entsteht eine größere Temperaturdifferenz zwischen Dampf und Flüssigkeit, wodurch auch die effektive Leistung der Heizfläche größer als beim Eindampfen in offenen Gefäßen wird.

Im allgemeinen kann man annehmen, daß im Vakuum pro 1 qm Heizfläche mit

	Abdampf	Kesseldampf
aus Wasser	gegen 100	150 l
aus dünnen Laugen . . .	„ 60	90 l
aus dicken „	„ 35	45 l

Wasser in der Stunde verdampft werden können.

Stoffe, deren Siedepunkt höher als 160°, d. h. über der Temperatur des gewöhnlichen Kesseldampfes liegt, ferner solche, die nur niedrige Temperaturen vertragen und überhaupt nur im luftverdünnten Raume unzersetzt übergehen, muß man in Vakuumapparaten eindampfen resp. destillieren.

Bei den Vakuumverdampfapparaten ist die Kondensation und die davon abhängende Höhe des Vakuums, also die Leistung der Luftpumpe von erster Wichtigkeit. In dem Kondensator wird der von dem Verdampfer herkommende Dampf durch eingespritztes Wasser verflüssigt und die Luftverdünnung durch eine Luftpumpe aufrecht erhalten.

Eine Luftpumpe, die außer der Luft zugleich das aus der Kondensierung des Dampfes herrührende Wasser fortschafft, heißt nasse Luftpumpe, dagegen wird sie eine trockene genannt, wenn sie nur die Luft aus dem Kondensator beseitigt, während dessen Sammelwasser durch eine andere Pumpe oder durch freies Gefälle — von mindestens 10 m — abgeführt wird.

Die Kondensatoren sind als Einspritz- oder als Oberflächenkondensatoren gebaut und unterscheiden sich, wie die Bezeichnung zu erkennen gibt, dadurch, daß bei den ersteren das kondensierende Wasser und das Kondenswasser zusammenfließen und gemeinsam aus dem Kondensator gepumpt werden, während bei den letzteren die Verdichtung der Dämpfe in Röhren vor sich geht, die von dem Kühlwasser umflossen werden und somit nur das Kondenswasser aus dem Kondensator zu pumpen ist. Aus diesem Umstande ergibt sich, daß das für Einspritzkondensatoren verwendete Wasser reiner sein muß, um ein Verschleißen der Pumpenkolben zu vermeiden.

Um zu kontrollieren, ob etwa in den Vakuumapparaten die einzuengende Lösung bei eventuellem Überkochen mit dem Kondensationswasser weggespült wird, sind zunächst Schaugläser oder Wasserstandsrohre an geeigneten Stellen der Apparate anzubringen, außerdem ist aber auch zu empfehlen, in die Vakuumleitung zum Kondensator einen Glaskörper (Woulfesche Flasche o. a.) einzuschalten, in dem sich die ev. übergekochte Lösung ansammeln und sichtbar machen kann. Auch ist die gelegentliche Untersuchung des Pumpenwassers auf eine mögliche Verunreinigung durch Überkochen zu empfehlen.

Für die Einleitung des Eindampfens in einem Vakuumapparat ist es geboten, zuerst das Vakuum herzustellen und dann mit der Heizung zu beginnen. Bei umgekehrter Reihenfolge würde das der Luftdruckverminderung folgende zunehmende Sieden der Füssigkeit ein unvermeidliches Überkochen mit sich bringen. Das Öffnen der Hähne zu der gemeinsamen Luftpumpenleitung, die häufig durch die ganze Fabrikanlage geht, darf stets nur ganz allmählich geschehen, um keinen plötzlichen Luftdruckunterschied zu verursachen, welcher anderen davon abhängenden, gerade in Ausführung begriffenen Arbeiten schaden könnte.

Das Eindampfen mittelst Heizbäder ist zwar meist unökonomisch, aber in gewissen Fällen nicht zu umgehen. Es kommen Metall- (geschmolzen und pulverig), Sand-, Öl-, Wasser- und Luftbäder und solche von

Salzlösungen, Glyzerin und anderen Flüssigkeiten zur Verwendung. Die Einschaltung eines solchen Zwischenheizkörpers wird erforderlich, wenn eine besondere Feuersgefahr die Anwendung des direkten Feuers ausschließt, wenn eine bestimmte oder auch sehr gleichmäßige Temperatur verlangt wird, und wenn die Natur der einzudampfenden Flüssigkeit Ton- oder Porzellangefäße verlangt, die der Sicherheit wegen von einem solchen Heizbade umgeben sind. Die Heizkraft dieser Zwischenkörper hängt von ihrem Wärmeleitungsvermögen ab. Die allmähliche Zersetzung der flüssigen Heizbäder und ihre Einwirkung auf die Gefäße sind nicht außer acht zu lassen. Sandbäder gestatten nur eine langsame Temperaturregulierung und erfordern viel Brennmaterial. Metalle oxydieren sich, sind im Betriebe ziemlich teuer und erstarren nach dem Gebrauche, wobei auf das Einsatzgefäß ein schädlicher Druck ausgeübt wird. Salzlösungen können sich dissoziieren und das Material der Gefäße angreifen, auch verlangen sie einen beständigen Wasserersatz, gewisse Öle trocknen ein, und im allgemeinen riechen Ölbäder unangenehm und sind brennbar und daher feuergefährlich. Heizbäder, die sich konzentrieren, erhöhen damit ihre Heiztemperatur, weshalb sich auch immer die Einstellung von Thermometern in die Heizbäder empfiehlt.

Die Siedepunkte einiger für Heizbäder gebräuchlicher Lösungen sind:

Gesättigte Chlornatriumlösung 108°.
„ Natriumnitratlösung 110°.
„ Chlorcalciumlösung 180°.

Destillieren.

Das über das Eindampfen Gesagte gilt im großen ganzen auch für das Destillieren, welches sich von dem ersten ja nur dadurch unterscheidet, daß das Verdampfte durch Kühler kondensiert und in Vorlagen gesammelt wird, daß sich also der ganze Prozeß theoretisch ohne Materialverminderung in einem geschlossenen System abspielt. So ist auch das Eindampfen im Vakuum nichts anderes als ein Destillieren im Vakuum.

Für die Destillation schwer siedender Flüssigkeiten muß das Übersteigrohr nach dem Kühler möglichst niedrig gehalten und bis zu seinem höchsten Punkte, so auch der Helm der Destillierblase, gegen äußere Abkühlung isoliert werden. Auch wirkt das Durchdrücken oder Durchsaugen eines den Prozeß nebenbei günstig beeinflussenden oder wenigstens nicht störenden Gases durch Blase und Kühler und event. auch durch die Vorlage fördernd auf die Destillation. Erstarrt das Destillat zu einer festen Masse, dann ist das Übersteigrohr dementsprechend weit zu halten, vielleicht auch von außen zu erwärmen und die Vorlage bei gänzlicher Ausschaltung des Kühlers ihrerseits selbst zu kühlen.

Viele organische Verbindungen polymerisieren sich bei Gegenwart verunreinigender anorganischer Salze oder Metalle während der Destillation oder kondensieren sich und liefern dadurch schlechte Ausbeuten.

Deshalb sind solche unreinen Stoffe nicht nur bis auf den als unschädlich ermittelten Rest davon zu reinigen, sondern auch die Destillierblasen nach dem jedesmaligen Gebrauche zu säubern.

Etwas anders gestaltet sich das Destillieren in den Fällen, in denen sich das Destillat von dem Destillationsrückstand nur durch den Siedepunkt unterscheidet und in denen es richtiger als Fraktionieren bezeichnet wird. Dieses wird betriebsmäßig in den „Kolonnenapparaten" ausgeführt, worunter Destillierapparate verstanden werden, die zur schärferen und vollkommeneren Trennung der verschieden hoch siedenden Flüssigkeiten einen zwischen Destillierblase und Kühler geschalteten Teil haben, der aus der Kolonne und dem Kondensator besteht.

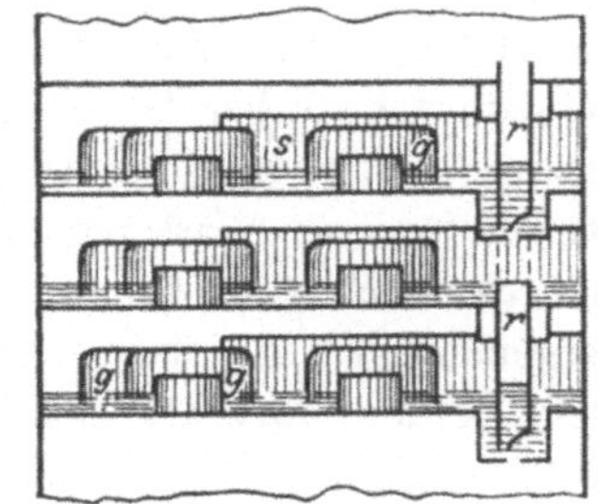

Die Kolonne bildet einen langen zylindrischen Aufsatz auf der Blase, der eine Anzahl unter sich in Verbindung stehender Zwischenböden besitzt. Nach der Gestaltung dieser Zwischenböden heißen die Kolonnen Glocken- oder Siebkolonnen.

Die Zwischenböden der Siebkolonne (Fig. 116) sind siebartig durchlöchert und haben ein Überlaufrohr, welches 20—30 mm über den Boden herausragt — damit die Flüssigkeit nicht früher abläuft, als bis sie eine Schicht solcher Dicke auf dem Siebboden bildet — und in den in dem nächst tieferen Boden eingesetzten Napf mündet. Das von diesem Boden wieder auf den nächst tieferen führende Rohr befindet sich diametral gegenüber usw.

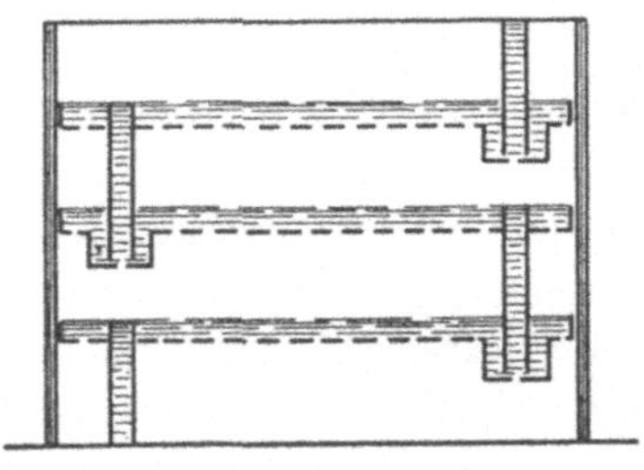

Fig. 116.

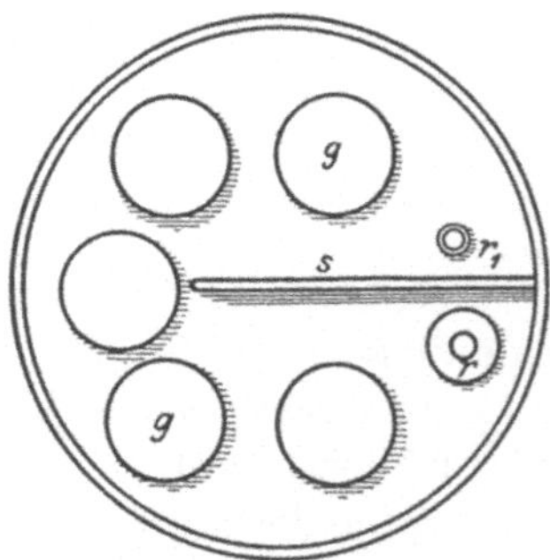

Fig. 117.

Die Zwischenböden der Glockenkolonne (Fig. 117) sind voll und haben je eine Anzahl Glocken g. Damit die auf den tieferen Boden überfließende Flüssigkeit nicht auf dem kürzesten Wege aus einem Abflußrohr r in das nächst tiefere r_1 gelangen kann, sondern den ganzen Boden bedeckt, ist eine Scheidewand s eingelegt, um die sie herumfließen muß. Das letzte Überlaufrohr des untersten Bodens reicht bis in die Flüssigkeit der Blase.

Die Fortsetzung der Kolonne nach oben bildet ein Rohr, das von obenher in den Kondensator eintritt, welch letzterer gleich einem Röhren- oder Schlangenkühler gebaut ist und ja auch die durchströmenden Dämpfe partiell kondensieren soll. Das unten aus dem Kondensator austretende Rohr teilt sich und führt mit der unteren Abzweigung mit zwischengeschaltetem U-Rohr (zur Absperrung der Flüssigkeit) das Kondensierte auf den obersten Kolonnenboden zurück, während die obere Abzweigung die nicht kondensierten Dämpfe in den Kühler leitet.

Der Verlauf der Fraktionierung ist nun folgender: Zunächst werden die in der Blase entwickelten Dämpfe durch die — durchlochten — Böden der Kolonne resp. durch die Glocken hindurchstreichen und sich in dem Kondensator teilweise verdichten. Die schwerer siedende Flüssigkeit wird kondensiert und läuft durch die Kolonne in die Blase zurück, die Dämpfe der leichter siedenden Anteile werden nach Verflüssigung in dem Kühler als Vorlauf in die Vorlage übergehen. Die Flüssigkeit auf den Siebböden wird von dem Druck der von unten kommenden Dämpfe — dem Arbeitsdruck — getragen und das Zuviel derselben fließt durch die Überlaufrohre nach den nächst tieferen Böden. Und wenn das Überlaufrohr des untersten Bodens Flüssigkeit in die Blase zurücktreten läßt, dann erst befindet sich die Kolonne in richtiger Tätigkeit.

Die Kolonnenböden bilden eine Reihe von Kochherden, auf denen Leicht- und Hochsiedendes verdampft, doch von dem hauptsächlich von obenher kommenden Leichtsiedenden mehr. Die Dämpfe gelangen — entweder durch die Sieblöcher oder durch die Glocken — auf die nächst höheren Böden, sich dabei beständig in die beiden Teile zerlegend, so daß sich in den obersten Böden immer mehr von dem Leichtsiedenden ansammelt und schließlich in dem Kondensator eine letzte Trennung vor sich geht.

Der Kondensator ist also ein unentbehrliches Zubehör des Apparates nicht nur deshalb, weil er eine gewisse Trennung durch partielle Kondensierung bewirkt, sondern auch weil er den für die Wirkung der Kolonne absolut erforderlichen, an Leichtsiedendem reichen Rücklauf produziert.

Während dieses Arbeitsstadiums herrscht also in der Kolonne ein ganz bestimmtes Spannungsverhältnis, welches abhängig ist von dem Grade der Heizung, den Abmessungen — der Höhe — der Kolonne und der Menge Rücklauf aus dem Kondensator. Da nun aber bei einer Anlage die Größe der Kolonne unveränderlich ist und die Heizung so geleitet wird, daß ein gleichmäßiges ruhiges Sieden des Blaseninhaltes stattfindet, so geht daraus hervor, daß die Wärmeregulierung des Kondensators — besonders im Anfangsstadium des Prozesses — das Wesentlichste für die Praxis ist; und da hat sich nun durch die Erfahrung bestätigt, daß die Temperatur des abfließenden Kondensatorwassers am besten durchschnittlich etwa um 10° unter dem Siedepunkt des jeweilig aus dem Kühler abfließenden Destillates gehalten wird. Der Inhalt des

U-förmigen Lutterrohres muß nach Beendigung der Destillation entleert werden. Das bei unaufmerksamer Überwachung eintretende „Überschießen" der Kolonne ist fast immer eine Folge zu starker Kühlung des Kondensators, seltener einer zu lebhaften Heizung der Blase; natürlich kann auch beides zugleich die Ursache werden.

Zur Ingangsetzung einer Destillation füllt man den Kondensator mit Kühlwasser und läßt die Temperatur durch die aufsteigenden Dämpfe bis auf etwa 10° unter dem Siedepunkt des Vorlaufes steigen, dann erst reguliert man die Temperatur des Kondensatorwassers durch Einstellen des Zulaufhahnes.

Zu betonen ist noch, daß ein zu häufiges Drehen und Stellen an den Ventilen und Hähnen unter allen Umständen zu vermeiden ist. Je weniger man an der Apparatur herumfingert, desto besser arbeitet sie gewöhnlich. Nie darf man außer acht lassen, daß die Wirkung eines anders gestellten Ventiles oder Hahnes sich immer erst nach einer gewissen Zeit bemerkbar macht, und wenn die Kolonne einmal nicht nach Wunsch arbeiten will, ist Ruhe und Geduld das Wichtigste, um möglichst bald des Übelstandes Herr zu werden.

Den Glockenkolonnen ist vor den Siebkolonnen aus folgenden Gründen der Vorzug zu geben: Zunächst ist der Arbeitsdruck bei den Siebkolonnen größer als bei den anderen. Dann können auch bei jenen infolge des Siedens auf den Siebböden eine Menge Tropfen auf die nächst höheren Böden überspritzen, wodurch eine Vermischung der Flüssigkeiten zweier übergeordneter Böden stattfindet, während gerade zur Erzielung eines möglichst hohen Fraktionsunterschiedes nur die leichteren Dämpfe von Boden zu Boden höher steigen sollen. Bei den Glockenkolonnen spritzen ab und zu Tropfen wohl gegen die vollen Böden des darüber befindlichen Abteils, können sich aber mit dessen Inhalt nicht mischen.

Aus diesem Gesagten ergeben sich einige Momente, die bei der Aufstellung der Kolonnenapparate zu berücksichtigen sind. Zunächst müssen die Kolonnenböden besonders der Siebkolonnen genau wagerecht in den aufgesetzten Kolonnenzylindern liegen, damit die abschließende Flüssigkeitsschicht auf der ganzen Fläche der Kolonnenböden gleichmäßig dick ist. Dann darf in den dazu erforderlichen sehr hohen Räumen keine Zugluft — durch geöffnete Fenster u. a. — entstehen, die eine wechselnde Abkühlung der Kolonnenzylinder und eine dadurch bedingte Unregelmäßigkeit in der Arbeit zur Folge haben würde, welche zur Erzielung einer guten Fraktionierung unter allen Umständen zu vermeiden ist. Endlich muß außer für eine bequeme Beschickung der Kolonne und ebensolche Bedienung der Armaturen für eine unbehinderte Kontrollierung des abfließenden Kondensatorwassers gesorgt werden, dessen Temperatur zu wissen für die Einstellung des ganzen Verlaufes eben nötig ist.

Wenn somit auch der die Kolonnenapparate bedienende Arbeiter zuerst mit Geduld angelernt werden muß, bis er das Ganze nicht nur mechanisch zu handhaben gelernt, sondern auch wirklich begriffen hat, so wird er bei einiger Intelligenz doch bald dahin kommen, die Arbeit mit vollkommener Sicherheit und dem nötigen Verständnis zu besorgen.

Sublimieren.

Durch dieses Verfahren werden die Produkte in Kristallen gewonnen, welche sich durch einen hohen Glanz, große Leichtigkeit und Reinheit auszeichnen.

Das zu sublimierende Material wird in einem Ofen in flachen Schalen bis zur Sublimationstemperatur geschmolzen und die Beförderung der sich verflüchtigenden Masse nach der Vorlage, einem durch einen Kanal mit dem Ofen verbundenen großen Kasten, mit Hilfe eines vorgeheizten, durchgeblasenen, unschädlichen Gases — meist Luft oder Kohlensäure — beschleunigt. In dem mit einem indifferenten Material ausgekleideten Kasten sammeln sich die Kristalle, während das Gas aus einer mit Stoff bespannten, die Kristalle nicht durchlassenden Öffnung des Kastens entweicht. In den seltensten Fällen wird das Sublimieren aus Apparaten befriedigende Ausbeute liefern, welche denen für die Destillation nachgebildet sind, weil bei ihnen die Oberfläche des zu sublimierenden Materials zu klein ist.

Für die Erzielung guter Ausbeuten ist es auch notwendig, daß die Temperatur des Sublimierofens nicht übertrieben wird, und daß die zu sublimierenden organischen Produkte frei von anorganischen Verunreinigungen sind, welche beim andauernden Erhitzen auf die organischen Verbindungen kondensierend wirken und unbrauchbare Kondensationsprodukte liefern. Der nicht überhitzte Sublimationsrückstand kann meist durch Umkristallisieren gereinigt und zur abermaligen Sublimation verwendet werden.

Entfärben.

Zum Entfärben und unter Umständen auch zur Geruchsbeseitigung wird außer rein chemisch — reduzierend und oxydierend — wirkenden Mitteln vornehmlich Kohle verwendet. Jede Kohle ist dazu nicht brauchbar, so ist zunächst Holzkohle weniger wirksam, als Blut- und Knochenkohle. Dann gibt es von den beiden letzteren Arten so verschiedene Qualitäten, daß man nur durch Ausprobieren zu der besten und zugleich billigsten für den jeweiligen Zweck gelangt, zuweilen auch eine geringere Sorte durch Reinigung in einem bestimmten Sinne brauchbar macht. Für manche Betriebe, wie die Rübenzuckerfabrikation, werden sehr große Mengen Kohle gebraucht, bei denen dann der geringste verbilligende Faktor in der Zubereitung sowohl wie die Regenerierung nicht außer acht gelassen werden darf. Über die Untersuchung der Kohle bestehen genau ausgearbeitete Untersuchungsmethoden.

Von dem feinsten Mehl bis zur Haselnußgröße werden die verschiedenen Körnungen für diese oder jene Verwendungen bevorzugt, so daß man nicht von einer vorteilhaftesten Korngröße sprechen kann. Außer der wechselnden entfärbenden Kraft spielt der Gehalt an Salzen, besonders Eisen, Kalk, Phosphorsäure usw., eine zur Vorsicht mahnende Rolle, da diese von den zu entfärbenden Flüssigkeiten ausgelaugt werden und sie verunreinigen können. Ebenso kann die Kohle außer den Farbstoffen einen Teil der in Lösung befindlichen und zu reinigenden Substanzen, wie Alkaloide, Kristalle u. a., aufnehmen, welche derselben von ihrer Regenerierung durch Auskochen entzogen werden müssen. Schon zu stark mit Farbstoff beladene Kohle kann diesen an die Flüssigkeit wieder abgeben, welche etwa zur Entfärbung mit ihr behandelt wird, daher darf man die Kohle nicht bis zum äußersten ausnützen.

Die Regenerierung — Wiederbelebung — der Knochenkohle geschieht, wenn sich nicht aus der Verwendungsart eine einfachere Reinigung ergibt, in der Weise, daß sie nach dem Auswaschen mit kochendem Wasser mehreremal abwechselnd mit verdünnter Salzsäure und Natronlauge ausgekocht, mit destilliertem Wasser gut gewaschen und nach dem Trocknen in verschlossenen Gefäßen geglüht wird. An entfärbender Kraft kann die Kohle verlieren durch infolge zu starken Glühens verursachtes Zusammensintern und auch durch langes Liegen an der Luft, weshalb sie am besten unter Wasser, zum mindesten aber feucht, aufbewahrt werden sollte.

Außer der Tierkohle findet die Kaolinkohle vielfache Verwendung, welche man aus eisenfreien, porösen Porzellanbrocken erhält, die mit einer beim Verbrennen stark rußenden Flüssigkeit, wie Naphtalinlösung, Terpentinöl u. a., getränkt und bei beschränktem Luftzutritt abgebrannt werden.

Wie man zum Zwecke der Entfärbung zu verfahren hat, hängt von manchen Nebenumständen ab. In allen Fällen ist es aber von Wichtigkeit, daß die Kohle mit der ganzen zu entfärbenden Flüssigkeit soviel wie möglich in Berührung bleibt, was z. B. durch Rühren oder beim Kochen durch das Wallen der Flüssigkeit erreicht wird. Nicht schüttelbare Gefäße oder solche mit mangelhafter Rührvorrichtung eignen sich zum Entfärben nicht. Die zwischen dem gelegentlichen Umrühren verstreichende Zeit ist für die Entfärbung so gut wie verloren.

Aus diesem Grunde finden mit großem Vorteil kontinuierlich und sehr schnell wirkende Kohlenkolonnen vielfache Verwendung. Das sind in der Regel terrassenförmig hintereinander geschaltete Bottiche oder zylindrische Gefäße aus Eisen, Kupfer und Ton, die ganz mit Kohle gefüllt sind. Die zu entfärbende Flüssigkeit durchfließt die Bottiche nacheinander von unten nach oben steigend mit einer regulierbaren Geschwindigkeit, welche für die genügende Entfärbung ermittelt wird. Um das Auskristallisieren heißer gesättigter Lösungen z. B. zu verhindern, können diese Gefäße mit Heizschlangen ausgerüstet werden. Bei kontinuierlich arbeitenden Kohlenkolonnen empfiehlt sich, eine für den Gebrauch fertige, mit Kohle beschickte Reservekolonne zu haben, damit stets ein Zylinder zur Reinigung ausgeschaltet werden kann. Die Entfärbung verläuft dann folgendermaßen: Wird die Flüssigkeit z. B. durch vier Kohlenzylinder gedrückt und tritt aus dem letzten ungenügend entfärbt aus, so wird ein frisch beschickter fünfter Zylinder hintergeschaltet, während der erste, älteste, ausgeschaltet wird, so daß die vier Zylinder in der Reihenfolge 2, 3, 4 und 5 arbeiten, während 1 erneuert wird. Wenn dann später 2 als der älteste unbrauchbar ist, wird 1 wieder eingeschaltet und die Zylinder funktionieren in der Reihenfolge 3, 4, 5, 1. Um die Gefäße in dieser Abwechselung hintereinander schalten zu können, erhält jedes vier verschieden hohe, mit Hähnen versehene Austrittsöffnungen, welche, dem jeweiligen Turnus entprechend, mit den Boden- oder Eintrittsstutzen der Gefäße durch Schläuche verbunden werden können. Die Korngröße der Kohle ist so zu wählen, daß nicht nur keine Verstopfung eintreten kann, sondern auch das zum Durchdringen des nächsten Zylinders erforderliche Gefälle nicht zu groß werden muß.

Klären.

Das Klären bezweckt die Beseitigung der die Trübung verursachenden suspendierten Teile einer Flüssigkeit, welche durch Filtrieren allein oder doch nicht schnell genug blank erhalten werden kann. Bei genügender Ruhezeit klären sich wohl fast alle Flüssigkeiten vollkommen durch bloßes Absitzen, da aber die dafür erforderliche Zeit aus fabrikatorischen oder sonstigen Gründen meist nicht abgewartet werden kann, muß zu künstlichen Klärmitteln geschritten werden. Diese sind natürlich sehr verschieden und richten sich nach Art der trübenden Ursachen.

Die zur Entfärbung verwendeten Zusätze wirken meist gleichzeitig auch klärend. Bisweilen gibt zerzupftes Filtrierpapier oder ein daraus hergestellter Brei schon befriedigende Resultate. Zu Schaum geschlagenes Eiweiß, mit dem die zu klärende Flüssigkeit aufgekocht wird, ist ein häufig verwendetes Klärmittel. In manchen Fällen kann durch einen absichtlich erzeugten indifferenten Niederschlag (Kalkwasser und Schwefelsäure) die Trübung beseitigt werden.

Die gerbsäurehaltigen Flüssigkeiten werden durch Leimzusatz in Form von Gelatine, Hausenblase, Abkochung von Kalbsfüßen oder mit Bleiazetat geklärt. Auch kann mit Gerbsäure und nachherigem Zusatz von Leim geklärt werden. Andere Mittel sind Knochenkohle, poröses Porzellan, Bolus, Tonerde, gebrannter Gips und gebrannter Alaun.

Ein inniges und anhaltendes Mischen und Schütteln der zu klärenden Flüssigkeit vor dem Absitzen ist auch hier eine Hauptbedingung.

Kristallisieren.

Mit Hilfe der Kristallisation werden die chemischen Körper entweder gereinigt oder in eine bestimmte (Handels-) Form übergeführt.

Die für beide Zwecke innezuhaltenden Arbeitsbedingungen sind nicht immer die gleichen.

Bei der eine Reinigung bezweckenden Kristallisierung sucht man im allgemeinen eine möglichst kleine Kristallform zu erhalten, da große Kristalle und Kristalldrusen durch eingeschlossene Mutterlauge verunreinigt bleiben können. Oft ist es auch angebracht, die ausgeschiedenen Kristallkonkretionen später zu brechen, um die eingeschlossene Mutterlauge zu entfernen. Auch wird sich das zur Reinigung geeignetste Lösungsmittel nicht immer mit dem zur Erzielung einer bestimmten Kristallform erforderlichen decken.

Für die Wahl des geeignetsten unter den in Betracht kommenden Lösungsmitteln sind, abgesehen von ihrer rein chemischen Beurteilung, folgende Faktoren zu berücksichtigen: Erstens der eben erwähnte Einfluß des Lösungsmittels auf die Kristallform. Ferner die lösende Kraft bei verschiedenen Temperaturen; ist der Unterschied nicht genügend groß, so daß beim Erkalten der durch Kochen erhaltenen Lösung nur eine unbedeutende Abscheidung stattfindet, so muß die Lösung eingedampft werden, wodurch weitere Einstandskosten entstehen. Endlich das Verhalten der Verunreinigungen zu dem Lösungsmittel; wenn diese nicht schon beim Lösen zurückbleiben oder andererseits so leicht löslich sind, daß sie beim Auskristallisieren in der Lauge bleiben, muß letztere durch Kohle oder andere in dem besonderen Falle erprobte Zusätze geklärt, gereinigt, vor der oxydierenden Wirkung des Luftsauerstoffes geschützt oder auch wohl durch fraktionierte Kristallisation partiell gereinigt werden. Schließlich ist der Preis des Lösungsmittels zu erwägen; ein technisch brauchbares darf die Kalkulation nicht zu stark belasten. Der rechnerisch zum Ausdruck kommende Verlust an Lösungsmittel muß durch rationelle Arbeitsweise und geeignete Einrichtungen, wie Verminderung des durch Verschütten und Verflüchtigung Verlorenen, Wiedergewinnung durch Destillation usw., auf das Mindestmaß beschränkt werden.

Die Umstände, von welchen die Bildung einer bestimmten Kristallform, ob Schuppen, Blättchen, feine oder derbe, kurze oder spießige Nadeln u. a., abhängen, können in dem Rahmen der Laboratoriumsversuche auch nicht immer festgestellt werden, da die Kristallisationsbedingungen bei größeren Massen im Betriebe teils an und für sich andere sind, teils anders gestaltet werden können. So wird die Zeit des Abkühlens unter Umständen zu beschleunigen oder zu verzögern, die geeignetste Bewegungsform der kristallisierenden Lösung durch die Gestalt der Rührschaufeln und der Rührgeschwindigkeit zu ermitteln sein. Die Krustenbildung kann durch häufiges Abstoßen von der Gefäßwand oder durch Umhüllung des Kristallisationsgefäßes mit einem Heizmantel vermieden werden, dessen Temperatur mit der der kristallisierenden Flüssigkeit gleichmäßig abnimmt.

Dann ist ferner auch die Art der Trennung der Kristalle von der Lauge sowie die Trocknung und das Sieben derselben von Einfluß auf ihr Aussehen. Empfindliche Kristalle dürfen auf dem Filter und bei dem Sieben nicht zu viel gerührt und gerieben werden, um die Bildung von zu vielem unansehnlichen Grus zu vermeiden.

In seltenen Fällen werden die Mutterlaugen ohne weiteres für eine neue Kristallisierung verwendbar oder als ganz wertlos zu verwerfen sein, viel häufiger werden sie, event. nach Ansammlung größerer Mengen und abermaliger Entfärbung, zum Auskristallisieren weiter eingedampft, um eine zweite Kristallisation zu liefern. Diese letztere ist meistenteils nicht so rein und schön wie die erste und stellt oft eine geringere Handelsware dar, sofern sie nicht als ganz unbrauchbar in den Betrieb zurückgeht.

Nicht zu unterschätzen ist der Gebrauch des Thermometers bei der Kristallisierung, dessen Beobachtung zunächst ein gleichmäßiges Arbeiten ermöglicht und außerdem vielleicht sehr bald ein Temperaturoptimum für den Kristallisationsvorgang erkennen läßt.

Trennung fester Körper von Flüssigkeiten.

Das Trennen fester Körper von Flüssigkeiten kann und muß je nach der Beschaffenheit beider Teile auf die verschiedenste Weise bewirkt werden, sei es durch Absetzen und Dekantieren, durch Filtrieren event. unter Druck oder unter Vakuum, sei es mit Hilfe aller möglichen Arbeitsmaschinen, wie Nutschen und Zentrifugen, Pressen und Filterpressen.

Wenn sich aus dem flüssigen Teil der feste scharf und nicht zu langsam trennt, wird jener nach dem Absetzen des letzteren zur Beschleunigung des Verfahrens soweit wie möglich abgegossen, abgezogen oder abgehebert und nur der Rest auf mechanische Weise getrennt. Manche schleimigen Körper lassen sich nur mit Hilfe des Dekantierverfahrens trennen oder können nur durch Schleudern in der Zentrifuge zum Absetzen gebracht werden.

Für die Trennung durch eine filtrierende Fläche und die darüber befindliche Schicht des Rückstandes hindurch ist es immer nötig, daß dieser letztere für die Flüssigkeit möglichst durchlässig bleibt und zum Zwecke der nachfolgenden Auswaschung eine gleichmäßige, geschlossene und nicht durch Risse zerklüftete und auch nicht zu lockere Schicht bildet. Unter anderen Umständen würde die Waschflüssigkeit durch die Risse und am leichtesten zu passierenden Stellen hindurchgehen, ohne die Masse gleichmäßig auszuwaschen; und daher müssen die Arbeiter in den Betrieben, wo diese Möglichkeiten eintreten können — bei Nutschenfiltern z. B. —, über die richtige Behandlung der Filterkuchen unterwiesen werden.

Das letztere gilt auch von dem Filtrieren mit Hilfe von Trichterfiltern. Diese Art der Filtrierung, die in den Betrieben noch oft genug besorgt werden muß, wird mitunter so fehlerhaft ausgeführt, daß Zeit-

und Materialverlust damit verbunden bleiben. Zunächst ist dem Arbeiter beizubringen, ein Faltenfilter ordentlich zu brechen und dasselbe richtig in den Trichter einzustellen, d. h. so, daß es gut filtriert und nicht reißt. Das gebrochene Filter ist mit der Spitze ordentlich in die Trichterröhre zu stecken und dann auszubreiten und zu füllen, indem die Flüssigkeit gegen die schräge Wand und nicht gegen den spitzen Boden gegossen wird. Ein sorglos locker in den Trichter eingesetztes Filter bildet anstatt der Spitze einen frei hängenden Sack ohne Faltenlücken, der das Filtrat des oberen Filterteiles zurückhält und überdies in dieser flachen Ausbreitung sehr leicht unter dem Druck der Flüssigkeit reißt. Daß das Filter nicht über den Trichterrand hinausragen und daß der Trichter selbst die stabilste, wenn auch eine schräge Stellung, in dem Flaschen- oder Ballonhalse einnehmen soll, klingt zwar sehr selbstverständlich und wird in den Laboratorien auch beobachtet, aber die durch Umbrechen des Filterrandes und Umkippen des Trichters in den Betriebsräumen verschütteten oder nochmals zu filtrierenden Mengen sind ansehnlich genug, um diesen Hinweis zu rechtfertigen. Sodann sollte nie die ganze zu filtrierende Flüssigkeit in ein Gefäß filtriert werden, damit bei einem immerhin möglichen Reißen o. dergl. nicht die ganze Arbeit bis dahin umsonst gemacht ist. Auch das wird häufig aus Bequemlichkeit gründen vernachlässigt. Endlich sei noch daran erinnert, daß größere Filter aus doppeltem Papier gebrochen haltbarer oder durch eingesetzte Filterkonusse oder durch kleine in die großen gestellten Trichter besser gestützt werden. Filtrierpapiere mit Stoffeinlage sind zwar teurer, aber wesentlich betriebssicherer. Leicht flüchtige und stark riechende Flüssigkeiten werden mit der Vorsicht filtriert, daß man sie nicht mit frei fallendem Strahle auf das Filter, noch aus dem Trichterrohr frei abfließen, sondern sie im Glasrohre bis fast auf den Boden des Filters und nachher im verlängerten Trichterrohre bis auf den Boden des Gefäßes fließen läßt und den Trichter mit einer Glasplatte zudeckt. Da es öfter notwendig wird, das Gewicht einer im Filtrieren begriffenen Flüssigkeit festzustellen, tut man gut, ein für allemal die Tara auf den Trichter zu vermerken.

Das Filtrieren in größerem Maßstabe geschieht mit Hilfe von Tüchern und Beuteln. Die richtige Auswahl des geeignetsten, d. h. am besten filtrierenden und dabei billigsten Stoffmaterials ist nicht immer leicht.

Das Abfiltrieren von schleimigen, amorphen und kolloidalen Niederschlägen wird unter Vermeidung jeden Druckes in flachen, mit Gitterböden versehenen Kästen vorgenommen, über welche die Filtertücher gelegt werden. Um zu verhindern, daß das Waschwasser sich in dem auszuwaschenden Brei eine Straße bahnt und ihn unvollkommen auswäscht, bricht man den auffallenden Strahl des Waschwassers, indem man ihn auf ein auf dem Brei liegendes Brett fließen läßt. Die sich in dem Filterkuchen bildenden Risse sind mit einer Kelle glatt zu streichen.

Leichter filtrierende Substanzen werden durch Beutel gegossen, koliert, mit der Berücksichtigung, daß ein Beutel trübes Filtrat liefert, so lange er nicht ordentlich durchfeuchtet ist und das Gewebe sich nicht verdichtet hat. Deshalb wird er am besten vorher ganz damit getränkt oder gleich zu Anfang ganz voll gegossen und das untergestellte Gefäß gewechselt, sobald das Filtrat klar läuft. Fehlerhaft aber ist es, den Beutel zuerst nur halb zu füllen und mit der zunehmenden Verlangsamung des Filtrierens ihn voller und voller zu gießen. Auf diese Weise wird der obere bisher trocken gebliebene Teil immer wieder trübes Filtrat liefern. Daß der Beutel dem Gewichte seines Inhaltes entsprechend in genügend festen Schlingen oder Ösen hängen soll, wird bisweilen auch vernachlässigt. Ein Rühren in den Beuteln ist nicht immer angängig, da dadurch häufig der Rückstand durch den Stoff gedrückt wird. Man tut besser, den Beutelinhalt zum Zwecke des Auswaschens in ein Gefäß zurückzuschütten, ihn dort mit dem Waschwasser anzurühren und das Ganze wiederum in den Beutel zu bringen.

Für viele Zwecke sind die Sandfilter im Gebrauch, die in allen Dimensionen angelegt werden können. Sie werden in Gefäßen und Bassins in der Weise eingebaut, daß auf eine Schicht gewaschener Steine oder Scherben zunächst kleinere Steinbrocken, dann grober Kies und zuletzt Sand geschichtet werden. Auf dem Boden des Filters sammelt sich das Filtrat event. in Kanälen, die sich zu der gemeinsamen abführenden Leitung vereinigen. Auch können zur Verhinderung des Auskristallisierens beim Filtrieren heißer Lösungen Heizschlangen in die Kiesschichten gelegt werden. Zur Herrichtung von Sandfiltern kleinerer Abmessung benutzt man flache, auf dem Boden durchlochte Tonschalen, die ihrerseits auf Holzbottiche, Tontöpfe u. dergl. gestellt sind. In gegebenen Fällen wird auf die oberste Sandschicht noch ein Filterstoff gelegt, der in einen aus spanischem Rohr gebogenen Reifen gespannt wird.

Der Querschnitt der Filter richtet sich sowohl nach der zu filtrierenden Menge, als auch nach dem Quantum des Rückstandes und dessen Durchlässigkeit. Ist diese letztere nur gering, dann muß, wenn das Filtrieren nicht gar zu langsam vor sich gehen soll, das Filter reichlich breit genommen und die Schicht ziemlich dünn gehalten werden.

Vakuumfilter, auch Nutschen genannt, nutzen zur Erhöhung der Leistung die saugende Wirkung der Luftpumpe aus. Dieselben werden zunächst ohne Anstellung des Vakuums beschickt, welches erst nachher und dann auch nur ganz allmählich hergestellt wird, wenn die Flüssigkeit bereits filtriert. Zieht man etwa erst das Vakuum, und bringt dann das Material auf das Filter, so wird man außer einem trüben Filtrat das Filter in kurzer Zeit versagen sehen, weil sich die Poren der Filterschicht bei dieser Art des Saugens zu schnell verstopfen.

Ferner ist auch bei der Vakuumfiltration die Vorsichtsmaßregel zu treffen, daß die Saugleitung in dem höchsten Punkte des Filtergefäßes angeschlossen, und daß in die Saugleitung ein Zwischengefäß eingeschaltet wird, um ein Übersaugen und ein damit verbundenes Verschmutzen der Pumpe zu verhindern und auch Verlusten vorzubeugen.

In manchen Fällen hat es sich als praktisch erwiesen, die auf dem Filter befindliche Mischung durch mäßiges Rühren in Bewegung zu halten, um den schlecht durchlässigen Rückstand an dem Absitzen zu hindern und die Dicke der von ihm gebildeten festen Schicht zu verringern.

Zur Trennung fester Körper von Flüssigkeiten unter Anwendung von Druck dienen die Zentrifugen und Filterpressen. Sie können aus zweierlei Gründen in Anwendung kommen: erstens, wenn eine Trennung ohne Druck nicht betriebsmäßig durchführbar ist, und zweitens, wenn eine schnelle und hohe Leistung erzielt werden soll.

Der Bau der Zentrifugen ist im Prinzip bekannt. Der Antrieb der rotierenden Trommel geschieht selten von oben, meist von unten, entweder durch ein ausrückbares Riemenvorgelege von der Transmissionswelle aus oder durch eine anmontierte Maschine oder durch einen Elektromotor, der auf der Trommelachse sitzt oder diese durch Riementrieb betätigt. Kleine Zentrifugen für gelegentliche Zwecke haben auch Handbetrieb. Welcher Art des Antriebes der Vorzug zu geben ist, hängt von den obwaltenden Umständen ab. Der unter der Trommel angebrachte Antrieb hat außer der leichteren Montierung den Vorzug, daß der Zentrifugenkessel bequem zugänglich und daher leicht bedienbar ist, und daß kein Schmieröl in denselben gelangen kann. Das Material der Schleudertrommel kann je nach dem Verwendungszweck Kupfer, Stahl, Schmiedeeisen, Nickel, Bronze, ferner auch verbleit, emailliert und mit Hartgummiüberzug oder mit Ton- oder Porzellaneinsätzen versehen sein.

Für den Zentrifugenbetrieb, welcher mit einer durchschnittlichen Umdrehungsgeschwindigkeit von 1000 Touren arbeitet, muß sich alles in tadelloser Verfassung befinden, da sonst sehr schwere Unglücksfälle durch Explodieren der Trommel entstehen können. Das Maximum der für jede Zentrifuge zulässigen Beladung muß gerade so wie der Maximaldruck der Dampfkessel deutlich angeschrieben sein (s. Unfallverh.-Vorschr. § 64 u) und seine Überschreitung streng geahndet werden. Das Füllen der Zentrifuge geschehe sehr sorgfältig im Stillstande oder bei langsamem Gang und das Anlassen ganz allmählich, damit sie keine Schleuderbewegungen macht. Zum Ausgleich der nicht immer zu vermeidenden ungleichmäßigen Verteilung des Materials in der Trommel dient ein verschieden konstruierter Regulator, der in der Hauptsache aus einer Anzahl lose auf der Trommelachse sitzender Ringe besteht, die sich bei beginnender Rotation nach der zu wenig beschwerten Stelle hin verschieben. Dieser Regulator muß sich zunächst in absoluter Ordnung befinden, wenn Unheil vermieden werden soll.

Spezialausführungen von Zentrifugen erstrecken sich auf Vorrichtungen zur prompten Beschickung und Entleerung in periodischem und kontinuierlichem Betriebe, ferner auf solche zur Verhütung von Verlusten bei leicht flüchtigen Flüssigkeiten, wie auch auf die Heizbarkeit derselben.

Zu den Filterpressen können auch die den Kopierpressen ähnlich gebauten, mit der Hand zu betreibenden Schrauben- und Kniehebelpressen, sowie die hydraulischen Pressen gerechnet werden. Das abzupressende Material wird in einen passenden Sack geschüttet, dieser verbunden und zwischen den Preßbacken mit allmählich steigender Kraft ausgepreßt. Die Säcke sind so in die Pressen zu legen, daß die Nähte respektive die geschwächten Stellen von den Preßbacken bedeckt werden.

Die Filterpressen im engeren Sinne des Wortes sind die leistungsfähigsten Arbeitsmaschinen dieser Klasse. Sie bestehen aus einer Anzahl (4—50) $^1/_4$—1 qm großer, meist quadratischer Filterkammern mit festen Scheidewänden, die mit Ausnahme der ersten festen Kopfkammer, gegen welche alle andern gepreßt werden, zwischen zwei horizontalen Tragschienen hängend hin und her geschoben werden können. Das Anpressen geschieht mit Hilfe verschiedenartiger Schrauben, Hebel und hydraulischer Konstruktionen, die an die Schlußkammer ansetzen.

Die Art der Zuführung des Materials mittelst einer Pumpe, eines Montejus oder anderer Transportvorrichtungen, die Transportierung in die einzelnen Filterkammern, die Art der Auslaugung und Abführung des Filtrats, sowie die Befestigung der Filtertücher sind konstruktiv sehr mannigfaltig.

Nach dem Bau der Kammern unterscheidet man Kammerpressen und Rahmenpressen. Bei den ersteren wird die Filterkammer durch zwei benachbarte, mit vorstehenden Rändern zusammenstoßende Filterplatten hergestellt, so daß die Preßkuchen beim Öffnen der Presse — beim Auseinanderziehen der Filterplatten — frei herabfallen. Bei den letzteren werden die Filterkammern von den Rahmen gebildet, die abwechselnd zwischen zwei Filterplatten hängen, so daß die Preßkuchen mit den Rahmen herausgenommen werden können.

Die Kammerpressen werden bevorzugt, wenn die abgepreßte Flüssigkeit gewonnen werden soll oder wo es sich um geringe Kuchenstärken, bis zu 25 mm, und um schwer filtrierbare Substanzen handelt. Rahmenpressen sind dort am Platze, wo die Kuchen das Hauptprodukt bilden und wo die Bildung großer Kuchenstärken möglich ist. Die Art der Materialzuführung zu den Kammern ist auch bei beiden Pressen verschieden, und leicht verstopfende Massen könnten z. B. nicht durch die engen Zuführungen der Rahmenpressen gedrückt werden.

Das Material dieser Pressen ist ebenso verschieden, wie das der Zentrifugen, und richtet sich ganz nach der Beschaffenheit der zu filtrierenden Stoffe.

Die Filtrationsfähigkeit ist abhängig von der Natur der zu filtrierenden Masse, auch vom Filtermedium und dem Filtrationsdrucke, der im allgemeinen nicht über 4 Atm. zu steigen braucht. Um ein sauberes Filtrat zu erzielen, soll die Filtration mit natürlichem Drucke von 3—4 m Fallhöhe geschehen. Das Auslaugen der Filterkuchen sollte aber stets mit natürlichem Drucke vorgenommen werden, und zwar mit nicht über 5 m Fallhöhe. Dadurch erzielt man ein gleichmäßiges Auslaugen und verhindert, daß der beim Auslaugen vorhandene einseitige Plattendruck nicht zu stark wird, durch welchen andernfalls die meisten Plattenbrüche entstehen. Die Menge des Auslaugewassers ist im allgemeinen gleich dem Gewichte der Preßkuchen.

Trocknen.

Das Trocknen spielt in der chemischen Fabrikation eine sehr wesentliche Rolle, und deshalb sollten, sobald es einen integrierenden Teil der Fabrikation ausmacht und nicht nur gelegentlich vorkommt, die dafür zu schaffenden Anlagen von einer sachverständigen und mit guter Erfahrung ausgerüsteten Firma ausgeführt werden, sofern nicht sonst unverwendbare Wärme zur Verfügung steht und die ökonomische Seite nicht in Frage kommt.

Aus Flüssigkeiten abgeschiedene nasse Stoffe sind von ihrem Wasser auf mechanischem Wege durch Ablaufenlassen, Zentrifugieren, Abpressen, Absaugen möglichst vollkommen zu befreien, ehe sie durch Verdunstung des Restwassers vollends getrocknet werden.

Ungenügend von der Mutterlauge befreites Trockengut wird beim Trocknen leicht dadurch unansehnlich, daß die Laugenreste sich in den dem trocknenden Luftstrom am meisten exponierten Teilen, den Kristallkanten und Spitzen, konzentrieren und sie mißfarbig machen. Durch Trocknen bei Luftzutritt verderbende Stoffe werden meist im Vakuum getrocknet. Auch kann die nachteilige Wirkung der Luft dadurch hintangehalten werden, daß das Trockengut vor dem Trocknen mit schwefliger Säure, mit Alkohol u. dergl. ausprobierten Mitteln nachgewaschen wird. Das Trocknen verwitterbarer und leicht schmelzbarer Kristalle muß mit Vorsicht und Beobachtung der nicht zu übersteigenden Temperatur geschehen. Für den letzten Zweck findet man, wenn dieser Umstand ganz besonders ins Gewicht fällt, die Trockenräume mit Alarmvorrichtungen versehen, die bei einem beliebig einstellbaren Temperaturgrade selbsttätig in Funktion treten.

Wenn ein gemeinsamer Trockenraum zum Trocknen aller aus den Betrieben kommenden Materialien dient, ist es erforderlich, daß die einzelnen Hürden und Gefäße ordentlich signiert und mit dem Datum der Einbringung versehen werden. Ganz besonders aber ist darauf zu achten, daß nicht etwa gleichzeitig Stoffe getrocknet werden, die sich gegenseitig schädlich beeinflussen könnten. Dann müssen in der Verteilung der verschiedenen Waren bestimmte Vereinbarungen getroffen werden, denn sonst können unter den Arbeitern verschiedener Betriebe nur zu leicht Streitigkeiten über die Platzfrage entstehen.

Die Erwärmung der atmosphärischen Luft in Vermengung mit Feuergasen oder ohne solche zum Zwecke des Trocknens ist nötig, wenn dasselbe nicht in Vakuumapparaten ausgeführt wird. Die einfachste, aber auch am unrationellsten wirkende Trockenvorrichtung sind die offenen Plandarren in Gestalt großer Flächen aus Eisen oder Ton, die von unten geheizt werden. Bedeckte Plandarren mit künstlichem Luftzuge kommen den Trockenkammern schon näher. In diesen letzteren wird das Trockengut seiner Beschaffenheit entsprechend aufgestapelt oder besser auf Hürden oder geeigneten flachen Gefäßen ausgebreitet und die Erwärmung auf irgend eine den Umständen zusagende Weise durch direkte Feuerung, Dampf, Abgase erreicht. Durch gleichzeitige Zuführung frischer, am besten vorgewärmter Luft und Abführung der mit Wasserdampf beladenen durch einen Kamin oder Exhaustor wird schon eine wesentliche Beschleunigung des Trockenprozesses bewirkt, die noch erhöht wird, wenn die Luft nicht hindurchgesaugt, sondern mit mäßigem Überdruck hindurchgepreßt wird. Denn die im Gebiete des beim Saugen entstehenden vorherrschenden Luftstromes liegenden Materialien werden auf diese Weise ziemlich schnell getrocknet, wohingegen die in den toten Ecken liegenden sehr zurückbleiben und von Zeit zu Zeit nach günstigeren Orten der Trockenkammer umgelegt werden müssen. Bei eingepreßter Trockenluft bilden sich weniger deutliche, verschieden wirkende Trockenzonen.

Dieser Umstand, das Trockengut nach der Richtung des trocknenden Luftstromes umzulegen, hat zum Bau der Trockenanlagen mit bewegtem Trockengut geführt. Solche Anlagen beruhen meist auf dem Prinzip des Gegenstroms, so daß das feuchteste Material zunächst mit der am wenigsten trocknen Luft in Berührung kommt und mit zunehmender Austrocknung der trockensten und heißesten Luft entgegenbewegt wird.

Zu diesen Anlagen gehören die Kanaltrockner und die Trockentrommeln. In den ersteren schiebt sich das Material auf Wagen in den geheizten Kanälen vorwärts, so daß durch jeden hinten einfahrenden Wagen mit nassem Material die ganze Wagenreihe vorwärts bewegt und der erste mit vollkommen getrocknetem Gut zum Herausfahren vorgeschoben wird. In diesen mit einer beliebigen Feueranlage geheizten Kanälen wird die Luft ohne Nachteil ebensogut gesaugt wie gedrückt.

Die Trockentrommeln sind für kontinuierliche Trocknung mittlerer Quantitäten recht geeignete Apparate. Die Heizung kann von innen oder außen oder von innen und außen geschehen. Die Vorwärtsbewegung des Materials ist konstruktiv der bei den Siebtrommeln nachgebildet, nämlich durch die konische Form der Trommel oder durch die Einbauung schneckenförmiger Mitnehmer. In allen Fällen aber strömt dem Material die trocknende Luft entgegen.

Sechste Abteilung.

Nebenprodukte und Abgänge.

Weitaus die meisten chemischen Fabrikationen liefern Nebenprodukte. Diese sind nun entweder noch verwertbar oder sie sind vollkommen wertlos und werden als Fabrikationsabgänge beseitigt. Die noch verwertbaren Nebenprodukte werden auch meist verwertet und bisweilen sogar mit einem sehr guten Nutzen. Teils findet sich für sie aber keine geeignete Verwendung, infolgedessen sie dann oft, wenn auch mit Bedauern, mit den Abgängen verworfen werden.

Da es nun aber eine oft beobachtete Tatsache ist, daß für dergleichen bisher vernachlässigte Nebenprodukte eines Tages eine gute Verwendung gefunden wurde, und sie mit einem Male ein begehrter Artikel wurden (Teer, Abraumsalze, Thomasschlacke), so sollte es zum allgemeinen Grundsatz gemacht werden, solche Stoffe, welche nicht ganz gehaltlos sind, so lange nicht wegzuwerfen, wie sie ohne Umständlichkeiten und Belästigung aufbewahrt werden können.

Auf den Verbleib der Nebenprodukte muß aus naheliegenden Gründen schon bei der Schaffung des Betriebsverfahrens Rücksicht genommen werden. Sich mit der Hoffnung trösten, daß dieselben schon irgendwie aus der Welt zu schaffen sein werden, kann zu recht unbehaglichen Situationen führen, die sogar bis zur Einstellung des ganzen Betriebes gehen können.

Bis zu einem gewissen Grade kann die Rücksicht auf die Nebenprodukte schon die Wahl der Rohmaterialien beeinflussen, wie etwa in dem Sinne, daß ein Verfahren trotz der Verwendung eines teureren Rohproduktes deshalb rentabler werden kann, weil dabei ein mit einem bestimmten Nutzen verwertbares Nebenprodukt erhalten wird, während ein anderes billigeres Rohprodukt dies nicht ermöglicht. Ferner wird der Gang des Prozesses in gewissen Fällen derart zu modifizieren sein, daß die Nebenprodukte an einem für die Trennung von dem Fabrikate besonders günstigen Punkte abgeschieden werden können. Schließlich übt bisweilen auch das Nebenprodukt einen nachteiligen Einfluß auf das Material der Apparatur aus und ist aus diesem Grunde bei Zeiten in Erwägung zu ziehen.

Nicht selten bestimmen die Nebenprodukte, wenn sie qualitativ oder quantitativ für die Fabrikation in Frage kommen, die Wahl des Ortes für die zu errichtende Fabrik, und ebenso häufig bilden sie die Ursache zu Differenzen zwischen der Fabrik und den Umwohnern derselben, welche schon manchmal zu langwierigen Prozessen geführt haben.

Aus dem Gesagten geht hervor, daß die Frage der Nebenprodukte mit allem Ernste behandelt werden muß. Je nach ihrer Beschaffenheit, ob fest, flüssig oder gasförmig, verlangen sie verschiedene Berücksichtigung sowohl in dem baulichen Teile der fabrikatorischen Einrichtung, wie in der Art ihrer Beseitigung.

Die festen Nebenprodukte erfordern zunächst, daß sie aus den sie erzeugenden Betrieben ohne Schwierigkeiten entfernt werden können. Dazu sind bequeme Transportmittel und -wege innerhalb der Betriebe und bis nach dem Orte ihrer Ablagerung zu schaffen, die auf die denkbar billigste Weise funktionieren, da ja jede für ihre Beseitigung aufzuwendende Summe die Fabrikation belastet. Ein billiger Grund und Boden, auch in nicht zu großer Entfernung von der Fabrik, wird für dergleichen Abfälle liefernde Betriebe zur Notwendigkeit. Denn die Rentabilität der Fabrikate findet bald ihre Grenzen, wenn womöglich ständiges Fuhrwerk zur Wegschaffung der Nebenprodukte in Anspruch genommen werden muß. Seil- und Hängebahnen sind bis zu einem gewissen Grade die mit den geringsten Betriebskosten verbundenen Transportmittel auch für dergleichen Zwecke. Sie lassen sich nur nicht in allen Fällen anbringen.

Manche (Hütten-) Betriebe sind geradezu von Bergen von Nebenprodukten umgeben und werden schließlich gezwungen, ihre Fabrikation dieserhalb aufzugeben oder zu verlegen. Im allgemeinen kann daher nur jeder Fabrik empfohlen werden, etwa disponibeles Terrain mit vorhandenen Gruben und Tiefen für die immerhin einmal möglich werdende Ablagerung von Nebenprodukten in diesem Zustande zu lassen und nicht ohne zwingenden Grund aufzuschütten und zu planieren. Erhöht werden die Schwierigkeiten der Beseitigung noch, wenn durch Witterungseinflüsse die Nebenprodukte unter Entwickelung belästigender Gerüche und Jauche zersetzt werden. Dann ist auch darauf Rücksicht zu nehmen, daß die abgelagerten Nebenprodukte zu steinharten Massen erhärten oder im Gegenteil auch nie festwerdende Aufschüttungen liefern können, so daß in dem einen wie in dem andern Falle ein mit solchen Abgängen aufgeschüttetes Terrain für Bau- und ähnliche Zwecke ungeeignet wird.

Die Beseitigung der flüssigen Nebenprodukte, Abwässer, bietet keine Schwierigkeiten, solange sie neutraler Natur sind und in Kanäle oder Flußläufe geleitet werden können. Ihre Abführung aus den Betriebsräumen gestaltet sich fast immer sehr einfach durch die Anlage von Rohrleitungen nach dem durch den Fabrikhof ziehenden Hauptsiel. Nichtsdestoweniger ist darauf zu achten, daß die Möglichkeit, beim Leckwerden oder bei Verstopfung der Leitungen zu ihnen zu gelangen, erhalten bleibt und nicht außergewöhnliche Umständlichkeiten und Arbeit verursacht. Dies kann der Fall werden, wenn sie in ihrer verdeckten und versteckten Lage bei Betriebsvergrößerungen oder -änderungen unberücksichtigt bleiben, weshalb hier nochmals auf die Wichtigkeit eines Liegeplanes aller unter Erde liegenden Leitungen mit ihren Abzweigungen, Verbindungsstellen usw. hingewiesen sein soll.

Die Einschaltung von Schlammfängern, Gullys, die event. breit genug zum Besteigen sein müssen, gebietet sich teils für die bei jeder Leitung von Zeit zu Zeit notwendig werdende Reinigung, teils auch deshalb, weil die durch den Betrieb beständig mitgeführten Verunreinigungen fester Art darin ablagern sollen. Bilden dieselben in den Abwässern einen zu großen Gehalt, so daß letztere nicht ohne weiteres in die öffentlichen Kanäle und Flußläufe geschickt werden können, dann müssen vor dem Austritt des Kanals aus dem Grundstück Klärbassins eingeschaltet werden, deren spezielle Ausführung den jeweiligen Umständen anzupassen ist. Die Orts- und Strompolizeibehörden haben zur Verminderung der Verunreinigung der Flußläufe durch industrielle Abwässer in letzter Zeit sehr verschärfte Vorschriften erlassen, über die man nicht ununterrichtet bleiben sollte, zumal da sie in den verschiedenen Gegenden sehr voneinander abweichen. Fehlt uns doch noch immer ein einheitliches Wasserrecht!

Des weiteren ist mitunter zu berücksichtigen, daß die aus den verschiedenen Betriebsteilen herkommenden Abwässer bei ihrer Vereinigung in einem Hauptrohr unlösliche Niederschläge (Gips, kohlensaurer Kalk) erzeugen und damit die Leitung verstopfen können, so daß nachher eine Reinigung ganz unmöglich wird. In diesen Fällen wird ein jedesmaliges reichliches Nachspülen für eine starke Verdünnung und für eine lebhafte Strömung in den Kanalröhren absolut notwendig.

Die Einmündungen zu den Abflußröhren in den Betriebsräumen sollten zudem zu jeder Zeit und augenblicklich verschließbar sein, damit bei Bruch von Gefäßen nicht etwa wertvolle Laugen dahinein verloren gehen können.

Die gasförmigen Nebenprodukte sind ihrer Natur nach entweder nur belästigend oder auch gleichzeitig der Gesundheit direkt schädlich. In dem einen wie in dem andern Falle müssen sie beseitigt werden. Die beste Beseitigung ist ihre Vernichtung, nur ist diese nicht immer vollkommen zu erreichen, wenigstens nicht innerhalb der zulässigen Kosten.

Aus den Arbeitsräumen sind sie teils durch gute Ventilatoren, teils durch kräftig wirkende — saugende — Abzüge zu entfernen. Je nach der chemischen Beschaffenheit der Abgase sind die Abzugskanäle aus Metall — Eisen, Blei —, aus Ton oder Holz angefertigt. Sie werden im allgemeinen nicht so sehr von den durchstreichenden Gasen angegriffen, als vielmehr von der mitgerissenen Feuchtigkeit, die sich in den Röhren dann als konzentrierte Lösung der betreffenden Gase ansammelt. Aus diesem Grunde sollten alle Abzugskanäle mit einem Gefälle angelegt werden, damit dieses Sammelwasser darin nicht stagniert, sondern nach einer dafür eingerichteten Stelle hinfließt und dort den Kanal verläßt.

Manche Gase werden schon dadurch genügend beseitigt, daß sie über dem Fabrikdach ins Freie treten und mit der Luft sich vermischen. In stärkerem Maße lästige Gase werden, wenn ihre Beschaffenheit es zweckmäßig erscheinen läßt, zur Verbrennung unter die Kesselfeuerung geführt. Andere treten erst in den Fuchs des Schornsteins, um in höheren Schichten von der Luft verdünnt zu werden. Manche Abgase werden aber auch auf diese Weise noch nicht hinreichend beseitigt, sondern verraten ihre verderbliche Existenz in den Flurschäden, die sie beim Niederfallen anrichten. Man hat infolgedessen die abführenden Schornsteine höher und in manchen Fällen ganz außergewöhnlich hoch gebaut (die hohe Esse der kgl. sächs. Hüttenwerke in Halsbrücke bei Freiberg ist 140 m hoch), um die Gase während des Niederfallens zur Erde mehr zu verdünnen. Bisweilen hat das einen Erfolg gehabt, bisweilen aber auch hat man die Wirkungszone der Gase nur weiter gerückt. In manchen Gegenden sind die aus solchen Flurschäden entstehenden Prozesse beständig an der Tagesordnung, und die darüber bestehende Literatur beweist zur Genüge, von welcher Bedeutung diese Angelegenheit für die dabei Beteiligten ist.

Bei der Anlage neuer Fabrikschornsteine tut man gut, die Möglichkeit des Anschlusses späterer Abzugskanäle an den Fuchs oder Schornstein selbst vorzusehen, aber auch daran zu denken, daß durch solche Abzugsanschlüsse die Zugkraft der Esse für die Feuerungsanlage vermindert wird.

Das Material des Schornsteinmauerwerks resp. des inneren Mantels ist der chemischen Eigenschaft der Gase entsprechend zu wählen, denn sonst ist seine Existens nicht von langer Dauer. Auf Steinwärder in Hamburg wurde im Jahre 1901 ein 89 m hoher Schornstein gesprengt, der diese beträchtliche Höhe aus dem oben genannten Grunde erhalten hatte, in wenigen Jahren aber durch den Einfluß der Säuregase so rissig geworden war, daß der die Nachbarschaft bedrohende Zustand seine Beseitigung notwendig machte.

Eine andere Art, die Gase unschädlich zu machen, besteht darin, daß sie von Wasser absorbiert werden, indem entweder ein feiner Sprühregen in dem erweiterten Abzugsrohr unterhalten wird oder indem das Wasser in hohen Kokstürmen niederrieselt und nach dem Prinzip des Gegenstromes das von unten aufsteigende Gas aufnimmt. Diese Reinigungsart setzt natürlich voraus, daß das mit solchen Gasen gesättigte Wasser unschwer beseitigt oder seinerseits unschädlich gemacht werden kann.

Weiteres über Abwässer und Abgase findet sich in:

C. Weigelt. Beiträge zur Lehre von den Abwässern. Berlin.
Haselhoff und Lindau. Die Beschädigung der Vegetation durch Rauch. Berlin.

Siebente Abteilung.

Kalkulieren und Inventarisieren.

Die **Kalkulation** bezweckt die Ermittelung der Gestehungskosten eines Fabrikates und bildet somit den ausschlaggebenden Prüfstein für die Brauchbarkeit der Fabrikation. Denn mag ein Betrieb wissenschaftlich und technisch auch noch so durchstudiert und ausgebildet sein und läßt er keinen Gewinn, der zu den angewendeten Kosten in einem erträglichen Verhältnis steht, so ist er eben unlohnend und an sich eigentlich einzustellen. Damit ist aber nicht gesagt, daß ein Betrieb, der sich aus irgend welchen Gründen als unrentabel erweist, auch in jedem Falle und zu jeder Zeit eingestellt werden muß. Ja, bisweilen kann er auch gar nicht so ohne weiteres eingestellt werden.

So kann es vorkommen, daß infolge eines bestehenden Verkaufsabschlusses noch ein gewisses Restquantum einer Ware zu liefern ist, zu dessen Darstellung das benötigte Rohmaterial aus unvorhergesehenen Ursachen nur zu einem empfindlich höheren Preise beschafft werden kann, als es bei der Preisnotierung des Fabrikates kostete. Andrerseits kann ein noch sehr großer Vorrat des Rohmaterials, dessen Preis mittlerweile stark gefallen ist und auch den des daraus gewonnenen Fabrikates in Mitleidenschaft gezogen hat, unter Umständen dazu zwingen, die Fabrikation ohne oder doch nur mit einem sehr geschmälerten Gewinn zu betreiben.

Neben solchen auf rein kaufmännischem Gebiete liegenden Unsicherheiten gibt es aber auch technische, die mehr den Betriebs-Chemiker berühren und für die man ihn unter Umständen auch selbst verantwortlich machen kann. So kann die Fabrikation durch Vergeudung der Rohmaterialien oder durch sorgloses Arbeiten und mangelhafte Kontrollbestimmungen quantitativ geschädigt werden. Auch kann sich die Ausbeute infolge Verschmutzung der Apparatur oder ihres ungeeigneten Materials wegen verringern. Nicht so bedenklich wie dergleichen chronische Verschlechterungen sind die akuten, deren Ursachen leichter erkannt und abgestellt werden können.

Um eine Fabrikation wirtschaftlich zu bewerten, ist außer der auf Grund einer normal durchgeführten Arbeit erhaltenen Kalkulation eine ständige oder doch in bestimmten Zeitabschnitten zu wiederholende Kontrollierung notwendig, welche über die Situation Aufschluß gibt.

In dem fabrikatorischen Teil einer Kalkulation figurieren:

1. die Rohmaterialien,
2. Dampf, Wasser, Kraft,
3. der Arbeitslohn und
4. die Abnutzung der Apparatur.

Von der diese Posten ausmachenden Summe ist event. der Wert der etwa erhaltenen Nebenprodukte in Abzug zu bringen und der dann verbleibende Betrag stellt den Fabrikationseinstandspreis des erhaltenen Fabrikates dar, zu welchem der von dem Kaufmann aufzustellende Teilbetrag für allgemeine Spesen (Immobilien- und Mobilienzins und -abschreibung, Abgaben, Verwaltung, Verkaufsunkosten) hinzukommt.

In vielen Fabriken sind der Einheitlichkeit halber vorgedruckte Kalkulationsformulare im Gebrauch, welche alle Einzelheiten enthalten und nur auszufüllen sind. Als Beispiel dafür mag umstehendes Schema gelten.

Die für die Rohmaterialien anzusetzenden Preise enthalten alle darauf lastenden Spesen, wie Transportkosten, Emballage, Rückfracht für Leergefäße (Ballons, Fässer, Bomben), Zoll-, Versicherungs- und sonstige Gebühren usw.

Die Ermittelung des verbrauchten Dampfes geschieht in den meisten Fällen am einfachsten in der Weise, daß man den in Frage kommenden abgehenden Dampf zwecks vollkommener Kondensierung in ein zum Teil mit kaltem Wasser nicht ganz gefülltes gewogenes Gefäß schickt und nach der Beendigung der Ermittelungszeit die Gewichtszunahme feststellt, welche gleich der verbrauchten Dampfmenge ist. Aus der am Kessel festzustellenden Verdampfung ist dann leicht das dem verbrauchten Dampf entsprechende Gewicht Kohlen zu erfahren.

Der Kraftverbrauch kommt in der erhöhten Maschinenleistung zum Ausdruck, über deren Messung auf S. 151 ff. das Nähere gesagt worden ist.

Das Wasser ist entweder an irgend einer Stelle nach dem Betriebsgebrauche zu messen oder, wenn das nicht angängig ist, aus der Abnahme des Vorrates im Wasserreservoir zu ermitteln, was natürlich zur Voraussetzung hat, daß während der Beobachtungsdauer kein anderer Betrieb Wasser aus dem Reservoir entnimmt. Wenn dies Verfahren auch nicht ausführbar sein sollte, so kann der Wasserverbrauch auch noch aus der in der bestimmten Zeit erforderlichen Pumpenleistung berechnet werden.

Zur Feststellung des für ein Fabrikat verausgabten Arbeitslohnes ist das von dem Meister zu führende Lohnbuch einzusehen, in welchem der ausgezahlte Lohn nach den Personen und der von diesen verrichteten Arbeit zerlegt ist.

No. .... Datum .... den .... 08.

Kalkulation

über

....

Rohmaterialien:	Gewicht	Mk. %/0 kg		Mk.	Pf.
....	....	....	....	....	....
....	....	....	....	....	....
....	....	....	....	....	....
....	....	....	....	....	....
....	....	....	....	....	....
....	....	....	....	....	....
Dampf und Kraft				....	....
Wasser				....	....
Arbeitslohn: .... Stunden à .... Pf.				....	....
Sonstiges				....	....
....				....	....
Abnutzung und Verzinsung der Apparatur				....	....
			Summa	....	....
Wiedergewonnen .... kg		....	....	....	....
.... „		....	....	....	....
Andere Nebenprodukte .... „		....	....	....	....
.... „		....	....	....	....
.... „		....	....	....	....
.... „		....	....	....	....
Erhalten .... „		....	....	....	....
Fabrikations-Einstand für .... „		....	....	....	....
Allgem. Spesen für .... „		....	....	....	....
Verkaufs-Einstand für .... „		....	....	....	....

Name des Chemikers:

Zur Bemessung der Abnutzung der Apparatur muß man deren Wert, welcher die Montagekosten und auch die regelmäßig wiederkehrende Reparatur einschließt, wissen und auch abschätzen, innerhalb welcher Zeit und nach welcher Leistung sie wohl abgenutzt sein wird. Je nach der Dauerhaftigkeit amortisiert man sie jährlich mit 10—30 % ihres Wertes und noch höher und berechnet daraus die Summe unter Berücksichtigung der mit der Apparatur zu leistenden Jahresproduktion.

Im allgemeinen ist noch über die Kalkulation zu sagen, daß eine Beschönigung derselben, vielleicht in der Hoffnung, daß sich dieselbe nach und nach günstiger gestalten wird, ein sehr gefährlicher Fehler ist, der von Folgen schlimmster Art begleitet sein kann. Bei ungewissen und wechselnden Daten der Gestehungskosten sollte man stets die ungünstigsten annehmen und in die Zeilen für „Sonstiges“ alles hineinschreiben, was etwa noch das Fabrikat belastet und nicht in den anderen Benennungen unterzubringen ist. Die Bewertung der Nebenprodukte geschehe dagegen immer zu einem mäßigen Satze und unter eventueller Abrechnung für Arbeit und Quantitätsverringerung, welche mit einer für den weiteren Verbrauch notwendig werdenden Umarbeitung verbunden ist.

Eine und besonders die erste Kalkulation eines Fabrikates ist zur Aufstellung für den richtigen Einstandspreis nicht genügend und meist nur annähernd zutreffend. Durch gelegentliche Wiederholungen und unter Benutzung des Fabrikationsjournals, aus dem alle Angaben hervorgehen müssen, ist der durch eine Kalkulation ermittelte Einstandspreis zu kontrollieren und zu rektifizieren, je nachdem sich in der Fabrikation Änderungen eingestellt haben.

Die Kalkulation von Artikeln, deren Preise durch die Konkurrenz sehr gedrückt sind, gestaltet sich keineswegs so einfach, denn in diesen Fällen ist eben mit aller Sorgfalt festzustellen, welches der wirkliche Mindestpreis ist, und daher ist mit der peinlichsten Genauigkeit in der Ermittelung zu verfahren und diese für abgegrenzte Arbeitszeiten zu wiederholen, um von der Lage der Fabrikation beständig unterrichtet zu bleiben.

Ferner ist zu berücksichtigen, daß eine Kalkulation, welche für eine volle Beanspruchung der betreffenden Anlage aufgemacht ist, nicht mehr zutrifft und sich in ungünstiger Weise verändert, wenn die Anlage nur zeitweilig und nicht mit voller Ausnützung arbeitet. Ein Artikel, der bei 1000 kg täglicher Produktion in einer bestimmten Anlage guten Nutzen läßt, kann sehr viel weniger gewinnbringend werden, wenn etwa nur jeden zweiten Tag gearbeitet wird, oder nur 500 kg täglich produziert werden.

Das **Inventarisieren** ist die Bestandsaufnahme, durch welche nachgewiesen werden soll, in welcher Weise das Geschäftsvermögen den Mengen und Werten nach zu- oder abgenommen hat. Die Inventur wird gewöhnlich einmal jährlich vorgenommen und gestaltet sich in ausgedehnten

Betrieben zu einer nicht geringen Arbeit. In manchen Fabriken pflegt man zur Vermeidung von Irrtümern und daraus entstehenden falschen Geschäftsberichten der eigentlichen Inventur eine etwa einen Monat früher vorzunehmende Vorinventur voranzuschicken, welche zur ersten Orientierung und zur Kontrollierung der wirklichen Inventur dient.

Die Inventuraufnahme großer Betriebe erfordert eine sorgfältige Vorbereitung. Einerseits werden die Einzelbetriebe so hergerichtet, daß die Arbeit der Bestandsaufnahme leicht vonstatten geht, andererseits werden die mit Nummern versehenen Abteilungen und Räume der ganzen Fabrik systematisch verteilt. Für alle Abteilungen werden die Inventurkladden mit den entsprechenden Nummern der Räume, für die sie bestimmt sind, versehen, so daß ein Übersehen eines Raumes ausgeschlossen bleibt.

Über die Art der Inventuraufnahme bestehen in den verschiedenen Fabriken verschiedene Gewohnheiten. Bisweilen nehmen sie die Meister auf, bisweilen die Betriebs-Chemiker, bisweilen auch dritte Personen, die mit der Fabrikation sonst nichts zu schaffen haben. Welches von diesen Verfahren das zweckmäßigste ist, läßt sich im allgemeinen nicht sagen, da es ja ganz auf die herrschenden Verhältnisse ankommt. Die Aufnahme durch dritte Personen schließt immer eine Kontrollierung des fabrizierenden Personals ein, die, sobald sie den Charakter des Mißtrauens trägt, für den gewissenhaften Beamten etwas Verletzendes, sonst aber ihre vollkommene Berechtigung hat, wenn diese Einrichtung ein grundsätzlicher Geschäftsbrauch ist.

In der Voraussetzung, daß die Wägungen (und das ganze Inventarisieren ist in der Hauptsache doch nur ein Wägen und Messen) von den Meistern zuverlässig ausgeführt werden, kann man ihnen die Inventuraufnahme zunächst überlassen, indem man anordnet, daß jeder Gefäßinhalt — durch Anschreiben des Brutto- und Taragewichtes — nachkontrolliert werden kann und daß jedes inventarisierte Stück zum Zeichen dafür, daß es aufgenommen ist, mit einem deutlich sichtbaren Merkmal (Datum) versehen wird. Während dieser Zeit stellt man sich für jeden Betrieb das Verzeichnis der zu inventarisierenden Teile aus dem Gedächtnis zusammen, was einem nicht schwer fallen wird, wenn man den Betrieb so beherrscht, wie es von dem Betriebs-Chemiker verlangt werden kann. Wenn man dann mit dem Meister den inventarisierten Betrieb durchgeht, dessen Notierungen Stück für Stück nachsieht und — was dabei genügend schnell geschehen kann — in das selbst aufgestellte Verzeichnis einträgt und beide Bestandsaufnahmen miteinander vergleicht, so dürften nennenswerte Irrtümer ausgeschlossen sein.

Ob und bis zu welchem Maße während der Inventuraufnahme die Fabrikation ruht, hängt von den jeweiligen Fabrikationsverhältnissen ab. Nichtsdestoweniger kann man die Ruhepause bei überlegter Reihenfolge der Bestandsaufnahme wesentlich abkürzen, während man sie andererseits auch unnötig in die Länge ziehen kann.

Die Betriebsinventur setzt sich aus drei Gruppen zusammen: Aus den Rohprodukten, den Fertigprodukten und den Zwischenprodukten. Während über die ersten beiden kaum Unsicherheiten in der Bewertung bestehen werden, kann die Abschätzung der Zwischenprodukte von verschiedenen Gesichtspunkten aus erfolgen. An sich haben dieselben bei angenommener Einstellung der Fabrikation gar keinen oder einen viel geringeren als den Inventurwert, der ja die Fertigmachung voraussetzt. Daher können die Zwischenprodukte als Fertigprodukte in der Inventur figurieren unter Abzug der für die Fertigstellung noch aufzuwendenden Kosten. Andrerseits können sie auch auf die in ihnen enthaltenen Rohmaterialien zurückbewertet werden unter Zufügung der dafür bis zu diesem Stadium aufgewendeten Fabrikationskosten. Welche von diesen beiden Auffassungen man annimmt, ist schließlich gleich. Absolut notwendig ist es aber, nachdem eine von den beiden akzeptiert worden ist, nach dieser in jedem folgenden Jahre immer wieder zu verfahren, um unter sich vergleichbare Resultate zu erhalten.

In manchen Fabriken hat sich die Methode recht gut bewährt, in der Bewertung der Zwischenprodukte eine Grenze zu ziehen zwischen solchen, welche noch eine stoffliche Veränderung durchzumachen haben, und solchen, welche bereits das fertige Produkt, wenn auch in einer noch so unreinen Form, enthalten. Die ersteren werden dann auf die Rohprodukte umgerechnet und deren Wert um die bisher erforderlichen Fabrikationskosten erhöht, und die letzteren werden als Fertigprodukte eingestellt unter Abzug der dafür noch erforderlichen Fabrikationskosten.

Außer der alljährlich im ganzen Fabrikbetriebe vorzunehmenden Inventur empfiehlt sich eine Bestandsaufnahme in kürzeren Zwischenzeiten zunächst für Betriebe, in denen wertvolle Stoffe verarbeitet werden, um sich zu vergewissern, daß keine Verluste eingetreten sind. Dann ist sie da am Platze, wo die Kalkulierung — z. B. bei schwankenden Ausbeuten — beständig ausgeführt werden muß. Aus dem Ergebnis zweier aufeinander folgender Inventuren unter Berücksichtigung der aus dem Fabrikationsjournal ersichtlichen, in dieser Zwischenzeit verbrauchten Rohmaterialien und abgelieferten Ware lassen sich die Einstandspreise schnell berechnen.

Achte Abteilung.

Aufbewahrung und Versand der Fabrikate.

Das weitere Schicksal der aus den Betrieben abgelieferten Fabrikate, ihre Aufbewahrung und ihr Versand gehören im allgemeinen nicht zu den Obliegenheiten des Betriebs-Chemikers. Nichtsdestoweniger muß er darüber Bescheid wissen, um eintretenden Falles die erforderlichen Anweisungen geben zu können, zumal wenn die chemischen und physikalischen Eigenschaften der Waren eine besondere Behandlung erfordern; deshalb sollen darüber einige Worte gesagt werden.

Die aus der Fabrikation hervorgehenden Produkte werden entweder sogleich in die zum Versand bestimmten Behälter (Fässer, Kisten, Ballons usw.) gebracht, oder in dauernd dafür bestimmte Gefäße auf das Lager genommen, um aus diesen zum Verkauf detailliert zu werden. Das Material und die Beschaffenheit der für diese beiden Zwecke verwendeten Gefäße kann recht verschieden sein. Die Standgefäße des Lagers besitzen mitunter eine bis zur Eleganz gesteigerte Gediegenheit oder stellen andererseits das Allernotwendigste dar, was eben zur Aufbewahrung gerade genügt. Das eine soll ebensowenig gelobt, wie das andere getadelt werden, denn der Geldpunkt spielt hier — wenn auch nicht immer — eine bestimmende Rolle; die Hauptsache ist, daß die Zweckmäßigkeit dabei nicht außer acht gelassen wird.

Das Gefäß soll in der Form und Größe für die Füllung und Entleerung handlich und geeignet sein. Dies gilt besonders von den Flaschen und Kruken, die sich im praktischen Gebrauch häufig ihrer Enghalsigkeit wegen nur schlecht bewähren. Der Verschluß sei mit Rücksicht auf den Inhalt gehörig staub-, luft- und lichtsicher. Die aufgeklebte oder angebundene Etikette sei leserlich, dauerhaft, sauber (nicht von dem verschütteten Inhalt verschmiert), trage die genaue Handels-, respektive Katalogbezeichnung und sei nicht an dem Deckel oder einem anderen losen und verwechselbaren Gefäßteile befestigt.

Zur schnellen Ermittelung der Vorratsmenge sei auf jedem Gefäße die Tara verzeichnet. Die Kapazitätsangabe des Gefäßes ist von Nutzen, wenn man den Inhalt taxieren oder sich z. B. vergewissern will, ob ein aus dem Betriebe neu angeliefertes Quantum noch zu dem Rest in dem

Gefäße hinzugefügt werden kann. Zur schnellen und sicheren Ermittelung der Größe der für den Versand erforderlichen Gefäße werden nicht nur bei den Flüssigkeiten die spezifischen Gewichte, sondern auch bei den Salzen, Pulvern u. dergl. die Volumengewichte an die Standgefäße angeschrieben. Durch diese Vorsicht wird ein unnötiges Einschmutzen zu groß oder zu klein gewählter Versandgefäße vermieden und außerdem auch Zeit gespart. Schließlich sollen die Lagergefäße nicht vernachlässigt aussehen. An ihrer äußeren Beschaffenheit, der Art ihrer Aufstellung in ausgerichteten Reihen und der Sauberkeit und Ordnung in den Räumen ist die Person des Lagerverwalters zu erkennen. Ein gut geführtes Lager sieht immer aufgeräumt aus und ist für eine gewissenhafte Expedition eine Notwendigkeit. Bei der Anlage neuer Fabriken bedenke man daher auch die genügende Größe und zweckentsprechende Beschaffenheit der Lagerräume.

Für die Verteilung der Fabrikate auf den Lagerräumen sind verschiedene Gesichtspunkte maßgebend. Die Feuergefährlichkeit derselben verlangt eine Aufbewahrung, die teils von der Baupolizei, teils feuerversicherungsseitig vorgeschrieben ist und sowohl die bauliche Beschaffenheit der Lagerräume wie auch die Abgrenzung von den übrigen Lagerbeständen berücksichtigt. Außer diesen maßgeblichen Vorschriften wird man in den besonderen Fällen auch das zu beachten haben, was bezüglich Verteilung und Einrichtung im eignen Interesse der Sicherheit geboten erscheint.

Schwere und große Massen dürfen nicht unnötige Transportkosten verursachen und sind, wenn ihre Lagerung im Freien nicht angängig ist, zu ebener Erde oder in flach liegenden Kellerräumen zu lagern. Der Einfluß der Sommerwärme und der Winterkälte, sowie der Feuchtigkeit, des Lichts, von Dünsten und von Staub, welche auf die Beschaffenheit der Ware einen nachteiligen Einfluß haben können, sind für die verschiedenen Fabrikate zu berücksichtigen.

Die dem Verderben leichter ausgesetzten Produkte müssen zunächst so aufbewahrt werden, daß dieses Verderben nach Möglichkeit verhindert oder verzögert wird. Außerdem sind sie einer guten Überwachung und vor allem einer nochmaligen Untersuchung vor dem Versand zu unterwerfen.

Im allgemeinen wird der Grundsatz befolgt, daß die zuletzt angelieferte Ware nach der früher erhaltenen zum Verkaufe kommt. Können die Fabrikate verschieden ausfallen, dann ist man bisweilen gezwungen, dieselben getrennt aufzubewahren, um gewisse Nuancierungen für bestimmte Kunden zu reservieren. Daß das Material der Verpackung die Qualität der Waren in keiner Weise beeinflussen darf, ist eigentlich selbstverständlich, wird bisweilen aber doch außer acht gelassen.

Für etwaige Reklamationen oder sonstige Gründe ist zunächst von dem Chemiker vor der Ablieferung an das Lager ein Kontrollmuster zurückzuhalten, sodann nimmt der Lagerist von jeder Ablieferung auch ein Muster, das zum Vergleich mit dem in seinem Besitze befindlichen Typenmuster dient. Auf Grund dieses Vergleiches wird das Fabrikat entweder vom Lager angenommen oder an den Betrieb zur Umarbeitung zurückgewiesen. Die getrennt genommenen Lager- und Betriebsmuster dienen ferner dazu, bei vorkommenden Reklamationen die Ursache und die Stelle der Verantwortlichkeit festzustellen, da jene entweder in der Fabrikation oder in der mangelhaften Aufbewahrung oder schließlich in der Verpackung begründet sein können und demnach verschiedene Arten der Abhilfe erfordern.

Das Verpackungsmaterial und die Art der Verpackung für den Transport ist, abgesehen von gelegentlich seitens des Käufers gestellten Forderungen, auch recht verschieden und richtet sich nach dem Wert und dem Verwendungszweck der Produkte. Für Rohmaterialien und andere technisch verwendeten Fabrikate ist die Verpackung die geeignetste, welche bei genügender Transportsicherheit die Transportkosten am billigsten gestaltet. In diesem Sinne werden die leichten Spanfässer ebenso wie die Spezialwaggons den an sie gestellten Anforderungen gerecht, indem durch sie die Bruttotransportspesen, welche ja, wie weiter oben gesagt wurde, in die Kalkulationen wesentlich hineinspielen, auf das relative Minimum herabgedrückt werden. Man denke nur an das Gewicht der Stahlbomben für komprimierte Gase, an das der Ballons und Fässer sehr billiger Produkte, wie Schwefelsäure, Salzsäure, Ammoniak u. a. m.

Mit steigendem Wert der Ware verringert sich der Überpreis der Verpackung und diese kann dementsprechend vollkommener gestaltet werden. Und so sollte auch in allen Fällen, in denen die Verpackung nicht nur das allernotwendigste Mittel zum Zweck ist, auf dieselbe eine gewisse Sorgfalt gelegt werden, wie sie in den „Originalverpackungen“ der Fabriken ihre höchste Vollkommenheit erreicht. Außer der für die Natur des Fabrikates geeignetsten Beschaffenheit soll die Verpackung von A bis Z einen vertrauenerweckenden Eindruck machen. Eine dürftige, unsorgfältige oder oberflächliche Emballage ist niemals eine Empfehlung. Dahingegen wirkt die Originalität der Verpackung, die Art der „Aufmachung“ bei Spezialartikeln z. B. geradezu förderlich für den Verkauf. Die Anschauung, daß der Käufer nichts auf die Verpackung gibt und einzig die Qualität der Ware beurteilt, ist nur selten richtig. Das Produkt muß und kann durch die Wahl der Farbe und Form der Verpackung in die vorteilhafteste Erscheinung gebracht werden. So ist die innere Auskleidung der Kästen und Schachteln für weiße Produkte häufig mit voller Absicht blau gewählt, weil die Farbe des Produktes dadurch viel reiner erscheint.

Vor einem Zuviel in diesem Sinne wird ein Geschäft mit ernsten Grundsätzen natürlich Halt machen, um nicht mit denjenigen in eine Klasse geordnet zu werden, denen zunächst die Aufmachung und nachher erst die Qualität der Ware erster Geschäftsgrundsatz ist. Hierin wird in den kosmetischen Mitteln und in den Parfüms wohl das meiste geleistet.

Ein weiterer ins Gewicht fallender Umstand in dem Transport der Fabrikate ist bei Postsendungen die beste Ausnutzung der zulässigen Maximalgewichte. Darin könnte in dem Geschäftsverkehr deshalb mehr gespart werden, wenn in dergleichen Bestellungen nicht so oft ein Nettoquantum, sondern ein Bruttoquantum verlangt würde. Um Umständlichkeiten zu vermeiden, werden solche Bestellungen bis auf das Gramm genau erledigt, ohne daß man in Erwägung zieht, daß ein geringes Weniger bisweilen eine wesentliche Portoverbilligung bedeuten oder daß anderenfalls ein gewisses Mehr noch innerhalb der Portotaxe liegen und demnach umsonst befördert werden würde.

Für den Bahn- und Wassertransport ist eine Reihe von Verkehrsbestimmungen zu wissen nötig, ohne deren Kenntnis eine geschickte und zuverlässige Spedition kaum erreicht werden kann. Der für den Transport günstigste, schnellste und billigste Weg muß gefunden werden. Die in Betracht kommenden Tarife für Feuer- und gewöhnliche Züge, für Eilgut, Stück- und Waggonladung, für Rückfrachten von Leergut; die Versicherung gegen Bruch, Feuer, Lieferzeit; die richtige Ausfüllung der Begleitformulare und Zolldeklarierungen sind Sachen, in denen der Expedient zu Hause sein muß, wenn die Verfrachtung immer glatt vonstatten gehen soll.

Schlußwort.

Das rein chemische Wissen, welches der Betriebs-Chemiker in möglichst hohem Maße zunächst besitzen soll, ist nicht in den Kreis der Abhandlungen hineingezogen worden, da es als vorhanden vorausgesetzt werden kann.

Somit ergibt sich aus dem recht verschiedenartigen Stoffe, der den Inhalt des Buches bildet, daß der Betriebs-Chemiker außerdem auf sehr vielen Gebieten gründlich bewandert sein muß, um in dem harten Konkurrenzkampf der chemischen Industrie nicht ins Hintertreffen zu geraten; liegt doch die Rentabilität sehr vieler, der freien Konkurrenz unterworfener chemischer Produkte in der höchsten technischen Vollkommenheit der Fabrikation sowie in der gründlichen wissenschaftlichen Erkenntnis der dabei sich abspielenden Prozesse.

Daß die vollkommenste Technik außerdem aber noch recht oft die Waffen strecken muß vor einem Gegner, der mit rein kaufmännischen und spekulativen Mitteln kämpft, ist eine häufige Erscheinung, welche dazu mahnt, daß der Chemiker, wenn ihm nicht ein tüchtiger branchekundiger Kaufmann zur Seite steht, sich auch gehörig in das kaufmännische Gebiet seines Berufes einarbeiten muß.

Nur ein inniges und wohlorganisiertes Zusammenwirken von Technik und kaufmännischer Taktik wird einen Betrieb konkurrenzfähig erhalten, und eine beständige Fühlung mit den den Markt beeinflussenden Faktoren ist nicht minder wichtig als mit denjenigen, welche in technischer Beziehung den Betrieb nur irgendwie betreffen können.

Sachregister.